全国普通高等院校生命科学类"十二五"规划教材

生物分离工程

主　编　胡永红　刘凤珠　韩曜平
副主编　李　华　汪文俊　朱德艳
　　　　张向前　梁剑光
编　委　（以姓氏笔画为序）
　　　　王　云　江苏大学
　　　　石晓华　郑州大学
　　　　冯自立　陕西理工学院
　　　　朱德艳　荆楚理工学院
　　　　刘凤珠　郑州轻工业学院
　　　　李　华　郑州大学
　　　　汪文俊　中南民族大学
　　　　张向前　延安大学
　　　　胡永红　南京工业大学
　　　　梁剑光　常熟理工学院
　　　　韩曜平　常熟理工学院

华中科技大学出版社
中国·武汉

内 容 简 介

本书是全国普通高等院校生命科学类"十二五"规划教材。

本书系统介绍了生物分离工程常用技术的基本原理、分离操作、过程理论及应用。全书分为11章,内容包括绪论、固液分离技术、沉析技术、萃取技术、膜分离、吸附与离子交换、色谱分离、电泳技术、亲和分离、精制及清洁生产。在保证教材理论性、科学性、前瞻性的基础上,注重论述的简洁性、概括性和实用性,以有效激发学生的学习热情,也便于教师的教学。

本书主要作为高等院校生物工程和生物技术等相关专业本科生的教材,也可供相关专业研究生以及生物技术、生物化工和生物制药领域的科研、技术和管理人员使用和参考。

图书在版编目(CIP)数据

生物分离工程/胡永红,刘凤珠,韩曜平主编. —武汉:华中科技大学出版社,2014.5(2025.6重印)
ISBN 978-7-5609-9700-1

Ⅰ.①生… Ⅱ.①胡… ②刘… ③韩… Ⅲ.①生物工程-分离-高等学校-教材 Ⅳ.①Q81

中国版本图书馆 CIP 数据核字(2014)第 101456 号

生物分离工程 胡永红 刘凤珠 韩曜平 主编

策划编辑:	罗 伟
责任编辑:	罗 伟
封面设计:	刘 卉
责任校对:	张 琳
责任监印:	周治超
出版发行:	华中科技大学出版社(中国·武汉) 电话:(027)81321913
	武汉市东湖新技术开发区华工科技园 邮编:430223
录 排:	华中科技大学惠友文印中心
印 刷:	武汉开心印刷有限公司
开 本:	787mm×1092mm 1/16
印 张:	18.5
字 数:	486 千字
版 次:	2025 年 6 月第 1 版第 11 次印刷
定 价:	49.80 元

本书若有印装质量问题,请向出版社营销中心调换
全国免费服务热线:400-6679-118 竭诚为您服务
版权所有 侵权必究

全国普通高等院校生命科学类"十二五"规划教材
编　委　会

■ **主任委员**

余龙江　华中科技大学教授,生命科学与技术学院副院长,2006—2012教育部高等学校生物科学与工程教学指导委员会生物工程与生物技术专业教学指导分委员会委员,2013—2017教育部高等学校生物技术、生物工程类专业教学指导委员会委员

■ **副主任委员**（排名不分先后）

胡永红　南京工业大学教授,南京工业大学研究生院副院长
李　钰　哈尔滨工业大学教授,生命科学与技术学院院长
任国栋　河北大学教授,2006—2012教育部高等学校生物科学与工程教学指导委员会生物学基础课程教学指导分委员会委员,河北大学学术委员会副主任
王宜磊　菏泽学院教授,2013—2017教育部高等学校大学生物学课程教学指导委员会委员
杨艳燕　湖北大学教授,2006—2012教育部高等学校生物科学与工程教学指导委员会生物科学专业教学指导分委员会委员
曾小龙　广东第二师范学院教授,副校长,学校教指委主任
张士璀　中国海洋大学教授,2006—2012教育部高等学校生物科学与工程教学指导委员会生物科学专业教学指导分委员会委员

■ **委员**（排名不分先后）

陈爱葵	胡仁火	李学如	刘宗柱	施文正	王元秀	张　峰
程水明	胡位荣	李云玲	陆　胤	石海英	王　云	张　恒
仇雪梅	贾建波	李忠芳	罗　充	舒坤贤	韦鹏霄	张建新
崔韶晖	金松恒	梁士楚	马　宏	宋运贤	卫亚红	张丽霞
段永红	李　峰	刘长海	马金友	孙志宏	吴春红	张　龙
范永山	李朝霞	刘德立	马三梅	涂俊铭	肖厚荣	张美玲
方　俊	李充璧	刘凤珠	马　尧	王端好	徐敬明	张彦文
方尚玲	李　华	刘　虹	马正海	王金亭	薛胜平	郑永良
耿丽晶	李景蕻	刘建福	毛露甜	王伟东	闫春财	周　浓
郭晓农	李　梅	刘　杰	聂呈荣	王秀利	杨广笑	朱宝长
韩曜平	李　宁	刘静雯	彭明春	王永飞	于丽杰	朱长俊
侯典云	李先文	刘仁荣	屈长青	王有武	余晓丽	朱德艳
侯义龙	李晓莉	刘忠虎	邵　晨	王玉江	昝丽霞	宗宪春

全国普通高等院校生命科学类"十二五"规划教材组编院校

(排名不分先后)

北京理工大学	华中科技大学	云南大学
广西大学	华中师范大学	西北农林科技大学
广州大学	暨南大学	中央民族大学
哈尔滨工业大学	首都师范大学	郑州大学
华东师范大学	南京工业大学	新疆大学
重庆邮电大学	湖北大学	青岛科技大学
滨州学院	湖北第二师范学院	青岛农业大学
河南师范大学	湖北工程学院	青岛农业大学海都学院
嘉兴学院	湖北工业大学	山西农业大学
武汉轻工大学	湖北科技学院	陕西科技大学
长春工业大学	湖北师范学院	陕西理工学院
长治学院	湖南农业大学	上海海洋大学
常熟理工学院	湖南文理学院	塔里木大学
大连大学	华侨大学	唐山师范学院
大连工业大学	华中科技大学武昌分校	天津师范大学
大连海洋大学	淮北师范大学	天津医科大学
大连民族学院	淮阴工学院	西北民族大学
大庆师范学院	黄冈师范学院	西南交通大学
佛山科学技术学院	惠州学院	新乡医学院
阜阳师范学院	吉林农业科技学院	信阳师范学院
广东第二师范学院	集美大学	延安大学
广东石油化工学院	济南大学	盐城工学院
广西师范大学	佳木斯大学	云南农业大学
贵州师范大学	江汉大学文理学院	肇庆学院
哈尔滨师范大学	江苏大学	浙江农林大学
合肥学院	江西科技师范大学	浙江师范大学
河北大学	荆楚理工学院	浙江树人大学
河北经贸大学	军事经济学院	浙江中医药大学
河北科技大学	辽东学院	郑州轻工业学院
河南科技大学	辽宁医学院	中国海洋大学
河南科技学院	聊城大学	中南民族大学
河南农业大学	聊城大学东昌学院	重庆工商大学
菏泽学院	牡丹江师范学院	重庆三峡学院
贺州学院	内蒙古民族大学	重庆文理学院
黑龙江八一农垦大学	仲恺农业工程学院	

前　言

现代生物制造已经成为全球性的战略性新兴产业，是世界各经济强国的战略重点，大力发展工业生物技术呈现出前所未有的紧迫性和必要性。工业生物过程是一个集成系统，由上游（菌种）、中游（生物反应过程优化）和下游（分离过程处理）3个部分组成。与上游和中游过程相比，处于整个产品生产过程后端的生物分离技术"难度大、成本高"，但要实现生物技术产品的商品化和产业化，下游技术是关键。近几十年来，生物分离技术的研究开发取得了许多重要成果，随着基因组学、系统生物学、合成生物学等前沿技术的飞速发展，生物分离技术的研究开发将得到更多的重视。

目前，生物分离工程是很多高校的专业必修课之一，对生物分离工程人才的培养也提出了越来越高的要求。为了适应新形势下高校课程建设特点，切实提高课程教学质量，探索创新人才培养模式，满足各院校实际教学要求，华中科技大学出版社在认真、广泛调研的基础上，提出普通高等院校生命科学类教材建设思路，组织编写了"全国普通高等院校生命科学类'十二五'规划教材"，本编写组有幸参与其中。

参与编写本书的老师来自国内9所高校，并长期从事与生物分离工程相关的教学及研究工作，有着扎实的理论功底和丰富的实践经验。本教材力求准确定位，体现最新教学理念，反映最新教学成果，紧密联系最新的教学大纲和学科发展前沿，将基础理论和实践能力相结合，体现高素质复合型人才培养的要求。为突出实用性、先进性、启发性和创造性，本教材综合、继承了国内经典教材的长处，吸收了国外教材的新知识点，内容上注重实践和创新能力的培养，以有效激发学生的学习热情，也便于教师的教学。

本书编写分工如下：胡永红（南京工业大学，绪论），朱德艳（荆楚理工学院，固液分离技术），韩曜平（常熟理工学院，沉析技术），李华、石晓华（郑州大学，萃取技术），刘凤珠（郑州轻工业学院，膜分离），汪文俊（中南民族大学，吸附与离子交换），王云（江苏大学，色谱分离），冯自立（陕西理工学院，电泳技术），张向前（延安大学，亲和分离、精制），梁剑光（常熟理工学院，清洁生产）。在本书的编写过程中，参考了许多国内外相关的教材和文献资料，引用了一些重要的结论、公式、数据及图表，在此向各位前辈及同行表示深深的谢意。本书的编写得到了相关院校领导及有关部门的关心和大力支持，特别是得到了华中科技大学出版社领导的支持及编辑的悉心指导，在此表示衷心的感谢。

由于现代生物技术发展迅速，加上编者水平有限，不妥之处恳请读者批评指正，不胜感激！

编　者

目 录

第1章 绪论 /1
1.1 生物分离工程概述 /1
1.2 生物分离工程过程的特点 /2
1.3 分离操作流程 /3
1.4 发展趋势 /5
1.5 生物分离工程研究中应注意的问题 /7
1.6 结论 /7

第2章 固液分离技术 /9
2.1 料液预处理 /9
2.2 细胞破碎 /21
2.3 固液分离 /28
2.4 离心技术 /33
2.5 全发酵液的提取 /37
2.6 固液分离进展 /38

第3章 沉析技术 /41
3.1 盐析技术 /42
3.2 有机溶剂沉析 /47
3.3 等电点沉析法 /50
3.4 其他沉析法 /51
3.5 大规模沉析 /53
3.6 沉析技术应用实例 /56

第4章 萃取技术 /59
4.1 萃取概述 /59
4.2 液液萃取 /62
4.3 有机溶剂萃取 /63
4.4 固体浸取 /74
4.5 超临界流体萃取 /83
4.6 双水相萃取 /91
4.7 液膜萃取 /100

4.8 反胶团萃取 /113
4.9 萃取技术进展 /120

第 5 章　膜分离 /125

5.1 膜分离概述 /125
5.2 压力驱动膜过程 /133
5.3 电推动膜过程——电渗析 /138
5.4 膜分离装置 /145
5.5 影响膜分离速度的主要因素 /150
5.6 膜的污染和清洗 /153
5.7 应用 /155

第 6 章　吸附与离子交换 /160

6.1 吸附类型 /160
6.2 吸附剂 /161
6.3 吸附与离子交换的理论 /172
6.4 吸附与离子交换的应用 /182

第 7 章　色谱分离 /187

7.1 色谱概述 /187
7.2 色谱过程基本术语 /188
7.3 凝胶过滤色谱 /192
7.4 疏水相互作用色谱 /203
7.5 反相色谱 /206
7.6 高效液相色谱 /211

第 8 章　电泳技术 /217

8.1 电泳概述 /218
8.2 电泳的分类 /222
8.3 聚丙烯酰胺凝胶电泳 /224
8.4 不连续凝胶电泳 /227
8.5 SDS-PAGE 电泳 /230
8.6 等电聚焦电泳 /232
8.7 二维电泳 /234
8.8 毛细管电泳 /235
8.9 制备连续电泳 /240
8.10 免疫电泳 /240

第 9 章　亲和分离 /244

9.1 生物亲和作用 /245

9.2 亲和层析 /247

9.3 亲和膜 /257

9.4 亲和错流过滤 /258

9.5 亲和双水相分配 /259

9.6 亲和沉淀 /260

第 10 章　精制 /262

10.1 蒸发浓缩 /262

10.2 结晶工艺 /269

10.3 干燥工艺 /274

10.4 应用 /279

第 11 章　清洁生产 /281

11.1 清洁生产概述 /281

11.2 清洁生产实施 /283

11.3 末端治理技术 /285

11.4 生物安全与管理 /286

第1章 绪 论

本章要点

本章概述了生物分离工程的定义、在生物工程中的地位、研究内容及发展历程,对生物分离过程的原料特点和产品特点进行了描述。详细描述了分离操作的流程,对今后生物分离工程的发展趋势进行了展望,并提出了生物分离工程研究中应注意的问题。

随着基因组学、系统生物学、合成生物学等前沿技术的飞速发展,工业生物技术体系逐渐形成。经济合作与发展组织(OECD)"面向2030生物经济施政纲领"的战略报告预计:到2030年,大约有35%的化学品和其他工业产品将来自生物制造。欧、美、日等发达地区或国家已先后制定出今后几十年内将用生物过程取代传统化学过程的战略计划及目标,以便加速发展清洁、高效和低碳的工业生物制造技术,促进形成与环境协调的战略产业体系。美国明确将"生物制造技术"作为战略技术领域,并列为2020年制造技术挑战的11个主要方向之一,预期到2030年将以生物制品替代25%的有机化学品和20%的石油燃料;欧洲制定了"工业生物技术2025远景规划",期望于2025年取得向基于生物技术型社会转变的实质进展,大幅度降低对化石资源的依赖,显著提高欧洲工业可持续发展能力与全球竞争能力。现代生物制造已经成为全球性的战略性新兴产业,是世界各经济强国的战略重点;大力发展工业生物技术呈现出前所未有的紧迫性和必要性。

生物制品的形成需要生物技术的支撑。工业生物过程是一个集成系统,由上游(菌种)、中游(生物反应过程优化)、下游(分离过程处理)3个部分组成。中、下游是生物技术与化学工程等多学科发展与结合的产物,渗透了生物学、化学、医药学、工程学等许多学科领域。上游是基础,下游是支撑,实现生物技术产品商品化和产业化,必须将上、下游相结合,优先发展支撑技术。

1.1 生物分离工程概述

1.1.1 生物分离工程定义及其在生物工程中的地位

随着生化新产品的不断涌现,对生物制造过程中的分离技术也提出了越来越高的要求。与上游和中游过程相比,处于整个产品生产过程后端的生物分离技术"难度大、成本高",生物分离工程是指从微生物、动植物细胞及其生物化学产品中提取、分离、纯化出有用物质的过程。因为它描述了生物产品分离、纯化过程的原理、方法和设备,且处于整个生物产品生产过程的后端,所以也称为生物工程下游技术。

分离和纯化是最终获得生物制品的重要环节。生物分离工程技术广泛应用于食品、轻工、医药等领域产品的分离及提纯。另外,环境工程中污水的净化与有效成分的回收,也常采用生物分离技术。因此,生物分离过程是生物工程中必不可少的,也是极为重要的环节之一。生物分离纯化技术是生物技术转化为生产力时所不可缺少的重要环节,它的进步对于保持和提高各国在生物技术领域内的经济竞争力至关重要。

1.1.2 生物分离工程的研究内容

生物分离工程的最终目标是实现生物制品的高效分离纯化,因此,生物分离工程的研究内容主要是设计和优化分离过程,根据产品选择合适的分离纯化技术,包括基本方法和基本设备。

研究设计、优化分离操作过程对生物制品的生产十分重要。目前促进生物下游工程发展的研究内容主要有:①新的分离过程和技术的研究与开发;②分离技术的集成化;③生物反应与生物分离过程耦合;④分离设备的更新和现代化。生物分离工程设备是实现生物制品高效率分离和纯化的保证。具体的分离方法和设备应满足高容量、高速度和高分辨率的要求。

1.1.3 生物分离工程的发展历程

从培养动植物细胞及微生物的一般意义而言,产业部门利用生物分离技术已有几百年的历史。例如,16世纪人们发明了用水蒸气蒸馏从鲜花与香草中提取天然香料的方法,而从牛奶中提取奶酪的历史则更早。近代生物分离技术是在欧洲工业革命以后逐渐发展形成的,最早的开发是由于发酵制备酒精以及有机酸分离提取的需要,以及从产物含量较高的发酵液制备成品。到20世纪40年代初,大规模深层发酵生产抗生素,反应粗产物的纯度较低,而最终产品要求的纯度却极高。近年来发展的新生物技术包括利用基因工程菌生产人造胰岛素、人与动物疫苗等产品,虽然这些产品粗产物的含量极低,但对分离所得最终产物的要求却十分高。因此,生物分离工程技术与装备的发展日趋复杂与完善。

1.2 生物分离工程过程的特点

1.2.1 原料特点

生物分离的原料是生物反应过程中的产物,一般是由细胞、细胞内及细胞外代谢产物、残留底物及惰性组分组成的混合液。生物物质的生物活性大多是在生物体内的温和条件下维持并发挥作用的,当遇到高温、pH值变化等环境的变化时极不稳定,易发生活性降低甚至变性失活。

生物物质分离的难度比一般化工产品大。首先,在粗产物中,被提取物浓度通常很低,且原料液中常存在与目标分子在结构、成分等理化性质上极其相似的分子及异构体,形成用常规方法难以分离的混合物;其次,需处理的物料往往是成分复杂的黏稠多相体系,因此,无论是在热力学特性,还是在流变学特性等方面,生物体系与一般化工体系相比都要复杂得多。而对生物制品,往往是要求纯度高、无色、结晶以及能长期保存等。

1.2.2 产品特点

随着各种生物全基因组序列的测定以及重组 DNA、组学技术、系统生物学等生物技术的飞速发展,细菌基因组工程、系统代谢工程、合成生物学技术、元基因组学技术、最小基因组细胞工厂、虚拟细胞及人工生命组装技术等重大科技前沿技术为重大工业产品的生物制造展现了无限的潜能。生物制革、生物纺织、生物造纸、生物印染、生物采矿、生物采油等已经成为节能、减排、降耗的新工业模式。一系列新的产品和技术形成了一个庞大的现代工业生物技术产业王国。生物技术药物是生物技术产品的核心部分,如果说典型的石化产品大约 100 种,则典型的制药工业产品则在 200 种以上,其中很多需用生物化学方法来转化。ExxonMobil、DuPont、BASF、DSM、Lonza、Degussa、Roche 等众多全球大型传统化工或制药行业的跨国公司都投入大量资金用于工业生物技术的研发,甚至于 IBM、Microsoft 等 IT 巨头也纷纷涉足工业生物技术研发领域,全球生物基商业活动趋势显示出一个大规模的生物制造产业即将到来。

分离手段多种多样,与化学工业常用的方法相比较(表 1-1),可以看出化工传统分离方法在生物分离工程中 80% 以上是有效的。生物分离技术的工业化必须经过小规模的试验、中间试验以及技术经济的可行性分析,才能放大到工业规模进行生产。

表 1-1 分离方法的比较

分离方法	用于化学工业	用于生物分离
物理分离	7	7
平衡控制分离	22	18
速度控制分离	13	10
合计	42	35

1.3 分离操作流程

1.3.1 一般流程

虽然生物制品的品种繁多,分离过程复杂,但也存在着一定的相似性。将发酵、食品、轻工、医药、环保等各类工艺过程的单元操作进行归纳分类,绝大多数生物分离技术可分为以下几类。①不溶物的去除,主要是预处理和固液分离。当需要生产胞内产物时,细胞破碎是必须的。②产物的初步纯化,该过程就是产物的提取过程,通过这一阶段的操作,除去与目标产物性质有较大差异的杂质,可采用沉淀、吸附、萃取和膜分离等单元操作。③产物的高度纯化,该过程就是精制过程,这一阶段操作主要除去与目标产物性质相近的杂质。目前这一阶段的单元操作包括柱层析、薄层层析、离子交换、亲和色谱和吸附色谱等。④成品加工处理,这一阶段的单元操作有浓缩、结晶与干燥。以上 4 个步骤的合理组织需视产品的浓度与纯度在分离过程中的变化情况而定。

产品浓度的增加主要在杂质分离阶段,而纯度的增加则在纯化阶段。某些新的处理技术则将①、②步骤合并在一起。

图1-1是生物分离过程的一般流程。

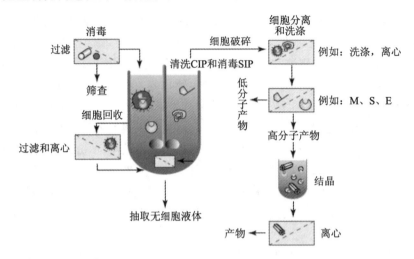

图1-1　生物分离过程的一般流程

E—蒸发分离过程；M—膜分离过程；S—吸附(ab/吸附)分离的过程

1.3.2　预处理和固液分离

发酵液的固液分离常用方法为过滤和离心分离。通过这两个过程均可得到清液和固态浓缩物(滤渣)两部分。若目的产物存在于细胞内,则必须经历细胞破碎过程才能进一步进行产物的提取分离,细胞破碎是生物分离的辅助工序。

一般而言,由于发酵液和生物溶液是高黏度和非牛顿流体,极难过滤,因此,都需要进行预处理。预处理是使细胞培养液或发酵液中所需的目标产物转移到液相中,同时还除去其他悬浮颗粒(如菌体、絮凝体或培养基残渣等)以及改善滤液的性状,以利于后续各步操作。

目前比较经济有效的固液分离方法是凝聚和絮凝技术,常用于菌体细小而且黏度大的发酵液的预处理中。对于发酵液中的可溶性杂蛋白质,目前用得较多的固液分离方法有盐析法、等电点沉淀法、加热法、溶剂沉淀法、吸附法等。

1.3.3　细胞破碎及碎片分离

一些微生物在代谢过程中将产物分泌到细胞之外的液相中(称胞外酶),如细菌产生的碱性蛋白酶,霉菌产生的糖化酶等,提取过程只需直接采用过滤和离心进行固液分离,然后将获得的澄清滤液再进一步纯化即可。但是,还有很多生化物质位于细胞内部(称胞内酶),如青霉素酰化酶、碱性磷酯酶、延胡索酸酶、二氢嘧啶酶、天冬氨酸酶、乙醇脱氢酶等,必须在纯化以前先将细胞破碎,使细胞内产物释放到液相中,然后再进行提纯。

细胞破碎(即破坏细胞壁和细胞膜)能使胞内产物获得最大程度的释放。通常细胞壁较坚韧,细胞膜由于强度较差易受渗透压冲击而破碎,因此破碎的阻力来自细胞壁。各种微生物的细胞壁的结构和组成不完全相同,主要取决于遗传和环境等因素,因此,细胞破碎的难易程度不同。另外,不同的生化物质,其稳定性亦存在很大差异,在破碎过程中应防止其变性或被细胞内存在的酶水解，因此选择适宜的破碎方法十分重要。

细胞破碎主要分为机械破碎法和非机械破碎法两大类。机械破碎法是通过机械运动所产生的剪切力作用，使细胞破碎的方法。非机械破碎法是采用化学法、酶解法、渗透压冲击法、冻结融化法和干燥法等破碎细胞的方法。根据不同生物以及不同产品的要求，选择不同的细胞破碎方法。选择合适的破碎方法需要考虑下列因素：细胞的数量，所需要的产物对破碎条件（温度、化学试剂、酶等）的敏感性，要达到的破碎程度及破碎所需要的速度，尽可能采用最温和的方法，具有大规模应用潜力的生物产品应选择适合于放大的破碎技术。

1.3.4 初步纯化

产物的初步纯化过程就是产物的提取过程，通过这一阶段的操作，除去与目标产物性质有较大差异的杂质，使产物的浓度大幅度提高。这是一个多单元协同操作的过程，可采用沉淀、吸附、萃取和膜分离等单元操作。

1.3.5 高度纯化

产物的高度纯化过程就是其精制过程，这一阶段操作主要是除去与目标产物性质相近的杂质。在这个过程中常常采用对目标物具有高选择性的分离方法，能够有效完成这一生物分离过程的技术首选色谱分离技术。目前这一阶段的单元操作包括柱层析、薄层层析、离子交换、亲和色谱和吸附色谱等。

1.3.6 成品加工处理

经过上述几个阶段的分离纯化过程，初步获得所需的生物产品，要进入市场流通阶段，还需要根据产品的用途、质量要求进行最后的加工及产品的精制。这一阶段的单元操作有浓缩、结晶与干燥。

1.3.7 工艺选择依据

生物分离过程往往成本很高，回收与提纯的操作很复杂，需要的设备也多，所以分离过程常占有很大的投资比例。必须仔细分析设计的生物分离过程，以提高产品的质量，提高收率，降低成本。在工艺选择上需要认真考虑的问题有：①产品价格，产品的成本是分离纯化工艺设计的首要考虑因素；②产品质量标准；③产品与主要杂质有何特殊的物化性质或有何显著的性质差别；④流程中产品与杂质流经的途径是否合理；⑤不同分离方案的技术经济指标的比较；⑥环保和安全要求。在设计生物分离过程时，要注意废液的排放和危险生化物品的处理。

1.4 发展趋势

1.4.1 生物分离工程的发展趋势

我国在工业生物技术领域虽然取得了一些成就，甚至某些方面在国际上处于领先水平，但由于缺乏工业生物过程的规模放大、集成创新及系统设计与优化，导致生物质转化效率低、高排放等问题。工业生物过程的系统集成已成为制约我国生物技术产业发展的主要瓶颈。

过程强化已成为过程工业重要前沿发展方向。过程强化是指"在实现既定生产目标前提下，大幅度减小生产设备尺寸，简化工艺流程，减少装置数目，使工厂布局更加紧凑合理，单位能耗、废料、副产品显著减少"。工业生物过程作为一种重要的过程工业，生物过程强化必将成为提高工业生物过程效率的重要手段，可以使得生物过程的效率成百上千倍地提高。其核心问题是物质/能量微观传递的混合规律及其与反应过程协同性的机制。

反应/分离耦合是生物过程强化的重要手段。在线分离可以有效地移走生物反应过程中出现的反馈抑制物，推动反应平衡向产物方向移动，显著提高目标产物产率，并可实现连续或半连续生产。生物分离强化反应过程中，生物催化剂对分离单元操作的耐受性、分离机制本身对主/副产物的选择性、原位提取的容量、分离机制的再生性是生物分离强化过程中要解决的关键问题。

分离介质性能的好坏是生物分离效率高低与否的关键，因此，进行新型、高效的分离介质的研制是生物分离工艺改进的热点。色谱分离技术已成为目前行之有效和应用广泛的分离技术，膜分离技术具有选择性高、分离效率高、不制造污染源等优点，推广应用膜分离技术也是今后的发展方向。

1.4.2 生物分离工程的清洁生产

生物工程工厂的主要废渣、废水来自于原料处理后剩下的废渣，分离与提取主要产品后的废母液、废糟，以及生产过程中各种冲洗水、冷却水。近年来，通过工艺改革、回收和综合利用等方法，在减少或消除危害性较大的污染物方面已做了大量工作。用于治理污染的投资也在逐年增加，各种治理污染的装置相继投入运行。然而，从总体上看，生物工程行业的污染仍然十分严重，治理形势相当严峻。实施清洁生产有着积极、重要的意义。清洁生产是实现可持续发展战略的需要，是从根本上抛弃了末端治理的弊端，强调在污染产生之前就予以消减污染物的产生和减少对环境不利影响的一种思维和理念。

近10年来，在我国政府相关清洁生产政策的指导下，生物工程发酵工厂的清洁生产取得了可喜的成绩。如味精的生产中，先用微滤膜除去发酵液中的湿菌，再用超滤膜系统截留微滤透过液中的溶解性蛋白质。采用纳滤系统对超滤透过液中的有效成分进行浓缩，纳滤透过液回用，浓缩液等电点结晶，结晶母液用纳滤系统浓缩，透过液作为清液可回用于发酵。采用该清洁生产技术，整个工艺的生产时间缩短了6~8 h，收率达95%，比传统工艺高7%，最主要的是工艺无污水的产生，实现了清洁生产。而在青霉素的生产过程中，主要采用液膜法提取青霉素工艺或双水相萃取提取青霉素工艺。膜分离是一种选择性高、操作简单和能耗低的分离方法，它在分离过程中不需要加入任何别的化学试剂，无新的污染源。在水相体系从发酵液中直接提取青霉素，工艺简单，收率高，避免了发酵液的过滤预处理和酸化操作，不会引起青霉素活性的降低；所需的有机溶剂量大大减少，更减少了废液和废渣的排放量。

1.5 生物分离工程研究中应注意的问题

1.5.1 加强基础理论研究

在基础理论研究方面，生物催化剂对分离单元操作的耐受性、分离机制本身对主/副产物的选择性、原位提取的容量、分离机制的再生性是生物分离强化过程中要解决的关键问题。此外，应大力开展分离过程热力学和动力学基础理论的研究，非理想液体中溶质与添加介质之间选择性及其影响因素的研究，以及生物分离过程数学模型的建立。

1.5.2 不同分离技术的协同创新

在成熟技术的基础上，吸取不同分离技术的优点，不同分离方法相互渗透、协同创新，发展交叉分离技术，形成新的分离方法。此外，上游的工艺设计应尽量为下游的分离纯化创造条件，注意生物工程上游与下游的结合，提高生产效率。

1.5.3 生产过程中需注意的问题

生产的最终目标是以最少的成本得到最好的产品。因此，在生产过程中，应尽量降低成本。生物分离过程的成本与样品的体积或流速紧密相关。在进入纯化和制剂成型阶段前，应尽量减少样品体积，初步得到目标产品，其实质就是除去水分。由于蒸发的能耗非常高，对于易分解或者沸点比水高的目标产品，可以通过沉淀、萃取、吸附或亲和作用将目标产品转移到另一相中。降低成本的另外一个方面可以通过减少生产步骤、简化生产工艺来进行。尽早提取目标组分可以减少所需分离步骤，简化分离过程。结晶和沉淀就是得到粗品的非常经济的方法，而产品的进一步纯化可以采用溶解或重结晶等操作。此外，将生物反应过程和分离过程集成可以提高生产效率、减少生产成本，这也是今后的发展方向。

生物分离工艺流程的设计必须注意节能、环保和可持续发展，尽量减少废物排放。从过程的观点来看，最简单的方法就是不让废料在过程中生成，这就要求人们关注清洁生物分离过程的设计。比如：①减少蛋白质生产中缓冲液的更换次数；②使用可再生或可循环的溶剂、色谱填料和膜材料；③尽可能使用连续生产过程而非批式生产过程，减少每一轮循环中产生的细胞废弃物；④尽量减少处理步骤。此外，还应考虑生物过程所需的设备、材料对环境的影响等问题。

1.6 结论

考虑到生物分离过程的复杂性，本书将分离过程分为4个阶段。①不溶物的去除，主要是预处理和固液分离。当需要生产胞内产物时，细胞破碎是必要的操作。②产物的初步纯化，该过程就是产物的提取过程，通过这一阶段的操作，除去与目标产物性质有较大差异的杂质，可采用沉淀、吸附、萃取和膜分离等单元操作。③产物的高度纯化，该过程就是精制过程，这一阶段操作主要除去与目标产物性质相近的杂质。目前这一阶段的单元操作包括柱层析、薄层层析、离子交换、亲和色谱和吸附色谱等。④成品加工处理,这一阶段的单元操作有浓缩、结晶与干燥。此外,本书中最后一章还特别介绍了产品的清洁生产。

(本章由胡永红编写,李华初审,刘凤珠复审)

习题

1. 什么是生物分离工程?
2. 简述生物分离工程在生物工程中的地位。
3. 简述生物分离工程的发展进程。
4. 生物分离工程的特点有哪些?
5. 生物分离操作的一般流程是什么?
6. 生物分离工艺的选择依据有哪些?
7. 简述生物分离工程的发展趋势。
8. 什么是生物分离工程的清洁生产?
9. 生物产品生产过程中应注意哪些问题?

参考文献

[1] 付卫平. 工业生物技术的现状、发展趋势及规划[J]. 生物加工过程,2013,11(2):1-5.

[2] 谭天伟,秦培勇. 工业生物技术的过程科学研究概况及发展趋势[J]. 生物加工过程,2013,11(2):6-13.

[3] 张勋,章银良,刘红伟. 生物产品分离工程进展[J]. 中国食品学报,2002,2(4):77-81.

[4] 田瑞华. 生物分离工程[M]. 北京:科学出版社,2008.

[5] 孙彦. 生物分离工程[M]. 2版. 北京:化学工业出版社,2005.

[6] 欧阳平凯,胡永红,姚忠. 生物分离原理及技术[M]. 2版. 北京:化学工业出版社,2010.

[7] Weatherley L R. Engineering processes for bioseparations[M]. Boston:Butterworth-Heinemann,1995.

[8] Keller K,Friedmann,Boxman A. The bioseparation needs for tomorrow[J]. Trends in biotechnology,2001,19(11):438-441.

[9] Garcia A A,Bonen M R,Ramirez-vick J,et al. 生物分离过程科学[M]. 刘铮,詹劲,译. 北京:清华大学出版社,2004.

第 2 章　固液分离技术

本章要点

固液分离是一种重要的单元操作,从液相中除去固体一般采用分筛或沉淀方法。从原理上讲,固液分离过程可以分为两大类:一是沉降分离,二是过滤分离。从料液的预处理出发,掌握凝聚和絮凝技术,根据细胞的特点选用不同的细胞破碎方法,掌握固液分离中的过滤和离心技术,在物料湿法加工过程中十分重要。因为工艺不完善首先会影响产品质量,造成物料流失,并且对环境造成的污染也会更加严重,特别是颗粒悬浮液,由于其颗粒小,沉降速率慢,滤饼的孔径小,透气性差,从而导致颗粒悬浮液的分离效率降低。全球水资源急剧短缺,生存环境日益恶化,人们因此对固液分离工艺也提出了更高的要求,世界各国的许多研究者在这方面也有很多深入的研究。在许多生产过程中,过滤与分离装置是关键设备之一,其技术水平和质量直接影响到许多过程实现工业化规模生产的可能性、工艺过程的先进性和可靠性、制品质量和能耗、环境保护等经济和社会效益。

2.1　料液预处理

预处理是生物目标物质分离纯化的第一个必要步骤,是以细胞培养液或发酵液为出发点,设法使所需的目标产物转移到液相中,同时除去其他悬浮颗粒(如菌体、絮凝体或培养基残渣等)并改善滤液的性状,以利后续各步操作。

2.1.1　预处理的目的和要求

生物材料的预处理过程一般有以下几个方面。

(1)发酵液、细胞培养液、组织分泌液以及制成的细胞悬液等根据目标产物所处位置不同进行相应的处理。

(2)植物组织和器官要先去壳、除脂,再粉碎,选择适当的溶剂形成细胞悬液。

(3)动物组织和器官要先除去结缔组织、脂肪等非活性部分,然后绞碎,选择适当的溶剂形成细胞悬液。

动物细胞培养的产物、微生物代谢产物大多分泌到细胞外,称为胞外产物。但有些目标产物存在于细胞内部,如大多数酶蛋白、脂类和部分抗生素等,称为胞内产物。自 20 世纪 80 年代以来,随着重组 DNA 技术的广泛应用,许多具有重大价值的生物产品应运而生,如胰岛素、干扰素、白细胞介素-2 等,它们的基因分别在宿主细胞内表达成为基因工程产品,其中许多基因工程产品都是胞内产物。

对于胞外产物,一般可直接利用过滤或离心方法,将菌体或其他悬浮杂质分离除去。但有些生物物质在发酵结束时部分会沉淀或被吸附在菌体中,应采取措施尽可能使其转移到液相中,通常采用调节 pH 的方法。例如:四环素由于能与钙、镁等离子形成不溶解的化合物,故大部分沉积在菌丝中,用草酸酸化后就能转入水相,再经固液分离除去细胞(菌体)。对于胞内产物,则应首先通过离心等方法收集细胞或菌体,经细胞破碎使生物目标产物释放到液相中,再将细胞碎片分离除去。

无论胞内还是胞外产物,都要涉及细胞的富集或固体悬浮物的分离除去,常用的固液分离法主要是过滤和离心方法。但是不同来源的培养液和发酵液其固液分离速度有很大差异,取决于该介质的理化性状,主要影响因素是细胞或菌体的大小和介质的黏度,例如细菌及某些放线菌,菌体细小、液体黏度大,不能直接过滤,若用高速离心,能耗很大、设备昂贵。若用膜分离技术(如微滤)易产生膜污染、通量降低,用于大规模分离在经济上是不可行的。此外,由于菌体自溶,核酸、蛋白质及其他有机黏性物质的存在也会影响固液分离,因而寻找一种经济有效的方法来提高固液分离速度显得十分必要,细胞絮凝技术便是近年来发展很快的一种行之有效的方法。

发酵液中杂质很多,对后续分离影响最大的是高价无机离子(Ca^{2+}、Mg^{2+}、Fe^{3+})和杂蛋白质等。高价无机离子的存在,在采用离子交换法提取时,会干扰树脂对生化物质的交换容量。杂蛋白质的存在,不仅在采用离子交换法和大网格树脂吸附法提取时会降低树脂的吸附能力,而且在采用有机溶剂或两水相提取时,容易产生乳化,使两相分离不清。此外在常规过滤或膜过滤时,还会使滤速下降,膜受到污染。因此,在预处理时,也应尽量除去这些物质。

2.1.2 凝聚和絮凝技术

凝聚和絮凝技术能有效地改变细胞、菌体和蛋白质等胶体粒子的分散状态,使其聚集起来、增大体积,以便固液分离,常用于菌体细小而且黏度大的发酵液的预处理中。

2.1.2.1 凝聚

凝聚是在中性盐作用下,由于双电层排斥电位的降低,而使胶体体系不稳定的现象。发酵液中的细胞、菌体或蛋白质等胶体粒子的表面一般都带有电荷,带电的原因很多,主要是吸附溶液中的离子或自身基团的电离。通常发酵液中细胞或菌体带有负电荷,由于静电引力的作用将溶液中带相反电性的粒子(即正离子)吸附在周围,在界面上形成了双电层。反离子化合价越高,凝聚能力越强。常用的凝聚剂有 $Al_2(SO_4)_3 \cdot 18H_2O$(明矾)、$AlCl_3 \cdot 6H_2O$、$FeCl_3$、$ZnSO_4$、$MgCO_3$ 等。

2.1.2.2 絮凝

絮凝是指在某些高分子絮凝剂存在下,基于架桥作用,使胶粒形成粗大的絮凝团的过程,是一种以物理的集合为主的过程(图 2-1)。而凝聚是指在中性盐作用下,由于双电层排斥电位的降低,而使胶体体系不稳定的现象。也有的说法称凝聚是指使极小的微粒互相黏着在一起的情况。这种情况是由于微粒所带电荷被加入的带有相反电荷的高价离子所中和而引起的。以前人们大多采用无机盐来实现凝聚,现在有机高聚电解质得到了越来越广泛的青睐。近年来,絮凝作为一种能耗低、易操作、工作量小的分离方法,受到普遍的关注。

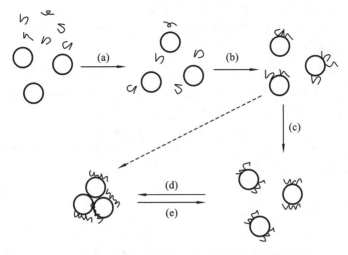

图 2-1 高分子絮凝剂的混合、吸附和絮凝作用示意图

(a)聚合物分子在液相中分散、均匀分布在离子之间;(b)聚合物分子链在粒子表面的吸附;
(c)被吸附链的重排,高分子链包围在胶粒表面,产生保护作用,是架桥作用的平衡构象;
(d)脱稳粒子互相碰撞,形成架桥絮凝作用;(e)絮团的打碎

1. 细胞絮凝的种类

细胞絮凝方法按有无添加絮凝剂划分为两类:①自身絮凝,即采用物理手段,如保温或调节 pH,是细胞自身絮凝;②絮凝剂絮凝,即添加絮凝剂使细胞絮凝沉降。

细胞自身絮凝,从本质上讲,仍是由细胞分泌在表面的絮凝物质造成的,即由微生物絮凝剂产生絮凝。所谓微生物絮凝剂,是指一类由微生物产生的具有絮凝细胞功能的物质,一般为糖蛋白、黏多糖、纤维素和核酸等高分子物质。近年来,微生物絮凝剂由于具有絮凝活性高、安全无害和不污染环境等优点,得到了较快的发展。此外,人们也可利用生物技术对细胞本身进行改造,使其分泌出絮凝物质,产生细胞自身絮凝,达到回收或循环细胞的目的。

例如,酵母细胞即具有分泌微生物絮凝剂实现自身絮凝的特性。据分析,酵母细胞产生絮凝现象的原因主要有 3 种:①链形成凝聚,在酵母细胞繁殖过程中,芽细胞未能从母细胞体脱落,不断地进行细胞繁殖之后形成细胞链;②交配凝聚,由不同交配型细胞交换交配信息之后,通过细胞表面特殊的蛋白与蛋白连接引起细胞凝聚;③无性絮凝,由细胞表面蛋白和酵母细胞外壁的甘露聚糖结合所引起的细胞凝聚,即真正的絮凝。根据生理生化试验及不同的糖抑制作用类型,可将酵母絮凝分为 FLO1 型和 New FLO1 型。Callejia 将啤酒酵母絮凝现象归纳成图 2-2 所示。

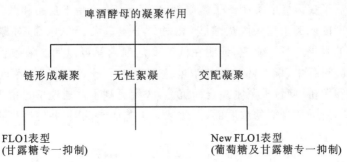

图 2-2 啤酒酵母絮凝的分类

对于酵母自身絮凝现象,早期曾有"絮凝共生假说""蛋白质沉淀假说""絮凝胶体假说"等理论对其机制进行解释,目前这几种假说已被"类外源絮凝聚素假说"和"病毒假说"等取代了。

2. 絮凝剂的分类

(1) 常见的絮凝剂 絮凝剂从化学结构看,主要分为三类:高聚物、无机盐、有机溶剂及表面活性剂。主要的几种絮凝剂如表2-1所示。如果根据活性基团在水中解离情况的不同,絮凝剂又可分为非离子型、阴离子型(含羧基)和阳离子型(含氨基)三类。

表2-1 絮凝剂的种类及应用

类型	絮凝剂种类	絮凝剂	絮凝细胞
高聚物	核酸	DNA	细菌
	蛋白质		细菌
	纤维素		酵母
	聚电解质	聚丙烯酰胺	细菌
		聚乙烯亚胺	细菌
	多糖	葡聚糖	细菌
		壳聚糖	酵母
有机物	溶剂	乙醇	酵母
		丙酮	酵母
	其他有机物	腐殖酸	酵母
		鞣酸、单宁	酵母
无机物	金属离子	镁盐	细菌、酵母
		钙盐	细菌、酵母
		铝盐	酵母、藻类
	无机盐	硼酸盐	酵母

根据第一种分类方法,目前最常见的高聚物絮凝剂是有机合成的聚丙烯酰胺类衍生物、壳聚糖絮凝剂、聚苯乙烯类衍生物等。高聚物絮凝剂具有长链状的结构,利用长链上的活性基团,通过静电引力,形成桥架连接,从而生成菌团沉淀。

由于聚丙烯酰胺类絮凝剂具有用量少(一般以0.001‰计算)、絮凝体粗大、分离效果好、絮凝速度快以及种类多等优点,所以使用范围广,目前主要用于提纯杂质为蛋白质或菌丝体的发酵液。它们的主要缺点是存在一定的毒性,特别是阳离子型聚丙烯酰胺。因此,应谨慎使用。近年来还发展了聚丙烯酸类阴离子絮凝剂,它们无毒,可用于食品和医药工业中。元平言等就利用工业纯度的阳离子型聚丙烯酰胺(相对分子质量大于200万)对螺旋霉素(SPM)发酵液进行预处理的效果进行了研究,证明在低浓度范围内就可以使滤液效价明显升高。在青霉素发酵液的絮凝过程中,聚丙烯酰胺的浓度达到0.02%~0.03%时,菌丝体和其他蛋白质就可以充分絮凝和架桥,使粒子紧密黏合而沉淀,大大提高了过滤速率。由于高聚物絮凝剂絮凝效率高,速度快,所需絮凝剂的浓度低,因此絮凝工艺成本低廉,并使高聚物絮凝剂成为今后絮凝剂研究开发的主要方向。

壳聚糖是一种天然的高分子物质,由于分子中含有大量的氨基,所以它对蛋白质和其他胶体物质具有很强的絮凝作用,可以作为阳离子絮凝剂使用。壳聚糖的种类对絮凝效果有一定的影响,这是由于絮凝剂相对分子质量提高、链增长,可使架桥效果更加明显。但当相对分子质量增大到一定程度后,壳聚糖的水溶性就会下降。除此之外,海藻酸钠、明胶、骨胶等天然物质也有絮凝作用。这些天然高分子物质无毒无害、环境友好,所以是絮凝剂研发中极具潜力的一个方向。

有机溶剂如乙醇、丙酮和甲醛等对发酵液的预处理也有一定的影响。表面活性剂(如BAPE)可以提高预处理效果。无机絮凝剂主要有 $Al_2(SO_4)_3$、$NaCl$、Na_3PO_4、$CaCl_2$ 和明胶等。它们可以与有机絮凝剂共同作用达到初步纯化的目的。

(2) 新型絮凝剂

① 主絮凝剂+助絮凝剂:该种絮凝剂的制作方法与普通絮凝剂不同,比以往的有机和无机絮凝剂复杂,但是用量少,效果更明显。如在维生素生产过程中,去除蛋白质等易乳化的杂质所用的新型絮凝剂主要由主絮凝剂 A 和助絮凝剂 B 组成,絮凝作用由两者协同完成,主絮凝剂 A 吸附蛋白质,助絮凝剂 B 将吸附蛋白质后的主絮凝剂进一步交联,加快其沉降速度。

② 新型絮凝剂 F-717:它是一种网状多聚电解质的分散体(由强碱性阴离子交换树脂经物理磨碎得到),在生产抗生素的预处理过程中效果较好。

③ SPAN 絮凝剂:它是一系列不同接枝率的淀粉与聚丙烯酰胺的接枝共聚物。淀粉类絮凝剂价格低,絮凝效率高,已经在国外实现了工业化生产,而在我国的发展才刚刚起步。

3. 絮凝机理

絮凝机理比较复杂,到目前为止,主要有如下三种理论。

(1) 胶体理论 Leif Eriksson 把细菌直接当作胶体溶液中的胶粒来解释絮凝过程。絮凝是由于细胞表面的极性基团引起表面吸附,而使表面自由能降低的过程。

(2) 高聚物架桥理论 Megreor W. C. 发现细胞在表面分泌出许多高聚物如蛋白质、多糖等,这些高聚物在细胞膜表面形成胞外纤丝。细胞的絮凝是由于这些胞外纤丝之间架桥交联形成的。这个理论可以解释絮凝取决于细胞生长的胞龄以及表面分泌物的种类和数量。

(3) 双电层理论 大多数细胞表面都有一定的电荷,絮凝过程是加入电解质后,相同电荷的排斥以及细胞表面水合程度不同而产生聚并的过程。Kakii 通过实验证实细胞表面的离子键和氢键参与了细胞的絮凝过程。

4. 絮凝动力学

细胞絮凝动力学比较复杂,一般认为,絮凝有两种:同向絮凝和异向絮凝。同向絮凝是因流体流动产生的絮凝,而异向絮凝是由流体分子布朗运动产生的聚并。当絮凝颗粒的直径小于 1 μm 时,异向絮凝占主导地位;当絮凝颗粒的直径大于 1 μm 时,同向絮凝占主导地位。对于同向絮凝,絮凝颗粒的长大过程可表示为:

$$-\frac{dN}{dt} = \frac{4}{3}N_iN_j\left(\frac{dv}{dz}\right)R_{ij}^3 \qquad (2.1)$$

式中,N_i 和 N_j 分别为 i 种和 j 种颗粒的分子数,对于同种细胞絮凝,$N=N_i=N_j$;R_{ij} 为颗粒 i 和 j 聚并后的颗粒直径;dv/dz 为速度梯度。如果细胞颗粒的总体积 $V=1/6\pi R_{ij}^3 N$ 为定值,即细胞没有生长和破裂时,式(2.1)可变为

$$\ln\left(\frac{N}{N_0}\right) = -\frac{8}{\pi}V\left(\frac{dv}{dz}\right)t \qquad (2.2)$$

由式(2.2)可得到如下几点结论:

(1) 絮凝初期,颗粒聚并快,此时搅拌应剧烈一些,絮凝后期,颗粒聚并速度变慢,搅拌速率

应降低。

(2)增加颗粒(细胞)的浓度,有利于聚并絮凝。

(3)加大搅拌,增加速度梯度,有利于颗粒聚并,但搅拌速率过大时,剪切力会导致絮凝体破裂。

5. 絮凝的优化

选择使用何种絮凝剂要综合考虑成本、可行性、毒性等多方面因素。此外,絮凝效果与絮凝剂的加入量、相对分子质量和类型,溶液的pH值,搅拌速度和时间等因素有关。絮凝剂的最适加入量要通过实验决定。虽然较多的絮凝剂有助于增加桥架的数量,但是添加量过多反而会引起吸附饱和,絮凝剂争夺胶粒而使絮凝团的粒径变小,絮凝效果下降。溶液pH值的变化会影响离子型絮凝剂中官能团的电离度,从而影响吸附作用的强弱。在絮凝过程中,加入一定的助凝剂可以增加絮凝效果,当加入助凝剂后,悬浮液就会变得不稳定,这时再加入絮凝剂就会增加凝聚速率与絮凝团的大小和强度。甘油发酵液的预处理是利用高分子絮凝剂絮凝去除甘油发酵液中的菌体。通过研究pH值、絮凝剂用量、絮凝温度对絮凝效果的影响找到了适宜的絮凝条件:pH值为5~10,温度为30~40 ℃,ρ(絮凝剂)为0.6~0.8 g/L。此时菌体絮凝率(FR)可达90%以上。经絮凝处理后,滤速为未加絮凝剂的2.5~4.5倍;滤液中菌体去除率可达100%;固形物的回收量为未加絮凝剂的2.1倍;滤饼的含湿量由71%增加到78%。

聚合物溶液浓度最大即为高黏度状态时,浓度通常为0.5%~1%(W/V)。在减少絮凝剂的增加量之前,溶液需先进行稀释。但是,应注意制造业中的推荐标准(通常最终浓度控制为0.01%)。为了除去一些杂质,在加水和强力搅拌之前应加入少量乙醇或甲醇。最终絮凝剂浓度的数值单位应表示为mg/g细胞或mg/m^{2}细胞表面,这样就可以将试验的结果与一致剂量作比较。絮凝的优化流程如下。

(1)准备好所需的絮凝剂及化学试剂。

(2)分别往烧杯中倒入500~1 000 mL的悬浮液试样。

(3)搅拌(桨叶速率可为200 r/min)。

(4)通过加酸或加碱来调节每个试样的pH值(例如,如果有6个试样,则分别使其pH值为4、5、6、7、8和9)。

(5)同时向各烧杯中加入助凝剂,并开始计时。

(6)继续保持高搅拌速率5 min。

(7)加入絮凝溶液,于1 min内混合均匀。

(8)降低搅拌速率(例如降至50 r/min)保持15 min。

(9)分析絮凝结果(可通过静置或过滤等方法)。

周荣清等通过测定滤饼常数,对絮凝法预处理的透明质酸发酵液进行了研究。在确定絮凝剂的种类时,通过比较聚丙烯酰胺和壳聚糖两种絮凝剂的絮凝效果,发现对于透明质酸发酵液,阴离子型聚丙烯酰胺(AN926)效果较好,并且确定了最佳的絮凝条件。在pH6.5,搅拌速度60 r/min,絮凝温度45 ℃的条件下,絮凝剂的添加量为0.1 mg/mL时絮凝效果最好。

除了絮凝剂的种类和浓度外,剪切力及处理时间(絮凝与进一步分离之间的间隔时间)也是很重要的优化参数。延长处理时间会导致微粒体积变大、数量减小,而提高剪切力则会产生相反的结果。另一些胶团特性,如强度(即对剪切力和压力的耐受程度)和沉淀物及滤饼的流变学特性也会受到处理条件的影响。

6. 絮凝设备

絮凝设备包括絮凝器及絮凝颗粒分离设备,絮凝器主要有以下几种。

(1)桨叶式絮凝器　桨叶式絮凝器的转动轴可绕水平或立轴转动,如图 2-3 所示。

桨叶可以是螺旋桨叶或涡轮桨叶。桨叶式絮凝器设备结构简单,可以采用多级桨叶,转速递减絮凝。在絮凝初期,高转速快速混合;在絮凝后期,低速搅拌,使絮凝体长大。

(2)折流式絮凝器　在絮凝器中加入折流板,使其结构成为迷宫式或蜂窝式,有利于絮凝颗粒的形成。近年来开发的 lamella 絮凝器也是一种折流式絮凝器,已被成功地应用于酒精的连续发酵。发酵和絮凝设备工艺如图 2-4 所示。

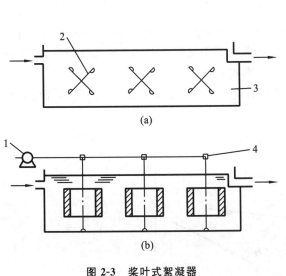

图 2-3　桨叶式絮凝器

(a)水平轴式;(b)立轴式

1—电机;2—桨叶(多级);3—絮凝池;4—减速器

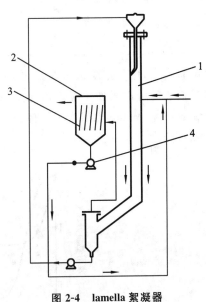

图 2-4　lamella 絮凝器

1—罐;2—絮凝器;3—折流板;4—泵

(3)其他絮凝器　其他絮凝器包括管式絮凝器和颗粒絮凝器。管式絮凝器主要用于增加沉降面积、加速絮凝。而颗粒絮凝器又分为固定床和流化床两种,此处不再一一介绍。

7. 絮凝技术的应用

絮凝技术作为一种有效的生化分离方法,被广泛地应用于细胞体、细胞碎片及可溶性蛋白质的处理中,成为连续发酵和分离生化产品过程中常采用的预处理方法。

(1)在除去细胞体、细胞碎片及蛋白质中的应用　在酶分离过程中,如果目的产物是胞外酶,则絮凝剂不会对其产生干扰。由于絮凝剂与细胞结合在一起,它有可能在细胞被破碎后干扰胞内酶。除了酿酒行业,其他领域几乎没有关于絮凝剂的基础研究。

Nakamura 列出了一些对絮凝剂的要求,包括低成本、低用量、对 pH 改变不敏感等。Gasher 和 Wang 也研究了许多天然的以及合成的聚合絮凝剂,包括带电的与不带电的,它们对于酵母的影响如表 2-2 所示。

表 2-2　絮凝剂对酵母菌的影响

絮凝添加剂	细胞沉淀物百分比/(%)				
	0	<10	<50	<90	90
	添加剂数目				
矿物胶	—	—	—	1	3
植物胶	2	—	—	—	—
强阴离子聚合电解质	—	—	—	—	2
弱阴离子聚合电解质	7	2	—	—	—
阳离子聚合电解质	12	5	1	5	2
非离子聚合物	5	3	—	—	—
强碱(加 NaOH 至 pH9.0)	—	—	—	1	—

试验表明,用于絮凝析出细胞的絮凝剂的量通常比用于发酵液中的细胞的量要少,弱阳离子絮凝剂通常可以增加絮凝效果,而弱阴离子絮凝剂则相反。

Gasher 和 Wang 也研究了流体力学对絮凝的影响。图 2-5 是雷诺数对滞留的非沉淀细胞的影响百分比。

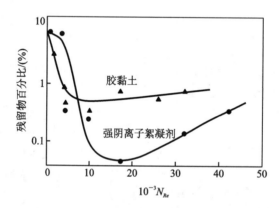

图 2-5　雷诺数对滞留的非沉淀细胞的影响

图 2-6 则表明雷诺数与沉淀速率的关系。絮凝剂用量对滞留细胞百分比的影响见图 2-7。

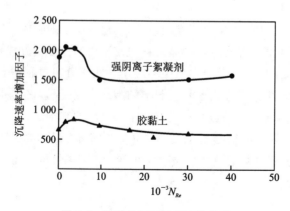

图 2-6　雷诺数与沉淀速率的关系

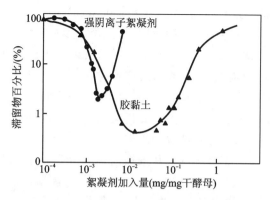

图 2-7 絮凝剂用量对滞留细胞百分比的影响

除细胞体之外,发酵液中还会存在细胞碎片和蛋白质。胞壁碎片应在细胞破碎之后,蛋白质分离之前被去除。机械破碎的细胞碎片通常接近于纳米级,很难被去除。絮凝可以解决这个问题,当然前提是不会将胞内产物一起沉淀下来。明矾对增加碎片沉淀很有效,但它也会使蛋白质转化为絮状物,而缓慢地沉淀下来。

(2) 在连续发酵中的应用 在酒精发酵中,无论是细菌还是酵母发酵,都存在着细胞回收和循环使用的问题,即将细菌或酵母及时从发酵液中分离出来,循环使用。Larry 研究了用聚乙烯亚胺和聚丙烯酰胺从发酵液中回收酵母,酵母沉降速率可提高上百倍,细胞回收率在 99% 以上。

利用基因工程手段,对酵母进行品种改良,可以得到自身絮凝和沉降性能很好的酵母。在发酵过程中,酵母自身絮凝,达到循环使用细胞的目的。絮凝酵母已成功地应用于酒精的连续发酵中。絮凝酵母与传统的固定化细胞相比,具有以下优点:不需要固定化细胞载体、成本低、节省空间,可以获得高菌体浓度,实现连续发酵。

(3) 在生物产品分离中的应用 絮凝技术可代替或改善离心和过滤方法,富集或除去发酵液中的细胞或细胞碎片。Bautista 研究了用聚电解质 Superfloc-N-100 絮凝透明质酸酶发酵液中的细菌,经过 120 min,总发酵液中 80% 的体积为上清液,而酶活也没有任何损失。此外,周荣清等将透明质酸的发酵液分别经过三氯乙酸、0.45 μm 微孔膜、活性炭+硅藻土、絮凝和离心 5 种方式预处理,所得的清液经超滤分离透明质酸。实验结果表明,通过絮凝进行预处理的效果较佳。Hustedt 用聚丙烯酰胺絮凝 α-淀粉酶发酵液中的细菌 B. ammoniagenes,聚电解质浓度为 0.012% 时,可完全絮凝细菌,上清液中酶活力收率在 95% 以上。苏利民等在预处理后的酶清液中,添加聚苯乙烯磺酸钠或聚酰胺为主的絮凝剂,外加低压直流或低压交流电场强化絮凝效果,离心分离后得到的固体产品可用作食品酶。这一工艺同硫酸铵盐析、酒精沉淀等传统提取工艺比较,可使酶活性收率由 60% 左右提高到 90% 左右,酶活性的自然损失率下降到 3%。

8. 絮凝技术的新进展

(1) 亲和絮凝技术 目前常用的絮凝剂对絮凝的蛋白质没有选择性,它们往往会对可溶性的蛋白质也产生部分的絮凝作用,而这些可溶性的蛋白质有时就是我们的目标产物,为达到选择性絮凝的目的,亲和絮凝技术应运而生。它已成为细胞絮凝技术的一个新方向,是一种很有前景的生物产品分离方法。亲和絮凝是利用絮凝剂和细胞膜表面膜中成分的专一性交联而达到絮凝目的的技术。Senstad C.利用壳聚糖和小麦胚凝集素(WGA)之间的亲和性及壳聚糖在高 pH(＞6.5)时絮凝沉淀的特性,达到分离纯化 WGA 的目的。Bonnerjea J. 利用硼酸盐和酵母表面的多羟基胺之间的专一性交联作用,除含有多羟基的酵母细胞碎片,分离回收乙醇脱氢酶,酶的收率在 90% 以上。硼砂作为絮凝剂的效果比高分子絮凝剂好,这是因为硼砂仅对碳水化合物产生交联,具有选择性;交联反应瞬时完成,有利于在线混合与工业连续生产。

(2) 传统絮凝技术的改进　絮凝起初只是作为离心分离和过滤的预处理手段,但是随着絮凝技术的发展,絮凝剂间的混用,絮凝剂与无机盐或助凝剂的混用,絮凝与其他分离方法的结合以及微生物絮凝引起了人们日益浓厚的兴趣。

Persson Ingalill 研究了以絮凝细胞碎片来提高离心分离效率的方法,认为在大规模分离中利用连续离心分离器有可能获得良好的分离效果。但是,絮凝沉淀物的体积较大,必须回收其中的发酵液,才能提高产品的收率。由此看来,必须将传统絮凝技术进行改进,以提高絮凝沉淀的效果。

传统絮凝技术的改进方法之一是将絮凝剂与无机盐助凝剂混用,该方法已应用于生产。吴振强等采用天然无毒絮凝剂 GFI 和无机盐 $Fe_2(SO_4)_3 \cdot H_2O$ 协同作用除去肌苷发酵液中的菌体,可以省去原工艺中的阳离子吸附柱,直接采用炭柱吸附,此法不仅可使提取周期大大缩短,而且可以降低能耗,提高提取收率。李红光等使用铝盐或钙盐作为絮凝剂,使味精产量提高 10%,质量明显提高,能耗明显降低。该方法与高速分离及分离菌体法相比,设备费用仅为高速离心机的 1/10。

絮凝剂间的混用也是一种新的改进方法。在这种方法中,选择适宜的高分子絮凝剂匹配类型以达到复合絮凝的效果时,必须根据絮凝对象和使用设备型号,经模拟试验方能确定。实验证明,在某些情况下,絮凝剂单独使用不如按比例混合使用的效果好。刘红等利用两种无毒絮凝剂 GAF 和壳聚糖对味精发酵液的絮凝作用进行研究,发现两种絮凝剂联合使用的效果远远好于单独使用时的效果。味精发酵液 OD 值降至 0.045,除菌率为 98.5%;应用联和絮凝剂,透光率达 100%,除菌率为 98.8%。Savage、Christopher 利用阴离子型和阳离子型絮凝剂混合作用于 E.coli 溶液,尤其是在应用于菌体表达的蛋白、肽或氨基酸等可溶性物质与细胞或细胞碎片分离的操作中取得了良好的效果。Koster、Frans 等利用絮凝剂与两性去垢剂和适当的盐共同作用于疏水产物的发酵液中,一步操作便可得到高纯度的产品,而且此法已在大规模的分离纯化中应用。

絮凝是发酵液预处理中较有效、较重要的一种方法。当发酵液絮凝结束后就可以进行过滤和离心。当然,如果条件允许,也可以不经过絮凝而直接过滤或离心。采用何种方法处理是由实际情况所决定的。

2.1.3　杂蛋白质其他去除方法

在发酵液中除了上述高价无机离子外,还存在可溶性杂蛋白质。一般来讲,对于无机或有机酸、碱及其金属盐类,在特定条件下,通过溶媒转向、离子交换等方法可使其与产物逐步分离。但对于可溶性杂蛋白,如果任其进入滤液,将给以后各步的分离精制工作带来极大的不便。因此发酵液的预处理,从根本上说,是如何使可溶性杂蛋白形成沉淀,以便随固形物一同除去的过程。在各种方法中,变性沉淀最为常用。正确认识蛋白质的性质和变性理论很重要,因为它是发酵液预处理所依据的生化机理。

2.1.3.1 盐析法

水溶性蛋白质溶液是胶体体系,分子与水有很大的亲和力,所以又是亲水胶体,具有一般胶体体系的动力学和电学性质。它的溶解度与其分子高度水化有关,所以溶解的蛋白质分子周围有水化层。水化层是胶体体系稳定的必要条件之一。如果向胶体系统中加入电解质,随着体系的离子强度增大,蛋白质表面的双电层厚度就会降低,静电排斥作用减弱,同时也使得蛋白质某些疏水区的水化层脱落,疏水区域暴露,容易发生凝聚,从而沉淀。水溶液中的蛋白质,其溶解度一般在生理离子强度范围(0.15～0.2 mol/kg)内最大,低于或高于此范围时均降低。

蛋白质的盐析行为随着蛋白质的相对分子质量和立体结构的不同而异,结构不对称的高相对分子质量蛋白质所需的盐浓度较低,对于特定的蛋白质,影响盐析的主要因素有无机盐的种类、浓度、温度和 pH 值。离子半径小而带电荷较多的阴离子的盐析效果比较好,含高价离子的盐比 1-1 价型盐的盐析效果好。从成本和溶解度的角度考虑,硫酸铵是使用最普遍的盐析盐,但也有缓冲能力差、pH 值不易准确控制的缺点。除硫酸铵外,硫酸钠和氯化钠也常用于盐析。除盐的种类外,盐析操作的温度和 pH 值对盐析效果也有着重要的影响。一般而言,在高离子强度下,升高温度,蛋白质溶解度降低;对于 pH 值而言,在接近蛋白质等电点时,有利于盐析。

2.1.3.2 等电点沉淀法

蛋白质是由许多 α-氨基酸分子按一定的方式互相连接而成的。氨基酸是有机羧酸分子中碳链上的一个或几个氢原子被氨基取代生成的化合物。各种氨基酸在蛋白质分子中互相连接时,总有一些自由的羧基和自由氨基,其结构可以用通式表示:

$$R \begin{matrix} NH_2 \\ \\ COOH \end{matrix}$$

这种结构表明它是一种两性电解质。羧酸解离时产生 H^+,使蛋白质具有弱酸性:

$$R \begin{matrix} NH_2 \\ \\ COOH \end{matrix} \rightleftharpoons R \begin{matrix} NH_2 \\ \\ COO^- \end{matrix} + H^+$$

蛋白质的氨基又能与 H^+ 结合成 $R-NH_3^+$,使其具有弱碱性:

$$R \begin{matrix} NH_2 \\ \\ COOH \end{matrix} + H^+ \rightleftharpoons R \begin{matrix} NH_3^+ \\ \\ COOH \end{matrix}$$

蛋白质质点所带电荷,可因溶液 pH 值的变化而变化。它在酸性溶液中带正电,反之带负电。当溶液处于某一 pH 值时,蛋白质质点所带的净电荷恰好为零,此时的 pH 值就称为蛋白质的等电点。处于等电点状态时,蛋白质之间的静电排斥力最小,因此它失去了作为胶体体系稳定的基本因素。此时蛋白质质点迅速结合成聚集体,极易沉淀析出。在抗生素的生产过程中,一般将发酵液的 pH 值调至 2～3 的偏酸性范围或 8～9 的偏碱性范围内,使蛋白质变性沉淀。

等电点沉淀一般在低离子强度和 pH 值约为等电点的条件下进行,一般蛋白质的等电点都在偏酸性范围内,多通过加入无机酸(如盐酸、磷酸和硫酸等)调节 pH 值完成等电点沉淀。等电点沉淀法一般多用于疏水性较大的蛋白质,对于亲水性很强的蛋白质,由于在水中的溶解度较大,在 pH 值为等电点的环境下不易产生沉淀,因此,盐析沉淀法比等电点沉淀法应用更为广泛。与盐析法相比,等电点沉淀法省去了后续的脱盐操作,并且当沉淀操作的 pH 值较低时,杂蛋白更容易变性,所以该方法仍是蛋白质初级分离的有效手段。

由于极端 pH 值会导致某些目的产物失活,并且需消耗大量的酸碱。因此,采用调节 pH 值实现等电点沉淀有一定的局限性。

2.1.3.3 加热法

热敏性是蛋白质的一个显著特性,有些蛋白质在 50 ℃即失去活性而变性,一般的蛋白质在 70~80 ℃则不可逆地变性析出。对一些目标产品而言,如果其本身的耐热能力超过了加热处理发酵液时的温度,就可以采用加热的方法除去可溶性杂蛋白。在柠檬酸的生产过程中,将发酵液加热到 80 ℃可以使蛋白质变性凝固,降低发酵液的黏度,在除去杂蛋白的同时,过滤速度也得到了提高。再如黄原胶发酵液的预处理,在 pH6.5~6.9 条件下,80~130 ℃加热 10~20 min,就可钝化内含的某些酶类及杀死菌体细胞,有助于发酵液的过滤澄清。该方法操作简单、成本低,但是热处理法容易导致目标产品的变性,因此,目标产品为热敏性物质时,应该谨慎使用。

2.1.3.4 溶剂沉淀法

有机溶剂的加入,使蛋白质分子表面荷电基团或亲水基团的水化程度降低,即破坏蛋白质胶体的水膜,同时也可以降低溶液的介电常数。这使得蛋白质之间的静电引力增大,产生凝聚和沉淀。由于有机溶剂沉淀也是利用同种分子之间的相互作用,因此无机盐对蛋白质的溶解度影响很大,在低离子强度和等电点附近,容易生成沉淀,所需的有机溶剂量较少。并且随着蛋白质相对分子质量的增大,有机溶剂沉淀越容易进行,有机溶剂的加入量也越少。

有机溶剂的密度较低,使得产生的沉淀物易于分离。但该法容易引起目标蛋白质变性,沉淀操作必须在低温下进行。此外,有机溶剂和低温操作的成本都较高,所以在生产过程中,该方法一般只适用于液体处理量较少的情况。常用于沉淀的有机溶剂有丙酮和乙醇。

2.1.3.5 吸附法

杂蛋白可以被某些吸附剂或沉淀剂吸附除去。例如,利用黄血盐和硫酸锌的协同作用生成亚铁氰化锌钾$[Fe(CN)_6]_2$胶状沉淀来吸附蛋白质,这种方法在四环素类抗生素的生产过程中已经取得了很好的效果。吸附法的另一个典型实例是在枯草芽孢杆菌发酵液中,加入可以生成庞大凝胶的氯化钙和磷酸氢二钠,凝胶将蛋白质、菌体及其他不溶性粒子吸附并包裹在其中一同除去,还可加快过滤速率。

2.1.3.6 其他方法

聚电解质、某些多价金属离子和非离子型聚合物(如聚乙二醇)也可作为蛋白质的沉淀剂。聚电解质在蛋白质之间架桥,从而生成沉淀。蛋白质可与聚电解质如羟甲基纤维素、卡拉胶、海藻酸盐、果胶酸盐和酸性多糖等形成沉淀。由于蛋白质是两性物质,因此在蛋白质的酸性溶液中加入聚电解质,还兼有盐析和降低水化程度的作用。

在碱性溶液中,阳离子如 Ca^{2+}、Mg^{2+}、Mn^{2+}、Zn^{2+}、Ag^+、Cu^{2+}、Fe^{3+}、Pb^{2+} 等可与蛋白质

分子上的某些残基相互作用形成沉淀。Ca^{2+}、Mg^{2+}可与羧基结合，Mn^{2+}、Zn^{2+}可与羧基、含氮化合物及杂环化合物结合。金属离子沉淀法可以沉淀浓度很低的蛋白质，沉淀产物中的重金属离子可通过离子交换树脂或螯合剂除去。在D-核糖发酵液中添加10%～15%的饱和醋酸铅，残蛋白可基本除尽，并且，生成的醋酸铅有一定的絮凝作用，对后续处理有积极作用。

此外，在酸性溶液中，三氯乙酸盐、水杨酸盐、钨酸盐、苦味酸盐、鞣酸盐、过氯酸盐等物质中的阴离子也可以使蛋白质沉淀出来。

2.1.4 高价无机离子的去除

由于培养基或水中含有无机盐，发酵液中往往存在许多无机离子，如Mg^{2+}、Ca^{2+}等，因而需要经常测定并除去无机离子。去除的方法比较固定，因此，在这方面的研究也比较少。

2.1.4.1 Ca^{2+}的去除

在发酵液中加入草酸，可除去Ca^{2+}，同时草酸可酸化发酵液，使发酵液的胶体状态改变，并且有助于产物转入液相。由于草酸的溶解度较小，用量大时，可用其可溶性盐，如草酸钠。反应生成的草酸钙还能促使蛋白质凝固，提高滤液质量。但是，草酸的价格较高，如果回收利用可以降低成本。例如，在四环类抗生素废液中，加入硫酸铅，60 ℃下反应生成草酸铅，草酸铅在90～95 ℃下用硫酸分解，再经过过滤、冷却、结晶操作后就可以回收草酸。

此外，在沉淀Ca^{2+}的同时，草酸还会与发酵液中的Mg^{2+}形成草酸镁，去除部分Mg^{2+}。

2.1.4.2 Mg^{2+}的去除

一般来讲，草酸等弱酸的镁盐溶解度较大，并且发酵液中Mg^{2+}的浓度通常不高，利用草酸沉淀很难去尽Mg^{2+}。可以加入三聚磷酸钠，三聚磷酸钠与Mg^{2+}形成的络合物可溶，即可消除对离子交换树脂的影响：

$$Na_5P_3O_{10} + Mg^{2+} \longrightarrow MgNa_3P_3O_{10} + 2Na^+$$

用磷酸盐处理，也能大大降低发酵液中Ca^{2+}和Mg^{2+}的浓度。此法可用于环丝氨酸的提炼。

2.1.4.3 Fe^{2+}的去除

发酵液中Fe^{2+}，一般用黄血盐去除，使其形成普鲁士蓝沉淀：

$$3K_4Fe(CN)_6 + 4Fe^{3+} \longrightarrow Fe_4[Fe(CN)_6]_3 \downarrow + 12K^+$$

2.2 细胞破碎

细胞破碎技术是分离纯化细胞内合成的非分泌型成分的基础。有效的细胞破碎对分离纯化任何细胞内活性成分都是必要的。上游通过细胞的生理状态对细胞破碎效果产生影响，下游则要考虑去除细胞碎片和细胞蛋白质的污染等对产品活性的影响。细胞破碎的效果与细胞壁的坚韧程度，目标产品的性质，破碎的规模、方法、费用等有很大关系。细胞破碎的方法种类繁多，如何根据实际情况选择合适的方法非常重要。

2.2.1 细胞壁破碎

2.2.1.1 不同细胞细胞壁的成分与结构

细胞破碎的目的是破坏细胞外围使胞内物质释放出来。细胞外围通常包括细胞壁和细胞膜,它们起着支撑细胞的作用。其中细胞壁为外壁,具有固定细胞外形和保护细胞免受机械损伤或渗透压破坏的功能。细胞膜为内壁,是一层具有高度选择性的半透膜,控制细胞内外一些物质的交换渗透作用。细胞膜较薄,厚度为 7～10 nm,主要由蛋白质和脂类组成,强度比较差,易受渗透压冲击而破碎。细胞破碎的阻力主要来自细胞壁。动物细胞没有细胞壁,仅有细胞膜,因此动物细胞的破碎问题不大。微生物和植物细胞外层均有细胞壁,不同类型生物细胞壁结构特性不同,其破碎效果也不尽相同。研究细胞壁的成分和结构对研究细胞破碎的方法非常重要。

1. 微生物细胞壁的成分和结构

细菌细胞壁主要成分是肽聚糖,由 N-乙酰葡萄糖胺、N-乙酰胞壁酸和短肽聚合而成的多层网状结构。革兰氏阳性菌细胞壁较厚,20～80 nm,含 15～50 层肽聚糖片层,每层厚度 1 nm,占细胞干重的 50%～80%,肽聚糖层外还有壁磷壁酸和膜磷壁酸;革兰氏阴性菌细胞壁较薄,有 1～2 层肽聚糖层,在肽聚糖层外还有脂蛋白、脂质双层、脂多糖三部分(图 2-8)。脂蛋白的功能是将外膜固定于肽聚糖层,脂类和蛋白质等在稳定细胞结构上非常重要,如果被抽提,细胞壁将变得很不牢固。

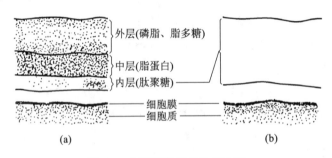

图 2-8 细菌细胞壁结构示意图
(a)革兰氏阴性菌;(b)革兰氏阳性菌

酵母菌细胞壁主要成分是多糖(葡聚糖和甘露聚糖等),另有少量的蛋白质和脂类,它的结构类似三明治。外层为甘露聚糖,占细胞壁干重的 40%～45%;中间层是一层蛋白质分子,约占细胞壁干重的 10%,其中有些是以与细胞壁相结合的酶的形式存在;内层为葡聚糖,酵母葡聚糖是一种不溶性、有分支的聚合物,主链以 β-1,6-糖苷键结合,支链以 β-1,3-糖苷键结合,是维持酵母细胞壁强度的主要物质。

霉菌细胞壁大多由几丁质和葡聚糖构成,还含有少量蛋白质和脂类。几丁质是由数百个 N-乙酰葡萄糖胺分子以 β-1,4-糖苷键连接而成的多聚糖。

2. 植物细胞壁的成分和结构

已生长结束的植物细胞壁可分为初生壁和次生壁两部分。初生壁是细胞生长期形成的;次生壁是细胞停止生长后,在初生壁内部形成的结构。纤维素的微纤丝以平行于细胞壁平面的方向一层一层附着在上面,同一层次上的微纤丝平行排列,而不同层次上则排列方向不同,互成一定角度,形成独立的网络,构成了细胞壁的"经"。细胞壁结构中的"纬"是结构蛋白(富含羟脯氨酸的蛋白),它由细胞质分泌,垂直于细胞壁平面排列,并由异二酪氨酸交联成结构蛋白网。经向的微纤丝网和纬向的结构蛋白网之间又相互交联,构成更复杂的网络系统。半纤维素和果胶等胶体则填充在网络之中,从而使整个细胞壁既具有刚性又具有韧性。在次生壁中,纤维素和半纤维素含量比初生壁中增加很多,纤维素的微纤丝排列得更紧密和有规则,而且存在木质素(酚类组分的聚合物)的沉积。因此次生壁的形成提高了细胞壁的坚硬性,使植物细胞具有很高的机械强度。

2.2.1.2 细胞破碎方法

细胞破碎主要分为机械破碎法和非机械破碎法两大类。机械破碎法是通过机械运动所产生的剪切力的作用,使细胞破碎的方法。非机械破碎法是采用化学法、酶解法、渗透压冲击法、冻结融化法和干燥法等破碎细胞的方法。根据不同生物以及不同产品的要求,选择不同的细胞破碎方法。选择合适的破碎方法需要考虑下列因素:细胞的数量,所需要的产物对破碎条件(温度、化学试剂、酶等)的敏感性,要达到的破碎程度及破碎所必要的速度,尽可能采用最温和的方法,具有大规模应用潜力的生物产品应选择适合于放大的破碎技术。

1. 机械破碎

机械破碎处理量大、破碎效率高、速度快,是工业上细胞破碎的主要手段,其原理主要基于对物料的挤压和剪切作用,使细胞壁破碎。细胞的机械破碎方法主要有高压匀浆、珠磨、撞击破碎和超声波破碎等。

(1)高压匀浆 高压匀浆(high-pressure homogenization)又称高压剪切破碎,是利用匀浆器产生的剪切力将组织细胞破碎的方法。高压匀浆器的破碎原理是细胞悬浮液在高压(通常为20~70 MPa)作用下从阀座与阀之间的环隙高速(可达到450 m/s)喷出后撞击到碰撞环上,细胞在受到高速撞击作用后,急剧释放到低压环境,从而在撞击力和剪切力的综合作用下破碎。

高压匀浆法中影响细胞破碎的因素主要有压力、循环操作次数和温度。实验研究表明,细胞破碎率 S 与操作压力 p 和循环操作次数 N 之间的关系可表示如下:

$$\ln \frac{1}{1-S} = kp^a N^b \tag{2.3}$$

图2-9是利用高压匀浆法破碎面包酵母时,破碎率与操作压力之间的关系。从图可知,对于酵母菌,式(2.3)中的 $a=2.9, b=1$,即

$$\ln \frac{1}{1-S} = kp^{2.9} N \tag{2.4}$$

当细胞浓度较高时,式(2.3)不再成立,其中 N 的指数 b 将发生变化,即细胞浓度影响破碎速率。此外,不同生长期的细胞以及不同培养条件下得到的细胞在相同破碎条件下的破碎效果也不一样,比生长速率越小,破碎效率越低,其主要原因是缓慢的生长条件更适合细胞发育成坚硬的细胞壁。

高压匀浆法适用于酵母和大多数细菌细胞的破碎,团状和丝状菌易造成高压匀浆器堵塞,一般不宜使用高

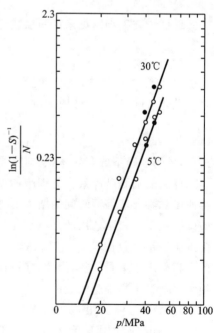

图2-9 酵母的高压匀浆破碎

$\ln[1/(1-S)]/N$ 与 p 的关系

(○)循环破碎,$N>1$;(●)单级破碎,$N=1$

压匀浆法。高压匀浆操作时,温度会随压力的增加而升高,每上升 10 MPa 的压强,温度上升为 2～3 ℃。因此,为保护目标产品的活性,需同时对料液做冷却处理。

目前已有多种高压匀浆器用于工业生产,WAB 公司的 AVP aulin 31 MR 型高压匀浆器,其最大操作压强为 24 MPa,最大处理量为 100 dm^3/h;Bran and luebbe 公司的 SHL 40 型高压匀浆器,最大操作压强为 20～63 MPa,最大处理量达 2.6～34 m^3/h。

(2) 珠磨　珠磨法(bead milling)的原理是在搅拌桨的高速搅拌下微珠高速运动,微珠之间以及微珠和细胞之间发生冲击和研磨,使悬浮液中的细胞受到研磨剪切和撞击而破碎。图 2-10 是水平密闭型珠磨机的结构简图。珠磨机的破碎室内填充玻璃(密度为 2.5 g/cm^3)或氧化锆(密度为 6.0 g/cm^3)微珠(粒径 0.1～1.0 mm),填充率为 80%～85%。

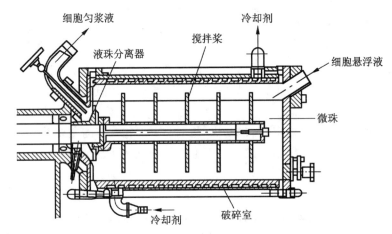

图 2-10　珠磨机结构简图

珠磨法破碎细胞可采用间歇或连续操作。两种情况下细胞的破碎动力学均可近似表示为

$$\ln \frac{1}{1-S} = kt \tag{2.5}$$

式中,k 与微珠粒径、密度、填充率、细胞浓度、搅拌速度以及搅拌桨的形状有关;t 为间歇操作时的破碎时间,连续操作时为细胞悬浮液在破碎室内的平均停留时间,t 可表达为

$$t = \frac{V}{q_v} \tag{2.6}$$

式中,V 为破碎室的有效体积(即悬浮液的体积,m^3);q_v 为悬浮液的流量(m^3/s)。

珠磨的细胞破碎效率与细胞的种类、搅拌速度和悬浮液停留时间有关。破碎效率都随搅拌速度和悬浮液停留时间的增大而增大。对于一定的细胞,选择适宜的微珠粒径,可以使细胞破碎率最高。通常选用的微珠粒径与目标细胞的直径比在 30～100 之间。另外,悬浮液中细菌细胞质量分数在 6%～12%、酵母细胞质量分数在 14%～18% 时破碎效果较理想。珠磨破碎过程会产生大量的热,因此,在设计珠磨机或者珠磨操作时应考虑散热问题。珠磨法适用于绝大多数微生物细胞的破碎。

珠磨机的种类很多,如 WAB 公司的 Dyno mill KD 45C 型珠磨机最大搅拌速度为 1 450 r/min(圆周速度为 20 m/s),破碎室体积为 45 dm^3。

(3) 撞击破碎　撞击破碎的原理是先将细胞冷冻成为刚性球体,使其容易破碎。细胞悬浮液以喷雾状高速冻结(冻结速度为数千摄氏度每分钟),形成粒径小于 50 μm 的微粒子。高速载气(如氮气,流速约 300 m/s)将冻结的微粒子送入破碎室,高速撞击撞击板,使冻结的细胞发生破碎。

撞击破碎的特点是:细胞破碎仅发生在与撞击板撞击的一瞬间,细胞破碎程度均匀,可避免细胞反复受力发生过度破碎的现象。另外,细胞破碎程度可通过调节载气压力(流速)控制,避免细胞内部结构的破坏,适用于细胞器(如线粒体、叶绿体等)的回收。撞击破碎适用于大多数微生物细胞和植物细胞的破碎。

(4)超声波破碎　超声波破碎(ultrasonication)的原理是用超声波(一般 15～25 kHz)处理细胞悬浮液,液体会发生空化作用(cavitation),空穴的形成、增大和闭合产生的冲击波和剪切力,使细胞破碎。超声波的细胞破碎效率与细胞种类、浓度和超声波的声频、声能有关。

超声波破碎法是很强烈的破碎方法,适用于多数微生物的破碎,其有效能量利用率极低,操作过程会产生大量的热,因此操作需在冰水或有外部冷却的容器中进行,目前主要用于实验室规模的细胞破碎。

各种机械破碎法的作用机理不尽相同,有各自的适用范围和处理规模。适用范围不仅包括菌体细胞,而且包括目标产物。有关珠磨法和超声波破碎法破碎大肠杆菌、提取质粒 DNA 的研究表明,只有珠磨法的完整质粒收率在 90% 以上,而其他方法的收率低于 50%。因此,要针对目标产物的性质选择细胞破碎器并确定适宜的破碎操作条件。

2. 非机械破碎

(1)化学渗透

①酸碱处理。蛋白质为两性电解质,改变 pH 值可改变其荷电性质,使蛋白质之间或蛋白质与其他物质之间的相互作用力降低而易于溶解。因此,利用酸碱调节 pH 值,可提高蛋白质类产物的溶解度。

②化学试剂处理。用表面活性剂(如 SDS、Triton X-100 等)、螯合剂(如 EDTA)、盐(改变离子强度)或有机溶剂(如苯、甲苯等)处理细胞,可增大细胞壁通透性。脲和盐酸胍等变性剂(denaturant)能破坏氢键作用,降低胞内产物之间的相互作用,使之容易释放。

(2)酶溶　酶溶法(enzymatic lysis)是利用溶解细胞壁的酶处理菌体细胞,使细胞壁受到部分或完全破坏后,再利用渗透压冲击等方法破坏细胞膜,进一步增大胞内产物的通透性。溶菌酶适用于革兰氏阳性菌细胞壁的分解;应用于革兰氏阴性菌时,需辅以 EDTA 使之更有效地作用于细胞壁。酵母细胞的酶溶需用藤黄节杆菌酶(几种细菌酶的混合物)、β-1,6-葡聚糖酶或甘露糖酶;植物细胞壁需用纤维素酶、半纤维素酶和果胶酶。通过调节温度、pH 值或添加有机溶剂,诱使细胞产生溶解自身的酶的方法也是一种酶溶法,称为自溶(autolysis)。例如,酵母在 45～50 ℃下保温 20 h 左右,可发生自溶。

化学渗透法比机械破碎速度低、效率差,并且化学或生化试剂的添加形成新的污染,给进一步的分离纯化增添麻烦。但是,化学渗透法比机械破碎的选择性高,胞内产物的总释放率低,特别是可有效地抑制核酸的释放,料液黏度小,有利于后处理过程。将化学渗透法与机械破碎相结合,可大大提高破碎效率。例如,面包酵母用酵母溶解酶预处理后,在 95 MPa 下匀浆 4 次,破碎率接近 100%,而单独使用高压均浆法的破碎率仅为 32%。

(3)物理渗透法

①渗透压冲击法。渗透压冲击(osmotic shock)是细胞破碎法中最为温和的一种,适用于易破碎的细胞。将细胞置于高渗透压的介质(如较高浓度的甘油或蔗糖溶液)中,达到平衡后,将介质突然稀释或将细胞转置于低渗透压的水或缓冲溶液中。在渗透压的作用下,水通过细胞壁和细胞膜渗透进入细胞,使细胞壁和细胞膜膨胀破裂。

②冻结-融化法。将细胞急剧冻结后在室温下缓慢融化,此冻结、融化操作反复进行多次,使细胞受到破坏。冻结的作用是破坏细胞膜的疏水键结构,增加其亲水性和通透性。另外,胞内水结晶使胞内外产生溶液浓度差,在渗透压作用下引起细胞膨胀而破裂。冻结-融化法对存在于细胞质周围靠近细胞膜的胞内产物释放较为有效,但溶质靠分子扩散释放出来,速度缓慢。因此,冻结-融化法在多数情况下效果不显著。

上述化学和物理渗透法的处理条件比较温和,目标产物的活力释放回收率较高,但这些方法破碎效率较低、产物释放慢、处理时间长,不适于大规模细胞破碎的需要,多局限于实验室规模的小批量应用。

实际的破碎操作需通过实验确定适宜的破碎器和破碎操作条件,获得最佳的破碎效率。提高破碎率意味着延长破碎操作时间或增加破碎操作次数,这往往会引起目标产物的变性或失活。而过度的破碎释放大量的胞内产物,给下游的分离纯化操作增加难度。因此,破碎操作应与整个提取精制过程相联系,在保证目标产物高收率的前提下,使纯化成本最低。

2.2.2　包含体的分离和蛋白质复性

2.2.2.1　包含体的分离

细胞破碎后,经离心收集的沉淀中,除包含体外,还包括许多杂质,如细胞外膜蛋白OmpC、OmpF、OmpA 的结合物,RNA 聚合酶的四个亚基,质粒 DNA,脂质,肽聚糖以及脂多糖等。在复性时,它们会与目标蛋白一起复性形成杂交分子而聚集,给后续纯化带来困难。因此,在包含体溶解前,预先将各种杂质洗涤除去显得很重要。如肿瘤坏死因子突变体60,用低浓度尿素反复洗涤包含体后,据报道可使纯度由 35.3% 增加到 47.9%。由于减少了干扰杂质,后面仅用两步凝胶层析就可使目标产物纯度达到 97% 以上。

洗涤液常采用较温和的表面活性剂(如 Triton X-100)或低浓度的弱变性剂(如尿素),它们的作用是溶解除去部分膜蛋白和脂质类杂质。应注意使用的浓度以溶解杂质,而不溶解包含体中表达产物为原则。这样,通过离心就能将包含体沉淀与溶解的杂质分离。例如重组人碱性成纤维细胞生长因子(bFGF)的培养液经细胞破碎后,在进行包含体洗涤时,将尿素浓度从 0.5 mol/L 逐步升高到 5.0 mol/L,经 SDS-PAGE 电泳测定表明:随着尿素浓度的提高,上清液中杂蛋白浓度升高,但包含体中目标蛋白含量有所下降。说明在高浓度尿素中,目标蛋白产生溶解。因此综合考虑,尿素的浓度选择在 2.0 mol/L 为宜,此时杂质除去多,而且目标蛋白损失少。

包含体中不溶性的活性蛋白产物必须溶解到液相中,才能采用各种分离手段使其得到进一步纯化。一般的水溶液很难将其溶解,只有采用蛋白质变性的方法才能使其形成可溶性的形式。增溶剂主要有盐酸胍、尿素、表面活性剂(如十二烷基硫酸钠,即 SDS)、pH 的碱溶液和有机溶剂(如乙腈、丙酮)等。为了保护蛋白质的生物活性和考虑毒性问题,碱性有机溶剂使用较少。变性剂盐酸胍和尿素主要是破坏离子间的相互作用,表面活性剂 SDS 是破坏蛋白质肽链间的疏水相互作用。因此在这些溶液中,蛋白质呈变性状态,其高级结构被破坏,即所有的氢键、疏水键都被破坏,疏水侧链完全暴露。

变性增溶效果随目标蛋白的种类不同而不同,关键的变量包括作用时间、pH、离子强度、变性剂的种类和浓度等,通常进行小试得出最佳条件。一般能使表达产物溶解的盐酸胍浓度为 5~8 mol/L,尿素为 6~8 mol/L,SDS 为 1%~2%(W/V)。例如,实验证明上述碱性成纤维胞生长因子(bFGF)在包含体溶解过程中,盐酸胍溶解能力比相同浓度的尿素好,当盐酸胍浓度从 6 mol/L 提高到 8 mol/L,温度从 4 ℃提高到室温 25 ℃,均有利于包含体的溶解。

2.2.2.2 目标蛋白的复性

在变性溶解过程中,虽然变性剂的存在破坏了蛋白质的高级结构,但一级结构和共价键没有破坏。因此,当部分变性剂被除去后,蛋白质会重新折叠,恢复其具有活性的天然构型,这一折叠过程称为复性。

复性的方法主要是稀释法和膜分离法。稀释法就是加入大量的水或缓冲液,使变性剂浓度降低,蛋白质即开始复性。此法虽操作简便,但是会导致目标蛋白浓度降低,料液体积增大。膜分离法中可采用透析、超滤或电渗析等方法除去变性剂,此法不会增加料液体积和降低目标蛋白浓度,克服了稀释法的缺点。透析法适用于实验室规模,将料液对水或缓冲液透析,变性剂透过膜被除去,透析袋内的目标蛋白得到复性。此法的缺点是耗时较长,易形成蛋白沉淀。超滤和电渗析速度较快,但由于剪切力,容易使蛋白失活,操作时应多加注意。

复性操作条件的选择和优化是十分重要的。影响复性效果的因素有变性剂浓度、重组蛋白浓度和纯度、温度、pH、离子强度和氧化还原条件等。

复性过程中变性剂浓度和目标蛋白浓度是很重要的因素,实践证明低浓度的变性剂(如 2~3 mol/L 尿素)可使变性蛋白重新折叠,但如果浓度过低,复性率会降低。因为变性剂移走后,某些蛋白分子可能重新聚合,生成二聚体、三聚体或多聚体,甚至产生沉淀物。红血球碳酸酶复性时,移出盐酸胍后,复性液中剩余的盐酸胍浓度和蛋白浓度对复性效果都有很大影响。降低盐酸胍浓度或增加蛋白质浓度都易使系统进入多聚体区和絮凝区,因为蛋白浓度提高,分子间作用力增大,分子间聚合的趋势就增大,如果此溶液中变性剂浓度再降低,就很容易使目标蛋白聚集。因此盐酸胍和蛋白浓度应控制好,使操作条件处于复性区以上。

复性过程中还要注意溶液 pH 的控制。例如重组人粒细胞巨噬细胞集落因子和单核细胞趋化激活因子融合蛋白(GM-CSF/MCAF)复性时,缓冲液的 pH 如果降低,会促使产物聚合、形成沉淀,使活性蛋白收率降低,故偏碱性条件下复性效果较好。又如碱性成纤维细胞生长因子(bFGF)复性透析液的 pH 为 7.0 时,也会形成较多沉淀;而在 pH 8.0 的微碱性条件下,沉淀减少,其复性收率可提高 26%。

某些情况下,包含体中蛋白质含两个以上的二硫键,复性时就有可能发生错误的配对连接。在复性前要用还原剂打断—S—S—键,使其变成—SH,复性后再加入氧化剂,使两个—SH 形成正确的二硫键。常用的还原剂为二硫苏糖醇(1~50 mmol/L)、p 巯基乙醇(0.5~50 mmol/L)、还原型谷胱甘肽(1~50 mmol/L)。常用的氧化剂为氧化型谷胱甘肽、半胱氨酸等,以及在碱性条件下通空气。例如,基因工程大肠杆菌表达的重组人粒细胞巨噬细胞集落刺激因子(thGM-CSF)分子中有两对二硫键,其生物活性取决于两对二硫键的正确配对,有报道在复性过程中采用含 1 mmol/L 还原型谷胱甘肽和 0.1 mmol/L 氧化型谷胱甘肽作为稀释液,进行逐级稀释,复性后的活性产物收率比不含谷胱甘肽的直接稀释法提高近 4 倍。

活性蛋白的复性是十分复杂的过程,上述的稀释法和膜分离法均不是十分理想的方法,其最大缺点是复性效果不佳,活性蛋白复性收率低,通常仅 20% 左右。因此,目前的研究方向是设法采用更先进的复性技术来提高蛋白质的复性收率。例如采用高效疏水层析(HPHIC)复性,实现了纯化和复性同时完成的目的。国内学者耿信笃等在重组人干扰素-γ(rIFN-γ)复性时,将含 7.0 mol/L 盐酸胍的变性溶液直接进样到制备型高效疏水层析柱上,利用色层分离原理,在分离盐酸胍和杂蛋白的同时使 rIFN-γ 得到较完全的复性。实验证明,经一步疏水层析后,其活性回收率为稀释法的 2.8 倍,纯度达 85% 以上,比活高达 5.7×10^7 IU/mg。除上述改进的方法外,近年来还出现了反胶束法复性、单克隆抗体协助复性和保护协助复性等。

2.3 固液分离

为了能够进行发酵产品的有效分离、纯化和精制,必须首先将菌体、固形物杂质和悬浮固体物质除去,保证处理液澄清。离心分离和过滤是目前生物分离过程常用的分离方法。细菌和酵母菌都是单细胞且体形较小,一般球菌大小为 $0.2 \sim 1.25~\mu m$,杆菌大小平均为 $(0.5 \sim 1)~\mu m \times (1 \sim 3)~\mu m$,酵母菌大小平均为 $(3 \sim 7.5)~\mu m \times (5 \sim 14)~\mu m$。对于发酵液中的细菌和酵母菌的菌体,多采用高速离心分离,而对于细胞体形较大的丝状菌(霉菌和放线菌)的菌体分离一般采用过滤的方法进行分离。

2.3.1 影响固液分离的因素

发酵液属非牛顿型液体,其流变特性与许多因素有关,主要取决于细胞或菌体的大小和形状,以及介质的黏度。

发酵液中,通常粒子越小,分离难度越大,费用也越高。真菌经絮凝后的絮凝体,体积最大。如青霉素,菌体直径可达 $10~\mu m$,固液分离就容易,采用常规过滤,如板框过滤或鼓式真空过滤就能达到目的。而细菌和细胞碎片体积最小,常规的离心和过滤效果很差,不能得到澄清的滤液和紧密的滤饼,通常应采用高速离心,或者用各种预处理方法来增大粒子体积,再进行常规的固液分离。

细胞培养液的黏度是另一重要影响因素。固液分离速度通常与黏度成反比,黏度越大,固液分离越困难。培养液黏度的大小受很多因素影响:细胞或菌体的种类和浓度是一个重要因素,通常丝状菌、动物或植物细胞悬浮液的黏度较大,浓度增大,黏度也提高。培养液(发酵液)中蛋白质、核酸大量存在,也会使黏度明显增大,通常细胞破碎或细胞自溶后蛋白质、核酸、酶等大量释放,黏度都特别大。因此,细胞破碎的程度应控制,发酵时间要适宜。培养基成分也是影响黏度的一个因素,如用黄豆粉、花生粉作氮源,淀粉作碳源,黏度都会升高。此外,某些染菌发酵液(如染细菌),则黏度会增大。发酵过程的不正常处理也会影响黏度,如发酵后期加消沫油或发酵液中含大量过剩的培养基,都会使黏度增大。

除上述两个因素外,发酵液的 pH、温度和加热时间都会影响固液分离。通常调节发酵液不同的 pH,固液分离速度会不同。如灰色链丝菌,当 pH 下降,滤速会增加。加热促使蛋白质凝固、黏度降低,有利于固液分离,但要考虑生化物质稳定性,加热温度和时间必须控制好。

2.3.2 过滤技术

过滤就是利用多孔性介质(如滤布)截留固液悬浮物中的固体颗粒,从而实现固液分离的方法。微生物发酵液属非牛顿型液体,在悬浮液中含有大量的菌体,细胞或细胞碎片以及残余的固体培养基,这些固体颗粒均可通过过滤操作减少或除去。目前,在生化工业中,过滤的方法还是以传统的板框过滤或真空过滤等为主。随着膜分离技术的发展,过滤已超出了传统意义上固液分离的范畴。选择性和高效性使膜分离技术在生物产品的分离提取中蕴含着巨大的潜力。

2.3.3 影响过滤的因素

一般被分离的含有目的生物物质成分的混合物,其成分复杂、种类繁多,使过滤分离较困难。过滤操作的原理虽然比较简单,但影响过滤的因素很多。

2.3.3.1 悬浮液的性质

悬浮液的黏度会影响过滤的速率,黏度越大,过滤越困难。通常悬浮液的黏度与其组成和浓度密切相关,组成越复杂,浓度越高,则黏度越大。此外,过滤速率与料液的温度和pH也有关系。悬浮液温度增高,则黏度降低,对过滤有利,故一般料液应趁热过滤。调整pH也可改变流体黏度,从而提高过滤速率。

2.3.3.2 过滤推动力

过滤推动力有重力、真空、加压及离心力。以重力作为推动力的操作,设备最为简单,但过滤速度慢,一般仅用来处理含固量少而且容易过滤的悬浮液。真空过滤的速率比较高,能适应很多过滤过程的要求,但它受到溶液沸点和大气压力的限制,而且要求设置一套抽真空的设备。加压过滤可以在较高的压力差下操作,可加大过滤速率,但对设备的强度、紧密性要求较高。

2.3.3.3 过滤介质与滤饼的性质

过滤介质及滤饼对过滤产生阻力。过滤介质的性质对过滤速率的影响很大。例如金属筛网与棉毛织品的空隙大小相差很大,滤液的澄清度和生产能力的差别也就很大,因此要根据悬浮液中颗粒的大小来选择合适的介质。一般来说,对不可压缩性滤饼,提高过程的推动力可以加大过程的速率;而对可压缩性滤饼,压差的增加使粒子与粒子间的孔隙减小,故用增加压差来提高过滤速率有时反而不利。另外,滤渣颗粒的形状、大小、结构紧密与否等,对过滤也有明显的影响。一般来说,悬浮颗粒越大、粒子越坚硬、大小越均匀,过滤越容易。扁平的或胶状的固体在过滤时滤孔常会发生阻塞,可采用加入助滤剂的办法,提高过滤速率,从而提高生产能力。

2.3.4.4 过滤分离设备和技术

采用不同的过滤技术,其分离效果不同;采用同一过滤技术,选用的设备结构、型号不同,其分离效果也不同。此外,生产工艺的经济要求,例如是否要最大限度地回收滤渣,对滤饼中含液量的大小以及对滤饼层厚度的限制等,均将影响到过滤设备的结构和过滤机的生产能力。在选择过滤设备和技术时,应根据被分离物料的性质、分离要求、操作条件等综合考虑。根据以上对影响过滤因素的分析,要提高过滤速率和效果一般可采取以下措施:①对被分离的物料进行适当的预处理,改善料液的性能,如降低黏度、絮凝和凝聚、调节pH、加助滤剂等;②选择合适的过滤介质;③增加过滤的表面积;④适当增加过滤的推动力,加压、减压或离心。

2.3.4 过滤方法

过滤是传统的化工单元操作,按料液流动方向不同,过滤可分为常规过滤和错流过滤。常规过滤时,料液流动方向与过滤介质垂直;而错流过滤时,料液流向平行于过滤介质。

2.3.4.1 常规过滤

根据过滤机理的不同，常规过滤可分为滤饼过滤和深层过滤两种。滤饼过滤是指固体粒子在介质表面积累，很短时间内发生架桥现象，此时沉积的滤饼亦起过滤介质的作用，过滤在介质的表面进行，所以也称表面过滤。深层过滤是指固体粒子在过滤介质的空隙内被截留，固液分离过程发生在过滤介质的内部。一般料浆固形物含量超过1%时采用滤饼过滤，在0.1%以下时采用深层过滤，在0.1%~1%之间的可先经过预处理或增浓，将浓度提高到上限，然后采用滤饼过滤的方法。实际过滤过程中以上两类过滤机理可能同时或先后发生。

2.3.4.2 错流过滤

错流过滤是一种新的过滤方式(图2-11)，与常规过滤的区别在于它的固体悬浮液流动方向与过滤介质平行，而常规过滤则是垂直的，因此，错流过滤能连续清除过滤介质表面的滞留物，使滤饼不能形成，所以整个过滤中能保持较高的过滤速度。错流过滤在料液固形物含量高于0.5%、处理量大时有明显的优势。并且，当料液中悬浮的固体粒子十分细小，采用常规过滤速度极慢，而离心分离费用又太高时，错流过滤能显示出它独特的优点，例如对于细菌悬浮液，错流过滤的滤速可达67~118 L/($m^2 \cdot h$)。

与传统的滤饼过滤和硅藻土过滤相比，错流过滤透过通量大，滤液澄清，菌体回收率高，不添加助滤剂或絮凝剂，回收的菌体纯净，有利于进一步的分离操作(如菌体破碎、胞内产物的回收等)，适于大规模连续操作，易于进行无菌操作，防止杂菌的污染。但错流过滤的一个缺点是固液分离不太完全，固相中含有70%~80%的滞留液体，而常规过滤或离心分离，只有30%~40%。

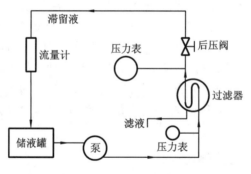

图2-11 错流过滤模型

2.3.4.3 过滤设备

过滤设备从传统的板框过滤机到旋转式真空过滤设备，种类繁多。按操作方式分类可分为分批(间歇)操作式和连续操作式；按推动力不同，可分为重力过滤、加压过滤、真空过滤和离心过滤。在生物工业中，常用的过滤发酵液的设备主要有板式或板框式压滤机、鼓式真空过滤机和加压叶滤机三种。不同性状的发酵液应选择不同的过滤设备。

1. 板式或板框式压滤机

板框式压滤机由许多滤板和滤框间隔排列而成，板和框装合压紧后构成滤浆和洗水流通的孔道，框两侧的滤布与空框围成容纳滤浆与滤饼的空间，滤板用以支撑滤布并提供滤液流出的通道。板框式压滤机的总框数由生产能力和悬浮液固体浓度确定。常用的板框式压滤机有

BMS、BAS、BMY 及 BAY 等类型。滤板与滤框一般由铸铁制成,硬橡胶或塑料也可作为铸材使用。无菌过滤时,一般采用不锈钢制造的压滤机。板框式硅藻土过滤机属于板式压滤机,以硅藻土过滤介质代替滤布,与典型的板框式压滤机没有本质上的区别。

板式或板框式压滤机过滤面积大,过滤推动力(压力差)能较大幅度地调整,耐受的压力差高,固相含水率低,因此,对不同过滤特性的发酵液适应性强。而且,还具有结构简单、维修方便、价格低、动力消耗少等优点。所以,在国内使用广泛。但是,这种设备笨重,不能连续操作,且劳动强度大,卫生条件差,非生产的辅助时间长(包括解框、卸饼、洗滤布、重新压紧板框等),生产效率低,阻碍了过滤效果的提高。为解决这些问题,现已研制出半自动和全自动压滤机。自动板框式压滤机是一种新型的压滤设备。滤板的拆装、滤渣的脱落卸除和滤布的清洗等操作都能自动进行,大大缩短了非生产的辅助时间,减轻了劳动强度。

在发酵工业中,板式或板框式压滤机在培养基的制备和放线菌、霉菌、酵母菌及细菌等多种发酵液的固液分离中有广泛的应用。板式或板框式压滤机比较适合于固体含量为 10%~20% 的悬浮液的分离。而对于菌体较细小、黏度较大的发酵液,可以加入助滤剂或采用絮凝等方法预处理后进行压滤。对于难过滤的枯草杆菌发酵液,可设计一种特别薄的滤框,以减小滤饼的阻力。此外,可采用有橡胶隔膜的压滤机,过滤结束时,在滤板和橡皮膜之间通入压缩空气压榨滤饼,将液体挤压出来。

2. 鼓式真空过滤机

鼓式真空过滤机是以大气与真空之间的压力差作为过滤操作的推动力。设备的主体是一个由筛板组成能转动的水平圆筒,表面的金属网上覆盖滤布。圆筒分为过滤区、洗涤区及脱水区、卸渣区和再生区三个区。转筒下部浸入滤浆槽中,圆筒旋转时,顺序进行过滤、洗涤、吹干、吹松、卸渣等操作。过滤时,滤饼厚度一般保持在 40 mm 以内。

鼓式真空过滤机是一种连续的过滤设备,并能实现自动化控制,并且处理量大、劳动强度小。在大规模的生物工业生产中,鼓式真空过滤机比较常用。但其设备多、投资大。由于是真空过滤,推动力小(即压差较小)。滤饼的湿度大,可到 20%~30%,固相干度不如加压过滤。与鼓式真空过滤机操作原理类似的有真空过滤机、转盘真空过滤机和真空翻斗式过滤机。

鼓式真空过滤机特别适用于分离固体含量较大(>10%)的悬浮液。在发酵工业中广泛应用于放线菌、霉菌和酵母菌发酵液或细胞悬浮液的过滤分离。例如,过滤青霉素的速度可达 800L/(m²·h)。而对于菌体较细或黏稠的难于过滤的胶状发酵液,解决的办法主要是过滤前在转鼓上面预先铺一层 50~60 mm 厚的助滤剂(常用的是硅藻土)。操作时,调节滤饼刮刀将滤饼连同一薄层助滤剂一起刮去,每转一圈,助滤剂约刮去 0.1 mm,这样可以使过滤面积不断更新,以维持正常的过滤速度。放线菌发酵液就可以采用这种方式进行过滤。据报道,当预涂的助滤剂是硅藻土,转鼓的转速在 0.5~1 r/min 时,过滤链霉素发酵液(pH2.0~2.2,温度 25~30 ℃)的滤速可以达到 90 L/(m²·h)。

3. 加压叶滤机

加压叶滤机由许多滤叶组合而成,每片滤叶以金属管为框架,内部装有多孔金属板,外边罩有过滤介质,内部的空间可供滤液通过。加压叶滤机是间歇操作设备,过滤推动力大、单位地面所容纳的过滤面积大、滤饼洗涤充分、机械化程度高、劳动力较省、操作环境的卫生条件也比较好,并且机器装卸简单,容易清洗。但是,设备的构造复杂、造价高,过滤介质的更换也比较复杂。另外,滤饼中粒度差别较大的颗粒有可能分别沉积于不同的高度,使洗涤不易均匀。加压叶滤机是在密封的条件下过滤的,因此适用于无菌操作。

2.3.5 提高过滤性能的方法

加快过滤速度和提高过滤质量是过滤操作的两个目标。由于滤饼阻力是影响过滤速度的主要因素,所以在过滤之前,对于难过滤的发酵液,必须设法改善过滤性能,降低滤饼的比阻,以提高过滤速度。发酵液经预处理之后滤饼比阻一般都会大大降低。表 2-3 给出了各种抗生素发酵液经过不同的预处理操作后,滤饼的比阻值。

表 2-3 预处理后发酵液滤饼的平均比阻

抗生素	培养基(主要成分)	培养基(干重)浓度/(%)	预处理方法	质量比阻 $(\gamma_B) \times 10^{12}$ m/kg
链霉素	葡萄糖-黄豆粉	8.5	酸化、热处理	50~70
	葡萄糖-黄豆粉	8.5	在弱碱性液体中形成填充剂	170~200
	葡萄糖-玉米浆	8.5	酸化、热处理	15~20
	葡萄糖-玉米浆	8.5	在弱碱性液体中形成填充剂	3~5
	葡萄糖-黄豆粉	11.3	酸化、热处理	80~100
	葡萄糖-黄豆粉	15.2	酸化、热处理	100~200
四环素	玉米粉	14.5	不同 pH 下酸处理	10~25
土霉素	淀粉-黄豆粉	16.5	酸化、热处理	25~35
红霉素	葡萄糖-玉米粉	17.7	在弱碱性液体中形成填充剂	20~50

1. 助滤剂

在待滤的发酵液中加入适当比例的助滤剂可以有效地降低滤饼比阻。助滤剂是一种不可压缩的多孔微粒,它能使滤饼疏松(除过滤初期外,真正起滤介质作用的是滤饼,所以疏松的滤饼层有利于提高滤速),从而增大过滤速度。这是因为加入助滤剂后,悬浮液中的大量胶体粒子吸附于助滤剂的表面,改变了滤饼的结构,从而降低了过滤的阻力。

工业上常用的助滤剂有硅酸盐粉末(硅藻土)、纤维素、白土、炭粒和淀粉等,其中硅藻土最为常用。还有一种叫珠光石的工业产品(即珍珠岩粉),成分为二氧化硅,价格便宜,也常作为助滤剂使用。助滤剂必须不吸附或很少吸附生化物质。

助滤剂的加入方法有两种,一种是在过滤介质表面预先涂一层助滤剂(涂层厚 1~2 mm),另一种是将助滤剂直接加入发酵液中,两种方法也可同时使用。前一种方法虽然会降低滤速,但滤液透明度增加很快。后一种方法需要一个带搅拌槽的混合槽,将悬浮液充分搅拌混合均匀,防止分层沉淀。

助滤剂的种类应根据目的产物、过滤介质来确定。首先,对于目的产物而言,如果相态为液相,则在特定的 pH 值下,目的产物会被助滤剂吸附造成损失,所以要避开这个特殊的 pH 点;如果目的产物为固相,淀粉和纤维素不会影响产品的质量。其次,过滤介质不同,与之配伍的助滤剂也不同。介质的孔径较大,过滤时易发生泄漏,这时可采用石棉粉、纤维素、淀粉等助滤剂防止泄漏。使用细目滤布时,如果所用助滤剂为粗粒硅藻土,料液中的细小颗粒会通过助滤层到达滤布表面,增大过滤阻力,所以,粒径小的硅藻土更为合适。当过滤介质为烧结或黏结材料时,为使滤渣易于剥离,不堵塞毛细孔,宜使用纤维素作助滤剂。

助滤剂的粒度及粒度分布对过滤速度和滤液澄清度均有影响。助滤剂的粒度必须与悬浮液中固体粒子的尺寸相适应,粒径小的悬浮液应使用较细的助滤剂。在实际操作中,应针对发酵液和不同的过滤要求,通过实验确定最适的规格型号。

助滤剂的用量,一般为液体的 0.5%～10%,最适的添加量要根据实际情况和实验结果确定。用量过大,不仅浪费,而且助滤剂会成为主要的滤饼阻力从而降低过滤速度。当采用预涂助滤剂的加入法时,间歇操作的助滤剂厚度不能低于 2 mm,连续操作则依所需的过滤速度来确定。如果将助滤剂直接加入发酵液中,有一条经验规则可以参考,即助滤剂用量若等于悬浮液中固体含量时,滤速最快。

助滤剂作为一种常用的改善过滤性能的方法,有许多优点。但是,当以菌体细胞的收集为目的时,使用助滤剂会给后续的分离纯化操作带来困难,须谨慎使用。

2. 反应剂

改善过滤性能的另一种方法是加入不影响目的产物的反应剂,它们能相互作用,或和发酵液中的杂质(如某些可溶性盐类)反应,生成如 $CaSO_4$、$Al_2(PO_4)_3$ 等的不溶解的沉淀,从而提高过滤速度。生成的沉淀能防止菌丝体黏结,使菌丝具有块状结构,沉淀本身就可作为助滤剂,而且还能凝固胶状物和悬浮物。正确选择反应剂和反应条件,能使过滤速度提高 3～10 倍。例如,环丝氨酸发酵液用氯化钙和磷酸处理后,生成磷酸钙沉淀,该沉淀能使悬浮物凝固。反应剩余的磷酸根离子,还可除去钙、镁离子。此外,这种方法不会给发酵液引入其他阳离子而影响环丝氨酸的离子交换吸附。再如,在新生青霉素发酵液中加入氯化钙和磷酸钠,生成的磷酸钙可作为填充-凝固剂。它一方面充当助滤剂,另一方面还可使某些蛋白质凝固。

如果发酵液中含有不溶性多糖,过滤前最好用酶先将其转化为单糖,以提高过滤速度。例如万古霉素用淀粉作培养基,加入 0.025% 淀粉酶,搅拌 30 min 后,再加入 2.5% 的助滤剂,能使过滤速度加快 5 倍。

发酵液染菌后,会含有很多细菌菌体,杂质也相应增多,这给过滤造成了很大的困难。所染杂菌的种类不同对过滤的影响也不同,一般染霉菌的影响比较小,而染产气杆菌则使过滤很难进行。这时可以采用升高温度、增加纯化剂用量等方法处理发酵液。如染菌的四环素发酵液一般可以通过加温至 40～50 ℃(平时不加热),增加黄血盐、硫酸锌的用量,以正常批号的滤渣作为助滤剂等办法改善过滤性能。

2.4 离心技术

离心是生产中广泛使用的一种固液分离手段。它在生物工业中应用十分广泛。从啤酒和果酒的澄清、谷氨酸结晶的分离,至发酵液菌体、细胞的回收或除去,血细胞、胞内细胞器、病毒和蛋白质的分离,以及液液相的分离都大量使用离心分离技术。

2.4.1 离心的原理

依靠惯性离心力的作用而实现的沉降过程称为离心。对于两相密度差较小,颗粒粒度较细的非均相体系,在重力场中的沉降效率很低,甚至不能完全分离,若改用离心可以大大提高沉降速度,缩小设备尺寸。

2.4.1.1 离心沉降速度

当非均相体系绕着某一个轴心做旋转运动时,就形成了一个惯性离心力场。如果颗粒密度大于液体密度,则惯性力会使颗粒在径向上与液体发生相对运动而飞离中心。根据力学原理,颗粒在惯性离心力场中受到三个力的作用,即惯性离心力、向心力和阻力(与颗粒径向运动方向相反)。当这三个力达到平衡时,颗粒在径向上相对于液体的运动速度 v_r 就是它在此位置上的离心沉降速度,其表达式为

$$v_r = \sqrt{\frac{4d(\rho_s-\rho)}{3\rho\xi}r\omega^2} \tag{2.7}$$

式中,d 为球形颗粒的直径;ρ_s 是颗粒密度;ρ 为液体密度;r 为离心半径;ω 为旋转角速度;ξ 为阻力系数。

离心沉降时,如果颗粒与液体的相对运动属于滞留,则阻力系数 ξ 为

$$\xi = \frac{24}{Re} \tag{2.8}$$

式中,Re 为雷诺数。将阻力系数代入式(2.8)可得出离心沉降速度的表达式如下:

$$v_r = \frac{d^2(\rho_s-\rho)}{18\mu}r\omega^2 \tag{2.9}$$

式中,μ 为液体黏度。

2.4.1.2 离心分离因数

离心分离因数 K_c 为粒子在同种介质中的离心沉降速度与重力沉降速度的比值,即

$$K_c = \frac{r\omega^2}{g} \tag{2.10}$$

分离因数是离心分离设备的一个重要技术指标,是衡量离心程度的参数。

发酵工业离心机分沉降式离心机与离心过滤机两类。沉降式离心机有管式与碟式两种基本形式。离心过滤机有分批式、自动间歇式和连续式操作等形式。由于细菌和酵母发酵产生菌细胞体形小,在深层发酵液中多呈分散的悬浮状态,因此,工业发酵上对于这类菌体和发酵液的分离多采用碟式或管式沉降离心机。经碟式或管式高速离心机离心分离发酵液,可将菌体等固形物与液相分开。

2.4.2 超离心技术

离心分离的方法是与离心设备的完善程度紧密联系的。离心方案的设计对离心设备提出了严格甚至苛刻的要求,而离心设备的进步与更新又推动了离心方法的进展。近半个世纪以来,在这一进程中逐步形成了一项专门的技术——超离心技术。超离心技术就是在强大的离心力场下,依据物质的沉降系数、质量和形状不同,将混合物样品中各组分分离、浓缩、提纯的一项技术。在生物化学、分子生物学以及细胞生物学的发展中,超离心技术起着很重要的作用。目前这项技术已广泛用于各种细胞器、病毒以及生物大分子的分离,成为生物学、医学和化学等领域中现代实验室不可缺少的制备和分析手段。

2.4.2.1 制备性超离心

制备性超离心的主要目的是最大限度地从样品中分离高纯度的所需组分。按照原理不同分为差速离心法和密度梯度区带离心法(简称区带离心法)。

1. 差速离心法

差速离心是生化分离中最为常用的离心分离方法。以菌体细胞的收集或除去为目的的固

液分离是分级离心操作的一种特殊情况,称为一级分级分离。表 2-4 列出了一些菌体细胞的大小和相应的离心操作条件。从表中可以看出,菌体和细胞一般在 500～5 000g 的离心力下就可完全沉降,但为提高分离速度,工业规模的离心操作所用的离心力较大。在差速离心操作中,离心转速和时间等操作条件要根据实际体系的特点(目标产物和其他组分的性质和相互作用)、分离的目的和所需的分离程度来选择,从而使料液中的不同组分得到分级分离。图 2-12 为一个差速离心分级细胞破碎液的实例。

表 2-4 主要菌体和细胞的离心分离

菌体、细胞	大小/μm	离心力/g		菌体、细胞	大小/μm	离心力/g	
		实验室	工业规模			实验室	工业规模
大肠杆菌	2～4	1 500	13 000	红细胞	6～9	1 200	
酵母	2～7	1 500	8 000	淋巴细胞	7～12	500	
血小板	2～4	5 000		肝细胞	20～30	800	

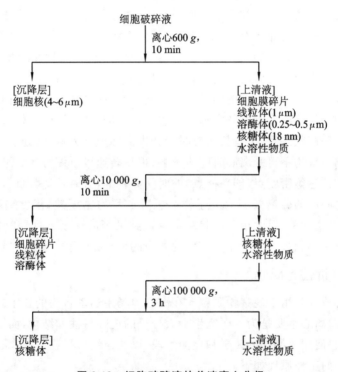

图 2-12 细胞破碎液的差速离心分级

差速离心法是逐渐增加离心速度或交替使用低速和高速离心,用不同强度的离心力使具有不同质量的物质分级分离的方法。此法适用于混合样品中各沉降系数差别较大组分的分离,主要用于从组织匀浆液中分离细胞器和病毒。其优点是操作简易,离心后用倾倒法即可将上清液与沉淀分开,并可使用容量较大的角式转子。缺点是需多次离心,沉淀中有夹带,分离效果差,不能一次得到纯颗粒,沉淀于管底的颗粒受挤压容易变性失活。

2. 密度梯度区带离心法(区带离心法)

密度梯度区带离心法是将样品加在惰性梯度介质中进行离心沉降或沉降平衡,在一定的离心力作用下把颗粒分配到梯度中某些特定位置上,形成不同区带的分离方法。此法的优点是：分离效果好，可一次获得较纯颗粒；适应范围广，能像差速离心法一样分离具有沉降系数差的颗粒，又能分离有一定浮力密度差的颗粒；颗粒不会挤压变形，能保持颗粒活性，并防止已形成的区带由于对流而引起混合。此法的缺点是：离心时间较长；需要制备惰性梯度介质溶液；操作严格，不易掌握。

密度梯度区带离心法又可分为差速区带离心法和等密度区带离心法两种。

(1)差速区带离心法　当不同的颗粒间存在沉降速度差时(不需要像差速离心法所要求的那样大的沉降系数差)，在一定的离心力作用下，颗粒各自以一定的速度沉降，在密度梯度介质的不同区域上形成区带的方法称为差速区带离心法。此法仅用于分离有一定沉降系数差的颗粒(20%的沉降系数差或更少)或相对分子质量相差3倍的蛋白质，与颗粒的密度无关，大小相同、密度不同的颗粒(如线粒体、溶酶体等)不能用此法分离。

操作时离心管中先装好密度梯度介质溶液，样品加在梯度介质的液面上。离心时，由于离心力的作用，颗粒离开原样品层，按不同沉降速度向管底沉降，一定时间后，沉降的颗粒逐渐分开，最后形成一系列界面清楚的不连续区带，沉降系数越大，往下沉降越快，所呈现的区带也越低。离心必须在沉降最快的大颗粒到达管底前结束，样品颗粒的密度要大于梯度介质的密度。差速区带离心法常用的梯度介质有Ficoll、Percoll及蔗糖等。

(2)等密度区带离心法　离心管中预先放置好梯度介质，样品加在梯度介质的液面上，或样品预先与梯度介质溶液混合后装入离心管，通过离心形成梯度，这就是预形成梯度和离心形成梯度的等密度区带离心产生梯度的两种方式。离心时，样品的不同颗粒向上浮起，一直移动到与它们的密度相等的等密度点的特定梯度位置上，形成几条不同的区带，这就是等密度区带离心法。体系到达平衡状态后，再延长离心时间和提高转速已无意义，处于等密度点上的样品颗粒的区带形状和位置均不再受离心时间所影响，提高转速可以缩短达到平衡的时间，离心所需时间以最小颗粒到达等密度点(即平衡点)的时间为基准，有时长达数日。

等密度区带离心法的分离效率取决于样品颗粒的浮力密度差，密度差越大，分离效果越好，与颗粒大小和形状无关，但大小和形状决定着达到平衡的速度、时间和区带宽度。等密度区带离心法适用于大小相近而密度差异较大的物质的分离，常用的梯度介质为氯化铯(CsCl)。

2.4.2.2　分析性超离心

分析性超离心技术是用于观察物质颗粒在离心力场中运动行为的技术。与制备性超离心不同的是，分析性超离心主要是为了研究生物大分子的沉降特性和结构，而不是专门收集某一特定组分。因此，它使用了特殊的转子和检测手段，以便连续监视物质在离心力场中的沉降过程。分析性超离心的工作原理如下。

分析性超离心机主要是由一个椭圆形的转子、一套真空系统和一套光学系统组成的。转子通过一个柔性的轴连接成一个高速的驱动装置，此轴可使转子在旋转时形成自己的轴心。转子在一个冷凉的真空腔中旋转，腔中容纳两个小室：配衡室和分析室。配衡室是一个经过精密加工的金属块，用于分析室的平衡。分析室的容量一般为1 mL，呈扇形排列在转子中，其工作原理与一个普通水平转子相同。分析室有上下两个平面的石英窗，离心机中装有的光学系统可保证在整个离心期间都能观察小室中正在沉降的物质，可以通过对紫外线的吸收(如蛋白质和核酸)或折射率的不同对沉降物质进行监视。

2.4.3 离心技术在生物分离中的应用

1. 测定生物大分子的相对分子质量

测定相对分子质量应用最广泛的是沉降速度。在一定转速下,使任意分布的粒子通过溶剂从旋转中心辐射地向外移动,在移去了粒子的那部分溶剂和尚含有沉降物的那部分溶剂之间形成一个明显的界面,该界面随时间而移动,这就是粒子沉降速度的一个指标,经光学系统记录后,即可计算出粒子的沉降系数。

2. 生物大分子的纯度估计

分析性超离心已广泛应用于研究 DNA 制剂、病毒和蛋白质的纯度。用沉降速度相关技术来分析沉降界面是测定样品均一性的最常用方法之一,出现单一清晰的界面一般认为是均一的,如有杂质则在主峰的一侧或两侧出现小峰。

3. 分析生物大分子的构象变化

分析性超离心已成功地应用于分析生物大分子的构象变化。例如 DNA 可能以单股或双股出现,DNA 分子可能是线性的,也可能是环状的,如果遇到某种因素(温度或溶剂),DNA 分子可能发生构象变化,这些构象上的变化可以通过检测样品在沉降速度上的差异来证实。

2.5 全发酵液的提取

目前,尽管固液分离技术已得到很大进展,出现了许多新型的离心设备来适应悬浮颗粒细小、黏度大的发酵液或细胞培养液,但是固液分离仍常常是一个突出要解决的问题,甚至成为整个分离纯化工艺路线中的制约步骤,因此避开固液分离操作,从悬浮液中直接提取生化物质便成为国内外学者探索的方向。近年来,主要的研究趋向可概括为如下三方面。

(1) 用膜技术进行全发酵液的提取。采用膜直接吸附法,经一步膜分离的效果就相当于过滤、浓缩和吸附。该技术的关键是连接的配基容量要大,同时要解决膜孔道的污染问题。

(2) 用双水相萃取进行全发酵液的提取。将发酵液或细胞匀浆液直接用于双水相萃取中,控制条件,使目标产物与细胞悬浮液颗粒分别分配在不同的两相中,通常是悬浮液颗粒在下相,产物在上相。然后经一般的液液分离法将两相分开,使固液分离、萃取同时完成。该法的关键是要选择到合适的双水相系统和操作条件,有时显得较困难。

(3) 用扩张床吸附进行全发酵液提取。扩张床吸附(expanded bed adsorption)是 20 世纪 90 年代初出现的一种将固体颗粒去除和目标蛋白纯化合并在一步完成的新型技术。在装有固体吸附剂的层析柱中,将悬浮液直接从柱下端通入,自下而上流过吸附剂颗粒,在一定的流速下,吸附剂床层松动并扩张,出现流化态,颗粒间距离拉大,悬浮液中细胞、细胞碎片和其他固体粒子就能无阻挡地通过柱体,并从柱上端流出,而产物被吸附在吸附剂上。然后以相同的流化方式洗涤滞留在床层中的固体杂质,再按固定床的自上而下方式通入洗脱液将目标产物洗脱下来,吸附剂经再生后重复利用。这样经一步操作即可同时完成料液的澄清、浓缩和初步纯化,不仅减少了操作步骤,缩短了时间,而且降低了成本,提高了收率。

扩张床吸附的关键是要在柱的床层中形成一个使吸附剂间隙距离增大的稳定的流化作

用。当颗粒的沉降速度和向上的液体流速之间达到平衡,就可使流化作用稳定。因此料液在柱中的流速很重要。当向上的液体流速达到某一值时,床层开始扩展,这时的流速称最低流化速度(minimum fluidization velocity),用 v_{mf} 表示;以后随流速增大,床层不断扩展,吸附剂颗粒间隙增大,使悬浮液中固体粒子能够通过,但是流速不能过大,应以吸附剂颗粒不被液体带出为限度,即不能大于吸附剂的终端沉降速度 v_t(terminal settling velocity),用 v_t 表示。因此料液流速 v 应在两者之间选择,并还要大于细胞悬浮液粒子的终端沉降速度,以便将其带出柱外。料液的流速范围取决于吸附剂颗粒性质和流化液体的性质,吸附剂颗粒与流化液体之间的密度差增大,可供选择的料液流速范围也增大。

扩张床是流化床的一种特例,两者的区别在于,流化床中流速快,产生液相和固相的轴向返混,而扩张床中返混程度很低。扩张床中,吸附剂颗粒不是完全均匀一致的,在大小和密度上具有一定的分布,流化过程中,颗粒大的或密度大的颗粒会分布在柱底部,而小粒子向上分布在柱顶端。当条件控制适当时,颗粒分离成层,流化粒子限制在局部范围内运动,不相混合。因而颗粒轴向混合很低,单个颗粒仅在小范围内做圆周运动,而且液体流动为活塞流,这种床层的特性类似于固定床。在流化床中,由于轴向返混程度大,其吸附性质类似于搅拌罐中的分批吸附过程,接近于一级平衡过程。对于扩张来说,其吸附性能与固定床相似,但分离效果、吸附容量和收率都比固定床好,更适合于蛋白质的吸附分离。

扩张床吸附剂与一般固定床层介质的不同之处在于前者必须具有较大的密度,以便提供较大的料液流速范围。此外,还应该具有高的交联度和大孔结构,较强地吸附大分子生化物质的能力,同时要有高的化学和机械稳定性,能耐受流化过程中所产生的摩擦作用的影响,以便反复循环使用。

为了能形成稳定的分层流化床层,扩张床所采用的柱必须满足一些基本要求。其中最关键的是柱进口分布板的结构,要求分布板两侧的压力降必须均匀分布,以使板上各处的流速均匀一致,否则容易造成沟流,影响吸附。分布板一般为多孔板,允许料液中固体粒子能向上通过小孔,但停止操作时,吸附剂颗粒不能从小孔中落下来。还应考虑料液流过小孔对生物大分子物质引起的剪切力的影响,应尽可能减小该影响,以免某些对剪切力敏感的物质遭到破坏。分布板可采用烧结玻璃板或不锈钢网,目的是使液体分布均匀。

在生物技术中扩张床吸附可应用于从各种类型的发酵液和培养液中初步提纯生物大分子产物,如从细菌、酵母菌等微生物发酵液和哺乳动物细胞培养液中回收不同的蛋白质。其吸附机理涉及各种分离技术,包括离子交换、亲和及疏水作用等。

2.6 固液分离进展

近十年来固液分离技术获得迅速的发展,必须研制出更有效的药剂和设备。根据国内需要,研制出来源广、价格低的脱水助剂,特别是表面活性剂型助滤剂,推广高效浓缩机和各种类型的自动压滤机,研制新型的连续压滤机和提高与改现有真空过滤机,都十分迫切。

目前世界各国的固液分离理论研究及新产品开发进入高层次探索阶段,涉及领域很广,这需要我国通过借鉴国外先进技术,生产出适合我国的新型固液分离设备。随着科学技术和工业生产的发展,能源、资源、农业、环境等问题将更受重视,生物化工、新型材料、精细化工等高技术领域的迅速发展,必然会对液固分离技术提出更高的要求。预期今后固液分离技术的研究和开发将会主要集中于以下几个方面。

(1)能源多元化燃料开采过程中的物料处理。

(2)低品位,共生矿资源利用过程中提取精矿时,液体和固体的分离过程。

(3)水处理,包括工业、生活用水处理和再生利用。

(4)生物化工、医药化工的高纯制品和高纯水处理技术。

(5)现有传统工业生产中过滤设备的改进、更新换代和替代进口设备等。

(本章由朱德艳编写,李华初审,胡永红复审)

习题

1. 固液分离有哪些主要方法?各有何特点?
2. 试从主要结构、工作过程、特点和适用性几方面简要比较加压板框式过滤机、真空转鼓过滤机和离心过滤机。
3. 什么是错流过滤?和常规过滤相比有哪些优势和不足之处?
4. 工业上常用的离心分离设备有哪些?请分别简述其工作原理及特点。
5. 什么是超离心技术?包括哪些方法?请分别简述其原理。
6. 试比较两种密度梯度区带离心法(差速区带离心法和等密度区带离心法)的异同。

参考文献

[1] 俞俊荣,唐孝宣,邬行彦,等. 新编生物工艺学(上册)[M]. 北京:化学工业出版社,2004.

[2] 谭天伟. 生物分离技术[M]. 北京:化学工业出版社,2007.

[3] 李万才. 生物分离技术[M]. 北京:中国轻工业出版社,2009.

[4] 梅乐和,姚善泾,林东强,等. 生化生产工艺学[M]. 北京:科学出版社,1998.

[5] 王湛. 膜分离技术基础[M]. 北京:化学工业出版社,2003.

[6] 孙彦. 生物分离工程[M]. 北京:化学工业出版社,1998.

[7] 梁世中. 生物工程设备[M]. 北京:中国轻工业出版社,2002.

[8] 沈亮,李建明,黄维菊,等. 利用离心力场作用强化微滤[J]. 过滤与分离,2002,12(1):4-6.

[9] 毛贵中. 生物工业下游技术[M]. 北京:中国轻工业出版社,1993.

[10] 严希康. 生化分离技术[M]. 上海:华东理工大学出版社,1996.

[11] 曾文炉,李浩然,李宝华,等. 螺旋藻泡载分离法采收的实验室研究[J]. 过程工程学报,2002,2(1):40-44.

[12] 殷钢,周蕊,李琛,等. 糖-蛋白质混合体系泡沫分离过程研究[J]. 化学工程,2000,28(6):34-37.

[13] 修志龙,张代佳,贾凌云,等. 泡沫分离法分离人参皂苷[J]. 过程工程学报,2001,1

(3):289-292.

[14] 董红星,郭亚军,朱荣凯.稀溶液中微量组分的分离与分离方法选择[J].应用科技,2002,29(1):55-57.

[15] 杨博,王永华,姚汝华.蛋白质的泡沫分离[J].食品与发酵工业,2000,27(2):76-79.

第3章 沉析技术

本章要点

本章在概述沉析技术的基础上,分别介绍了各种沉析技术的概念、原理、技术操作工艺及其动力学,讨论了工艺操作的影响因素,并对规模化生产中的技术应用,即大规模沉析的步骤、动力学过程以及注意事项进行了介绍。最后列举了小牛脾磷酸化酶的纯化作为沉析技术应用的实例。本章的重点为各种沉析技术的概念、原理、技术操作工艺及工艺操作的影响因素。难点为技术操作工艺及其动力学。

沉析技术是利用沉析剂使需要提取的生化成分或杂质,在待处理溶液中的溶解度降低并形成无定形固体析出或沉淀的一种技术。它是常用于生化成分分离纯化的技术,包括盐析、有机溶剂沉析及等电点沉淀技术等。

生化分子在水溶液中形成稳定的分散体系是有条件的,这些条件是溶液的各种理化参数。任何能够影响这些条件的因素都会破坏分散体系的稳定性。沉析技术的基本原理就是采用适当的措施改变溶液技术操作工艺及其动力学的理化参数,控制溶液中各种成分的溶解度,根据不同物质在溶剂中的溶解度不同而达到分离的目的。溶液组分的改变或加入某些沉析剂以及改变溶液的pH值、离子强度和极性都会使溶质的溶解度产生明显的改变。换言之,就是不同的物质置入相同的溶液,溶解度是不同的;相同的物质置入不同的溶液,溶解度也是不一样的。因此,选择适当的溶液就能使欲分离的有效成分呈现最大溶解度,而使杂质呈现最小溶解度,或者相反,有效成分呈现最小溶解度,而使杂质呈现最大溶解度。然后经过适当的处理,即可达到从抽提液中分离有效成分的目的。

沉析技术具有设备简单、成本低、浓缩倍数高、原材料易得和便于小批量生产等优点。作为最传统的生化物质分离纯化的方法之一,沉析技术目前仍广泛用于生化物质的浓缩提取中。如从血浆中通过5步沉析,可生产纯度高达99%的免疫球蛋白和96%~99%的白蛋白。沉析技术既适用于抗生素、有机酸等小分子物质,又适用于蛋白质、多肽、核酸等细胞组分的回收和分离过程。沉析技术缺点是产物纯度低、过滤较困难以及后处理需脱盐等。

沉析操作常在生物样品粗制液获得(如研磨浸提液和发酵液经过滤或离心上清液)以后进行,得到的沉析物可直接干燥制得成品或经进一步提纯制得高纯度生化产品。其操作方式可分连续法或间歇法两种,规模较小时,常采用间歇法。无论哪一种方式,操作步骤通常按三步进行:第一步加入沉析剂;第二步为沉析物的陈化,促进粒子生长;第三步为离心或过滤,收集沉淀物。需注意的是加沉析剂的方式和陈化条件对产物的纯度、收率和沉淀物的形状都有很大影响。

3.1 盐析技术

在高浓度的中性盐存在下,蛋白质(酶)等生物大分子物质在水溶液中的溶解度降低,产生沉淀的过程称作盐析。盐析技术是一种经典的分离方法,一般不引起蛋白质的变性,当除去盐后,又可溶解。盐析法目前仍然广泛用于回收或分离蛋白质。

3.1.1 盐析原理

蛋白质和酶等生物大分子因其分子中的—COOH、—NH_2和—OH等基团作用以一种亲水胶体形式存在于水溶液中,无外界影响时,呈稳定的分散状态,其主要原因是,第一,蛋白质为两性物质,一定pH下表面显示一定的电性,由于静电斥力作用,分子间相互排斥。第二,蛋白质分子周围,水分子呈有序排列,在其表面上形成了水化膜,水化膜层能保护蛋白质粒子,避免其因碰撞而聚沉。

蛋白质溶液中逐渐加入中性盐等电解质时,会产生两种现象:低离子强度情况下,随着中性盐离子强度的增高,蛋白质的活度系数降低,并且蛋白质吸附盐离子后,带电表层使蛋白质分子间相互排斥,而蛋白质分子与水分子间相互作用却加强,因而蛋白质的溶解度增大,这种现象称为盐溶现象。相反,在高盐浓度时,随着离子强度的增大,蛋白质表面的双电层厚度降低,静电排斥作用减弱,同时,盐离子的水化作用使蛋白质表面疏水区附近的水化层脱离蛋白质,暴露出疏水区域,从而增大了蛋白质表面疏水区之间的疏水相互作用,容易发生凝聚,进而沉淀,该现象称为盐析作用。产生盐析作用的一个原因是由于盐离子与蛋白质表面具相反电性的离子基团结合,形成离子对,因此盐离子部分中和了蛋白质的电性,使蛋白质分子之间静电排斥作用减弱而能相互靠拢,聚集起来。蛋白质的盐析机理示意图见图3-1。盐析作用的另一个原因是亲水胶体在水中的稳定因素,其有两个:电荷和水化膜。因为中性盐的亲水性大于蛋白质和酶分子的亲水性,所以加入大量中性盐后,夺走了水分子,破坏了水化膜,暴露出疏水区域,同时又中和了电荷,破坏了亲水胶体,蛋白质分子即形成沉淀。

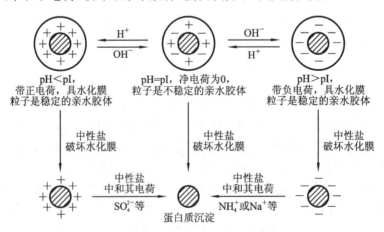

图3-1 蛋白质盐析机理示意图

蛋白质在水中的溶解度不仅与中性盐离子的浓度有关,还与离子所带电荷数有关,高价离子影响更显著,通常用离子强度来表示对盐析的影响。图 3-2 表示盐离子强度与蛋白质溶解度之间的关系,直线部分为盐析区,曲线部分为盐溶。在盐析区,遵循下列数学表达式(Cohn 经验式):

$$\lg S = \beta - K_S I \quad (3.1)$$

式中,S 为蛋白质溶解度,mol/L;I 为盐离子强度,$I = 1/2(\sum c_i Z_i^2)$,c_i 为 i 离子浓度,mol/L,Z_i 为 i 离子化合价;β 和 K_S 对特定的盐析系统为常数,其中 β 与盐的种类无关,但与温度和 pH 值有关,K_S 与温度和 pH 值无关。在浓盐溶液里,蛋白质溶解度的对数值与溶液中离子强度呈线性关系,如图 3-2 所示。

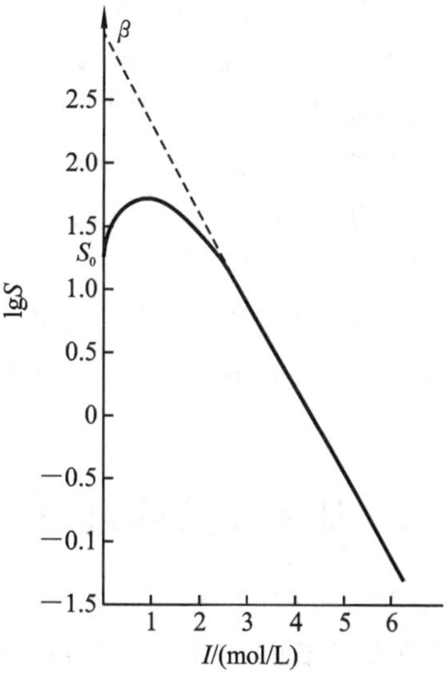

但是由于离子强度在盐析情况下较难测定,只有在离子完全离解,即稀溶液时才能有效分析,所以式(3.1)并不十分准确,因而常用浓度代替离子强度,则式(3.1)变为

$$\lg S = \beta - K_S C \quad (3.2)$$

图 3-2 25 ℃,pH 值为 6.6 时碳氧血红蛋白 lgS 与硫酸铵离子强度关系

式中,C 为盐的物质的量浓度;两公式中 β 值为蛋白质在纯水中即离子强度为零时的假想溶解度对数值,是 pH 值和温度的函数,在蛋白质等电点(pI)时最小。常数 K_S 和 β 分别为盐析曲线的斜率的绝对值和 Y 轴截距。K_S 与温度和 pH 值无关,但和蛋白质及盐的种类有关。因此,用盐析法分离蛋白质时可以有如下两种方法。

(1) 在一定的 pH 值及温度条件下,改变盐的浓度(即离子强度)达到沉淀的目的,称为"K_S"分级盐析法。

(2) 在一定的离子强度下,改变溶液的 pH 值及温度,达到沉淀的目的,称为"β"分级盐析法。

一般粗提蛋白时常用前一种方法,进一步分离纯化时常用后一种方法。

表 3-1 列出了一些蛋白质的盐析常数。由表可见中性盐的阴离子对 K_S 的影响是主要的,阴离子的价数高,盐析常数大;阳离子的效果则有时相反。由图 3-2 可以看出盐析常数 K_S 大时,溶质溶解度受盐浓度的影响大,盐析效果好,反之 K_S 小时盐析效果差。生物大分子因表面电荷多,相对分子质量大,溶解度受盐浓度的影响大,其 K_S 值比一般小分子要高 10~20 倍。在一定的盐析环境中 β 值是蛋白质的特征常数,中性盐的种类对 β 的影响趋于零,但环境温度及 pH 值变化对 β 影响很大。

表 3-1 一些蛋白质的盐析常数(K_S)

蛋白质	氯化钠	硫酸镁	硫酸铵	硫酸钠	磷酸钾	柠檬酸钠
β-球蛋白				0.63		
血红蛋白(马)		0.33	0.71	0.76	1.00	0.69
血红蛋白(人)					2.00	
肌红蛋白(马)			0.94			
卵清蛋白			1.22			
纤维蛋白原	1.07		1.46		2.16	

一般来说生物大分子处于等电点附近时 β 值最小。温度对 β 值的影响随溶质种类而异,大多数蛋白质的 β 值随温度升高而下降。

在多数情况下,尤其在生产中,往往是向提取液中加入固体中性盐或其饱和溶液,以改变溶液的离子强度(温度及 pH 基本不变),使目的产物或杂蛋白沉淀析出。这样做使被盐析物质的溶解度剧烈下降,易产生共沉淀现象,故分辨率不高。这就使 K_S 分级盐析法多用于提取液的前期分离工作。

在分离的后期阶段,为了求得较好的分辨率,或者为了达到结晶的目的,有时应用 β 分级盐析法。β 分级盐析法由于溶质溶解度变化缓慢且变化幅度小,沉淀分辨率比 K_S 分级盐析好。

3.1.2 盐析用盐的选择

依据盐析理论,离子强度对蛋白质等溶质的溶解度起着决定性的作用。在相同的离子强度下,不同种类的盐对蛋白质的盐析效果不同,盐的种类主要影响 Cohn 方程中的盐析常数 K_S 值。图 3-3 表示不同盐类对同一蛋白质的不同盐析作用。其 K_S 值的顺序为磷酸钾>硫酸钠>硫酸铵>柠檬酸钠>硫酸镁。镁离子半径虽比铵离子小,但在高盐浓度下镁离子产生一层离子雾,因而半径大增,降低了盐析效应。因此,在选择盐析的无机盐时,除考虑上述各种离子的盐析效果外,对盐还有如下要求:溶解度大,能配制高离子强度的盐溶液;溶解度受温度影响较小;盐溶液密度不高,以便蛋白质沉淀的沉降或离心分离。

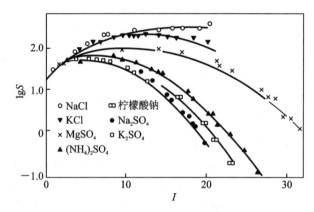

图 3-3　25 ℃下一氧化碳血红蛋白在不同电解质中溶解度曲线

选择盐析用盐还要考虑以下几个主要问题。

(1) 盐析作用要强。一般来说多价阴离子的盐析作用强,多价阳离子有时反而使盐析作用减弱。

(2) 盐析用盐须有足够大的溶解度,且溶解度受温度影响应尽可能地小。这样便于获得高浓度盐溶液,有利于操作,尤其是在较低温度(0～4 ℃)下的操作,不致造成盐结晶析出,影响盐析效果。

(3) 盐析用盐在生物学上是惰性的,不致影响蛋白质等生物大分子的活性。最好不引入给分离或测定带来麻烦的杂质。

(4) 来源丰富,价格经济实惠,废液不污染环境。

表 3-2 列出了最常见的盐析用盐的有关特性。

表 3-2 常用盐析用盐的有关性质

盐的种类	盐析作用	溶解度	溶解度受温度影响	缓冲能力	其他性质
硫酸铵	大	大	小	小	含氮、便宜
硫酸钠	大	较小	大	小	不含氮、较贵
磷酸盐	小	较小	大	大	不含氮、贵

下面列出两类离子盐析效果强弱的经验规律：

阴离子：$C_6H_5O_7^{3-} > C_4H_4O_6^{2-} > SO_4^{2-} > F^- > IO_3^- > H_2PO_4^- > Ac^- > BrO_3^- > Cl^- > ClO_3^- > Br^- > NO_3^- > ClO_4^- > I^- > CNS^-$

阳离子：$Ti^{3+} > Al^{3+} > H^+ > Ba^{2+} > Sr^{2+} > Ca^{2+} > Mg^{2+} > Cs^+ > Rb^+ > NH_4^+ > K^+ > Na^+ > Li^+$

硫酸铵具有盐析效果强、溶解度大、受温度影响小以及廉价等优点，在盐析中使用最多。在 25 ℃时，1 L 水中能溶解 767 g 硫酸铵固体，相当于 4 mol/L 的浓度。该饱和溶液的 pH 值在 4.5～5.5 范围内，使用时多用浓氨水调整 pH 到 7 左右。盐析要求很高时，则可将硫酸铵进行结晶，有时还需要加入 H_2S 以去除重金属。

硫酸钠溶解度较低，尤其在低温下，如 0 ℃时仅 138 g/L，30 ℃时上升为 326 g/L，增加幅度为 137%（表 3-3），它不含氮，应用远不如硫酸铵广泛。

表 3-3 不同温度下硫酸钠的溶解度

温度/℃	0	10	20	25	30	32
溶解度/(g/L)	138	184	248	282	326	340

磷酸盐、柠檬酸盐也较常用，且有缓冲能力强的优点，但因溶解度低，易与某些金属离子生成沉淀，应用都不如硫酸铵广泛。

3.1.3 影响盐析的因素

1. 溶质的种类

不同溶质的 K_S 和 β 值均不相同，因而它们的盐析行为也不同，这是盐析分离法的基本依据。人血浆蛋白质的分布分离（蛋白质溶解度 1%～2%）就是利用 K_S 盐析法（表 3-4）。

表 3-4 人血浆蛋白的分步盐析结果

硫酸钠饱和度/(%)	沉淀的蛋白质
20	纤维蛋白原
28～33	优球蛋白
33～50(35)	拟球蛋白
>50	白蛋白
80	肌红蛋白

2. 溶质的浓度

高浓度蛋白质溶液可以节约盐的用量，但许多蛋白质的 β 和 K_S 常数十分接近，若蛋白质浓度过高,会发生严重的共沉淀作用;而在低浓度蛋白质溶液中盐析,所用的盐量较多,而共沉淀作用比较少,因此需要在两者之间进行适当选择。用于分步分离提纯时,宁可选择稀一些的蛋白质溶液,多加一点中性盐,使共沉淀作用减至最低限度。一般认为2.5%~3.0%的蛋白质浓度比较适中。

3. pH 值

一般来说,蛋白质所带净电荷越多溶解度越大,净电荷越少溶解度越小,在等电点时蛋白质溶解度最小。为提高盐析效率,多将溶液 pH 值调到目的蛋白质的等电点处。但必须注意在水中或稀盐液中的蛋白质等电点与高盐浓度下所测的结果是不同的,需根据实际情况调整溶液 pH 值,以达到最好的盐析效果。

4. 盐析的温度

在低离子强度或纯水中,蛋白质溶解度在一定范围内随温度增加而增加。但在高浓度下,蛋白质、酶和多肽类物质的溶解度随温度上升而下降。在一般情况下,蛋白质对盐析温度无特殊要求,可在室温下进行,只有某些对温度比较敏感的酶,要求在 0~4 ℃进行。

5. 离子强度和类型

一般来说,离子强度越大,蛋白质的溶解度越低。在进行分离的时候,一般从低离子强度到高离子强度顺次进行。每一组分被盐析出来后,经过过滤或冷冻离心收集,再在溶液中逐渐提高中性盐的饱和度,使另一种蛋白质组分盐析出来。

离子种类对蛋白质溶解度也有一定影响,离子半径小而带电荷量高的离子在盐析方面影响较强,离子半径大而低电荷的离子的影响较弱,下面为几种盐的盐析能力的排列次序:磷酸钾>硫酸钠>磷酸铵>柠檬酸钠>硫酸镁。

3.1.4 盐析操作

无论是研究还是工业生产,除有特殊要求的盐析以外,多数情况都采用硫酸铵进行盐析。一般在溶液中加入硫酸铵的方式有两种:一种是直接加入固体硫酸铵,该方法常用于工业生产。该操作加入盐时的速度不能太快,应分批加入,并应充分搅拌,使其完全溶解,并要防止局部浓度过高。另一种方法是加入硫酸铵饱和溶液,在实验室研究和小规模的生产中,或硫酸铵浓度不需太高时,可采用这种方式,它可防止溶液局部过浓,但加量较多时,处理液会被稀释。

硫酸铵的加入量有不同的表示方法,25 ℃时硫酸铵饱和浓度为 4.1 mol/L(即 1 L 溶液中含 767 g 硫酸铵),定义它为 100%饱和度,为了达到所需要的饱和度,应加入固体硫酸铵的量,可由表 3-5 查得或由计算而得,即

$$X = G(P_2 - P_1)/(1 - AP_2) \tag{3.3}$$

式中,X 为 1 L 溶液所需加入 $(NH_4)_2SO_4$ 的质量(g/L);G 为经验常数,0 ℃时为 515,20 ℃为 513;P_1 和 P_2 为初始和最终溶液的饱和度(%);A 为常数,0 ℃时为 0.27,20 ℃为 0.29。

由于硫酸铵溶解度受温度影响不大,表 3-5 和式(3.3)也可用于其他温度场合。如果加入硫酸铵饱和溶液,为达到一定饱和度,所需加入的饱和硫酸铵溶液的体积可为

$$V_a = V_0[(P_2 - P_1)/(1 - P_2)] \tag{3.4}$$

式中,V_a 为加入饱和硫酸铵体积,L;V_0 为蛋白质溶液的原始体积,L。

表 3-5 硫酸铵饱和度的配制表(25 ℃)

		\multicolumn{17}{c}{需要达到的硫酸铵的饱和度/(%)}
		10	20	25	30	33	35	40	45	50	55	60	65	70	75	80	90	100
原有硫酸铵饱和度/(%)	0	56	114	144	176	196	209	243	277	313	351	390	430	472	516	561	662	767
	10		57	86	118	137	150	183	216	251	288	326	365	406	449	494	592	694
	20			29	59	78	91	123	155	189	225	262	300	340	382	424	520	619
	25				30	49	61	93	125	158	193	230	267	307	348	390	485	383
原有硫酸铵饱和度/(%)	30					19	30	62	94	127	162	198	235	273	314	356	449	546
	33						12	43	74	107	142	177	214	252	292	333	426	522
	35							31	63	94	129	164	200	238	278	319	411	506
	40								31	63	97	132	168	205	245	285	375	496
	45									32	65	99	134	171	210	250	339	431
	50										33	66	101	137	176	214	302	392
	55											33	67	103	141	179	264	353
	60												34	69	105	143	227	314
	65													34	70	107	190	275
	70														35	72	152	237
	75															36	115	198
	80																77	157
	90																	79

注:表中数值表示每 100 mL 溶液中加入固体硫酸铵的质量(g)。

3.2 有机溶剂沉析

3.2.1 有机溶剂沉析原理

在蛋白质等生物大分子的水溶液中加入一定量亲水性的有机溶剂,能显著降低蛋白质等生物大分子的溶解度,使其沉淀析出的分离纯化方法,称为有机溶剂沉析法。不同蛋白质沉淀时所需有机溶剂的浓度不同,因此调节有机溶剂的浓度,可以使混合物中的蛋白质分段析出,达到分离纯化的目的。该方法不仅适于蛋白质的分离纯化,还常用于酶、核酸、多糖等的分离纯化。该方法的原理主要如下。

(1)加入有机溶剂后,会使系统(水和有机溶剂的混合液)的介电常数减小,而使溶质分子(如蛋白质分子)之间的静电引力增加,从而促使它们互相聚集,并沉淀出来。根据库仑公式

$$F = q_1 q_2 / K r^2 \tag{3.5}$$

两带电质点间的静电作用力在质点电量不变、质点间距离不变的情况下与介质的介电常数成反比,表 3-6 是一些物质的介电常数。

(2)水溶性有机溶剂的亲水性强,它会争夺本来与溶质结合的自由水,使其表面的水化膜

破坏,导致溶质分子之间的相互作用增大而发生凝聚,沉淀析出。

如表 3-6 所示,乙醇、丙醇的介电常数都较低,是最常用的沉淀用溶剂。2.5 mol/L 甘氨酸的介电常数很大,可以做蛋白质等生物高分子溶液的稳定剂。

表 3-6 一些有机溶剂的介电常数

溶 剂	介电常数	溶 剂	介电常数
水	80	2.5 mol/L 尿素	84
20%乙醇	70	5 mol/L 尿素	91
40%乙醇	60	丙酮	22
60%乙醇	48	甲醇	33
100%乙醇	24	丙醇	23
2.5 mol/L 甘氨酸	137		

与盐析法相比,有机溶剂沉析生物高分子的优点如下:分辨率高于盐析;因溶剂沸点较低,除去、回收方便。有机溶剂沉析法缺点为:容易引起蛋白质变性,必须在低温下进行;有些溶剂易燃、易爆,车间和设备应有防护措施。

3.2.2 有机溶剂沉析溶剂的选择

选择沉析用有机溶剂,主要应考虑以下几个方面。

(1) 介电常数小,沉析作用强。

(2) 对生物分子的变性作用小。

(3) 毒性小,挥发性适中。沸点过低虽有利于溶剂的除去和回收,但挥发损失较大,且给劳动保护及安全生产带来麻烦。

(4) 沉析用溶剂一般须能与水无限混溶,一些与水部分混溶或微溶的溶剂,如氯仿、乙醚等也有使用,但使用对象和方法不尽相同。

乙醇具有沉析作用强、沸点适中、无毒等优点,广泛用于沉析蛋白质、核酸、多糖等生物大分子及核苷酸、氨基酸等。

丙酮沉析作用大于乙醇。用丙酮代替乙醇作沉析剂一般可以使用量减少 1/4 到 1/3。但因其具有沸点较低、挥发损失大、对肝脏有一定毒性、着火点低等缺点,使它的应用不及乙醇广泛。

甲醇沉析作用与乙醇相当,但对蛋白质的变性作用比乙醇、丙酮都小,口服剧毒,使其不能广泛应用。

其他溶剂如二甲基二酰胺、二甲基亚砜、2-甲基-2,4-戊二醇和乙腈也可作沉析剂用,但远不如上述乙醇、丙酮、甲醇使用普遍。

3.2.3 影响有机溶剂沉析的因素

3.2.3.1 温度的影响

在有机溶剂存在下,多数蛋白质的溶解度随温度降低而显著地减小,因此低温下(最好低于 0 ℃)沉淀得较完全,有机溶剂用量可减少。实际操作中,有机溶剂与水混合时,会放出大量的热量,使溶液的温度显著升高,从而增加对蛋白质的变性作用(溶解热如表3-7所示)。因此,在使用有机溶剂沉析生物大分子时,一定要控制在低温下进行。具体操作时的要求如下:①将待分离溶液和有机溶剂分别进行预冷,蛋白质溶液冷却到 0 ℃左右,有机溶剂预冷到 -10 ℃以下。②为避免温度骤然升高损失蛋白质活力,操作时应不断搅拌,少量多次加入。③使沉淀在低温下短时间处理后即进行过滤或离心分离,接着真空抽去剩余溶液或将沉淀溶入大量缓冲溶液中以稀释有机溶剂,旨在减少有机溶剂与目的物的接触。

表 3-7 一些有机溶剂的溶解热

物质	相对分子质量	比热温度	溶剂水的物质的量/mol	产热量/(kJ/mol)
甲醇	32	25℃	25	6.65
乙醇	46	18℃	200	11.17
丙醇	60	常温	∞	12.76
丙酮	58	常温	∞	10.50

温度的控制应根据蛋白质稳定性的不同而不同,稳定性较差的物质,冷却至低温是必要的;但对于稳定性较好的物质,如淀粉酶,温度无需过低,一般为 10~15 ℃。

3.2.3.2 溶液 pH 的影响

在等电点时蛋白质溶解度最低,因此有机溶剂沉淀时溶液 pH 多控制在蛋白质等电点附近。pH 的控制必须考虑蛋白质的稳定性:某些酶的等电点在 pH 4~5 之间,比其稳定的 pH 范围低,因此 pH 应首先满足蛋白质稳定性的条件。控制 pH 时应使大多数蛋白质分子带相同电荷,不要让目的产物与主要杂质分子带相反电荷,以免共沉。

3.2.3.3 无机盐的离子强度的影响

少量的中性盐能够减少蛋白质变性。在有机溶剂沉淀时中性盐浓度以 0.01~0.05 mol/L 为宜。常用中性盐:乙酸钠、乙酸铵、氯化钠。中性盐浓度较高时(0.2 mol/L 以上),由于盐溶作用会增大蛋白质的溶解度,此时需增加有机溶剂的用量才能使沉淀析出。对盐析后的上清液或沉淀物,如进一步用有机溶剂沉淀法纯化,必须先脱盐。

3.2.3.4 样品浓度的影响

与盐析相似,样品较稀时,将增加溶剂投入量和损耗,降低溶质收率,且容易产生稀释变性,但稀的样品共沉作用小,分离效果较好。反之浓的样品会增加共沉作用,降低分辨率,然而溶剂用量会减少,回收率也会提高,变性的危险性也小于稀溶液,一般认为蛋白质的初浓度以 0.5%~2% 为好,黏多糖则以 1%~2% 较合适。

3.2.3.5 金属离子的助沉作用

在用溶剂沉析生物大分子时还须注意到一些金属离子,如 Zn^{2+}、Ca^{2+} 等可与某些呈阴离子状态的蛋白质形成复合物,这种复合物的溶解度大大降低但不影响生物活性,有利于沉淀的形成,并降低溶剂耗量,0.005~0.02 mol/L 的 Zn^{2+} 可使溶剂用量减少 1/3~1/2,使用时要避免与这些金属离子形成难溶盐的阴离子的存在(如磷酸根)。实际操作时往往先加溶媒沉淀去除杂蛋白,再加 Zn^{2+} 沉淀目的产物。

3.3 等电点沉析法

3.3.1 等电点沉析原理

蛋白质等两性电解质在溶液 pH 处于等电点(pI)时,分子表面净电荷为零,导致赖以稳定的双电层及水化膜削弱和破坏,分子间引力增加,溶解度降低。调节溶液的 pH 值,使两性溶质溶解度下降,析出沉淀的操作称为等电点沉析法。

等电点沉析法操作十分简便,试剂消耗少,给体系引入的外来物较少。不同离子强度下,由同种蛋白质的溶解度与 pH 的关系(图3-4)不难看出,两性溶质在等电点及等电点附近仍有相当的溶解度(有时甚至比较大),所以等电点沉析往往不完全,加上许多生物分子的等电点比较接近,故很少单独使用等电点沉析法作为主要纯化手段,其往往与盐析、有机溶剂沉析等法联合使用。在实际工作中普遍用等电点沉析法作为去杂手段。如在工业上生产胰岛素时,先调 pH 至 8.0 去除碱性杂蛋白,再调 pH 至 3.0 去除酸性杂蛋白。粗酶液经过这样的处理后纯度大大提高,有利于后续的操作。

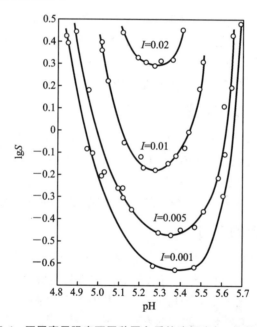

图 3-4 不同离子强度下同种蛋白质的溶解度与 pH 的关系

3.3.2 等电点沉析操作

等电点沉析的操作条件是低离子强度(盐溶)以及 pH≈pI。等电点沉析操作时要考虑产物的稳定性,如胰蛋白酶在 pI 10.1 处不稳定。等电点沉析法一般适用于疏水性较大的蛋白质,其可与其他方法结合使用。

等电点沉析操作时需要注意以下几个问题。

(1) 生物大分子的等电点易受盐离子的影响发生变化,若蛋白质分子结合的阳离子多,如

Ca^{2+}、Mg^{2+}、Zn^{2+},等电点升高;若结合阴离子多,如 Cl^-、SO_4^{2-}、HPO_4^{2-},则等电点降低。自然界中许多蛋白质较易结合阴离子,使等电点向酸侧移动。

(2) 在使用等电点沉析时还应考虑目标物的稳定性。有些蛋白质或酶在等电点附近不稳定,如 α-糜蛋白酶(pI 8.1~8.6),胰蛋白酶(pI 10.1),它们在中性或偏碱性的环境中由于自身或其他蛋白水解酶的作用而部分降解失活。所以在实际操作中应避免溶液 pH 上升至 5 以上。

(3) 生物大分子在等电点附近盐溶作用明显,所以无论是单独使用或与溶剂沉析法合用,都必须控制溶液的离子强度。

3.4 其他沉析法

生物分离制备技术除盐析、等电点沉析以及有机溶剂沉析技术外,经常使用的沉析方法还有非离子型聚合物沉析法、生成盐类复合物的沉析法、金属离子沉析法、有机酸沉析法和选择性变性沉析法等技术。所使用的沉析剂有金属盐类、有机酸类、表面活性剂、离子型或非离子型的多聚物、变性剂及其他一些化合物。

3.4.1 水溶性非离子型多聚物沉析法

某些水溶性的非离子型高分子聚合物是 20 世纪 60 年代发展起来的沉析剂,近年来被广泛用于核酸、蛋白质和酶的分离纯化,包括相对分子质量不同的聚乙二醇(PEG)、聚乙烯吡咯烷酮(PVP)和葡聚糖等。目前应用最多的是 PEG,原因是它无毒且对成品影响小。

用非离子型多聚物沉析生物大分子和微粒,一般有两种方法,一是选用两种水溶性非离子型多聚物组成液液两相系统,使生物大分子或颗粒在两相系统中不等量分配,进行分离。该方法的机理是不同生物分子和颗粒表面结构不同,有不同分配系数,且外加离子强度、pH 和温度等的影响,提高分离效果。第二种方法是选用一种水溶性非离子型多聚物,使生物大分子或微粒在同一液相中,由于被排斥相互凝集而沉淀析出。对后一种方法,操作时应先离心除去粗大悬浮颗粒,调整溶液 pH 值和温度至适度,然后加入一定浓度的中性盐和多聚物质,冷储一段时间后,即形成沉淀析出。

一般地,非离子型多聚物沉析法所得到的沉淀中含有大量沉析剂,需要除去。除去的方法有吸附法、乙醇沉淀法及盐析法等。如将沉淀物溶于磷酸缓冲液中,用 35% 硫酸铵沉淀蛋白质,PEG 则留在上清液中,用二乙氨乙基(DEAE)纤维素吸附目的物,此时 PEG 不被吸附而除去。用 20% 乙醇处理沉淀复合物,离心后也将 PEG 除去(留在上清液中)。

20 世纪 60 年代,已有报道用葡聚糖和 PEG 等非离子型多聚物作为二相系统分离核酸等生物大分子。该技术应用 50 多年来发展很快,特别是用 PEG 沉淀分离质粒 DNA,已相当普遍。一般在 0.01 mol/L 磷酸缓冲液中加 PEG 达 10% 浓度,即可将 DNA 沉淀下来。在遗传工程中所用的质粒 DNA 的相对分子质量一般在 10^6 范围。选用的 PEG 相对分子质量常为 6000(即 PEG 6000),因它易与相对分子质量在 10^6 范围的 DNA 结合而沉淀。

3.4.2 生成盐类复合物的沉析法

生物大分子和小分子都可以生成盐类复合物沉析,此法一般可分为:①与生物分子的酸性功能团作用的金属复合物盐法(如铜盐、银盐、锌盐、铅盐、锂盐、钙盐等);②与生物分子的碱性功能团作用的有机复合盐法(如苦味酸盐、苦酮酸盐、丹宁酸盐等);③无机复合盐法(如磷钨酸盐、磷钼酸盐等)。以上盐类复合物都具有很低的溶解度,极容易沉淀析出,若沉淀为金属复合盐,可通过 H_2S 使金属变成硫化物而除去;若为有机酸盐类,可将磷钨酸等移入乙醚中除去,或用离子交换法除去。但值得注意的是,重金属、某些有机酸与无机酸和蛋白质形成复合盐后,常使蛋白质发生不可逆的沉淀,应用时必须谨慎。

3.4.3 金属离子沉析法

许多有机物包括蛋白质在内,在碱性溶液中带负电荷,都能与金属离子形成沉淀。所用的金属离子,根据它们与有机物作用的机制可分为三大类。第一类包括 Mn^{2+}、Fe^{2+}、Co^{2+}、Ni^{2+}、Cu^{2+}、Zn^{2+} 和 Cd^{2+},它们主要作用于羧酸、胺及杂环等含氮化合物;第二类包括 Ca^{2+}、Ba^{2+}、Mg^{2+} 和 Pb^{2+},这类金属离子对含巯基的化合物具有特殊的亲和力;第三类包括 Hg^{2+}、Ag^+ 等,蛋白质和酶分子中所含的羧基、氨基、咪唑基和巯基等,均可以和上述金属离子作用形成盐复合物。

蛋白质-金属离子复合物的重要性质是它们的溶液对介质的介电常数非常敏感。调整水溶液的介电常数(如加入有机溶剂),用 Zn^{2+}、Ba^{2+} 等金属离子可以把许多蛋白质沉淀下来,而所有金属离子浓度为 0.02 mol/L 左右即可。金属离子复合物沉淀也适用于核酸或其他小分子,金属离子还可沉淀氨基酸、多肽及有机酸等。

3.4.4 有机酸沉析法

含氮有机酸如苦味酸、苦酮酸和鞣酸等,能够与有机分子的碱性功能基团形成复合物而沉淀析出。但这些有机酸与蛋白质形成盐复合物沉淀时常常发生不可逆的沉淀反应。工业上应用此法制备蛋白质时,需要采取较温和的条件,有时还加入一定的稳定剂,以防止蛋白质变性。

(1)单宁即鞣酸,广泛存在于植物界,其分子结构可看作是一种五-双没食子酸酰基葡萄糖,为多元酚类化合物,分子上有多个羧基和多个羟基。由于蛋白质分子中有许多氨基、亚氨基和羧基等,这样就有可能在蛋白质分子与单宁分子间形成为数众多的氢键而结合在一起,从而生成巨大的复合颗粒沉淀下来。

单宁沉淀蛋白质的能力与蛋白质的种类、环境 pH 值、单宁本身的来源(种类)和浓度有关。由于单宁与蛋白质的结合相对比较牢固,用一般方法不易将它们分开,故采用竞争结合法,即选用比蛋白质更强的结合剂与单宁结合,使蛋白质释放出来。此外聚乙二醇、聚氧化乙烯及三梨糖醇甘油酸酯也可用来从单宁复合物中分离蛋白质。

(2)利凡诺(2-乙氧基-6,9-二氨基吖啶乳酸盐),是一种吖啶染料。虽然其沉淀机理比一般有机酸盐复杂,但其与蛋白质主要也是通过形成盐复合物而沉淀的。此种染料对提纯血浆中 γ-球蛋白有较好效果。实际应用时以 0.4% 的利凡诺溶液加入到血浆中,调 pH 7.6~7.8,除 γ-球蛋白外,可将血浆中其他蛋白质沉淀下来。然后将沉淀物溶解,再以 5%NaCl 将利凡诺沉淀除去(或通过活性炭柱或马铃薯淀粉柱吸附除去)。溶液中 γ-球蛋白可用 25%乙醇或加等体积饱和硫酸铵溶液沉淀回收。使用利凡诺沉淀蛋白质,不影响蛋白质活性,并可通过调整 pH 值,分段沉淀一系列蛋白质组分。但蛋白质的等电点在 pH3.5 以下或 pH9.0 以上时,蛋白质不被利凡诺沉淀。核酸大分子也可在较低 pH 值时(pH 2.4 左右),被利凡诺沉淀。

(3) 三氯乙酸(TCA)沉淀蛋白质迅速而完全,一般会引起变性。但在低温下短时间作用可使有些较稳定的蛋白质或酶保持原有的活力,如用 2.5% 浓度的 TCA 处理胰蛋白酶,抑制酶或细胞色素 C 提取液,可以除去大量杂蛋白而对酶活性没有影响。此法多用于目的物比较稳定且分离杂蛋白相对困难的场合,如分离细胞色素 C 工艺(图 3-5)。

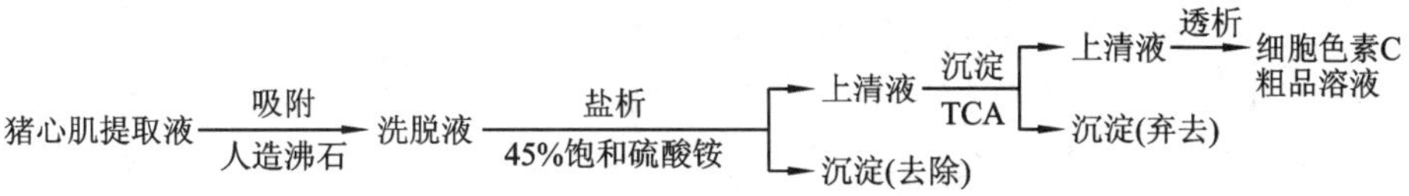

猪心肌提取液 —吸附/人造沸石→ 洗脱液 —盐析/45%饱和硫酸铵→ 上清液/沉淀(去除) → 上清液/沉淀 —TCA→ 上清液/沉淀(弃去) —透析→ 细胞色素C粗品溶液

图 3-5 TCA 沉析法分离细胞色素 C

3.4.5 选择变性沉析法

选择变性沉析法原理是利用蛋白质、酶和核酸等生物大分子对某些物理或化学因素的敏感性不同,而有选择地使之变性沉淀,以达到分离提纯的目的。这一特殊方法主要是为了破坏杂质,保存目标物。此方法可分为如下几种类型。

(1) 使用选择性变性剂。例如表面活性剂、重金属盐,某些有机酸、酚、卤代烷等,使提取液中的蛋白质或部分杂蛋白发生变性,使之与目的产物分离,如制取核酸时用氯仿将蛋白质沉淀分离。

(2) 选择性热变性。利用蛋白质等生物大分子对热的稳定性不同,加热破坏某些组分,而保存另一组分,如脱氧核糖核酸酶对热的稳定性比核糖核酸酶差,加热处理可使混杂在核糖核酸酶中的脱氧核糖核酸酶变性沉淀。又如由黑曲霉发酵制备脂肪酶时,常混杂有大量淀粉酶,当把混合酶液在 40 ℃水浴中保温 2.5 h(pH3.4),90%以上的淀粉酶将受热变性而除去。热变性方法简单易行,在制备一些对热稳定的小分子物质过程中,除去一些大分子蛋白质和核酸特别有用。

(3) 选择性酸碱变性。利用酸碱变性有选择地除去杂蛋白的例子在生化制备中很多,如用 2.5% 浓度的 TCA 处理胰蛋白酶、抑肽酶或细胞色素 C 粗提取液,均可除去大量杂蛋白,而对所提取的酶活性没有影响。有时还把酸碱变性与热变性结合起来使用,效果更加显著。但使用前必须对制备物的热稳定性和酸碱稳定性有足够了解,切勿盲目使用。例如胰蛋白酶在 pH2.0 的酸性溶液中可耐极高温度,而且热变性后产生的沉淀是可逆的。冷却后沉淀溶解即可恢复原来活性。还有些酶与底物或者竞争性抑制剂结合后,对 pH 值或热的稳定性显著增加,则可以采用较强的酸碱变性和加热方法除去杂蛋白。

3.5 大规模沉析

大规模沉析并不是指生产量规模扩大,而是实验室小试、中试后的生产能力增大 10 倍或更多一点的过程,也就是生产过程的放大。

大规模沉析和小规模沉析都涉及同样的平衡理论。在大规模生产流程中,化学反应动力学可能会变化,但应尽量使其保持不变,例如,在实验室小试中,在 5 min 内析出直径为 300 μm 的沉淀,若要得到相同的沉淀,就必须在大规模生产中找到适宜的反应条件。

因此,为了便于进一步说明,把沉析过程理想化,分为以下六个步骤。

(1) 初步混合:将溶质的料液与溶剂或盐混合。
(2) 起晶:出现小晶体,开始出现沉淀。
(3) 扩散控制晶体生长:沉析作用由于扩散而加快。
(4) 对流沉析:流动和混合促进了沉淀的生长。
(5) 絮凝:胶体粒子聚结成较大的絮凝体。
(6) 离心:可通过离心操作把沉淀物分离出来。

以上这些步骤可能是同时发生的,不过在以下讨论中,认为它们是按顺序发生的。

3.5.1 初步混合

均匀混合所需的时间为

$$t = l^2/4D \tag{3.6}$$

式中,l 为末级湍流混合长度;D 为溶质的扩散系数。湍流是因混合而产生的,并在湍流中依次分解为:$L \geqslant D \geqslant l$。

末级湍流是各向同性的。按照 Kolmogorov 理论,有

$$L = [\rho \mu^3 /(P/V)]^{1/4} \tag{3.7}$$

式中,ρ 是溶液密度;P/V 是单位体积的输入功率;μ 为黏度;L(初级湍流)与搅拌桨的直径接近。通常 L/l 应大于或等于 1 000。

3.5.2 起晶

在此阶段出现微小的颗粒,并开始生长,在无机体系中,起晶可能很慢,过饱和状态要维持很长的时间,但对生物分离体系,起晶过程在瞬间即可完成。

3.5.3 扩散控制晶体生长阶段

起晶之后,沉淀粒子随着溶质在溶液中向周围扩散并开始生长,这一生长过程通常采用二级微分方程表示,即

$$dy_i/dt = -Ky_i^2 \tag{3.8}$$

式中,y_i 为溶质的浓度;K 为常数。

速度常数为扩散系数 D 的函数,即

$$K = 8\pi Dd\overline{N} \tag{3.9}$$

式中,d 是溶剂颗粒的直径,$\overline{N}$ 为阿伏伽德罗常数。对式(3.8)积分可得

$$1/y_i = 1/y_{i0} + Kt \tag{3.10}$$

式中,y_{i0} 为初始溶质浓度。根据物料平衡,有

$$y_i/\overline{M_i} = y_{i0}/\overline{M_0} \tag{3.11}$$

式中,$\overline{M_i}$ 为测定沉析物的平均相对分子质量,$\overline{M_0}$ 为起始操作时溶质的平均相对分子质量。将式(3.11)代入式(3.10)可得

$$\overline{M_i} = \overline{M_0}(1 + y_{i0}Kt) \tag{3.12}$$

由式(3.9)可知,因 $\overline{N}$ 为常数,故 K 正比于 Dd。研究表明,扩散系数 D 与粒子直径成反比,故 K 为常数。

3.5.4 对流沉析

扩散限制了细小颗粒的生长,但对于较大粒子的生长影响不大。对流混合对沉析粒子的生长起较大作用,对流混合生长和扩散限制生长类似,也遵循二级动力学方程,即

$$\mathrm{d}y_i/\mathrm{d}t = -Ky_i^2 \tag{3.13}$$

式中,K 为对流混合生长速度常数,且

$$K = 2/3\alpha \overline{N} d^3 [(P/V)/\rho v]^{1/2} \tag{3.14}$$

式中,α 为黏附系数,是一个与颗粒增大无关的经验常数;v 是运动黏度。因为颗粒直径及速度常数 K 为时间的函数,直接对式(3.13)积分很困难。因此引入溶质的体积分数 Φ,有

$$\Phi = (1/6\pi d^3) y_i \overline{N} \tag{3.15}$$

显然 Φ 是与时间无关的常数,令

$$G = [(P/V)/\rho v]^{1/2}$$

则式(3.13)变为

$$-(\mathrm{d}y_i/\mathrm{d}t) = 4/\pi (\alpha \Phi G y_i t) \tag{3.16}$$

式中,G 为混合所引起的速度梯度的方根。积分上式得

$$y_0/y_i = \exp[-4/\pi (\alpha \Phi G t)] \tag{3.17}$$

式(3.17)说明颗粒浓度在流动控制区的变化符合一级动力学规律,同时反映出一种指数衰减的规律。

式(3.17)中的 Gt 是一个无因次变量,又称为搅拌准数(Camp 准数),显然颗粒直径与 Gt 亦有指数函数关系,如图 3-6 所示。

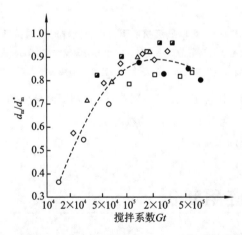

图 3-6 颗粒直径和原直径之比与 Gt 对应的指数函数关系

图中表示大豆蛋白在剪切应力场中的变化剪切速率 $G=1.7\times 10\mathrm{s}^{-1}$,平均剪切时间 $t=0.065$ s,蛋白浓度为 30 kg/m³,平均初始直径的单位为 1 μm,标记为 53.5 μm(○)、23.4 μm(△)、19.5 μm(◇)、15.2 μm(□)、10.2 μm(◧),以及 8.8 μm(●)。

如果采用连续沉析装置,则颗粒浓度减少与在混合液中停留时间的关系分别为

平推流

$$\ln(y_0/y_i) = 4/\pi \alpha \Phi G t \tag{3.18}$$

全混流,对 m 个连续全混流反应器有

$$t_{\mathrm{CSTR}} = 4/\pi (m/\alpha \Phi G)[(y_0/y_i)^{y_m} - 1] \tag{3.19}$$

3.5.5 絮凝阶段

沉析过程的最后一步是沉淀物的絮凝聚集,一般而言,小颗粒生产阶段的湍流可能会破坏絮凝块,因此该沉析步骤通常在一个非搅拌状态中进行;不过也有研究发现,在中等强度的搅拌下可以加速絮凝作用;此外,合成高聚物往往可以加速絮凝作用,因此可将其用作过滤或离心的预处理剂。

应该注意的是,以上几个过程往往是同时进行的,在离心和过滤之前要进行沉析预处理,该预处理必须有一定的时间和搅拌强度,以蛋白质为例,其沉析粒子的大小与搅拌时间的关系如图 3-7 所示。

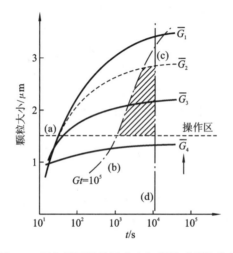

图 3-7 蛋白质沉析粒子大小与搅拌时间的关系
(a)线为离心所需的最小粒径;(b)线为最大搅拌准数($Gt=10^5$);
(c)线为提供均匀混合的最小搅拌速度;(d)线为最大搅拌时间

间隙操作的适宜区为图中的阴影部分,阴影区符合以下四个约束条件:①离心操作对颗粒尺寸有一个最低要求;②Gt 值要足以提供强烈的沉析作用;③足够的搅拌以提供良好的混合;④不能超出一定的搅拌时间。

3.6 沉析技术应用实例

沉析技术是纯化生物大分子常用的一种经典方法。该法操作简单、成本低廉,因此广泛应用于生化物质的提取中,下面是关于小牛脾酸化酶的纯化的应用实例。

(1)丙酮粉的制备 取新鲜小牛脾脏冷冻 2~3 h,剥去脂肪和结缔组织,切成小块,称 100 g,加 200 mL 预冷的 17%蔗糖溶液、100 g 碎冰和 100 mL 蒸馏水。在组织捣碎器中处理两次,每次快、慢速度各 15 s,离心(1 300g,10 min)收集上清液,调 pH 至 5.1(用 2 mol/L 乙酸调节),接着再离心(1 700g,0.5 h),收集的沉淀物用 85%蔗糖溶液洗涤一次,随即进行第三次离心,收集黏稠沉淀物悬浮于-10 ℃冷丙酮中,缓慢搅拌后,在垂熔漏斗或布氏漏斗中抽气过滤,滤物用冷丙酮洗涤几次,过筛(15 目),置干燥器中抽真空干燥,得到的丙酮粉在 2 ℃储存备用。

（2）第一次硫酸铵分级纯化　称 140 g 丙酮粉加 2 800 mL 0.2 mol/L 乙酸缓冲液（pH 6.0）抽提 0.5 h，然后离心（1 300g，8 min）除去不溶物。在抽提液（2 400 mL）中加 466 g 硫酸铵，用 2 mol/L 乙酸调 pH 至 4.9，再加 190 g 硫酸铵，用滤纸过滤，在收集的 2 735 mL 滤液中继续加 427 g 硫酸铵，0.5 h 后置垂熔漏斗中过滤，沉淀物溶于 350 mL 0.05 mol/L 乙酸缓冲液（pH 6.0）中。

（3）第二次硫酸铵分级纯化　用 0.5 倍体积蒸馏水稀释上述溶液（pH 5.5）后置于沸水浴中，使温度迅速升至 55 ℃，保持 5 min 后，立即冷却，离心（13 000g）收集上清液，对流动的蒸馏水透析，产生的沉淀按上述方法除去。上清液用 2 mol/L 氨水调 pH 至 8.0 后，在搅拌下缓慢加硫酸铵到饱和程度，静置 20 min 后，离心（13 000g，8 min），收集沉淀物溶解在 0.01 mol/L 琥珀酸钠-盐酸缓冲液（pH 6.5）中。

（4）丙酮分级分离　上述溶液（108.5 mL）用 1 mol/L 乙酸缓冲液，使其浓度达 0.05 mol/L，在搅拌下缓慢加入冷丙酮（43 mL），离心（10 000g，5 min，20 ℃）收集其上清液置低温（-10 ℃）下继续加冷丙酮（40 mL），离心，收集沉淀物溶解在 0.01 mol/L 琥珀酸钠-盐酸缓冲液（pH 6.5）中，即为初步纯化的脾磷酸二酯化酶制品。它可供进一步纯化和分析使用。

（本章由韩曜平编写，梁剑光初审，胡永红复审）

习题

1. 什么是沉析？常用的蛋白质沉析方法有哪些？
2. 简述盐析法分离蛋白质的原理及欲提高盐析效率应采取的措施。
3. 简述有机溶剂沉析法的原理及影响有机溶剂沉析的主要因素。
4. 其他常用的沉析方法有哪些？
5. 100 L 含 10 g/L 牛血清蛋白的溶液（内含 5 g/L 的未知蛋白 x）用 $(NH_4)_2SO_4$ 处理，如果达到回收 90% 的血清蛋白，沉淀常数如下：

蛋白质	β	K_S
牛血清蛋白	21.6	7.65
未知蛋白 x	20.0	7.00

设以上特征与其他蛋白无关，求沉淀的纯度。

6. 牛血清蛋白在 2.8 mol/L 及 3.0 mol/L $(NH_4)_2SO_4$ 溶液中的溶解度分别为 1.2 g/L 及 0.26 g/L。求牛血清蛋白在 3.5 mol/L $(NH_4)_2SO_4$ 溶液中的溶解度。

参考文献

[1] 严希康.生化分离工程[M].北京:化学工业出版社,2001.
[2] 欧阳平凯,胡永红.生物分离原理及技术[M].北京:化学工业出版社,1999.

[3] 孙彦.生物分离工程[M].北京:化学工业出版社,2005.

[4] 杜翠红,邱晓燕.生化分离技术原理及应用[M].北京:化学工业出版社,2011.

[5] 辛秀兰.生物分离与纯化技术[M].北京:科学出版社,2008.

[6] 田瑞华.生物分离工程[M].北京:科学出版社,2008.

[7] 谭天伟.生物分离技术[M].北京:化学工业出版社,2007.

第4章 萃取技术

本章要点

萃取是利用溶质在互不相溶的两相之间分配系数的不同而使溶质得到纯化或浓缩的方法。

萃取是一种初步分离纯化技术,萃取法根据萃取剂的类型不同而分为多种,以液体为萃取剂,如果含有目标产物的原料也为液体,称此操作为液液萃取技术;如果含有目标产物的原料为固体,称此操作为液固萃取或浸取技术;以超临界流体为萃取剂时,称此操作为超临界流体萃取技术。另外,在液液萃取中,根据萃取剂的种类和形式不同又可分为有机溶剂萃取、反胶团萃取、液膜萃取和双水相萃取,每种方法各具特点,适用于不同种类生物产物的分离纯化。目前,萃取技术是工业生产中常用的分离提取方法之一,广泛应用于有机酸、氨基酸、抗生素、维生素、激素和生物碱的分离和纯化。

4.1 萃取概述

4.1.1 萃取的概念及特点

1. 萃取

萃取(extraction)是利用液体或超临界流体为溶剂提取原料中目标产物的分离纯化方法(图 4-1)。在萃取过程中,常用的萃取基本概念如下。

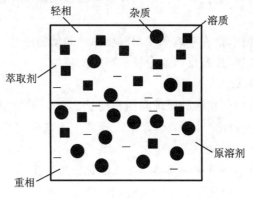

图 4-1 萃取的基本概念

(1)溶质:待处理料液中被萃取的物质。
(2)原溶剂:原先溶解溶质的溶剂。
(3)萃取剂:加入的第三组分。
(4)萃取相:当萃取剂加入到料液中混合静置后分成两液相,一相以萃取剂(含溶质)为主,称为萃取相。
(5)萃余相:当萃取剂加入到料液中混合静置后分成两液相,一相以原溶剂为主,称为萃余相。
(6)萃取液:在萃取过程中,离开液液萃取器的萃取剂相称为萃取液。
(7)萃余液:经萃取剂相接触后离开的料液相称为萃余液(残液)。

萃取剂选择的基本条件是对体系中的溶质有最大的溶解度,而与原溶剂则互不相溶或微溶。

萃取的过程描述:互不相溶的两相间以一界面接触,在相间浓度差的作用下,料液中的溶质向萃取相扩散,溶质浓度不断降低,而萃取相中溶质浓度不断升高(图4-2)。在此过程中,料液中溶质浓度的变化速率即萃取速率:$-\dfrac{dc}{dt}=K_a(c-c^*)$,当 $c=c^*$ 时,达到分配平衡,萃取速率为零,各相间的溶质浓度不再改变,这一平衡是状态的函数,与操作形式(两相接触状态)无关。但达到平衡所需的时间与萃取速率有关,而萃取速率既是两相性质的函数,又受相间接触方式的影响。

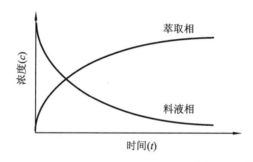

图 4-2 萃取过程中料液相和萃取相溶质浓度的变化

2. 反萃取

在溶剂萃取分离过程中,当完成萃取操作后,为进一步纯化目标产物或便于下一步分离操作的实施,需要将目标产物从有机相转入水相。这种调节水相条件,将目标产物从有机相转入水相的萃取操作称为反萃取。

一个完整的萃取过程中,常在萃取和反萃取操作之间增加洗涤操作,目的是除去与目标产物同时萃取到有机相的杂质,提高反萃液中目标产物的纯度。

3. 物理萃取和化学萃取

物理萃取即溶质根据相似相溶的原理在两相间达到分配平衡,萃取剂与溶质之间不发生化学反应。其理论基础为分配定律。物理萃取广泛应用于抗生素及天然植物中有效成分的提取。如利用乙酸丁酯萃取青霉素。

化学萃取则是利用脂溶性萃取剂与溶质之间的化学反应生成脂溶性复合分子实现溶质向有机相的分配。萃取剂与溶质之间的化学反应包括离子交换和络合反应等。其理论基础为服从相律及一般化学反应的平衡规律。化学萃取用于氨基酸、抗生素和有机酸等生物产物的分离回收。如利用季铵盐萃取氨基酸。

4. 稀释剂

化学萃取中通常用煤油、己烷、异辛烷、正十二烷、四氯化碳和苯等有机溶剂溶解萃取剂，改善萃取相的物理性质，此时的有机溶剂称为稀释剂。

5. 萃取的特点

萃取技术广泛应用于生化物质的分离和纯化中，因为它具有以下的优点。

(1) 萃取过程具有选择性，比化学沉淀法分离程度高，比离子交换法选择性好。

(2) 能与其他纯化方法相配合，如结晶、蒸发。

(3) 通过转移到具有不同物理或化学特性的第二相中，来减少由于降解（水解）引起的产品损失。

(4) 规模放大极为容易。

(5) 传质快、生产周期短。

(6) 便于连续操作，易于计算机控制。

(7) 无相变，比蒸馏法能耗低、成本低。

(8) 方法成熟，易于设计。

4.1.2 萃取分离的原理

利用溶质在两种互不相溶的溶剂中溶解度或分配系数的不同，使化合物从一种溶剂内转移到另外一种溶剂中。经过反复萃取，将绝大部分的化合物提取出来。

分配定律是萃取分离的主要依据，物质对不同的溶剂有不同的溶解度。

4.1.3 分配定律与分配平衡

萃取是一种扩散分离操作，不同溶质在两相中分配平衡的差异是实现萃取分离的主要因素。

溶质的分配平衡规律即分配定律是指在恒温恒压条件下，溶质在互不相溶的两相中达到分配平衡时，如果其在两相中的相对分子质量相等，则其在两相中的平衡浓度之比为常数，这个常数称为分配常数，即

$$A = \frac{X}{Y} = \frac{萃取相浓度}{萃余相浓度} \tag{4.1}$$

式(4.1)的适用条件：①稀溶液，②溶质对溶剂的互溶度没有影响，③溶质在两相中必须以同一种分子形态存在。

式(4.1)不适合化学萃取，因溶质在各相中并非以同一种分子状态存在。

多数情况下，溶质在各相中并非以同一种分子状态存在，特别是化学萃取中，常用溶质在两相中的总浓度之比来表示溶质的分配平衡，称分配系数。

$$m = \frac{c_{2,t}}{c_{1,t}} \tag{4.2}$$

或

$$m = \frac{y_t}{x_t} \tag{4.3}$$

式中，$c_{1,t}$ 和 $c_{2,t}$ 为溶质在相 1 和相 2 中的总摩尔浓度；x_t 和 y_t 也为溶质在相 1 和相 2 中的总

摩尔分数;m 为分配系数。显然,分配常数是分配系数的一种特殊情况。

式(4.3)的适应条件:高、低浓度溶液。

在生物产物的液液萃取中,一般产物的浓度均较低,当产物浓度很低时,分配系数为常数,可表示成简单的 Henry 型平衡关系:

$$y = mx \tag{4.4}$$

当溶质浓度很高时,式(4.4)不再适用,很多情况下,可用 Langmuir 型平衡关系表示:

$$y = \frac{m_1 x^n}{m_2 + x^n} \tag{4.5}$$

式中,m_1,m_2 和 n 为常数。

如果原料中有两种溶质,A(产品)与 B(杂质),由于溶质 A、B 的分配系数不同,如 A 的分配系数大于 B,于是经萃取后,溶剂相中 A 的含量就较 B 多,这样经萃取后 A 和 B 得到了一定程度的分离,产品的纯度提高。溶剂对溶质 A、B 分离能力的大小用分离因数来表示:

$$\beta = \frac{y_A/x_A}{y_B/x_B} = \frac{K_A}{K_B} \tag{4.6}$$

式中,β 为分离因数,或称选择性。

4.2 液液萃取

液液萃取是 20 世纪 40 年代兴起的一项化工分离技术。它是利用原料液中某些溶质组分在两个互不混溶的液相(如水相和有机溶剂相)中竞争性溶解和分配性质上的差异来实现液体混合物分离的技术。20 世纪初,液液萃取技术首次成功应用于芳烃的提取,此后广泛用于大规模工业生产。在石油工业上主要是用于分离和提纯各种有机物,如用脂类溶剂萃取乙酸,用丙烷萃取石油中的石蜡等;在制药工业和精细生物化工中用以分离各种产物,如以醋酸丁酯为溶剂提纯青霉素,用正丙醇从亚硫酸纸浆废水中提取香兰素等;在湿法冶金工业中可用于提取钴、镍、锆等有色金属。

有机溶剂萃取是最早发展起来的液液萃取技术。随着现代工业的发展,特别是各类产品的深度加工、新能源的开发利用、环境治理标准的严格化等,都带来了多样化产品分离和高纯物质制备的新任务,传统的有机溶剂萃取技术面临新的挑战和要求。近 20 年来,世界各国致力于有机溶剂萃取技术的完善、提高并在此基础上与膜技术、反胶团、反应吸附等其他技术相结合,产生了一系列新的液液萃取技术,如双水相萃取、液膜萃取、反胶束萃取、超临界流体萃取、电泳萃取、微波萃取、超声萃取等。

用液液萃取法分离液体混合物时,混合液中的溶质既可以是挥发性物质,也可以是非挥发性物质(如无机盐)。当用于分离挥发性混合物时,与精馏相比,整个萃取过程较为复杂,如萃取相中萃取剂的回收往往还要应用精馏操作,但萃取过程本身具有常温操作、无相变以及选择适当溶剂可以获得较高分离系数等优点,在很多情况下仍显示出技术经济上的优势。当分离溶液中为非挥发性物质时,与吸附、离子交换等方法比较,液液萃取操作比较方便,常常是优先考虑的方法。

4.2.1 液液萃取的基本原理

液液萃取是向液体混合物(稀释剂)中加入某些适当溶剂(萃取剂),两者混合后分成两层,上层为萃取相,下层为料液相。由于溶质在两相的溶解度不同,料液中的溶质逐渐向萃取相扩散,其浓度不断降低,而萃取相中的溶质浓度不断升高。在萃取过程中,萃取剂应对溶质有较大溶解能力,但与稀释剂应不互溶或部分互溶。

在液液萃取过程中,当萃取相中的溶质浓度等于其平衡浓度时,萃取速率为零,液液萃取系统达到分配平衡,即两相中的溶质浓度不再发生变化。溶质在两相中的分配平衡与萃取操作形式无关,遵循 Nernest 分配定律。

萃取速率主要决定达到平衡时所需的时间,其大小与两相性质及萃取操作方式有关。

4.2.2 液液萃取的基本过程

工业上液液萃取基本过程包括以下三个步骤(图 4-3)。

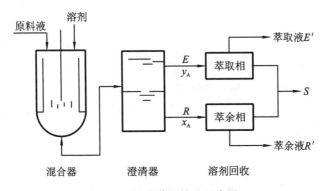

图 4-3 液液萃取操作示意图

(1) 混合 料液与萃取剂充分混合并形成乳浊液的过程称为混合。在此过程中溶质从料液中转入萃取剂中。混合过程所使用的设备称为混合器,一般是在搅拌罐中进行,也可以利用管道或喷射泵完成。

(2) 分离 将乳浊液分开形成萃取相和萃余相的过程称为分离。分离时采用的设备称为分离器,通常利用离心机完成。

(3) 溶剂回收 从萃取相或萃余相中回收萃取剂的过程称为溶剂回收。溶剂回收时采用的设备称为回收器,可利用化工单元操作中的液体蒸馏设备完成。

4.3 有机溶剂萃取

有机溶剂萃取也称溶剂萃取,是石油化工、湿法冶金和生物产物分离纯化的重要手段,具有处理量大、能耗低、速度快并易于实现连续操作和自动化控制等优点。

4.3.1 有机溶剂萃取分配平衡

1. 弱电解质的分配平衡

溶剂萃取常用于有机酸、氨基酸和抗生素等弱酸或弱碱性电解质的萃取。萃取时,弱电解质在水相中发生不完全解离,仅仅是游离酸或游离碱在两相产生分配平衡,而酸根或碱基不能进入有机相。所以,萃取达到平衡状态时,一方面弱电解质在水相中达到解离平衡,另一方面未解离的游离电解质在两相中达到分配平衡。

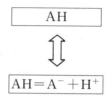

对于弱酸性和弱碱性电解质,解离平衡关系分别为

$$AH \rightleftharpoons A^- + H^+$$
$$BH^+ \rightleftharpoons B + H^+$$

解离平衡常数分别为

$$K_a = \frac{[A^-][H^+]}{[AH]} \tag{4.7}$$

$$K_b = \frac{[B][H^+]}{[BH^+]} \tag{4.8}$$

式中 K_a、K_b 分别为萃取平衡时弱酸和弱碱的解离平衡常数;[AH]和[A$^-$]分别为游离酸和其酸根离子的浓度;[B]和[BH$^+$]分别为游离碱和其碱基离子的浓度。

如果在有机相中溶质仅以单分子形式存在,则游离的单分子溶质符合分配定律,经理论推导可得,弱酸的分配系数为

$$m_a = A_a \frac{[H^+]}{K_a + [H^+]} \tag{4.9}$$

或

$$\lg\left(\frac{A_a}{m_a} - 1\right) = pH - pK_a \tag{4.10}$$

式中,$pK_a = -\lg K_a$,A_a 为游离酸的分配系数。

弱碱的分配系数为

$$m_b = A_b \frac{K_b}{K_b + [H^+]} \tag{4.11}$$

或

$$\lg\left(\frac{A_b}{m_b} - 1\right) = pH - pK_b \tag{4.12}$$

式中,$pK_b = -\lg K_b$,A_b 为游离碱的分配系数。

由于 $A_a(A_b)$ 和 $pK_a(pK_b)$ 是常数,所以调节溶液的 pH 可以改变溶质的分配系数,使溶质从一相转移到另一相。如果两种物质的解离常数不同,通过调节 pH 可以使这两种物质分配在不同的相中,就能分离这两种物质(图 4-4)。

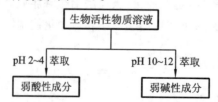

图 4-4 生物活性物质提取弱酸或弱碱的一般程序

应用实例主要有以下几种。

(1)青霉素萃取与反萃取 工业生产中制备注射用青霉素钾盐常用有机溶剂萃取法。青

霉素是一种弱有机酸,pK_a 为 2.75。在酸性 pH 2 左右是游离酸,溶于有机溶剂;在中性 pH 7 左右是盐,溶于水。pH 对其分配系数有很大影响。在较低 pH 下有利于青霉素在有机相中的分配,当 pH 大于 6.0 时,青霉素几乎完全分配于水相中。选择适当的 pH,不仅有利于提高青霉素的收率,还可根据共存杂质的性质和分配系数,提高青霉素的萃取选择性。

发酵液经过滤,除去菌丝,然后进行萃取,工业上常用乙酸丁酯为萃取剂。从发酵液萃取到乙酸丁酯时,加入 10% 硫酸酸化,控制 pH 2.0~2.2。还需加入 0.1%~0.3%(质量浓度)的十五烷基溴化吡啶去乳化,温度控制在 5 ℃ 以下。从乙酸丁酯反萃取到水相时,用 1.3%~1.9% 的碳酸氢钠水溶液,pH 控制在 6.8~7.1。然后再用乙酸丁酯从水中提取,加入 10% 硫酸调节 pH 到 2.0~2.2。乙酸丁酯提取液经活性炭脱色,冷冻(-20 ℃)脱水,加入乙酸钾结晶,制得青霉素钾盐。

(2) 红霉素萃取与反萃取　红霉素是弱碱性电解质,在乙酸戊酯和 pH 9.8 的水相之间分配系数为 44.7,而水相 pH 降至 5.5 时,分配系数降至 14.4。

红霉素萃取与反萃取操作同样可通过调节 pH 值实现。如红霉素在 pH 9.4 的水相中用乙酸戊酯萃取,而反萃取则用 pH 4.5 的水溶液,减压蒸发浓缩后以氢氧化钠溶液调至 pH 10.0,红霉素即结晶出来。

2. 化学萃取平衡

由于有些两性电解质,如氨基酸和一些极性较大的抗生素水溶性很强,在有机相中的分配系数很小甚至为零,利用一般的物理萃取效率很低,甚至无法萃取,这时可用化学萃取方法解决。

常用于氨基酸的萃取剂有季铵盐类(氯化三辛基甲铵)、磷酸酯类[二(2-乙基己基)磷酸]等。

氨基酸解离平衡为

$$\underset{\underset{(A^+)}{NH_3^+}}{RCHCOOH} \xrightleftharpoons{K_1} \underset{\underset{(A)}{NH_3^+}}{RCHCOO^-} + H^+$$

$$\underset{\underset{(A)}{NH_3^+}}{RCHCOO^-} \xrightleftharpoons{K_2} \underset{\underset{(A^-)}{NH_2}}{RCHCOO^-} + H^+$$

其中 K_1 和 K_2 为解离平衡常数,分别用 A、A^+ 和 A^- 表示偶极离子、阳离子和阴离子型氨基酸,则

$$K_1 = \frac{[A][H^+]}{[A^+]} \tag{4.13}$$

$$K_2 = \frac{[A^-][H^+]}{[A]} \tag{4.14}$$

可用如下一些事例进行说明:

(1) 利用阴离子交换萃取剂氯化三辛基甲铵(TOMAC,记作 R^+Cl^-),只有阴离子型氨基酸与萃取剂发生离子交换反应,平衡常数为

$$K_{eCl} = \frac{[\overline{R^+ A^-}][Cl^-]}{[A^-][\overline{R^+ Cl^-}]} \tag{4.15}$$

氨基酸和 Cl^- 的表观分配系数分别为

$$m_A = \frac{[\overline{R^+ A^-}]}{c_A} \tag{4.16}$$

$$m_{Cl} = \frac{[\overline{R^+ Cl^-}]}{[Cl^-]} \tag{4.17}$$

水相氨基酸总浓度为

$$c_A = [A^+] + [A^-] + [A] \tag{4.18}$$

阴离子氨基酸的离子交换反应需在高于其等电点的范围内进行,所以$[A^+]$可忽略;从式(4.15)至式(4.18)的推导并简化,可得

$$m_A = K_{eCl} m_{Cl} \frac{K_2}{K_2 + [H^+]} \tag{4.19}$$

(2) 利用阳离子交换萃取剂二(2-乙基己基)磷酸(D_2EHPA,记作 HR)时,其在有机相中通过氢键作用以二聚体的形式存在。当氨基酸与 D_2EHPA 的摩尔比很小时,两个二聚体分子与一个阳离子氨基酸发生离子交换反应,释放一个氢离子。

$$A^+ + 2\overline{(HR)_2} \rightleftharpoons \overline{AR(HR)_3} + H^+$$

离子交换平衡常数为

$$K_{eH} = \frac{[\overline{AR(HR)_3}][H^+]}{[A^+][\overline{(HR)_2}]^2} \tag{4.20}$$

氨基酸的表观分配系数为

$$m_A = \frac{[\overline{AR(HR)_3}]}{c_A} \tag{4.21}$$

由于阳离子氨基酸的离子交换反应需在 pH 小于其等电点的 pH 范围内进行,$c_A = [A^-] + [A]$,经简化可得,

$$m_A = K_{eH} \frac{[\overline{(HR)_2}]^2}{[H^+] + K_1} \tag{4.22}$$

则,当$[H^+] \ll K_1$时,分配系数 m_A 与 pH 无关;当$[H^+] \gg K_1$时,分配系数 m_A 与 H^+成反比。

主要应用实例有如下几种。

(1) 青霉素为有机酸,在低 pH 范围不稳定,为了减少萃取过程的破坏,以 N-十二烷基-N-三烷基胺和二异十三胺作萃取剂,以乙酸丁酯作稀释剂来进行青霉素的反应萃取。由于青霉素能与这些胺类形成能溶于有机溶剂的络合物,在 pH 4.0~5.0 时可进行萃取,萃取率可达 99%;pH 7.0~9.0 时进行反萃取,萃取率可达 98%,萃取过程中萃取剂不消耗,青霉素损失减至 1%以下。而在 pH 5.0 左右单用乙酸丁酯萃取时,青霉素的萃取率只有 17%~19%。显然,利用化学反应萃取可在较温和的 pH 条件下进行,提高了青霉素的稳定性和萃取率。又如头孢菌素 C(CPC)为两性化合物,亲水性很强,工业化生产上多用大孔吸附树脂来提取,而利用三辛基甲基铵氯化物和碳酸盐作萃取剂与缓冲剂,以乙酸丁酯作溶剂,可实现 CPC 的反应萃取。溶剂相中的 CPC 再用乙酸盐缓冲液进行反萃取,在反萃取中 CPC 与乙酸盐之间发生阴离子交换反应,由于条件温和,在萃取与反萃取过程中 CPC 均未产生分解。

(2) 采用磷酸三丁酯等中性磷萃取剂,乙酸丁酯、煤油或芳香烃等作稀释剂,可成功用于林可霉素的工业化生产中,其工艺流程只有 7 个主要工序(萃取、洗涤、反萃取、脱色、结晶、干

燥及有机相再生），比原来丁醇萃取的 17 个工序有了很大的缩减，林可霉素总收率达 80% 以上。由于中性磷萃取剂对林可霉素有特殊的亲和力，最终产品中林可霉素 B 组分含量低，一般只有 0.5%～2%，质量也有较大的提高。根据实践发现，中性磷萃取剂具有萃取能力强、饱和容量高、选择性好、化学性质稳定、闪点与燃点均很高、挥发性与水溶性极低、安全低毒等优点，是值得推荐的化学反应萃取剂。

4.3.2 影响有机溶剂萃取的因素

影响溶剂萃取的因素主要有 pH、温度、乳化、盐析作用及溶剂性质等。

1. pH 的影响

在萃取操作中对 pH 值的选择很重要。一方面 pH 影响分配系数，从而对萃取收率影响很大。如对弱酸性抗生素青霉素的影响，因酸性条件下青霉素的游离酸可溶解于有机溶剂，故当 pH 值小于 4.4 时青霉素被萃取到乙酸丁酯相中。又如对弱碱性抗生素红霉素，当 pH 9.8 时，它在乙酸戊酯与水相（发酵液）间的分配系数为 44.7，而在 pH 5.5 时，红霉素在水相（缓冲液）与乙酸戊酯间的分配系数为 14.4。另一方面，pH 也影响萃取的选择性。如酸性物质一般在酸性条件下萃取到有机溶剂中，而碱性杂质则成盐而留在水相。如为酸性杂质则应根据其酸性之强弱选择合适的 pH，尽可能将其除去。例如，青霉素在 pH 2 萃取时，乙酸丁酯萃取液中青霉烯酸可达青霉素的 12.5%，而在 pH 3 萃取时，则可降低至 4%。对于碱性产物则相反，在碱性下萃取到有机溶剂中。除上述两方面外，pH 还应选择在尽量使产物稳定的范围内。

2. 温度的影响

温度对生物活性物质的萃取有很大影响，一般应在低温下进行；温度过高会造成生物产品的不稳定。如在青霉素萃取中，要特别注意 pH、温度对其稳定性的影响，青霉素遇酸碱或加热均易分解而失活，尤其是在酸性水溶液中极不稳定。再如在生产人绒毛膜促性腺激素（human chorionic gonadotropin，HCG）制品时，一定要在低温下进行，当温度低于 8 ℃ 时，从 200 kg 孕妇尿中可提取约 100 g HCG 粗品（活力为 160 U/mg）；当温度高于 20 ℃ 时，从 400 kg 孕妇尿中都提不到 100 g HCG 粗品，而且活力很低。再者是，高温下制备的 HCG 粗品很难进一步纯化至 3 500 U/mg，原因是高温会使 HCG（一种糖蛋白物质）受到微生物或糖苷酶的破坏。但适当提高温度可以提高分配系数。

3. 乳化和破乳化

液液萃取时常发生乳化。乳化是一种液体分散（分散相）在另一种不相混溶的液体（连续相）中的现象。乳化产生后会使有机溶剂相和水相分层困难，出现两种夹带，即水相中夹带有机溶剂微滴和有机溶剂相中夹带水相微滴。前者会影响收率，后者会给后续分离造成困难。若产生乳化，有时即使采用离心分离也不能将两相完全分离，所以必须破乳化。

产生乳化的原因是料液中存在蛋白质和固体颗粒等物质，具有表面活性剂的作用，存在于两相的界面，使有机溶剂（油）和水的表面张力降低，油或水易于以微小液滴的形式分散于水相或油相中，形成了乳浊液。

乳化的结果可能形成两种形式的乳浊液：水包油型（O/W），油滴分散于水相；油包水型（W/O），水滴分散于油相。由于油水是不相溶的，要形成稳定的乳浊液，一般应有第三种物质即表面活性剂的存在。表面活性剂是一类一端具有亲水基团，另一端具有亲油基团的分子，且能使降低界面张力的物质在发酵液萃取过程中产生。蛋白质是引起乳化的最重要表面活性物质，蛋白质引起乳化液的构成形式为 O/W 型，液滴平均粒径在 2.5～30 μm 之间。这种界面乳化液可放置数月不凝聚。这一方面是由于蛋白质分散在两相界面,形成无定形黏性膜起保护作用;另一方面,发酵液中存在着一定数量的固体粉末,对已经产生的乳化层也有稳定作用。

防止乳化现象的方法,通常有以下两种情况。

一是操作前对发酵液进行过滤或絮凝沉淀处理,除去大部分蛋白质及固体微粒,防止乳化现象发生。

二是产生乳化后,根据乳化的程度和乳浊液的形式采取适当的破乳手段。具体有如下几种情况。①若乳化现象不严重:采用过滤或离心沉降的方法。②若是O/W型乳浊液:加入亲油性表面活性剂,使O/W型向W/O型转化,在乳液转型过程中,达到破乳的目的。③若是W/O型乳浊液:加入亲水性表面活性剂。

其他破乳化的方法还有化学法,加电解质(如氯化钠、硫酸铵等)中和乳液中分散相的电荷,促使其聚凝沉淀;物理法,如加热、吸附、稀释等。这些方法不仅耗费能量和物质,而且都是乳化产生后再消除。同时,这些方法必须首先将界面聚结物分离出来再处理,在工业上较难实现。因此,在通常的有机溶剂萃取操作中,最好采用预处理手段将发酵液中蛋白质除去,尽量避免乳化现象的产生。

4. 盐析作用的影响

盐析剂(如氯化钠、硫酸铵等)与水分子结合导致游离水分子减少,降低了溶质在水中的溶解度,使产物更易于转向有机相。如提取维生素B_{12}时,加入硫酸铵,对维生素B_{12}自水相转入到有机溶剂中有利。另外,盐析剂能降低有机溶剂在水中的溶解度,减少乳化发生,而且盐析剂使萃取相的相对密度增大,有助于分相。但盐析剂的用量要适当,用量过多会使杂质也转入有机相。同时盐析剂用量大时,还应考虑其回收和再利用问题。

5. 溶剂的选择

选择萃取剂应遵守下列原则:① 萃取剂的萃取能力强,分配系数应尽可能大,若分配系数未知,则可根据相似相溶的原则,选择与目的产物结构相近的溶剂;② 选择分离因素大于1的溶剂;③ 萃取剂和萃余液的互溶度尽可能小,黏度低,便于两相分离;④ 萃取剂毒性应低,工业上常用的溶剂为乙酸乙酯、乙酸戊酯和丁醇等;⑤ 萃取剂的化学稳定性要高,腐蚀性低,价廉易得,来源方便,便于回收。

4.3.3 有机溶剂萃取的设备及工艺过程

有机溶剂萃取的设备主要分为混合-澄清式萃取器和塔式微分萃取器两大类,其工艺过程又分为单级和多级。

1. 混合-澄清式萃取器

混合-澄清式萃取器是由料液与萃取剂的混合器和用于两相分离的澄清器构成的(图4-5)。

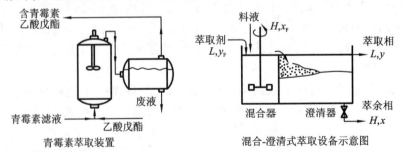

图 4-5 混合-澄清式萃取器

混合-澄清式萃取器可进行间歇或连续的液液萃取。在连续萃取操作中,要保证在混合器中有充分的停留时间,以使溶质在两相中达到或接近分配平衡。混合-澄清式萃取器萃取过程的计算,可用解析法或图解法。

(1) 解析法

常用料液的初始浓度,计算平衡时的最终浓度。欲达这一目的,需用两个关系式,溶质的物料衡算式和平衡关系式。

物料衡算式为

$$Hx_F + Ly_F = Hx + Ly \tag{4.23}$$

假定传质处于平衡状态,则有

$$y = mx \tag{4.24}$$

式中,y 为萃取相中溶质的浓度;x 为萃余相中溶质的浓度。

初始萃取相中溶质浓度一般为零($y_F=0$),所以有

$$Hx_F = Hx + Ly \tag{4.25}$$

萃取后,轻重两相溶质在平衡时的浓度分别如下:

$$y = \frac{mx_F}{1+E} \tag{4.26}$$

$$x = \frac{x_F}{1+E} \tag{4.27}$$

推出 E 可表示为

$$E = \frac{mL}{H} = \frac{yL}{xH} \tag{4.28}$$

式中,E 为萃取因子,即萃取平衡后萃取相和萃余相中溶质量之比。E 值反映萃取后溶剂相内溶质量与水相内的溶质量之比,因此,E 值越大,表示萃取后,大部分的溶质转移至溶剂相内。

φ 表示萃余分率,则有

$$\varphi = \frac{Hx}{Hx_F} = \frac{1}{1+E} \tag{4.29}$$

对于萃取分率 η 有

$$\eta = 1 - \varphi = \frac{E}{1+E}$$

式中,η 表示经一次萃取后,有多少溶质被萃取出来,η 值越大越好。E 和 η 都是萃取操作中的重要参数。

【例1】 利用乙酸乙酯萃取发酵液中的放线菌素 D,pH 3.5 时分配系数 $m=57$。令 $H=450$ L/h,单级萃取剂流量为 39 L/h。计算单级萃取的萃取率。

【解】 单级萃取的萃取因子:$E=\frac{mL}{H}=57\times 39/450=4.94$

单级萃取率: $\eta=\frac{E}{1+E}=4.94/(1+4.94)=0.832$

由例1可看到存在的问题是效率低,为达到一定的萃取率,需大量萃取剂。

单级萃取的特点:只用一个混合器和一个澄清器,流程简单,但萃取效率不高,产物在水相中含量仍较高。

(2) 图解法

解析法清楚易懂,计算也方便,但如果平衡关系不成简单的直线关系,甚至不能用公式表

达时,这时对萃取的计算,只能用图解法。

图解法,同样是基于平衡关系 $y=f(x)$ 和物料衡算关系

$$y = \frac{H}{L}(x_F - x) \tag{4.30}$$

把式(4.23)、式(4.30)标绘于同一坐标纸上,如图 4-6 所示,由平衡关系描述的曲线,称平衡线;由物料衡算关系表示的曲线,称操作线;它们的交点,便是萃取后的 y 和 x 值。其他萃取方式图解法同此,不再重复叙述。

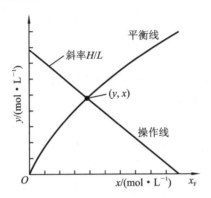

图 4-6 萃取的图解分析示意图

2. 多级错流接触萃取

单级接触萃取,由于只萃取一次,所以萃取效率不高。间歇操作或者连续操作时所需萃取剂的流量较大,为达到一定的萃取收率,所以需要采取多级萃取。

将多个混合-澄清器单元串联起来,各个混合器中分别通入新鲜萃取剂,而料液从第一级通入,分离后分成两个相,萃余相流入下一个萃取器,萃取相则分别由各级排出,混合在一起,再进入回收器回收溶剂,回收得到的溶剂仍作萃取剂循环使用的萃取操作称为多级错流接触萃取(图 4-7)。

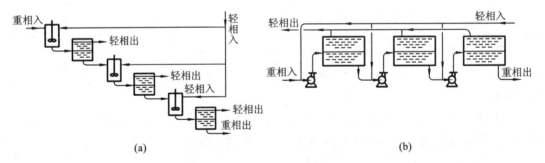

图 4-7 多级错流接触萃取

多级错流接触萃取操作计算如下(图 4-8 中每一个方块表示一个混合-澄清单元)。

解析法:经过 n 级错流接触萃取,最终萃余相和萃取相中溶质浓度分别为 x_n 和 y_n,则有

$$Y_n = \frac{\sum_{i=1}^{n} L_i y_i}{\sum_{i=1}^{n} L_i} \tag{4.31}$$

假设每一级中溶质的分配均达到平衡状态,并且分配平衡符合线性关系,则

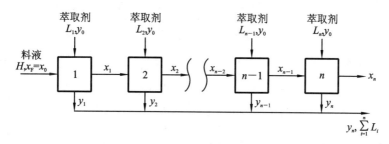

图 4-8 多级错流接触萃取流程示意图

$$y_i = mx_i (i=1,2,\cdots,n) \quad (4.32)$$

如果通入每一级的萃取剂流量均相等(为 L),则第 i 级的物料衡算式为

$$Hx_{i-1} + Ly_0 = Hx_i + Ly_i \quad (4.33)$$

式中,y_0 为萃取剂中溶质浓度,若 $y_0=0$,则有

$$x_i = \frac{x_{i-1}}{1+E} \quad (4.34)$$

即

$$x_1 = \frac{x_0}{1+E} = \frac{x_F}{1+E} \quad (4.35)$$

$$x_2 = \frac{x_1}{1+E} = \frac{x_F}{(1+E)^2} \quad (4.36)$$

依此类推,得

$$x_n = \frac{x_F}{(1+E)^n} \quad (4.37)$$

因此,萃余相的溶质(未被萃取)分率为

$$\varphi_n = \frac{Hx_n}{Hx_F} = \frac{1}{(1+E)^n}$$

而萃取分率 η 为

$$\eta = 1 - \varphi_n = \frac{(1+E)^n - 1}{(1+E)^n} \quad (4.38)$$

当 $n \to \infty$ 时,萃取分率 $1-\varphi_n=1(E>0)$。

如每一级溶质分配为非线性平衡,或每一级萃取剂流量不等,则各级的萃取因子 E_i 也不相同,可采用逐级计算法,萃余率为

$$\varphi'_n = \frac{1}{\prod_{i=1}^{n}(1+E_i)} \quad (4.39)$$

萃取率为

$$\eta = 1 - \varphi'_n$$

【例 2】 利用乙酸乙酯萃取发酵液中的放线菌素 D,pH 3.5 时分配系数 $m=57$。采用三级错流萃取,令 $H=450$ L/h,三级萃取剂流量之和为 39 L/h。分别计算 $L_1=L_2=L_3=13$ L/h 和 $L_1=20$ L/h,$L_2=10$ L/h,$L_3=9$ L/h 时的萃取率。

【解】 萃取剂流量相等时,有

$$E = \frac{mL}{H} = 1.65$$

又根据

$$1 - \varphi_n = \frac{(1+E)^n - 1}{(1+E)^n}$$

得

$$1 - \varphi_3 = 0.946$$

若各级萃取剂流量不等,则 $E_1 = 2.53, E_2 = 1.27, E_3 = 1.14$,由

$$1 - \varphi'_n = 1 - \frac{1}{\prod_{i=1}^{n}(1+E_i)}$$

得 $1 - \varphi'_3 = 0.942$,所以,$1 - \varphi_3 > 1 - \varphi'_3$。可见,三级错流萃取高于例 1 的单级萃取(单级萃取率为 0.832)。

多级错流萃取具有如下特点。

(1) 优点:由几个单级萃取单元串联组成,萃取剂分别加入各萃取单元;萃取推动力较大,萃取效率较高。

(2) 缺点:仍需加入大量萃取剂,因而产品浓度低,需消耗较多能量回收萃取剂。

3. 多级逆流接触萃取

将多个混合-澄清器单元串联起来分别并在左右两段的混合器中连续通入料液和萃取液,使料液和萃取液逆流接触,即构成多级逆流接触萃取(图 4-9)。

多级逆流接触萃取计算如下:

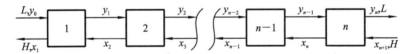

图 4-9 多级逆流接触萃取流程示意图

萃取过程:萃取剂(L)从第一级通入,逐次进入下一级,从第 n 级流出;料液(H)从第 n 级通入,逐次进入上一级,从第一级流出。最终萃取相和萃余相中溶质浓度分别为 y_n 和 x_1。

假设各级中溶质的分配均达到平衡,并且分配平衡符合线性关系。$y_i = mx_i (i = 1, 2, \cdots, n)$,则第 i 级的物料衡算式为

$$Ly_i + Hx_i = Ly_{i-1} + Hx_{i+1} \quad (i = 1, 2, \cdots, n)$$

对于第一级($i=1$),设 $y_0 = 0$,得

$$x_2 = (1+E)x_1 \quad (4.40)$$

同样对于第二级有

$$x_3 = (1 + E + E^2)x_1 \quad (4.41)$$

类推,第 n 级,

$$x_{n+1} = (1 + E + E^2 + \cdots + E^n)x_1 \quad (4.42)$$

或

$$x_F = \frac{E^{n+1} - 1}{E - 1} x_1 \quad (4.43)$$

(该式为最终萃余相和进料中溶质浓度之间的关系)

另外可得萃余分率为

$$\varphi_n = \frac{Hx_1}{Hx_F} = \frac{E-1}{E^{n+1}-1} \tag{4.44}$$

而萃取分率为

$$1-\varphi_n = \frac{E^{n+1}-E}{E^{n+1}-1} \tag{4.45}$$

【例3】 设例2中操作条件不变（$L=39$ L/h），计算采用多级逆流接触萃取时使收率达到99%所需的级数。

【解】 $E=mL/H=4.94$；因为收率为99%，即 $1-\varphi_n=0.99$，则由式(4.45)得 $n=2.74$，故需要三级萃取操作。

可计算采用三级逆流接触萃取的收率为99.3%，高于例2的错流萃取，说明多级逆流接触萃取效率优于多级错流萃取。

多级逆流萃取的特点：由几个单级萃取单元串联组成，料液走向和萃取剂走向相反，只在最后一级中加入萃取剂，故和错流萃取相比，萃取剂耗量较少，因而萃取液平均浓度较高，产物收率最高。

由此可见，在三种萃取方式中，多级逆流萃取率最高，溶剂用量最少，因此，工业上普遍采用多级逆流萃取方式。

4. 微分萃取

在塔型萃取设备中，水相和有机相分别在塔内进行微分逆流接触，与逐级接触萃取不同的是，塔内溶质在其流动方向的浓度变化是连续的，这类萃取过程需要用微分逆流萃取的计算方法。通常采用传质单元数法和理论当量高度法进行设计计算，类似于吸收原理和吸收塔塔高的计算方法。

部分塔式萃取设备如图4-10所示。

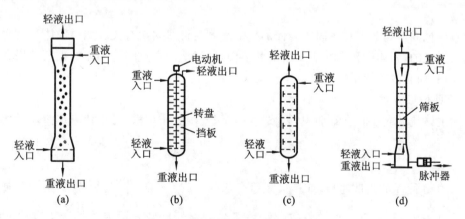

图 4-10 部分塔式萃取设备示意图
(a)喷淋塔；(b)转盘塔；(c)筛板塔；(d)脉冲筛板塔

系统的物理性质，对设备的选择比较重要。对于强腐蚀性的物系，宜选取结构简单的填料塔，采用内衬、内涂耐腐蚀金属或非金属材料（如塑料、玻璃钢）的萃取设备。如果物系有固体悬浮物存在，为避免设备填塞，一般可选用转盘塔或混合澄清器。

对于某一液液萃取过程，当所需的理论级数为2～3级时，各种萃取设备均可选用。当所需的理论级数为4～5级时，一般可选择转盘塔、往复振动筛板塔和脉冲塔。当需要的理论级数更多时，一般只能采用混合澄清设备。

根据生产任务的要求,如果所需设备的处理量较小时,可用填料塔、脉冲塔;如处理量较大时,可选用筛板塔、转盘塔以及混合澄清设备。

在选择设备时,物系的稳定性和停留时间也要考虑。例如,在抗生素生产中,由于稳定性的要求,物料在萃取设备中要求停留时间短,这时离心萃取设备是合适的;若萃取物系中伴有慢的化学反应,并要求有足够的停留时间时,选用混合澄清设备较为有利。

对于工业装置,在选择萃取设备时,应考虑设备的负荷流量范围、两相流量比变化时设备内的流动情况,以及对污染的敏感度、最大的理论级数、防腐、建筑高度与面积等因素。

4.4 固体浸取

4.4.1 浸取的基本原理

在研究浸取过程时,通常把固体物质看成是由可溶物和不溶物组成的,溶剂从固体颗粒中浸取可溶性物质,其过程一般包括以下一些步骤:①溶剂从溶剂主体传递到固体颗粒的表面;②溶剂扩散渗入固体内部和内部微孔隙内;③溶质溶解进入溶剂;④溶剂通过固体微孔隙通道中的溶液扩散到固体表面并进一步进入溶剂主体。

一般而言,第一、二两步都比较迅速,不是浸取过程总速率的控制性步骤。在固体内部,溶质溶解到溶剂的过程可能是一种简单的物理溶解过程,或者是一种使溶质溶解的化学或生物化学反应。因为浸取过程包含了许多不同的现象,不同的固体中可溶物质的溶解机理可能不同,目前人们对溶解机理的了解也是有限的,还难以做到用一种完备的理论来解释生物物质的浸取过程。

溶质通过固体和溶剂到达固体表面的扩散速度与许多因素有关。如果固体是由惰性多孔固体结构组成的,固体微孔中充满了溶剂和溶质,这时溶质通过多孔固体的扩散可用有效扩散系数来描述,而有效扩散系数与费克定律有关。

1. 浸取速率方程

在无主体流动或在静止流动中,因浓度梯度引起的分子扩散,可用费克定律表示如下:

$$J_{AT} = -D \frac{dc_A}{dz} \tag{4.46}$$

式中,J_{AT} 为物质 A 的扩散通量,或称扩散速率,$kmol/(m^2 \cdot s)$;$\frac{dc_A}{dz}$ 为物质 A 在 z 方向上的浓度梯度,$kmol/m^4$;D 为分子扩散系数,m^2/s;等号右端的负号表示扩散是沿浓度梯度降低的方向。

浸取过程实际上包括分子扩散和流体的运动引起的对流扩散,对流传质过程用费克定律表示应为分子扩散和涡流扩散共同的结果,即

$$J_{AT} = -(D + D_E) \frac{dc_A}{dz} \tag{4.47}$$

式中,D_E 为涡流扩散系数,m^2/s。

对于罐内浸泡的浸取过程,可近似认为是分子扩散,涡流扩散系数 D_E 可忽略不计。因此,中药材被浸取时,自药材颗粒单位时间通过单位面积的有效成分量,即扩散通量 J,可由式

(4.47)简化为式(4.46),省去下标后,表示如下:

$$J = \frac{dM}{F d\tau} = -D \frac{dc}{dz} \quad (4.48)$$

当传递是在液相内扩散距离 Z 进行,有效成分浓度自 c_2 变化到 c_3 时,积分式(4.48)得

$$J = -\frac{D}{Z}(c_3 - c_2) = k(c_2 - c_3) \quad (4.49)$$

式中,k 是传质分系数,$k = D/Z$。

如果传质是在有孔固体物质中进行,有效成分浓度自 c_1 变化到 c_2 时,同理可得

$$J = \frac{D}{L}(c_1 - c_2) \quad (4.50)$$

式中,L 为多孔固体物质的扩散距离。

于是得到药材浸出过程的速率方程为

$$J = \frac{1}{\left(\frac{1}{k} + \frac{L}{D}\right)}(c_1 - c_2) = K \Delta C \quad (4.51)$$

式中,K 为浸出总传质系数,$K = \dfrac{1}{\left(\dfrac{1}{k} + \dfrac{L}{D}\right)}$,m/s;$\Delta C$ 为药材固体与液相主体中有效物质的浓度差,kmol/m³。

实际浸取过程中,中药材固体与液相主体有效成分的浓度差并非定值,可表示为

$$\Delta c = \frac{\Delta c_{始} - \Delta c_{终}}{\ln(\Delta c_{始} - \Delta c_{终})} \quad (4.52)$$

式中,Δc 为浸出开始和终结时固、液两相的浓度差,kmol/m³。

2. 扩散系数

求解上述药材浸出过程的速率公式,必须先知道溶质在扩散过程中的扩散系数并求得传质系数。扩散系数是物质的特征常数之一,同一物质的扩散系数会随介质的性质、温度、压力及浓度的不同而异。一些物质的扩散系数可从有关物性手册查到,但对于医药物质,数据普遍缺乏。

(1)溶质 A 在液相 B 中的扩散系数(D_{AB}) 溶质在液相中的扩散系数,其量值通常在 $10^{-10} \sim 10^{-9}$ m² 之间。由于液相中的扩散理论至今不成熟,目前对于溶质在溶液中的扩散系数多采用半经验法。

对于稀溶液,用斯托克斯-爱因斯坦(Stockes-Einstein)方法计算,即

$$D_{AB} = \frac{9.96 \times 10^{-17} T}{\mu_B V_A^{1/3}} \quad (4.53)$$

式中,V_A 为正常沸点下溶质的摩尔体积,m³/kmol;μ_B 为溶剂 B 的黏度,Pa·s。

式(4.53)适用于相对分子质量大于 1 000、非水合的大分子溶质,且水溶液中 V_A 大于 0.5 m³/kmol。

对于溶质为较小分子的稀溶液,可用威尔盖(Wike)公式计算,即

$$D_{AB} = 4.7 \times 10^{-7} (\varphi M_B)^{1/2} \frac{T}{\mu_B V_A^{0.6}} \quad (4.54)$$

式中,M_B 为溶剂的摩尔质量,kg/kmol;μ_B 为溶剂的黏度,Pa·s;V_A 为正常沸点下溶质的摩尔体积,m³/kmol;φ 为溶质的缔结参数,对于水为 2.6,对于甲醇为 1.9,对于乙醇为 1.5,对于苯、乙醚、庚烷以及其他不缔结溶剂均为 1.0。

(2)溶质在固体中的扩散系数 如果固体内存在浓度梯度,固体中组分可由某一部分向另

一部分扩散。通常在固体中有两种扩散类型：一种是遵从费克定律，基本上与固体结构无关的扩散；另一种与固体结构有关的多孔介质内扩散。

外扩散系数随溶剂对流程度的增加而增加，在带有搅拌的浸取过程中，外扩散系数很大，计算式可忽略其作用，在此情况下，浸取全过程的决定因素就是内扩散系数。表 4-1 给出了一些植物药材的内扩散系数。

表 4-1 植物药材的内扩散系数

药材名	浸出物质	溶剂	内扩散系数/(cm²·s⁻¹)
百合叶	苷类	70%乙醇	0.45×10^{-8}
颠茄叶	生物碱	水	0.9×10^{-8}
缬草根	缬草酸	70%乙醇	0.82×10^{-7}
甘草根	甘草酸	25%氨水	5.1×10^{-7}
花生仁	油脂	苯	2.4×10^{-8}
芫荽籽	油脂	苯	0.65×10^{-8}
五倍子	丹宁	水	1.95×10^{-9}

3. 总传质系数

浸取过程中，总传质系数（H）应由内扩散系数、自由扩散系数和对流扩散系数组成。总传质系数 H 为

$$H = \frac{1}{\dfrac{h}{D_{内}} + \dfrac{S}{D_{自}} + \dfrac{L}{D_{对}}} \tag{4.55}$$

式中，L 为颗粒尺寸；S 为边界层厚度，其值与溶解过程液体流速有关；h 为颗粒内边界层厚度；$D_{内}$ 为内扩散系数，表示颗粒内部有效成分的传递速率；$D_{自}$ 为自由扩散系数，表示在细胞内有效成分的传递速率；$D_{对}$ 为对流扩散系数，表示在流动的萃取剂中有效成分的传递速率。

$D_{自}$ 是式（4.53）和式（4.54）的 D_{AB}，自由扩散系数与温度有关，还与液体的浓度有关，温度值取操作时的温度，浓度取算术平均值。由于物质结构中存在孔隙和毛细管的作用，分子在毛细管中的运动速度很缓慢，所以 $D_{内}$ 值比 $D_{自}$ 值小得多。

内扩散系数与原料有效成分含量、温度及流体力学条件等有关，故不是固定常数。此外，$D_{内}$ 还和浸泡时原料的膨胀、胞组织的变化和扩散物质的浓度变化等有关。

$D_{对}$ 值大于 $D_{自}$ 值，而且 $D_{对}$ 值随溶剂对流程度的增加而增加，在湍流时 $D_{对}$ 值最大。在带有搅拌的浸取过程中，$D_{对}$ 值很大，计算时可忽略其作用，在此情况下，浸取全过程的决定因素就是内扩散系数。

4.4.2 浸取的影响因素

1. 浸取温度

温度的升高能使植物组织软化，促进膨胀。增加可溶性成分的溶解和扩散速率，促进有效成分的浸出。如果温度适当升高，还可以使细胞内蛋白质凝固、酶被破坏，有利于浸出和制剂的稳定。

2. 浸取时间

一般来说浸取时间和浸取量成正比，即时间越长，扩散值越大，越有利于浸取。但当扩散达到平衡后，延长时间就不再起作用。此外，长时间的浸取往往导致大量杂质溶出，一些有效

成分易被酶分解。若以水作溶剂,长时间浸泡则易霉变,影响浸取液的质量。

3. 浓度差

浓度差越大浸出速度越快,适当地运用和扩大浸取过程的浓度差,有助于加速浸取过程和提高浸取效率。一般连续逆流浸取的平均浓度差比一次浸取大些,浸出效率也较高。应用浸提法时,搅拌或加强浸出液循环等,也有助于扩大浓度差。

4. 溶液的 pH

浸取溶液的 pH 与浸提效果密切相关。例如,在中药材浸提过程中,往往根据需要调整浸提溶液的 pH,以利于某些有效成分的提取,如用酸性溶剂提取生物碱,用碱性溶剂提取皂苷等。

5. 浸取压力

通常提高浸取压力会加速浸润过程。目前有两种加压方式,一种是密闭升温加压,另一种是通过气压或液压加压。实验证明,水温在 65~90 ℃,表压力 0.3~0.6 MPa 时,与常压浸提相比,有效成分浸出率相同,但浸出时间可以缩短一半以上,固液比也可以提高。此外,因加热、加压条件可能导致某些有效成分被破坏,因此,须慎重选用加压升温浸出工艺。

6. 浸取溶剂的选择

依据相似相溶原理,浸取溶剂选择时应考虑以下原则。

(1) 溶质的溶解度大,以节省溶剂的用量。

(2) 与溶质之间有足够大的分离差,以便于回收利用。

(3) 溶质在溶剂中的扩散阻力小,即扩散系数大和黏度小。

(4) 价廉易得、无毒、腐蚀性小等。

4.4.3 浸取工艺过程及设备

4.4.3.1 浸取工艺

浸取工艺可分为单级浸取工艺、单级回流浸取工艺、单级循环浸取工艺、多级浸取工艺、半逆流多级浸取工艺、连续逆流浸取工艺六种。

1. 单级浸取工艺

单级浸取工艺是指固体原料和溶剂一次加入浸出设备中,经过一定时间浸取后,放出浸出液,排出药渣的整个过程。一次浸出的浸出速度开始大,以后速度逐渐降低,直至到达平衡状态,故常将一次浸出称为非稳定过程。

单级浸取工艺比较简单,常用于小批量生产,其缺点是浸出时间长,药渣能吸收一定量的浸出液,可溶性成分的浸出率低,浸出液的浓度亦较低,浓缩时消耗热量大。

2. 单级回流浸取工艺

单级回流浸取又称索氏提取(图 4-11),主要用于有机溶剂(如乙酸乙酯、氯仿浸出或石油醚脱脂)浸取药材及一些药材脱脂。由于溶剂的回流,溶剂与药材细胞组织内的有效成分之间始终保持很大的浓度差,加快了浸出速度和提高了浸出率,而且最后生产出的浸出液已是浓缩液,使浸出与浓缩紧密地结合在一起。此法生产周期一般约为 10 h。此法的缺点是使浸出液受热时间长,对于热敏性原料是不适宜的。

3. 单级循环浸取工艺

单级循环浸出系统将浸出液循环流动与原料接触浸出,它的特点是固、液两相在浸出器中

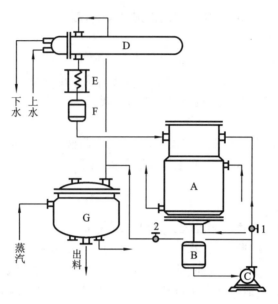

图 4-11 索氏提取法工艺流程图

A—浸出罐；B—缓冲罐；C—输送泵；D—冷凝管；E—冷却器；F—冷凝受槽；G—浓缩锅；1,2—阀门

有相对运动,由于摩擦作用,两相间边界层变薄或边界层表面更新快,从而加速了浸出过程。循环浸出法的优点是浸出液的澄清度好,这是因为药渣成为自然滤层,浸出液经过 14～20 次的循环过滤之故;其缺点是液固比大。

4. 多级浸取工艺

原料吸液引起的成分损失,是浸取法的一个缺点。为了提高浸出效果,减少成分损失,可采用多次浸取法。它是将原料置于浸出罐中,再将一定量的溶剂分次加入进行浸出;亦可将原料分别装于一组浸出罐中,新的溶剂分别先进入第一个浸出罐与原料接触浸出,浸出液放入第二个浸出罐与原料接触浸出,这样依次通过全部浸出罐成品或浓浸出液由最后一个浸出罐流入接收器中。当第一罐内的原料浸出完时,则关闭第一罐的进、出液阀门,卸出药渣,回收溶剂备用。续加的溶剂先进入第一罐,并依次浸出,直至各罐浸出完毕。

5. 半逆流多级浸取工艺

此工艺是在循环提取法的基础上发展起来的,它主要是为保持循环提取法的优点,同时用母液多次套用克服溶剂用量大的缺点。罐组式逆流提取法工艺流程如图 4-12 所示。

预处理后的原料加入浸出罐 A_1 中。溶剂由计量罐 I_1 计量后,经阀 1 加入浸出罐 A_1 中。然后开启阀 2 进行循环提取 2 h 左右。浸出液经循环泵 B_1 和阀 3 加入计量罐 I_1,再由 I_1 将 A_1 的提取液经阀 4 加入浸出罐 A_2 中,进行循环提取 2 h 左右(即母液第 1 次套用)。A_2 的浸出液经泵 B_2、阀 6、罐 I_2、阀 7 加入浸出罐 A_3 中进行循环浸出(即母液第 2 次套用),以此类推,使浸出液与各浸出罐之原料相对逆流而进,每次新鲜溶剂经 4 次浸出(且母液第 3 次套用)后即可排出系统,同样每罐原料经 3 次不同浓度的浸出外液和最后 1 次新鲜溶剂浸出后再排出系统。

6. 连续逆流浸取工艺

本工艺是原料与溶剂在浸出器中沿反方向运动,并连续接触提取。它与一次浸出相比具有以下特点:浸出率和浸出液浓度均较高。单位重复浸出液浓缩时消耗的热能少,浸出速度快。连续逆流浸出具有稳定的浓度梯度,且固、液两相处于运动状态,使两相界面的边界膜变薄,或边界层更新快,从而加快了浸出速度。

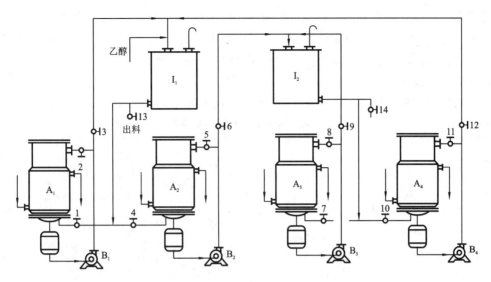

图 4-12　罐组式逆流提取法工艺流程示意图

I_1，I_2—计量罐；A_1，A_2，A_3，A_4—浸入罐；B_1，B_2，B_3，B_4—循环泵；1～14—阀门

4.4.3.2　浸取设备

浸取设备按其操作方式可分为间歇式、半连续式和连续式；按固体原料的处理方法，可分为固定床、移动床和分散接触式；按溶剂和固体原料的接触方式，可分为多级接触式和微分接触式。

1. 间歇式浸取器

间歇式浸取器的型号较多，其中以多功能式浸出罐较为典型（图 4-13）。除浸出罐外，还

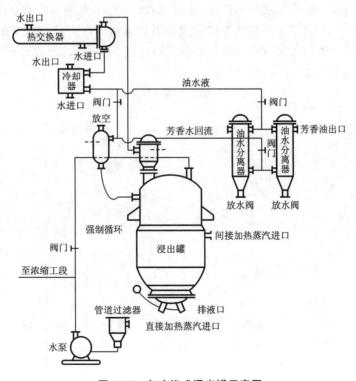

图 4-13　多功能式浸出罐示意图

有热交换器、冷却器、油水分离器、管道过滤器等附件,具有多种用途,可供原料的水浸出和醇浸出,或浸出挥发油,回收药渣中的溶剂等。原料由加料口加入,浸出液经夹层可以通入蒸汽加热,亦可通水冷却,此器浸出效率较高,消耗能量少,操作简便。

2. 连续式浸取器

连续式浸取器按操作方式有浸渍式、喷淋渗漉式和混合式三种,典型设备如表4-2所示。

表4-2 连续式浸取器典型设备

操作方式	设备
浸渍式	U形螺旋式浸取器
	U形拖链式连续逆流浸取器
	螺旋推进式浸取器
	肯尼迪(Kennedy)式逆流浸取器
喷淋渗漉式	波尔曼(Bollman)连续浸取器
	平转式连续浸取器
	履带式连续浸取器
	鲁奇式连续浸取器
混合式	千代田式L形连续浸取器

4.4.4 浸取的工业应用

浸取技术在日常生活中应用较为广泛,如:在制糖工业中,常用水作萃取剂,从甜菜中提取蔗糖;在抗生素生产中,常用乙醇从菌丝体中提取两性霉素B、曲古霉素等;在油脂工业中,则以酒精或汽油作为萃取剂从大豆等油料作物中萃取食用油。可以说,浸取技术与我们的生活密切相关。表4-3是浸取过程的应用实例。

表4-3 浸取过程的应用实例

产物	固体	溶质	溶剂
咖啡	粗烤咖啡	咖啡	水
豆油	大豆	豆油	己烷
大豆蛋白	豆粉	蛋白质	NaOH溶液,pH9
香料	丁香、胡椒、麝香	香料成分	80%乙醇
蔗糖	甘蔗、甜菜	蔗糖	水
维生素B	碎米	维生素B	乙醇-水
玉米蛋白质	玉米	玉米蛋白质	90%乙醇
胶质	胶原	胶质	稀酸
果汁	水果块	果汁	水
鱼油	碎鱼块	鱼油	己烷、丁醇、CH_2Cl_2
鸦片提取物	罂粟	鸦片提取物	CH_2Cl_2、超临界CO_2
胰岛素	牛、猪胰腺	胰岛素	酸性醇

续表

产物	固体	溶质	溶剂
肝提取物	哺乳动物的肝	肽、缩氨酸	水
低水分水果	高水分水果	水	50%的糖液
脱盐海藻	海藻	海盐	稀盐酸
去咖啡因的咖啡	绿咖啡豆	咖啡因	CH_3Cl、超临界 CO_2
中草药汁	中草药材	药用成分	水
药酒	中草药材	药用成分	酒

近年来,利用新技术强化和改善浸出效率的探索值得关注。强化的手段主要包括电磁场强化浸出、电磁振动强化浸出、流化床强化浸出、电场强化浸出、脉冲强化浸出、挤压强化浸出、超声波强化浸出和微波强化浸出等。其中超声波与微波协助浸取由于快速、高效等优点尤其受到重视。

4.4.4.1 超声波协助浸取及工业应用

1. 超声波的基本作用原理

超声波热学机理、超声波机械机制和超声波空化作用是超声波协助浸取的三大理论依据。

（1）超声波热学机理　介质吸收超声波能量,大部分或者全部转化为热能,从而导致组织温度升高。这种吸收声能而引起的温度升高是稳定的,所以超声波用于浸取时可以在瞬间使溶液内部温度升高,加速有效成分的溶解。

（2）超声波机械机制　超声波的机械作用主要是辐射压强和超声压强引起的。辐射压强可能引起两种效应:其一是简单的骚动效应,其二是在溶剂和悬浮体之间出现摩擦。这种骚动可使蛋白质变性,组织细胞变形。而辐射压强将给予溶剂和悬浮体以不同的加速度,即溶剂分子的速度远大于悬浮体的速度,从而在它们之间产生摩擦,这力量足以断开两个碳原子之间的连接键,使生物分子解聚。

（3）超声波空化作用　超声波的空化作用能产生极大的压力,造成被粉碎物细胞壁及整个生物体的破碎,而且整个破碎过程在瞬间完成;同时,超声波产生的振动作用增加了溶剂的湍流强度及相接触面积,加快了胞内物质的释放、扩散及溶解,从而强化了传质,有利于胞内有效成分的提取。

2. 超声波浸取技术的应用

大多数情况下,超声波浸取效果优于传统提取技术。

刘青等研究了 19、40、80 kHz 三种不同频率超声从芒果叶中浸取芒果苷,结果显示低频超声浸取率较高,而且时间越长浸取率越高,芒果叶粉碎度的影响可以忽略,19 kHz 超声波 50 ℃提取 60 min 的提取率相当于常规水煎煮 120 min 的提取率。

赵兵等研究了石油醚 20 kHz 超声浸取青蒿叶中的青蒿素,发现超声浸取时间越长、强度越大,浸取率越高。

宁井铭等采用超声波浸提(60 ℃,10 min)和常规浸提(85 ℃,10 min)考察绿茶饮料提取工艺,发现超声波浸提有生化成分含量高、茶汤酚氨比大、咖啡碱含量高、茶汤透光率小等特点。

周如金等优化超声提取核桃仁油的工艺参数为提取温度 60 ℃、料液比 1∶4∶5、超声波功率 300W、频率 25 kHz、时间 60 min,与溶剂法相比,提取温度降低、提取时间缩短,并且节省了溶剂耗量。

Wu Jianyong 等研究了人参皂苷的超声浸取与索氏抽提,发现从各种人参中超声浸取皂角苷更简单有效,超声浸取人参皂苷的速度是传统方法的 3 倍,可见超声浸取不仅更有效,而且便于植物有效成分的回收和纯化。

4.4.4.2 微波协助浸取

1. 微波的基本作用原理

微波协助浸取,一方面是利用微波透过萃取器到达物料内部,由于物料腺细胞系统含水量高,水分子吸收微波能,产生大量的热量,所以能快速被加热,使胞内温度迅速升高,液态水气化产生的压力将细胞膜和细胞壁冲破,形成微小的孔洞。进一步加热,导致细胞内部和细胞壁水分减少,细胞收缩,表面出现裂纹。孔洞或裂纹的存在使胞外溶剂容易进入细胞内,溶解并释放出胞内有效成分,再扩散到萃取剂中。另一方面,在固液浸取过程中,固体表面的液膜通常是由极性强的萃取剂组成的,在微波辐射作用下,强极性分子将瞬时极化,并以 2.45×10^9 次/s 的速度做极性变换运动,这就可能对液膜层产生一定的微观"扰动"影响,使附在固相周围液膜变薄,溶剂与溶质之间的结合力受到一定程度的削弱,从而使固液浸取的扩散过程所受的阻力减小,促进扩散过程的进行。

2. 微波协助浸取的应用

微波萃取法自问世以来,因其众多优点而受到美国、加拿大等国家环保研究部门的重视。目前微波萃取技术的应用主要包括提取有效成分、临床应用以及在物质检测领域中的应用。

(1) 微波萃取技术在提取有效成分中的应用 目前,微波萃取技术在提取油脂类、色素类、多糖类和黄酮类化合物等方面研究较多。在国外,Szentmihalyi 等利用微波萃取技术从废弃的蔷薇科种子中提取具有医用价值的野玫瑰果精油,通过超声波、微波、超临界萃取 3 种方法的对比,发现萃取率分别为 16.25%~22.11%,35.94%~54.75% 和 20.29%~26.48%。由此看出,微波萃取具有良好的效果。姚中铭等用微波提取栀子黄色素,色素的提取率达到 98.2%,色价 56.94。周志等用微波水提茶多糖,得率为 1.56%,茶多糖含糖量为 30.93%。经紫外和红外光谱分析证实,微波辐射对茶多糖制品的化学结构无影响。李嵘等用微波提取银杏黄酮苷,萃取 30 min 即可达到 62.3% 的提取率,与传统乙醇水浸提 5 h 的效果相近。Hao Jinyu 等用微波萃取技术从黄花蒿中提取青蒿素,考察了溶剂、微波辐照时间、物料粉碎度等工艺条件对提取率的影响。结果表明,提取率随物料粉碎度、溶剂与物料比、正乙烷/环己胺混合溶剂的介电常数的增加而增加。

(2) 微波萃取技术在临床上的应用 在临床上,有研究用微波选择性萃取人血或血清中的药物(镇静剂)。采用微波萃取法从血红细胞表面分离抗体仅需 10 min,而常规法则需 80 min。微波萃取法还可用于从血浆中分离血清和从血清中分离抗原。

(3) 微波萃取技术在物质检测上的应用 在物质检测中往往需要将目标产物或待测物质从固体或黏稠状原料中萃取出来以便进行检测。一些微量成分、农药残留等的分析可以使用微波萃取法制样,提取率高,需样量少。杨云等利用微波萃取与气相色谱-质谱联用,分析蔬菜中的有机磷农药,与传统的机械振荡萃取法相比,两者的萃取效率相当,但微波萃取法省时、省溶剂。郎春燕等以 HNO_3-$HClO_4$ 为消解试剂,MgO 为外层吸收剂,用 CCl_4 萃取、微波溶解光度法快速测定茶叶中痕量锗,测量效果好。

4.5 超临界流体萃取

超临界流体萃取是 20 世纪 70 年代以来迅速发展起来的一种新型萃取分离技术。其利用高压、高密度的超临界流体具有类似气体的较强穿透力及类似于液体的较大密度和溶解度,将超临界流体作为溶剂,从液体或固体中萃取所需组分,然后再采用升温、降压或二者兼用的手段将超临界流体与所萃取的组分分开,达到提取分离的目的。作为新一代的萃取分离技术,超临界流体萃取在食品、香料、生物制药等领域获得普遍应用,并已初步形成了一个新的产业。

4.5.1 超临界流体的性质

一种流体(气体或液体),当其温度或压力均超过其相应临界点值,则称该状态下的流体为超临界流体。图 4-14 为纯组分的温度-压力关系示意图,图中所示的阴影部分是超临界流体的范围。同时,表 4-4 比较了超临界流体与气体和液体的一些物理性质。

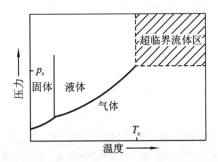

图 4-14　纯液体的压力-温度关系示意图

表 4-4　超临界流体与气体、液体的区别

相	密度/(g·mL^{-1})	扩散系数/(cm^2·s^{-1})	黏度/(g·cm^{-1}·s^{-1})
气体(G)	10^{-3}	10^{-1}	10^{-4}
超临界流体(SCF)	0.3~0.9	10^{-3}~10^{-4}	10^{-3}
液体(L)	1	10^{-5}	10^{-2}

结合图 4-14 与表 4-4 可归纳出超临界流体具有如下四个主要特性。

(1) 超临界流体的密度接近于液体。溶质在溶剂中的溶解度一般与溶剂的密度成正比,使得超临界流体具有与液体溶剂相当的萃取能力。

(2) 超临界流体的扩散系数介于气态与液态之间,其黏度接近气体。故总体上,超临界流体的传质性质更类似于气体,其在超临界萃取时传质的速率远大于其处于液态下溶剂的萃取速率。

(3) 当流体状态接近临界区时,蒸发气会急剧下降,至临界点处则气液相界面消失,蒸发焓为零,比热容也变为无限大。因而在临界点附近进行分离操作比在气液平衡区进行分离操作更有利于传热和节能。

(4) 流体在临界点附近的压力或温度的微小变化都会导致流体密度有相当大的变化,从而使溶质在流体中的溶解度也发生相当大的变化。该特性为超临界萃取工艺的设计基础,可通过图 4-15 所示的二氧化碳的对比压力($p_r=p/p_c$)与对比密度($\rho_r=\rho/\rho_c$)的关系加以说明。

图 4-15 中的阴影部分为人们最感兴趣的超临界萃取的实际操作区域,大致在对比压力 p_r 为 1~6,对比温度 $T_r(T_r=T/T_c)$ 为 0.9~1.4。其中压力或温度稍低于临界值时的高压流体,称为亚临界流体或近临界流体(sub-supercritical fluid 或 near-supercritical fluid)。亚临界流体的密度高,其传质性质介于液体与超临界流体之间。人们也常把这一区域的亚临界流体萃取泛称为超临界萃取。

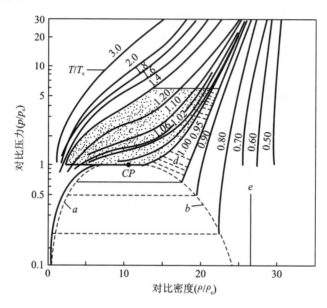

图 4-15 纯二氧化碳的对比压力与对比温度的关系

a—沸点线;b—露点线;c—SCF 萃取区;d—亚临界萃取;e——般液体的密度;CP—临界点

在阴影部分所示区域里,超临界流体有极大的可压缩性。溶剂的对比密度可从气体般的对比密度($\rho_r=0.1$)变化到液体般的对比密度($\rho_r=0.2$)。例如,在 $1.0<T_r<1.2$ 时,等温线在相当一段密度范围内趋于平坦,即在此区域内微小的压力变化都会相当大地改变超临界流体的密度。这样,超临界流体可在较高密度下对待萃取物进行超临界萃取;另外,又可通过调节压力或温度使溶剂的密度大大降低,从而降低其萃取能力,使溶剂与萃取物得到有效分离。

4.5.2 超临界流体萃取过程

化工单元操作中,精馏是利用各组分挥发度的差别实现分离目的的,液液萃取则是利用萃取剂与被萃取物分子之间溶解度的差异将萃取组分从混合物中分开。而超临界流体由于兼有气体和液体的优良特性,由它作为分离介质(即萃取剂)的超临界萃取被认为是在一定程度上综合了精馏和液液萃取两个单元操作优点的独特的分离工艺,其理论基础是流体混合物在临界状态下的相平衡关系,其操作属于质量传递过程。

4.5.2.1 超临界流体萃取原理

超临界流体萃取分离工程的原理是利用超临界流体的溶解能力与其密度关系,即利用压力和温度对超临界流体溶解能力的影响而进行的。通过实验可知,在超临界区域附近,压力和温度的微小变化,都会引起流体密度的大幅度变化。而溶质在超临界流体中的溶解度大致和流体的密度成正比。如果保持温度恒定,增大压力,则超临界流体密度增大,对溶质的萃取能力增强,完成对溶质的溶解;压力减小,超临界流体的密度减小,对溶质的萃取能力减弱,使萃取剂与溶剂分离。同样如果保持压力恒定,降低温度,则流体密度相对增大,对溶质的萃取能力增强,完成对溶质的溶解;提高温度,流体密度相对减小,对溶质的萃取能力降低,使萃取剂与溶质分离。

由上可知,在进行超临界流体萃取时,首先应使超临界流体与待分离的物质接触,以便可以有选择性地把极性大小、沸点高低和相对分子质量大小不同的成分依次萃取出来。当然,对应各压力范围所得到的萃取物不可能是单一的,但可以通过控制条件得到最佳比例的混合组分。然后,通过减压、升温的方法使超临界流体变成普通气体,被萃取物质则基本或完全析出,从而达到分离提纯的目的。也就是说,超临界流体萃取过程是由萃取和分离两部分组成的。

4.5.2.2 超临界流体萃取操作过程

影响物质在超临界流体中溶解度的主要因素为温度和压力,所以可以通过调节萃取操作的温度和压力优化萃取操作,提高萃取速率和选择性。超临界流体萃取设备通常是由溶质萃取槽和萃取溶质的分离回收槽构成的。

在萃取阶段,首先将萃取原料装入萃取釜;然后将作为超临界溶剂的二氧化碳气体经热交换器冷凝成液体,再经加压及调节温度,使其成为超临界二氧化碳流体,最后使二氧化碳流体作为溶剂从萃取釜底部进入,与被萃取物料充分接触,选择性溶解出所需的化学成分。在超临界流体萃取的分离阶段,含溶解萃取物的二氧化碳流体经节流阀降压到低于二氧化碳临界压力以下之后再进入分离釜(又称解析釜),由于二氧化碳溶解度急剧下降而析出溶质,原流体自动分离成溶质和二氧化碳气体两部分。前者为过程产品,定期从分离釜底部放出;后者为二氧化碳循环气体,经过热交换器冷凝成二氧化碳液体再循环使用。至此,完成待分离组分的分离。根据分离方法的不同,可以把超临界流体萃取过程分为等温法、等压法和吸附法三种典型工艺过程。

1. 等温法

(1) 工艺流程 等温法是通过变化压力使萃取组分从超临界流体中分离出来的,如图4-16所示。含有萃取物的超临界流体经过膨胀阀后压力下降,其萃取物的溶解度下降。溶质析出并由分离槽底部取出,充当萃取剂的气体经压缩机送回萃取槽循环使用。

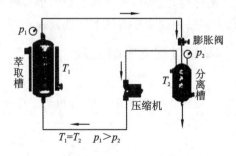

图 4-16 等温法超临界流体萃取流程

(2) 操作特点 等温法萃取过程的特点是萃取釜(萃取槽)和分离釜(分离槽)等温,萃取釜压力高于分离釜压力。利用高压下 CO_2 对溶质的溶解度大大高于低压下该溶解度这一特性,将萃取釜中选择性溶解的目标组分在分离釜中析出成为产品。降压过程采用减压阀,降压后的 CO_2 流体(一般处于临界压力以下)通过压缩机或高压泵将压力提升到萃取釜压力,循环使用。

2. 等压法

(1) 工艺流程　等压法是利用温度的变化实现溶质和萃取剂的分离,如图4-17所示,含萃取物的超临界流体经加热升温使萃取剂与溶质分离,由分离槽下方取出溶质。作为萃取剂的气体经降温送回萃取槽使用。

(2) 操作特点　等压法工艺流程特点是萃取釜(萃取槽)和分离釜(分离槽)处于相同压力,利用两者温度不同时 CO_2 流体溶解度的差异来达到分离目的。

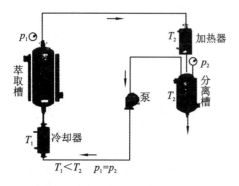

图4-17　等压法超临界流体萃取流程

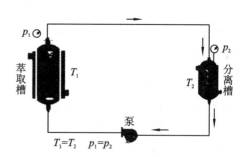

图4-18　吸附法超临界流体萃取流程

3. 吸附法

(1) 工艺流程　吸附法是采用可吸附溶质而不吸附超临界流体的吸附剂来使萃取物分离。萃取剂气体经压缩机后循环使用,如图4-18所示。

(2) 操作特点　吸附法工艺流程中萃取和分离处于相同温度和压力下,利用分离釜中填充特定吸附剂将 CO_2 流体中待分离的目标组分选择性吸附除去,然后定期再生吸附剂即可达到分离目的。

对比等温法、等压法和吸附法三种基本流程的耗损,吸附法理论上不需压缩机耗能和热交换耗能,应是最省能的过程。但该法只适用于可选择吸附分离目标组分的体系,绝大多数天然产物分离过程很难通过吸附剂来收集产品,所以吸附法只能用于少量杂质脱除过程。一般条件下,温度变化对 CO_2 流体的溶解度影响远小于压力变化的影响。因此,通过改变温度的等压法工艺过程,虽然可以节省压缩能耗,但实际分离性能受到很多限制,实用价值较少。所以,目前超临界 CO_2 流体萃取过程大多采用改变压力的等温法流程。

4.5.2.3　超临界流体萃取过程的影响因素

1. 压力

当温度恒定时,提高压力可以增大溶剂的溶解能力和超临界流体的密度,从而提高超临界流体的萃取容量。

2. 温度

当萃取压力较高时,温度的提高可以增大溶质的蒸汽压,从而有利于提高其挥发度和扩散系数。但温度提高也会降低超临界流体的密度,从而减小其萃取容量,温度过高还会使热敏性物料产生降解。

3. 流体密度

溶剂的溶解能力与其密度有关。密度越大,溶解能力越大,但密度大时,传质系数小。在恒温时,密度增加,萃取速率增加;在恒压时,密度增大,萃取速率下降。

4. 溶剂比

当确定萃取温度和压力后,溶剂比是一个重要参数。溶剂比低时,经一定时间萃取后固体中残留量大;溶剂比非常高时,萃取后固体中的残留量趋于最低限。溶剂比的大小必须考虑经济性。

5. 颗粒度

一般情况下,萃取速率随固体物料颗粒尺寸减小而增大。当颗粒过大时,固体相受传质控制,萃取速率慢,即使提高压力和增加溶剂的溶解能力,也不能有效地提高溶剂中溶质浓度。另外,当颗粒过小时,会形成高密度的床层,使溶剂流动通道阻塞,从而造成传质速率下降。

4.5.3 超临界流体萃取的应用

从超临界流体的性质可以看出,超临界流体萃取具有如下优点:①萃取速度高于液体萃取,特别适合于固态物质的分离提取;②在接近常温的条件下操作,能耗低于一般的精馏法,适于热敏性物质和易氧化物质的分离;③传热速率快,温度易于控制;④适合于非挥发性物质的分离。

Todd 和 Eigin 在 1955 年首先建议用超临界流体作为萃取剂来分离低挥发度的化合物之后,在其他一些国家,特别是美国、德国和苏联,一些学者发表了不少的研究论文,其内容集中在食品、药物和香料的超临界流体萃取应用上。超临界流体萃取应用到生物系统中也有十多年的历史,有些已在生物化学的研究中被提出,有些则已经商业化,如从咖啡中脱除咖啡因,从啤酒花中提取有效成分等。在表 4-5 列出了超临界流体萃取在各领域中的应用情况。

表 4-5 超临界流体萃取的应用实例

工业类别	应用实例
医药工业	①原料药的浓缩、精制和脱溶剂(抗生素等) ②酵母、菌体生成物的萃取(γ-亚油酸、甾族化合物,酒精等) ③酶、维生素等的精制、回收 ④从动植物中萃取有效成分(化学治疗剂,生物碱,维生素 E、芳香油等) ⑤脂质混合物的分离精制(甘油酯、脂肪酸、卵磷脂)
食品工业	①脂质体制备技术 ②植物油的萃取(大豆、棕榈、花生、咖啡等) ③动物油的萃取(鱼油、肝油) ④食品的脱脂(马铃薯片、无脂淀粉、油炸食品) ⑤从茶、咖啡中脱除咖啡因、啤酒花的萃取等 ⑥植物色素的萃取,β-胡萝卜素的提取 ⑦含酒精饮料的软化 ⑧油脂的脱色、脱臭
化妆品香料工业	①天然香料的萃取(香草豆中提取香精),合成香料的分离、精制 ②烟草脱烟碱 ③化妆品原料的萃取、精制(界面活性剂、单甘酯等)

续表

工业类别	应用实例
生物工业	①从发酵液中除去生物稳定剂 ②从水溶液中提取有机溶剂 ③微生物的超临界流体破碎过程 ④工业废物的分解 ⑤木质纤维素材料的处理
化学工业	①烃的分离(烷烃与芳烃、萘的分离，α-烯烃的分离，正烷烃和异烷烃的分离) ②有机水溶液的脱水(醇、甲乙醇等) ③有机合成原料的精制(羧酸、酯、酐，如己二酸、对苯二酸、己内酰胺等) ④共沸物的分离($H_2O-C_2H_5-OH$ 等) ⑤作为反应的稀释剂(聚合反应、烷烃的异构化反应) ⑥反应原料的回收(从低级脂肪酸盐的水溶液中回收脂肪酸)
其他	①超临界液体色谱 ②活性炭的再生

下面对超临界流体萃取在某些方面的应用做些具体介绍。

1. 用超临界 CO_2 提取甾族化合物

研究人员在工业实验室中研究了在超临界 CO_2 中溶解和沉淀各种甾族化合物的情况，同时测验了从土曲霉发酵液中提取一种化合物的可能性。在这个研究的第一部分中，对三个标准化合物，即依米配能(impenem)、梅奴灵(mevinolin)和呋罗托霉素(efrotomycin)进行了筛选(图 4-19)，实验中观察到，即使在压力高于 38 MPa 时，这些复杂的分子在超临界 CO_2 中的溶解度还是很小，添加共溶剂可增加溶质的溶解度。如加入丙酮，结果使呋罗托霉素的溶解度增加了 10 倍；加入 5% 甲醇预先同 CO_2 混合，对梅奴灵有较强的影响，使溶质的溶解度增加 10 倍(最高为 0.45% 质量比，38 MPa 和 40 ℃)。当临界 CO_2 膨胀减压到大气压，只要含有 3%(质量比)甲醇，梅奴灵就会沉淀出来，所得颗粒大小在 $1\sim50~\mu m$ 之间，比用普通方法从甲苯和水混合溶液中结晶出来的颗粒小 5 倍。X 衍射检测表明，用超临界流体萃取技术所制得的结晶，能保持其结构特性，可完全代替当前为使颗粒减小而使用的研磨方法。

2. 用超临界 CO_2 从咖啡中脱除咖啡因

超临界流体萃取首先收到商业效益的实例是用超临界 CO_2 从咖啡豆中萃取咖啡因。开始是用烘烤过的咖啡豆进行萃取，但是影响其芳香性，现已作了改进，超临界 CO_2 可以有选择性地直接从原料中萃取咖啡因而不使其失去芳香味。具体过程为将绿咖啡豆预先用水浸泡增湿，用 $70\sim90$ ℃，$16\sim22$ MPa 的超临界 CO_2(这时 ρ_{CO_2} 为 $0.4\sim0.65~g/cm^3$)进行萃取，CO_2 可循环使用；咖啡因从咖啡豆中向流体相扩散，然后随 CO_2 一起进入水洗塔，用 $70\sim90$ ℃水洗涤，约 10 h 后，所有的咖啡因都被水吸收；该水经脱气后进入蒸馏器回收咖啡因。通过萃取，咖啡豆中的咖啡因可以从原来的 $0.7\%\sim3\%$ 下将到 0.02% 以下，具体工艺流程如图 4-20 所示。此工艺也可用于从茶叶中萃取咖啡因。

3. 用超临界 CO_2 萃取啤酒花

啤酒花用于酿造酒已有 2 000 多年的历史了。常用的办法是用液体二氯甲烷作萃取剂，

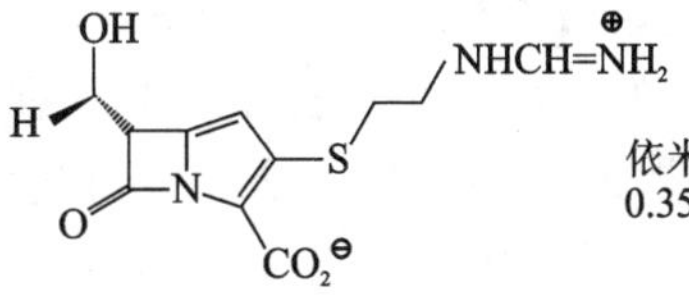

依米配能
0.35MPa,40℃

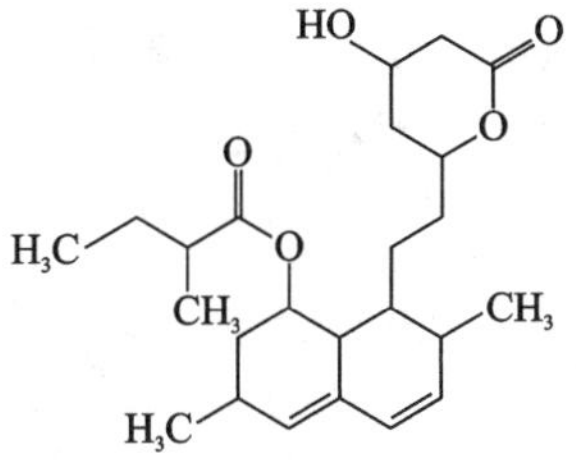

梅奴灵
0.04%(质量分数),35MPa,40℃

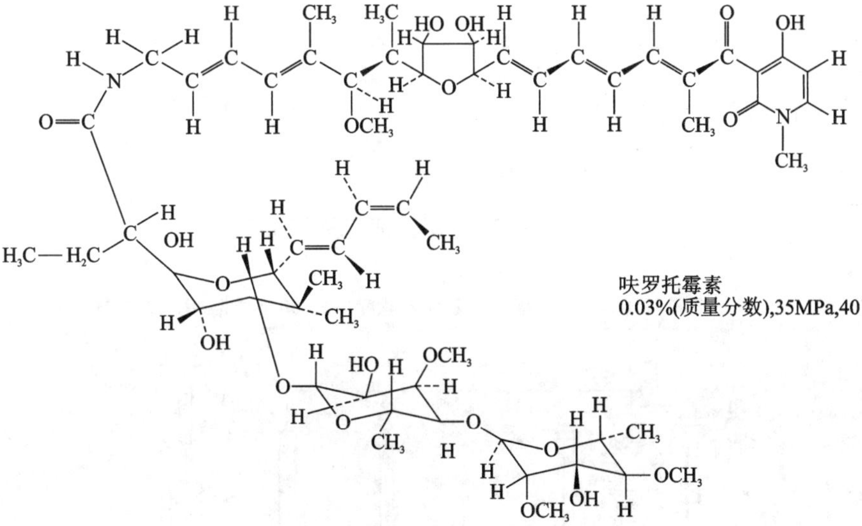

呋罗托霉素
0.03%(质量分数),35MPa,40℃

图 4-19 药物在超临界 CO_2 中的溶解度

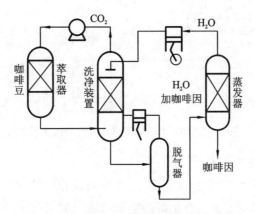

图 4-20 超临界 CO_2 萃取咖啡中的咖啡因

来萃取含有葎草酮和蛇麻酮混合物的酒花树脂(葎草酮是使啤酒产生特有苦味的成分),最后得到的是含有溶剂的暗绿色面糊状酒花树脂。但是用超临界 CO_2 萃取工艺比上述的传统工艺要优越得多,如所得萃取物不含有机溶剂和农用杀虫剂,可防止过程中发生氧化作用,啤酒花

中重要成分 α-酸不会聚合,获得的啤酒花寿命长等。

超临界 CO_2 萃取啤酒花的主要理论依据是啤酒花在液体 CO_2 中的溶解度(图 4-21)随着温度强烈地变化。具体的工艺流程如图 4-22 所示。首先将非极性的液体 CO_2 泵入装有酒花软树脂的柱 1 或柱 2 中,采用循环操作,CO_2 压力控制在 5.8 MPa 并预冷到 7 ℃,使 α-酸萃取率达到最大,接着,萃取液进入蒸发器(分离器)中,CO_2 在 40 ℃ 左右蒸发,非挥发性物质在蒸发器底部沉积,CO_2 气流用活性炭吸附的办法去污并增压后重新用于萃取,每次循环损耗小于 1%。1982 年已有报道年产 5×10^6 kg 啤酒花的超临界 CO_2 萃取工厂投入生产。

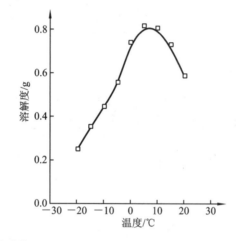

在液体 CO_2 中 α-酸啤酒花的溶解度(每 100 g 中溶解的克数)

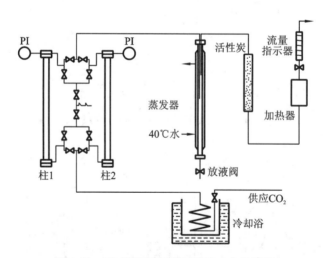

图 4-22 CO_2 萃取啤酒花香料的工艺流程图

4. 超临界 CO_2 萃取尼古丁

与啤酒花萃取不同,在烟草处理过程中,所需的是经处理的萃余物——烟草,而尼古丁萃取物是次要的东西。传统工艺是用有机溶剂萃取烟草中的尼古丁和焦油,但常会产生一种不利于进一步加工的胶状物质;现用超临界 CO_2 萃取,既使烟草中的尼古丁含量降低到所要求的水准,又使其香味损失极少。

尼古丁超临界流体萃取分单级和多级过程。单级工艺流程中水含量约 25%,温度控制在 68~133 ℃,压力为 30 MPa。萃取后的烟草经干燥后可进一步加工处理,萃取物——尼古丁可通过减压升温或吸附等方法进行分离。单级萃取的缺点是不利于保留烟草香味。多级萃取工艺流程如图 4-23 所示,第一级中,CO_2 有选择地将香味从新鲜烟草中移去,并将该香味加入到已脱除尼古丁和香味的烟草中;第二级将烟草增湿,在等温、等压的循环操作中脱除尼古丁;第三级中,通过反复溶解和沉淀,将香味均匀分布在烟草中。经这样萃取后的烟草中尼古丁含量可降低 95% 左右。

由于超临界流体萃取毒性小、温度低、溶解性能好,非常适合生化产品的分离和提取,近年来在生化工程上的应用研究愈来愈多,如超临界 CO_2 萃取氨基酸,从单细胞蛋白游离物中提取脂类,从微生物发酵的干物质中萃取 γ-亚麻酸,用超临界 CO_2 萃取发酵法生产乙醇,以及各种抗生素的超临界流体干燥,脱除丙酮、甲醇等有机溶剂,避免产品的药效降低和颜色变化等。可以预料,在不久的将来超临界流体萃取技术一定会获得越来越多的可喜成果。

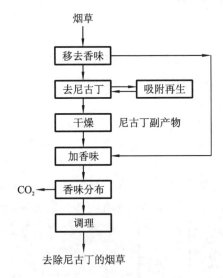

图 4-23　超临界 CO_2 多级萃取尼古丁示意图

4.6　双水相萃取

萃取是最常用的一种液液分离方法,在制药和化工行业应用极为普遍。但是随着生物技术的发展,有很多生物制品无法使用有机溶剂萃取的方法来进行分离纯化,其原因是有机溶剂对这些生物物质有毒害作用。因此需要开发大规模生产的、经济简便的、快速高效的分离纯化技术,双水相萃取技术就是考虑到这种现状,基于液液萃取理论同时考虑保持生物活性所开发的一种新型的液液萃取分离技术。

双水相萃取的特点是用两种不互相溶的聚合物,如聚乙二醇和葡聚糖进行萃取,而不用常规的有机溶剂为萃取剂。因为所获得的两相,均有很高的含水量,一般达 70%～90%,故称双水相系统(aqueous two-phase system,ATPS)。

双水相萃取的优点如下。

(1) 每一水相中均含有很高的水量,为生物物质提供了一个良好的环境;并且聚乙二醇、葡聚糖和无机盐对生物物质无毒害作用。用这种体系的溶剂处理发酵液,不必担心生物活性物质会变性损害,这些亲水性聚合物对蛋白质等生物物质,甚至还能起到保护和稳定的作用。

(2) 双水相萃取法不仅可从澄清的发酵液中提取物质,还可以从含有菌体的原始发酵液或细胞匀浆液中直接提取蛋白质,免除过滤操作的麻烦。

(3) 分相时间短,自然分相时间一般为 5~15 min。

(4) 界面张力小($10^{-7} \sim 10^{-4}$ mN/m),有助于强化相际间的质量传递。

(5) 不存在有机溶剂残留问题。

双水相萃取技术作为一种新型的分离技术,克服了常规萃取有机溶剂对生物物质的变性作用,提供了一个温和的活性环境,萃取过程中能够保留产物的活性。整个操作可以连续化,在除去细胞或细胞碎片时,还可以纯化蛋白质。与传统的过滤法和离心法去除细胞碎片相比,无论在收率上还是成本上,双水相萃取法都要优越得多。

4.6.1 双水相萃取法概述

1. 双水相的形成

常见的各种萃取体系中,一般其中一相是水相,而另外一相是和水不相溶的有机相。而双水相萃取,顾名思义,是指被萃取物在两个水相之间进行分配。那么,是如何在两个水相中进行分相的呢?

早在 1896 年,Beijerinck 发现,当明胶与琼脂或明胶与可溶性淀粉溶液相混时,得到一种混浊不透明的溶液,随之分为两相,上相含有大部分水,下相含有大部分琼脂(或淀粉),两相的主要成分都是水。类似的例子后来进一步出现,如将质量分数为 2.2% 的葡聚糖水溶液与 0.72% 的甲基纤维素水溶液等体积混合并放置一段时间后,可得到如图 4-24 所示的两个黏稠的液层,大部分甲基纤维素在上层中,下层则含有大部分葡聚糖,水依然是两层的主要成分。

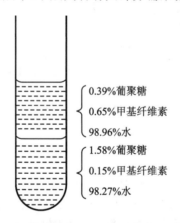

图 4-24 等体积的 2.2% 的葡聚糖与 0.72% 甲基纤维素水溶液所形成的双水相

目前发现,聚合物-盐或聚合物-聚合物系统混合时,会出现两个不相混溶的水相,例如,在水溶液中的聚乙二醇(PEG)和葡聚糖,当各种溶质均在低浓度时,可以得到单向匀质液体;当溶质的浓度增加时,溶液会变得浑浊。在静止的条件下,会形成两个液层。实际上是其中两个不相混溶的液相达到平衡,在这种系统中,上层富集了 PEG,而下层富集了葡聚糖。

这两个亲水成分的非互溶性,可由它们各自分子结构的不同所产生的相互排斥来说明:葡聚糖本质上是一种几乎不能形成偶极现象的球形分子,而 PEG 是一种具有共享电子对的高密度直链聚合物。各个聚合物分子都倾向于在其周围有相同形状、大小和极性的分子,同时由于不同类型分子间的斥力大于同它们的亲水性有关的相互吸引力,因此聚合物发生分离,形成两个不同的相,这种现象被称为聚合物的不相溶性,并由此而产生了双水相萃取。由此可知,双水相萃取法的原理与水-有机相萃取一样,也是利用物质在互不相溶的两相之间分配系数的差异来进行萃取分离的,不同的是双水相萃取中物质的分配是在两互不相溶的水相之间进行的。

利用物质在不相溶的两水相间分配系数的差异进行萃取的方法,称双水相萃取。

2. 双水相的类型

常用的双水相体系如表 4-6 所示。

表 4-6 常用的双水相体系

A	聚丙二醇	聚乙二醇 聚乙烯醇 葡聚糖 羟丙基葡聚糖
	聚乙二醇	聚乙烯醇 葡聚糖 聚乙烯吡咯烷酮
B	硫酸葡聚糖钠盐 羧甲基葡聚糖钠盐	聚丙烯乙二醇 甲基纤维素
C	羧甲基葡聚糖钠盐	羧甲基葡聚糖钠盐
D	聚乙二醇	磷酸钾 硫酸铵 硫酸钠 硫酸镁 酒石酸钾钠

其中最常用的双水相体系有以下几种:

(1)离子型高聚物-非离子型高聚物,如聚乙二醇(PEG)/葡聚糖(Dex)体系,该系统上相富含 PEG,下相富含 Dex;

(2)高聚物-相对分子质量低的化合物,如 PEG/无机盐等体系,该系统上相富含 PEG,下相富含无机盐。

甲基纤维素和聚乙烯醇,因其黏度太高而限制了它们的应用。PEG 和 Dex 因其无毒性和良好的可调性而得到广泛的应用。

3. 双水相萃取的原理

当两种聚合物溶液混合时,是否分相取决于熵的增加和分子间的作用力两种因素。熵的增加与分子数目有关,而与分子的大小无关,所以小分子和大分子混合熵的增量是相同的;分子间的作用力可看作分子间各基团相互作用之和,因此,分子越大,作用力越强。对于大分子的混合而言,两种因素相比,分子间作用力占主导地位,由其决定混合的效果。如果两种混合分子间存在空间排斥作用力,它们的线团结构无法相互渗透,具有强烈的相分离倾向,达到平衡后就有可能分为两相,两种聚合物分别进入其中一相,形成双水相。

在双水相萃取系统中,悬浮粒子与其周围物质具有复杂的相互作用,如氢键、电荷力、疏水作用、范德华力、构象效应等。

4. 双水相的相图

水性两相的形成条件和定量关系常用相图表示,图 4-25 是 PEG/Dex 体系的相图。

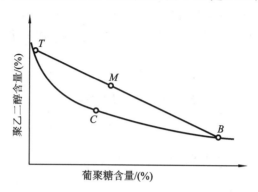

图 4-25　PEG/Dex 体系相图

图 4-25 中把均匀区与两相区分开的曲线,称为双结线。双结线下方为均匀区,该处 PEG、Dex 在同一溶液中,不分层;双结线上方即为两相区,两相分别有不同的组成和密度。上相组成用 T(top)表示,下相组成用 B(bottom)表示。由图 4-25 可知,上相主要含 PEG,下相主要含 Dex,如点 M 为整个系统的组成,该系统实际上由 T、B 所代表的两相组成,TB 为系线。两相平衡时,符合杠杆规则,V_T 表示上相体积,V_B 表示下相体积,则

$$\frac{V_T}{V_B} = \frac{BM}{MT}$$

式中,BM 是 B 点到 M 点的距离;MT 是 M 点到 T 点的距离。

当点 M 向下移动时,系线长度缩短,两相差别减小,到达 C 点时,系线长度为 0,两相间差别消失而成为一相,因此 C 点为系统临界点。从理论上说,临界点处的两相应该具有同样的组成、同样的体积,且分配系数等于 1。

5. 双水相萃取的分配平衡

溶质在双水相中的分配系数:与溶剂萃取相同,溶质在双水相中的分配系数也可表示为

$$m = \frac{C_2}{C_1}$$

式中,C_2 和 C_1 分别表示平衡时上相和下相中溶质的总浓度。

生物分子的分配系数取决于溶质与双水相系统间的各种相互作用,其中主要有静电作用、疏水作用和生物亲和作用等。因此,分配系数是各种相互作用的和,即

$$\ln m = \ln m_e(\text{静电作用}) + \ln m_h(\text{疏水作用}) + \ln m_1(\text{生物亲和作用})$$

(1) 静电作用　非电解质型溶质的分配系数不受静电作用的影响,利用相平衡热力学理论可推导出下述分配系数表达式:

$$\ln m = -\frac{M\lambda}{RT}$$

式中,m 为分配系数;M 为溶质的相对分子质量;λ 为与溶质表面性质和成相系统有关的常数;R 为气体常数,J/(mol·K);T 为绝对温度,K。

因此,溶质的分配系数的对数与相对分子质量之间成线性关系,在同一个双水相系统中,若 $\lambda > 0$,不同溶质的分配系数随相对分子质量的增大而减小。同一溶质的分配系数随双水相系统的不同而改变,这是因为式中的 λ 随双水相系统而异。

实际的双水相系统中通常含有缓冲液和无机盐等电解质,当这些离子在两相中分配浓度不同时,将在两相间产生电位差。此时,荷电溶质的分配平衡将受相间电位的影响,从相平衡热力学理论推导溶质的分配系数表达式为

$$\ln m = \ln m_0 + \frac{FZ}{RT}\Delta\varphi$$

$$\Delta\varphi = \frac{RT}{(Z^+ - Z^-)F}\ln\frac{m_-}{m_+}$$

式中,m_0 为溶质净电荷为零(pH 为等电点)时的分配系数;F、R 和 T 分别为法拉第常数、气体常数和绝对温度;$\Delta\varphi$ 为相间电位;Z 为溶质的净电荷数;m_+ 和 m_- 分别为电解质的阳离子和阴离子的分配系数,Z^+ 和 Z^- 分别为电解质的阳离子和阴离子的电荷数。

因此,荷电溶质的分配系数的对数与溶质的净电荷数成正比,由于同一双水相系统中添加不同的盐产生的相间电位不同,故分配系数与静电荷数的关系因无机盐而异。

(2)疏水作用 一般蛋白质表面均存在疏水区,疏水区占总表面积的比例越大,疏水性越强。所以,不同蛋白质具有不同的相对疏水性。

① 在 pH 为等电点的双水相中,蛋白质主要根据表面疏水性的差异产生各自的分配平衡。同时,疏水性一定的蛋白质的分配系数受双水相系统疏水性的影响。

② 双水相系统的相间疏水性差用疏水性因子(hydrophobic factor,HF)表示,HF 可通过测定疏水性已知的氨基酸在其等电点处的分配系数 m_{aa} 测算。

(3)生物亲和作用 生物亲和作用的影响将在第九章 亲和分离介绍。

影响分配系数的主要因素有溶质与双水相系统间的静电作用和疏水作用,即

$$\ln m = HF(HFS + \Delta HFS) + \frac{FZ}{RT}\Delta\varphi \tag{4.56}$$

式中,HF 和 HFS 分别表示双水相系统和蛋白质的疏水性。

式(4.56)较全面地描述了双水相系统的疏水性和相间电位、蛋白质的疏水性和净电荷数对分配系数的影响,同时也间接地通过盐对蛋白质表面疏水性和相间电位的影响表现了盐对蛋白质分配系数的作用。

4.6.2 影响双水相萃取的因素

影响分配平衡的主要参数有成相聚合物的相对分子质量和浓度、体系的 pH、体系中盐的种类和浓度、体系中菌体或细胞的种类和浓度、体系温度等。选择合适的条件,可以达到较高的分配系数,较好地分离目的产物。

1. 聚合物的相对分子质量和浓度

成相聚合物的相对分子质量和浓度是影响分配平衡的重要因素。若降低聚合物的相对分子质量,则能提高蛋白质的分配系数。这是增大分配系数的一种有效手段。例如,PEG/Dex 系统的上相富含 PEG,蛋白质的分配系数随着葡聚糖相对分子质量的增加而增加。但随着 PEG 相对分子质量的增加而降低。也就是说,当其他条件不变时,被分配的蛋白质易为相系统中低相对分子质量高聚物所吸引,而易为高相对分子质量高聚物所排斥。这是因为成相聚合物的疏水性对亲水物质的分配有较大的影响,同一聚合物的疏水性随相对分子质量的增加而增加,当 PEG 的相对分子质量增加时,在质量浓度不变的情况下,其两端羟基数目减少,疏水性增加,亲水性的蛋白质不再向富含 PEG 相中聚集而转向另一相。

选择相系统时,可通过改变成相聚合物的相对分子质量获得所需的分配系数,以使不同相对分子质量的蛋白质获得较好的分离效果。

2. 盐的种类和浓度

盐的种类和浓度对分配系数的影响主要反映在对相间电位和蛋白质疏水性的影响。盐浓度不仅影响蛋白质的表面疏水性,而且扰乱双水相系统,改变各相中成相物质的组成和相体积比。这种相组成及相性质的改变对蛋白质的分配系数有很大的影响。

$$\ln m = HF(HFS + \Delta HFS) + \frac{FZ}{RT}\Delta\varphi$$

$$\Delta\varphi = \frac{RT}{(Z^+ - Z^-)F}\ln\frac{m_-}{m_+}$$

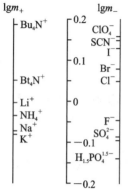

图 4-26 各种离子在 PEG/Dex 系统中的分配系数 m

盐对相间电位 $\Delta\varphi$ 的影响:由图 4-26 所示可知,HPO_4^{2-} 和 $H_2PO_4^-$($H_{1.5}PO_4^{1.5-}$)离子在 PEG/Dex 系统的 m 小,因此利用 pH 值大于 7 的磷酸盐缓冲液可以很容易改变 $\Delta\varphi$,使带负电蛋白质有较高的分配系数。

盐对蛋白质疏水性 ΔHFS 的影响:由于盐析作用,盐浓度增加则蛋白质表面疏水性增大,影响蛋白质表面疏水性增量 ΔHFS,从而影响蛋白质的分配系数。

盐对双水相系统的影响:盐的浓度不仅影响蛋白质表面疏水性,而且扰乱双水相系统,改变上、下相中成相物质的组成和相体积比。利用这一特点,通过调节双水相系统中盐浓度,可选择性萃取不同的蛋白质。

在双水相体系萃取分配中,磷酸盐的作用非常特殊,其既可以作为成相盐形成 PEG/盐双水相体系,又可以作为缓冲剂调节体系的 pH 值。由于磷酸不同价态的酸根在双水相体系中有不同的分配系数,因而可通过调节双水相系统中不同磷酸盐的比例和浓度来调节相间电位,从而影响物质的分配,可有效地萃取分离不同的蛋白质。

3. pH 值

pH 值对分配系数的影响主要有两个方面:第一,由于 pH 值影响蛋白质的解离度,故调节 pH 值可改变蛋白质的表面电荷数,从而改变分配系数;第二,pH 值影响磷酸盐的解离程度,即影响 PEG/Kpi 系统的相间电位和蛋白质的分配系数。某些蛋白质 pH 值的微小变化会使分配系数改变 2~3 个数量级。

4. 温度

温度主要是影响双水相系统的相图,以及影响相的高聚物组成。只有当相系统组成位于临界点附近时,温度对分配系数才有较明显的作用,远离临界点时,影响较小。

分配系数对操作温度不敏感。大规模双水相萃取一般在室温下进行,不需冷却,原因有如下几点。

(1) 成相聚合物 PEG 对蛋白质稳定,常温下蛋白质一般不会发生失活或变性。

(2) 常温下溶液黏度较低,容易相分离。

(3) 常温操作节省冷却费用。

4.6.3 双水相萃取的应用

由于双水相萃取条件较为温和,不会导致被分离物质的失活,该技术已应用于蛋白质、酶、核酸、人生长激素、干扰素等生物物质的分离和纯化,并且在抗生素提取、中药中有效成分提取分离、天然产物纯化等方面得到了广泛的应用。双水相萃取将传统的离心、沉淀等液固分离转为液液分离,工业化的高效液液分离设备为此奠定了基础。双水相系统平衡时间短,含水量高,界面张力低,为生物活性物质提供了温和的分离环境。双水相萃取操作简便,经济省时,易于放大,如系统可从 10 mL 直接放大到 1 m³ 规模(10^5 倍),各种试验参数均可按比例放大,而产物收率并不会降低,这种易于放大的优点在工程中是罕见的。

1. 双水相萃取技术在胞内酶提取分离中的应用

目前已知的胞内酶约 2 500 种,但投入生产的很少,原因之一是提取困难。胞内酶提取的第一步是将细胞破碎得到匀浆液,但匀浆液黏度很大,有微小的细胞碎片存在,欲将细胞碎片除去,过去是依靠离心分离的方法,但除去非常困难。

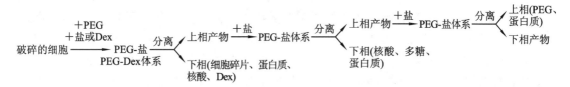

图 4-27 双水相体系萃取酶的一般流程

双水相系统可用于细胞碎片的去除,以及酶的进一步精制(图 4-27)。双水相体系萃取胞内酶时,用 PEG-Dex 系统从细胞匀浆液中除去核酸和细胞碎片。第一步,选择合适的条件,在系统中加入 0.1 mol/L NaCl 可使核酸和细胞碎片转移到下相(Dex 相)中,产物酶位于上相,分配系数为 0.1~1.0。第二步,选择适当的盐组分加入分相后的上相中,使其再形成双水相体系来进行纯化,这时如果 NaCl 浓度增大到 2~5 mol/L,几乎所有的蛋白质、酶都转移到上相,下相富含核酸。第三步,将上相收集后透析,加入到 PEG-硫酸铵双水相系统中进行萃取,产物酶位于富含硫酸铵的下相,进一步纯化即可获得所需的产品。

用 PEG-羟丙基淀粉酶(Reppal PEG)体系经两步法可从黄豆中分离磷酸甘油酸激酶(PGK)和磷酸甘油醛脱氢酶(GAPDH)。在黄豆匀浆中加入 PEG 4 000,可絮凝细胞碎片及大部分杂蛋白,在上清液中加入 PEG 4 000(12%)-Reppal PES(40%),PGK 在上相、GAPDH 在下相的收率均在 80% 以上。萃取过程采用离心倾析机连续处理匀浆液,用离心萃取器完成双水相体系的两相分离,这种方法具有处理量大、接触时间短、酶收率高等特点。用 PEG-$(NH_4)_2SO_4$ 双水相体系,经一次萃取从 α-淀粉酶发酵液中分离提取 α-淀粉酶和蛋白酶,萃取最适宜条件为 PEG 1 000(15%)-$(NH_4)_2SO_4$(20%),pH 为 8,α-淀粉酶收率为 90%,分配系数为 19.6,蛋白酶的分离系数高达 15.1,比活率为原发酵液的 1.5 倍,蛋白酶在水相中的收率高于 60%。通过向萃取相(上相)中加适当浓度的 $(NH_4)_2SO_4$ 可达到反萃取的效果。实验结果表明,随着 $(NH_4)_2SO_4$ 浓度的增加,双水相体系两相间固体物析出量也增加,固体沉淀物可用于生产工业级或食品级酶制剂。

2. 双水相萃取技术在中药提取与分离的应用

中药中含有大量的有机化合物且成分十分复杂,提高中药中有效成分提取及分离技术对我国中医药进入国际市场有很大的促进作用。中药有效成分分子中多具有疏水性结构,因此双水相萃取技术在中药有效成分分离纯化中具有一定的应用价值。

甘草是一种应用价值很高的中药,甘草的主要成分是具有甜味的皂苷——甘草皂苷。基于与水互溶的有机溶剂和盐水相的双水相萃取体系具有价廉、低毒、较易挥发等特点,林强等采用与水互溶的有机溶剂的新型双水相萃取体系,研究从甘草中提取甘草酸盐的新工艺,结果提取甘草酸盐的最佳溶剂为乙醇/磷酸氢二钾双水相体系,此体系的两相分配完全,分配系数达 12.8,收率为 98.3%。此双水相体系具有无需反萃取、避免使用黏稠水溶性高聚物、易回收、易处理、操作简便等特点。

黄芩是一种疗效确切的传统中药,黄芩苷是黄芩主要有效成分,通过采用非离子表面活性剂聚乙二醇-磷酸氢二钾-水双水相体系分离纯化黄芩苷,萃取率为 98.6%。此双水相体系操作方法简便、萃取率高、方法重复性好,可适用工业化生产。

3. 双水相萃取技术在抗生素提取分离与制备中的应用

反胶团萃取抗生素在宏观两相,即有机相与水相界面上的表面活性剂与邻近的抗生素分子发生相互作用,在两相界面上逐步形成包含有抗生素分子的反胶团,此反胶团扩散进入有机相,从而实现抗生素的提取,通过改变水相条件可实现反萃取。反胶团可以从发酵液中直接提取抗生素,操作简单,可实现连续化生产,并且反胶团可以重复使用,从而可以降低生产消耗。

Mohd-Setapar 等研究了青霉素 G 的 AOT 反胶团体系萃取,发现其萃取效率受初始青霉素 G 浓度、水相中盐的类型和浓度、pH 值、表面活性剂浓度的影响;青霉素 G 是依赖于 pH 值和表面活性剂浓度交互关联,与 AOT 交互作用的活性物质;当 $[P]_{aq}/[S]$ 比例高时,青霉素 G 沉淀下来,在 AOT 浓度中等时,青霉素 G 倾向于转移到反胶团内;从转移水的测量看,反胶团的大小在 3 nm 左右,每个反胶团的 AOT 相对分子质量大约为 360。

泰乐菌素是禽畜专用的大环内酯类抗生素,但是泰乐菌素发酵液呈黏稠的流体态,过滤很困难。张咏梅等研究了采用双水相萃取法从未过滤的全发酵液中萃取泰乐菌素。结果表明,以 14% PEG 4000 和 20% Na_2HPO_4 构成的双水相萃取泰乐菌素的总收率是 52.4%,工艺省略了过滤步骤,并只需调节一次 pH,不仅简化了提取过程,而且提高了泰乐菌素的活性。

朱自强等用 8% PEG 2000、20% $(NH_4)_2SO_4$ 在 pH5.0,20 ℃ 时直接处理青霉素 G 发酵液,得出分配系数 $K=58.39$,浓缩倍数为 3.53,回收率为 93.67%,青霉素 G 对糖和杂蛋白的分离因子分别为 13.36 和 21.9。在此基础上,又安排了青霉素 G 的实验小试流程,得到了青霉素 G 的结晶,纯度为 88.48%,总收率达 76.56%。

Mokhtarani 等用聚乙二醇-硫酸钠-水双水相体系分离环丙沙星,实验中运用正交设计的方法考察了温度、盐的浓度、聚合物浓度和聚合物相对分子质量对环丙沙星分离的影响。结果表明环丙沙星的分离情况受到盐浓度的很大影响,而温度和聚合物浓度影响较小,聚合物相对分子质量大小没有任何影响。

4. 双水相萃取技术在氨基酸分离中的应用

反胶团对氨基酸具有相当强的萃取能力,氨基酸可以通过静电或疏水作用以带电离子的形式增溶于反胶团中被萃取,同种氨基酸不同电离状态的离子被萃取能力各不相同。具有不同结构的氨基酸分布于反胶团体系的不同部位,疏水性氨基酸主要存在于反胶团界面,亲水性氨基酸主要溶解在反胶团的极性"水池"中,通过改变氨基酸在水溶液中的电离状态会影响氨基酸的总分配比。利用氨基酸与反胶团作用的差异,可以选择性分离某些氨基酸。当氨基酸离子与形成反胶团的表面活性剂离子之间的静电作用越强,氨基酸的萃取率越高;而水溶液中的盐浓度越大,氨基酸的萃取率越低。

反胶团萃取氨基酸的研究中，用于形成反胶团的表面活性剂主要有阴离子表面活性剂 AOT 和阳离子表面活性剂 TOMAC 等，一般适用于低盐浓度氨基酸料液，对于高盐浓度的氨基酸料液则不能适用。翁连进等采用二(2-乙基己基)磷酸铵作为表面活性剂形成反胶束萃取氨基酸，可解决上述问题。此种反胶束具有较其他反胶束更强的萃取能力，且具有良好的吸水性能，适合于从高盐浓度的水溶液中萃取出氨基酸。萃取之后可直接用盐酸破坏反胶束以达到反萃取的目的。他们在盐浓度高达 4.5 mol/L 的胱氨酸母液中成功获得满意的萃取率。此外，还有不少学者研究了不同的反胶团体系萃取氨基酸的结果。Dovyap 采用反胶团技术将溶解在 NaOH 溶液中的 L-异亮氨酸转移到反胶团相。Adachl 等通过分析氨基酸在水相及微乳相中的分布及色氨酸的荧光光谱探讨了 AOT/正庚烷微乳液萃取氨基酸的机制，实验表明，氨基酸在微乳液内的存在位置受到其电荷和亲水性的影响。甘氨酸等亲水性氨基酸只存在于微乳滴的"水池"内，而色氨酸等疏水性较强的氨基酸则主要存在于微乳滴的界面上，前者主要是依赖静电相互作用，后者是通过疏水作用力。他们还考察了甘氨酸、色氨酸、苯丙氨酸、亮氨酸、精氨酸、6-氨基己酸等 6 种氨基酸在水相和有机相中的分配系数。实验表明，水溶液的 pH 值、离子浓度以及盐的浓度和类型对氨基酸的分配系数均有影响。

5. 亲和双水相萃取技术

在双水相分配系统中加入亲和配基(affinity ligand)，可以极大地促进生物分子的分配。生物分子与配基发生生物特异性结合有助于生物分子转移到所要求的相中。要做到这一点，就要对成相聚合物进行化学修饰，将配基共价偶合到目标相的聚合物上。在某些情况下，亲和配基甚至可以在一定程度上反转蛋白质的分配行为。与亲和层析相比，亲和分配并不要求昂贵的固定相，也不存在诸如固定相配基丢落、非特异性结合等问题，而这些问题在亲和层析介质中是经常发生的。

两种常用的配基类型是脂肪酸和三嗪染料。PEG 的金属化亚氨基二乙酸(IDA)衍生物，包括 Cu(Ⅱ)IDA-PEG 也用来提取表面富含组氨酸的蛋白质。

亲和双水相系统不仅具有处理量大、放大简单等优点，而且具有亲和吸附专一性强、分离效率高等特点。目前，利用亲和双水相萃取技术已成功地实现了 β-干扰素、甲酸脱氢酶和乳酸脱氢酶等多种生物制品的大规模提取。

6. 双水相萃取技术与生物转化过程相结合

在生物催化转化过程中，随着已转化的产物量的增加，常会抑制生物转化的进行。因此，及时移走产物是生化反应中的主要问题之一。如果酶催化的生物转化过程在双水相系统中进行，酶分配在一相，产物分配于另一相，既可以避免产物对生物转化过程的抑制，又可以减轻产物与反应底物或酶混于一体难以分离的困难。

4.6.4 双水相萃取技术的进展

1. 新型双水相系统的开发

在实际应用中，高聚物/高聚物体系对生物活性物质变性作用低，界面吸附少，但是所用的聚合物如葡聚糖价格较高，而且体系黏度大，影响工业规模应用的进展；而高聚物/无机盐体系成本相对低，黏度小，但是由于高浓度的盐废水不能直接排入生物氧化池，使其可行性受到环保限制，且有些对盐敏感的生物物质会在这类体系中失活。因此，寻求新型双水相体系成为双水相萃取技术的主要发展方向之一。目前，常用的双水相体系是聚乙二醇/葡聚糖体系和聚乙二醇/磷酸盐体系，成相聚合物价格昂贵是阻碍该技术应用于工业生产的主要因素。葡聚糖是医疗上的血浆代用品,价格很高,用粗品代替精制品又会造成葡聚糖相黏度太高,使分离困难。研究应用最多的 PEG 并不是双水相体系最适合的聚合物,而磷酸盐又会带来环境问题,目前用作成相的聚合物或盐类还很少,缺乏价格低廉、性能好且无毒的聚合物或盐,故开发新型双水相系统是该技术应用急需解决的问题。

2. 开发廉价的双水相体系

双水相萃取与传统方法相比有很多优点,但实用性还取决于其经济可行性。廉价双水相系统的开发目前主要集中在寻找一些廉价的高聚物取代现有昂贵的高聚物,如采用变性淀粉 PPT、麦芽糊精、阿拉伯树胶等取代昂贵的葡聚糖,羟基纤维素取代 PEG,聚乙烯醇(PVA)或聚乙烯吡咯烷酮(PVP)取代 PEG 等。磷酸盐已被硫酸钠、硫酸镁、碳酸钾等取代。目前已开发出几种成本较低的聚合物来代替葡聚糖,其中,比较成功的是 PPT。

3. 开发新型功能双水相系统

新型功能双水相系统是指高聚物易于回收或操作简便的双水相系统。如去污剂形成的双水相体系,用阴离子表面活性剂十二烷基硫酸钠(SDS)和阳离子表面活性剂溴化十二烷基三乙铵($C_{12}NE$)的混合体系,在一定浓度和混合比范围内形成两相,两相容易分离,表面活性剂的用量小且可循环使用,称为表面活性剂双水相体系。其不仅操作成本低,萃取效果好,还为活性物质提供了更温和的环境,这种体系已成功应用于牛血清蛋白和牛胰蛋白酶的萃取中。

再如,一种成相聚合物的双水相体系,上相几乎 100% 是水,聚合物位于下相,如环氧乙烷(EO)和环氧丙烷(PO)的随机共聚物(简称 EOPO),构成的水溶性热分离高聚物。PEG/UCON(乙烯基氧与丙烯基氧共聚物)/水体系、UCON/水体系,这些体系分相的依据仍是聚合物之间的不相溶性,但此性质与特定的临界温度有关。此类双水相系统也被称作热分离型双水相系统,它们的优点之一是聚合物易于回收,可实现循环利用。

4. 亲和双水相体系

为了提高双水相萃取体系的选择性,近年来发展起来的 PEG 衍生物,通过在 PEG 上引入亲和基团进行化学修饰,即在 PEG 上共价地接上具有基团特性或生物特性的亲和配基,如离子交换基团、疏水基团、染料配基及单克隆体等。

5. 双水相萃取技术与其他分离技术相结合

将膜分离同双水相萃取技术结合起来,可解决双水相体系容易乳化和生物大分子在两相界面吸附等问题,并能加快萃取速率,提高分离效率。另外,双水相萃取技术与生物转化过程相结合,双水相萃取技术与电泳技术相结合,以及与使用带配基的吸附剂微粒相结合,目前都有应用,而且使用效果都比单独使用效果好。

双水相萃取技术具有设备简单、容易放大等优点,其主要缺点是当放大规模很大时,原料成本将是一个关键因素。由于成相组分浓度在放大时保持不变,当规模很大时,投入的原料将成比例增加,导致双水相萃取的操作成本很高。而且反复使用较多次数后,PEG 相会含有大量的蛋白质和其他杂质,对目标产物的分离不利。但在一些高价值产物的分离纯化上,双水相萃取还是有其竞争优势的。随着生物技术的发展,必将促进双水相萃取体系的完善,从而更显示出双水相体系萃取分离技术在生物物质分离中的独特优势。

4.7 液膜萃取

膜分离是较为高效的分离技术,但传统固体尚存在着选择性低和通量小的缺点,所以人们试图改变高分子膜的状态,使穿过膜的扩散系数增大、膜的厚度变小,从而使透过速度增大,并再现生物膜的高度选择性迁移。因此,在20世纪60年代中期诞生了一种新的膜分离技术——液膜分离法,又称液膜萃取法。这是一种以液膜为分离介质、以浓度差为推动力的膜分离操作。它虽然与溶剂萃取的机理不同,但都属于液液系统的传质分离过程。

4.7.1 液膜及其分类

4.7.1.1 液膜

液膜(liquid membrane)是由水溶液或有机溶剂(油)构成的液体薄膜。液膜可将与之不能互溶的液体分隔开来,使其中一侧液体中的溶质选择性地透过液膜进入另一侧,实现溶质之间的分离。当液膜为水溶液(水型液膜)时,其两侧的液体为有机溶剂;当液膜为有机溶剂(油型液膜)时,其两侧的液体为水溶液。因此,液膜萃取可同时实现萃取和反萃取,这是液膜萃取法的主要优点之一,对于简化分离过程、提高分离速度、降低设备投资和操作成本是非常有利的。

自从1968年Li N.N.发明乳状液膜分离技术以来,液膜以其独特的结构和高效的分离性能吸引了世界各国科技人员的注意。液膜的应用研究不仅在金属离子、烃类、有机酸、氨基酸和抗生素的分离以及废水处理等方面取得了令人瞩目的成果,而且正在不断开拓新的研究领域,在酶的包埋固定化和生物医学方面的研究成果也展示了其广阔诱人的前景。

4.7.1.2 液膜的组成

液膜分离系统的膜相通常是由膜溶剂、表面活性剂、流动载体、膜增强剂构成的。而被膜相隔开的两液相:一相是待处理的料液,另一相是用于接受目标组分的反萃取相。

1. 膜溶剂

膜溶剂是膜相的基本物质,一般占膜相总量的90%左右,相当于生物膜类脂双分子层中的疏水部分。使用较多的膜溶剂是高分子烷烃、异烷烃类物质。

较理想膜溶剂一般应满足以下条件。

(1) 能保持操作过程中的稳定性,有一定的黏度,又不溶于内外水相。

(2) 具有良好的溶解性,能优先溶解欲提取物质,而对杂质的溶解越少越好。同时,对膜相中其他组分也有较好的溶解性。

(3) 与水相应有一定的密度差,以利于后期操作中膜相与料液的分离。

2. 表面活性剂

表面活性剂是液膜分离系统中稳定油水分界面的最重要的组分,相当于生物膜类脂双分子层的亲水端,其含量占液膜组成的1%~5%。因为它不仅决定液膜的稳定性,而且影响分离效率以及膜相的循环使用,所以对其的选择非常重要。

3. 流动载体

事实上流动载体常常是某种萃取剂,能对欲提取的物质进行选择性搬运迁移,相当于生物膜中的蛋白质载体,其含量占液膜组成的1%~5%,对液膜分离的选择性和膜的通量(或分离速度)起决定性作用。

4. 膜增强剂

含量很少的膜增强剂就能起到增强膜的稳定性作用,使膜在分离操作时不会过早破裂,而在破乳工序中液膜层又容易破碎,以利于膜相与内水相的分离。

4.7.1.3 液膜的种类

液膜根据其结构可分为多种,但具有实际应用价值的主要有以下三种。

1. 乳状液膜

乳状液膜(emulsion liquid membrane,ELM)是 N. N. Li 发明专利中使用的液膜,根据成膜液体的不同,分为 W/O/W(水-油-水)和 O/W/O(油-水-油)两种。在生物分离中主要应用 W/O/W 型乳状液膜,因此这里仅给出 W/O/W 型乳状液膜示意图(图 4-28)。如果内、外相为油相,液膜为水溶液,则为 O/W/O 型乳状液膜。

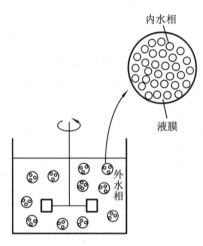

图 4-28 W/O/W 型乳状液膜示意图

乳状液膜的膜溶液主要是由膜溶剂、表面活性剂和添加剂(流动载体)组成的,其中膜溶剂含量占 90% 以上,而表面活性剂和添加剂分别占 1%~5%。表面活性剂起稳定液膜的作用,是乳状液膜的必需成分。因此,乳状液膜又称为表面活性剂液膜(surfactant liquid membrane)。

向溶有表面活性剂和添加剂的油中加入水溶液,进行高速搅拌或超声波处理,制成 W/O(油包水)型乳化液,再将该乳化液分散到第二水相(通常为待分离的料液)进行第二次乳化即可制成 W/O/W 型乳状液膜,此时第二个水相为连续相。W/O 乳化液滴直径一般为 0.1~2 mm,内部包含许多微水滴,直径为数微米,液膜厚度为 1~10 μm。乳状液膜中表面活性剂有序排列在油水分界面处,对乳状液膜的稳定性起至关重要的作用,并影响液膜的渗透性。此外,液膜中的添加剂主要是液膜萃取中促进溶质跨膜输送的流动载体,为溶质的选择性化学萃取剂,在有些情况下不需加入流动载体。

如果一个油滴的内相仅含一个水滴,则称为单滴型液膜,常用于液膜的基础研究(如测定溶质的扩散速度等)。

2. 支撑液膜

支撑液膜(supported liquid membrane,SLM 或 contained liquid membrane,CLM)是将多孔高分子固体膜浸在膜溶剂(如有机溶剂)中,使膜溶剂充满膜的孔隙形成的液膜(图 4-29),由 Cussler 最早用于 Na^+ 的萃取。支撑液膜分隔料液相和反萃相,实现渗透溶质的选择性萃取回收或除去。当液膜为油相时,常用的多孔膜为利用聚四氟乙烯、骤乙烯和聚丙烯等制造的高疏水性膜。与乳状液膜相比,支撑液膜结构简单,放大容易。但膜相仅靠表面张力和毛细管作用吸附在多孔膜的孔内,使用过程中容易流失,造成支撑液膜性能下降。弥补这一缺点的办法是定期停止操作,从反萃相一侧加入膜相溶液,补充膜相的损失。

3. 流动液膜

流动液膜也是一种支撑液膜,是为弥补上述支撑液膜的膜相容易流失的缺点而提出的,其结构如图 4-30 所示。液膜相可循环流动,因此在操作过程中即使有所损失也很容易补充,不必停止萃取操作来进行液膜的再生。液膜相的强制流动或降低流路厚度可降低液膜相的传质阻力。

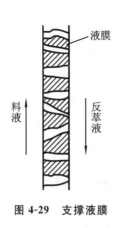

图 4-29 支撑液膜

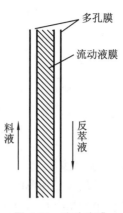

图 4-30 流动液膜

4.7.2 液膜萃取机理

液膜萃取机理根据待分离溶质种类的不同,主要可分为以下几种类型。

4.7.2.1 单纯迁移

1. 单纯迁移

单纯迁移又称物理渗透,是根据液料中溶质在膜相中的溶解度(分配系数)和扩散系数的不同而进行的萃取分离。由于一般溶质之间扩散系数的差别小,因此物理渗透主要是基于溶质之间分配系数的差别实现分离的。达到平衡时,溶质迁移不再发生。这种萃取机理的液膜分离无溶质浓缩效应(图 4-31)。

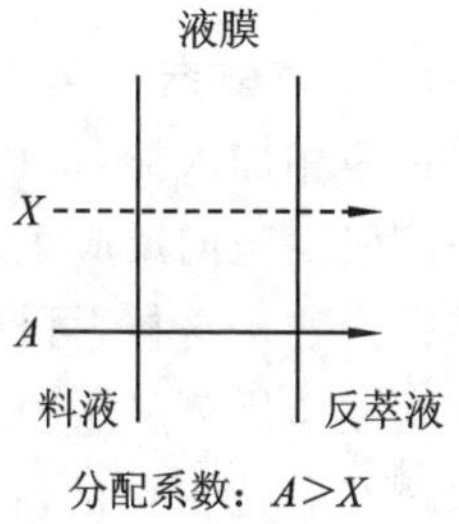

2. 单纯迁移特点

(1) 液膜中不含流动载体,内外水相中没有与待分离物质发生化学反应的试剂。

(2) 利用待分离物质在膜中的溶解度差异(分配系数的不同),使透过膜的速度不同而实现分离。

图 4-31 单纯迁移机理

(3) 无浓缩效果。当溶质迁移进行到液膜两侧浓度相等时,迁移推动力等于零,输送便停止。

4.7.2.2 促进迁移

1. 促进迁移机理

促进迁移又称反萃相化学反应促进迁移。以乳状液膜为例,假设内相为接受相,在有机酸等弱酸性电解质的分离纯化方面,可利用强碱溶液(如 NaOH)为反萃相。反萃相中含有的 NaOH 与料液中溶质(有机酸)发生不可逆化学反应生成不溶于膜相的盐。在膜相传质速率为控制步骤(即 NaOH 与酸的反应速度很快)时,反萃相中有机酸的浓度接近于零,使膜相两侧保持最大浓差,促进有机酸的迁移,直到 NaOH 反应完全。这种利用反萃相内化学反应的促进迁移又称为 I 型促进迁移。与上述单纯迁移相比,溶质在反萃相可得到浓缩,并且萃取速率快(图 4-32)。

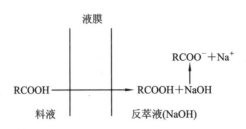

图 4-32　反萃相化学反应促进迁移机理

2. 促进迁移特点

(1) 在溶质的接受相(如内相)添加与溶质能发生化学反应的试剂。膜相无流动载体。

(2) 外相中的 RCOOH 由分配关系萃取入液膜，内相通常为 NaOH 水溶液，一旦乙酸分子从膜相进入内水相，便迅速被中和，转化为 $RCOO^-$，$RCOO^-$ 带有电荷，故不能逆向回到液膜。液膜与内水相的平衡不断被破坏，使液膜中的 RCOOH 不断向内水相迁移，同时带动外水相的 RCOOH 不断进入液膜。

(3) 外水相中的 RCOOH 在内水相中得到浓缩，即内水相中的浓度($RCOOH+RCOO^-$) 大于外水相中的浓度($RCOOH+RCOO^-$)。直到内水相的 OH^- 被耗完。

(4) 浓缩的动力为自发性中和反应放热，即

$$H^+ + OH^- \Longleftrightarrow H_2O + Q$$

4.7.2.3　载体输送

1. 载体输送机理

在膜相加入能与目标产物发生可逆化学反应的萃取剂 C，产物与该萃取剂 C 在膜相的料液一侧发生正向反应生成中间产物。此中间产物在浓度差作用下扩散到膜相的另一侧，释放出目标产物。这样，目标产物通过萃取剂 C 的搬运从料液一侧转入到反萃取相中，而萃取剂 C 在浓度差作用下又从膜相的反萃取液一侧扩散到料液一侧，重复目标产物的跨膜输送过程。萃取剂 C 称为液膜的流动载体。因此，利用载体输送的萃取过程可大大地提高溶质的渗透性和选择性。更为重要的是，载体输送能使目标溶质从低浓度区沿反浓度梯度方向向高浓度区持续迁移。利用膜相中流动载体选择性输送作用的传质机理称为载体输送，又称为Ⅱ型促进迁移。根据向流动载体供能方式的不同，载体输送分为三种类型：①载体促进扩散传递；②载体促进逆流传递(又称反向迁移，图 4-33)；③载体促进并流传递(又称同向迁移，图 4-34)，液膜中存在离子型载体时，即为此机理。

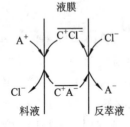 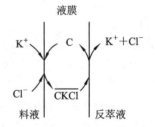

图 4-33　载体输送(反向迁移)机理　　　　图 4-34　载体输送(同向迁移)机理

2. 载体输送机理应用实例

(1) 载体促进扩散传递　以三级胺(TOC)R_3N 为载体的柠檬酸液膜分离为例。

①特点:膜相有载体(C),溶质(A)和载体(C)结合后,在液相中转移,在内相界面释放溶质 A(或以离子形式),而载体得到复原后,又在外相界面与溶质 A 结合。

②过程:在外相与膜相界面上,三级胺与柠檬酸反应生成胺盐,再与 Na_2CO_3 形成柠檬酸钠。碳酸胺盐$[(R_3NH)_2CO_3]$在膜相与外相界面间转移分解,放出 CO_2,三辛胺(TOA)得到再生。其反应方程式如下:

$$6R_3N + 2C_6H_8O_7 \longrightarrow 2(R_3NH)_3C_6H_5O_7 + Q_1$$
$$2(R_3NH)_3C_6H_5O_7 + 3Na_2CO_3 \longrightarrow 2C_6H_5O_7Na_3 + 3(R_3NH)_2CO_3 + Q_2$$
$$3(R_3NH)_2CO_3 \longrightarrow 6R_3N + 3CO_2 + 2H_2O + Q_3$$

(2) 载体促进并流传递 以液膜分离青霉素为例。

①过程:首先在外相和膜相界面上,生成 AHP。然后 AHP 在膜扩散至内相与膜相界面上,由于内相 pH 高,使 AHP 分解。重复以上两步。其过程方程式如图 4-35 所示。

$$H^+ + P^- + A \longrightarrow AHP$$
$$AHP \longrightarrow H^+ + P^- + A$$

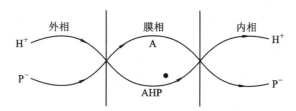

图 4-35 液膜萃取分离青霉素的机理

总方程式为

$$H^+ + OH^- \rightleftharpoons H_2O + Q$$

②结果:青霉素在接受相得到富集。

(3) 载体促进逆流传递 以 L^- 氨基酸甲酯酶水解为 L^- 氨基酸甲醇为例。

①过程:过程示意如图 4-36 所示。

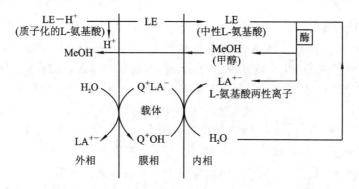

图 4-36 L-氨基酸甲酯酶水解为 L-氨基酸甲醇的示意图

②结果:LE 在内相水解生成的 LA^{+-} 被分离到外相。外相 H^+ 被不断质子化,导致 LA^{+-} 不断由内向外迁移、浓缩,以 H^+ 质子化能量为动力。

③优点:酶包裹在内相中,可免受外相中各组分对其活性的影响,避免了酶与底物和产物的分离,乳液可重复使用。

④结论:浓缩的条件是有供能的化学反应存在(中和、结合等)。

4.7.3 液膜萃取操作

4.7.3.1 液膜材料的选择

液膜分离技术的关键是选择最适宜的流动载体、表面活性剂和有机溶剂等材料来制备合乎要求的液膜,并构成合适的液膜体系。

作为流动载体必须具备如下条件:①溶解性,流动载体及其络合物必须能溶于膜相,而不溶于邻接的溶液相;②络合性,作为有效载体,其络合物形成体应该有适中的稳定性,即该载体必须在膜的一侧强烈地络合指定的溶质,从而可以转移它,而在膜的另一侧很微弱地络合指定的溶质,从而可以释放它,实现指定溶质的穿膜迁移过程;③载体应不与膜相的表面活性剂反应,以免降低膜的稳定性。

流动载体按电性可分为带电载体与中性载体,一般来说中性载体的性能比带电载体(离子型载体)好,中性载体中又以大环化合物最佳。表 4-7 中列举了一些流动载体的例子。此外还有羧酸、三辛胺、肟类化合物及环烷酸等,可用作萃取剂,也可用作液膜的流动载体。

表 4-7 适用于液膜的三种流动载体

载体名称	聚醚	莫能菌素络合物	胆烷酸络合物
载体结构			

注:聚醚是合成的,其余两种是天然产物。

表面活性剂的选择是很复杂的问题,虽有一些规律,但主要是凭经验选择。

一般首先要知道适合该体系的乳化剂的亲水亲油平衡(hydrophile lipophilic balance, HLB)值。表面活性剂的 HLB 值是表示表面活性剂的一个参数,可理解为表面活性剂分子中亲水基和憎水基之间的平衡数值。非离子表面活性剂的 HLB 值的计算如下:

$$HLB = \frac{亲水基部分的相对分子质量}{表面活性剂的相对分子质量} \times \frac{100}{5} \tag{4.57}$$

由式(4.57)可见,HLB 愈大,表面活性剂的亲水性愈强。表 4-8 给出了主要表面活性剂的 HLB 值。一般 HLB 为 3～6 的表面活性剂用作油包水型乳化剂,HLB 为 8～15 的表面活性剂型用作水包油型乳化剂。如果单一的表面活性剂型不能满足乳化液膜的要求,可利用 HLB 的加和性配制复合乳化剂。

表 4-8 主要表面活性剂的 HLB 值

商品名	组成	类型	HLB
Span-85	失水山梨醇三油酸酯	非离子	1.8
Span-65	失水山梨醇二硬酸酯	非离子	2.1

续表

商品名	组成	类型	HLB
Atmul-67	甘油单硬酸酯	非离子	3.8
Span-80	失水山梨醇单油酸酯	非离子	4.3
Span-60	失水山梨醇单硬酸酯	非离子	4.7
Span-40	失水山梨醇单棕榈酸酯	非离子	6.7
Span-20	失水山梨醇单月桂酸酯	非离子	8.6
PEG 400 Monoleate	聚乙二醇(相对分子质量400)单油酸酯	非离子	11.4
PEG 400 Mono Tearate	聚乙二醇(相对分子质量400)单硬脂酸酯	非离子	11.6
AtlasG-3300	烷基芳基磺酸盐	阴离子	11.7
PEG 400 Mono Tearate	聚乙二醇(相对分子质量400)单月桂酸酯	非离子	13.1
Tween-60	聚氧乙烯失水山梨醇单硬脂酸酯	非离子	14.9
Tween-80	聚氧乙烯失水山梨醇油酸单酯	非离子	15.0
Tween-40	聚氧乙烯失水山梨醇棕榈酸单酯	非离子	15.6
Tween-20	聚氧乙烯失水山梨醇月桂酸单酯	非离子	16.7
	油酸钠(肥皂)	阴离子	18.0
	油酸钾(钾皂)	阴离子	20.0
AtlasG-263	十六烷基乙基吗啉基乙基硫酸盐	阳离子	25～30
	月桂醇硫酸钠	阴离子	～40

其次是参考一些经验性的选择依据：①要考虑乳化剂的离子类型,表面活性剂包括阴离子、阳离子和非离子型三种,要根据具体情况加以采用,其中尤以非离子表面活性剂为佳,其易制成液状物并在低浓度时乳化性能良好,所以在液膜技术中被普遍采用；②要用憎水基与被乳化物结构相似并有很好亲和力的乳化分散剂,这样乳化效果好；③乳化分散剂在被乳化物中易溶解,乳化效果好。

常采用的表面活性剂有 Span-80(失水山梨醇单油酸酯)、Saponin(皂角苷)、ENJ-3029(聚胺)等。

膜溶剂的选择应主要考虑液膜的稳定性和对溶质的溶解度,所以要有一定的黏度并在有流动载体时溶剂能溶解载体而不溶解溶质,在无流动载体时能对欲分离的溶质优先溶解而对其他溶质溶解度很小。为减少溶剂的损失,还要求溶剂不溶于膜内、外相。

常用的膜溶剂除 Sloon(中性油)和 lsopar-M(异链烷烃)外,还可使用辛醇、聚丁二烯以及其他有机溶剂。

4.7.3.2 液膜萃取的操作

液膜分离操作过程分四个阶段,如图 4-37 所示。

(1) 制备液膜　将反萃取的水溶液 F_3(内水相)强烈地分散在含有表面活性剂、膜溶剂、载体及添加剂的有机相中制成稳定的油包水型乳状液 F_2,如图 4-37(a)所示。

(2) 液膜萃取　将上述油包水型乳状液在温和的搅拌条件下与待处理的溶液 F_1 混合,乳状液被分散为独立的离子并生成大量的水/油/水型液膜体系,外水相中溶质通过液膜进入水相被富集,如图 4-37(b)所示。

(3) 澄清分离　待液膜萃取完后,借助重力分层除去萃余液,如图 4-37(c)所示。

(4) 破乳　使用过的废乳液需破碎,分离膜组分(有机相)和内水相,前者返回再制乳状液,后者进行回收有用组分,如图 4-37(d)所示。破乳方法有化学、离心、过滤、加热和静电破乳法等,目前常用静电破乳法。

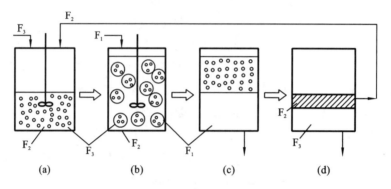

图 4-37　液膜分离流程图

(a)乳状液的制备;(b)乳状液与待处理溶液接触;(c)萃余液的分离;(d)乳状液的破碎
F_1—待处理液;F_2—液膜;F_3—内相溶液

4.7.3.3　萃取设备及过程

同一般的溶剂萃取一样,利用乳状液膜的萃取设备主要有搅拌槽型(混合澄清器)和喷淋塔型两类(图 4-38)。搅拌槽型萃取设备结构简单,操作方便。如图 4-39 所示,乳状液膜萃取过程中,W/O 乳状液以一定流速加入到搅拌萃取槽,从萃取槽流出的 W/O/W 液体经澄清器使水乳分离,W/O 乳状液破乳后油水分离,得到含目标产物的溶液和油相。油相可重复用于 W/O 乳状液的制备,其在操作过程中的损失部分通过外加油相补充。如果使用图 4-38(b)所示的喷淋塔萃取设备,因水乳逆流接触,可省去破乳前水乳分离用的澄清器。

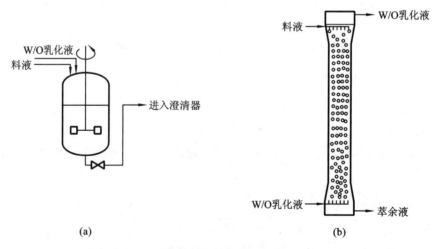

图 4-38　利用乳状液膜的萃取设备

(a)搅拌槽型;(b)喷淋塔型

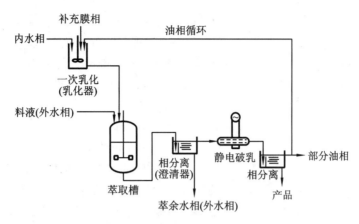

图 4-39　利用搅拌槽的乳状液膜连续萃取过程

4.7.3.4　液膜萃取的影响因素

影响液膜分离效果的因素包括两方面,液膜体系组成和液膜分离的工艺条件。

1. 液膜体系组成的影响

有关液膜体系的组成,可根据处理体系的不同,选择适宜的配方,保证液膜有良好的稳定性、选择性和渗透速度,以提高分离效果。液膜的上述三个性质中稳定性是液膜分离过程的关键,它包括液膜的溶胀和破损两个方面。溶胀是指外相水透过液膜进入液膜内相,从而使液膜体积增大,可用乳状液的溶胀率 E_a 来表示:

$$E_a = \frac{V_e - V_{e_0}}{V_{e_0}} \times 100\%$$

式中,V_e 为增大后的乳液相体积;V_{e_0} 为乳液相初始体积。

破损则是由于液膜被破坏,使内相水溶液泄漏到外相,可用破损率 E_b 来表示,如内相中含 NaOH 溶液,则

$$E_b = \frac{c_{Na^+} \cdot V_3}{c_{Na_{10}^+} \cdot V_{10}} \times 100\%$$

式中,c_{Na^+} 为泄漏到外水相中的钠离子浓度,mol/L;$c_{Na_{10}^+}$ 为内相中钠离子的初始浓度,mol/L;V_3 为外水相体积,L;V_{10} 为内水相体积,L。

影响溶胀的因素主要体现在外界对膜相物性的影响、内外水相化学位的影响和膜相与水结合的加溶作用,其中表面活性剂和载体起重要作用。此外,影响因素还有:①搅拌强度,搅拌速度增大,渗透溶胀增加;②温度,温度升高,将导致水在膜相中扩散系数增加,并使表面活性剂在非水溶解剂中对水的加溶能力明显增大,最后使渗透溶胀加剧;③膜溶剂,膜溶剂黏度越大,则扩散系数减小,溶水率低,则膜相含量少,能减小内外水相间的化学位梯度,使渗透溶胀减小。

影响液膜破损的因素主要是外界剪切作用使乳液产生破损和膜结构及其性质变化产生破损两个方面,同时也与搅拌温度、膜溶剂、外相电解质等条件有关。

因此,必须合理选择表面活性剂载体、膜溶剂、外相电解质的种类和浓度,降低搅拌强度、乳水比和传质时间,有效地控制温度,尽可能减少渗透溶胀对膜强度的影响,避免液膜破损率过高,以保证膜分离的效果。

2. 液膜分离工艺条件的影响

(1) 搅拌速度的影响　制乳时要求搅拌速度大,一般在 2 000~3 000 r/min,这样形成的乳液滴直径小,但当连续相乳液接触时,搅拌速度应为 100~600 r/min,搅拌速度过低会使料

液与乳液不能充分混合,而搅拌强度过高,又会使液膜破裂,两者都会使分离效果降低。图4-40表示了不同搅拌强度与脱酚效果之间的关系。由图可见,当搅拌强度从100 r/min增至200 r/min时除酚的效率急剧增加,而从200 r/min增至300 r/min时,除酚效率因膜的破裂而急剧下降。

(2) 接触时间的影响 料液与乳液在最初接触的一段时间内,溶质会迅速渗透过膜进入内相,这是由于液膜表面极大,渗透很快,如果再延长接触时间,连续相(料液)中的溶质浓度又会回升,这是由于乳液滴破裂造成的,因此接触时间要控制适当。

(3) 料液的浓度和酸度的影响 液膜分离特别适用于低浓度物质的分离提取。若料液中产物浓度较高,可采用多级处理,也可根据被处理料液排放浓度要求,决定进料时浓度。料液中酸度取决于渗透物的存在状态,在一定的pH值下,渗透物能与液膜中的载体形成络合物而进入膜相,分离效果好,反之分离效果就差。例如液膜法提取苯丙氨酸时,外相的

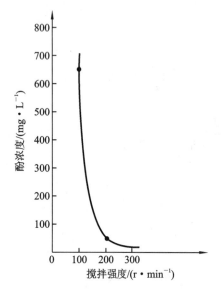

图4-40 不同搅拌强度对除酚效果的影响

温度25 ℃,处理时间2 min,料液酚浓度1 000 mg/L,液膜体系:表面活性剂Span80,溶剂S100N,内相试剂NaOH

pH值控制在3较好,这时苯丙氨酸呈阳离子状态,有利于和载体P_{204}形成络合物,如果pH值升高(pH 3~9)则苯丙氨酸趋向于形成偶极离子,影响了它与载体的结合,分离效果就会下降。

(4) 乳水比的影响 液膜乳化体积与料液体积之比称为乳水比。对液膜分离过程来说,乳水比愈大,渗透过程的接触面积愈大,则分离效果愈好,但乳液消耗多,不经济,所以应选择一个兼顾两方面要求的最佳条件。

(5) 膜内比R_{oi}的影响 膜相体积(V_m)与内相体积(V_w)之比称为膜内比,同样以液膜法萃取苯丙氨酸为例,如图4-41所示。由图可见传质速率随R_{oi}的增加而增大,但这种增加趋势

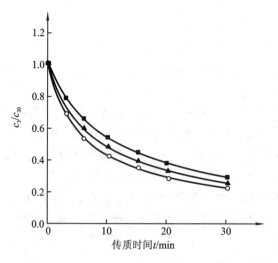

图4-41 膜内比R_{oi}对苯丙氨酸传质的影响

■—$R_{oi}=0.8$;▲—$R_{oi}=1.0$;○—$R_{oi}=1.2$

不大。这是因为一方面 R_{oi} 增加,载体量也增大,对苯丙氨酸提取过程有利;但另一方面,R_{oi} 增加亦使膜厚度增大,从而增加传质阻力,不利于提取过程。由于这两方面的影响,故苯丙氨酸提取率虽随 R_{oi} 的增加而增大,但幅度较小。R_{oi} 的增加使膜的稳定性加强,而从经济角度出发,希望 R_{oi} 越小越好,因此需兼顾这两方面的情况进行 R_{oi} 的选取。从表 4-9 可见,R_{oi} 为 1 较好,此时已可得到 4~5 倍的内相浓缩率。

表 4-9 R_{oi} 对浓缩倍数的影响

膜内比 R_{oi}	浓缩倍数 c_d/c_{30}
0.8	3.3
1.0	4.5
1.2	4.6

(6) 操作温度的影响　一般在常温或料液温度下进行分离操作,因为提高温度虽然能加快传质速率,但降低了液膜的稳定性和分离效果。

4.7.4　液膜萃取的工业应用

液膜分离法的研究初期主要针对金属离子的萃取回收,但实用化的进程缓慢,到 20 世纪 90 年代初期为止,仅有奥地利从纺丝废液中回收锌的应用实例。其中主要原因是湿法冶金工业增长缓慢,影响了对新厂建设的需求。但随着生物技术产业的迅猛发展,对新型下游加工技术的需求不断增加。因此,液膜分离法有望在生物下游加工过程中发挥重要作用。

1. 液膜分离萃取氨基酸

Deblay 等用支撑液膜(聚四氟乙烯膜,孔径为 0.45 μm;膜溶剂为癸醇;萃取剂为 10% 三辛基甲基氯化铵(TOMAC);反萃相为 1 mol/L NaCl,pH 1.65)系统(图 4-42)从发酵液中纯化缬氨酸,结果如表 4-10 所示。利用未除菌的蔗糖发酵液(外加糖蜜),反萃相中缬氨酸收率约 50%;而利用除菌后的糖蜜发酵液,收率达 75%。两组实验中反萃相内糖浓度均极低,并且色素含量下降了约 80%。

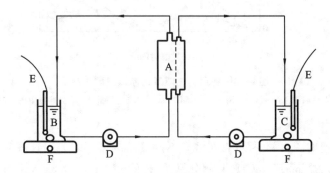

图 4-42　支撑液膜萃取实验装置
A—膜组件;B—料液;C—反萃液槽;D—液泵;E—pH 计;F—磁力搅拌器

表 4-10　发酵液中缬氨酸的醇化

项目	未过滤除菌的发酵液(加入糖蜜的质量浓度为 120 kg/m³,170 h)		除菌的糖蜜发酵液(125 h)	
	初始料液中溶质质量浓度	萃取结束后反萃取相中质量浓度	初始料液中溶质质量浓度	萃取结束后反萃取相中质量浓度
菌体/(g·L^{-1})	25	0	—	—
缬氨酸/(g·L^{-1})	25	12.6	25	18.8
蔗糖/(g·L^{-1})	123	1.0	60	0.26
葡萄糖/(g·L^{-1})	30	0.61	30	0.93
色素(260 nm OD 值)	80.5	13.8	94.3	23.3

2. 液膜分离萃取有机酸

Boey 等利用乳状液膜(载体为 TOA,内水相为 Na_2CO_3)系统从黑曲霉发酵液中萃取柠檬酸,结果表明,菌体的存在对萃取速率无影响,利用 200 g/L Na_2CO_3 溶液为反萃取剂,10 min 的萃取操作可回收 80% 的柠檬酸(原液质量浓度为 100 g/L)。

3. 生物反应-分离耦合过程

液膜萃取可应用于生物反应-分离耦合过程,以提高生化反应速率。Nuchnoi 等利用支撑液膜(聚四氟乙烯膜,煤油为膜溶剂,TOPO 为载体)在发酵反应的同时萃取回收发酵液中的有机酸,大大提高了发酵速率(图 4-43)。

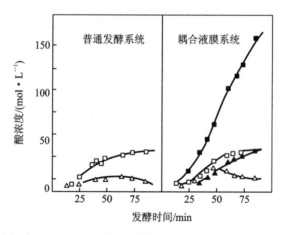

图 4-43　利用支撑液膜的萃取发酵过程
■—萃取的丁酸;□—发酵液中的丁酸;▲—萃取的醋酸;△—发酵液中的醋酸

4. 脱盐

液膜脱盐的原理如图 4-44 所示。在溶有不同流动载体(如 D_2EHPA 和 TOMAOH)的两个支撑液膜之间通入盐溶液(NaCl),两侧分别为高浓度的 H_2SO_4 和 NaOH,则两张支撑液膜分别选择性地萃取 Na^+ 和 Cl^-。Na^+ 和 Cl^- 反向迁移的供能离子分别为 H^+ 和 OH^-,它们进入料液后形成 H_2O,从而达到料液脱盐的目的。利用该原理可进行氨基酸等生物产品的脱盐,氮载体需要对盐离子有很高的选择性,否则生物分子已将发生迁移。

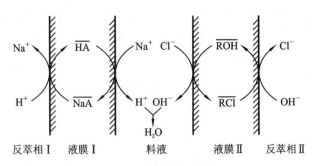

图 4-44　液膜脱盐原理
HA=D_2EHPA,ROH=TOMAOH（氢氧化三辛基甲铵）

5. 其他

除在生物分离、湿法冶金和废水处理等方面的应用外,液膜还可包埋酶,用于生物反应过程。如包埋胰凝乳蛋白酶合成氨基酸,包埋尿素水解酶用于除去尿道中的尿素（人工肾,与 W/O 型内含柠檬酸的乳化液共用,后者用于捕集尿素水解生成的 NH_3）,包埋尿啶二磷酸葡萄糖醛转移酶去除血液中的酚（人工肝,治疗肝昏迷）。此外,利用可溶解 O_2 和 CO_2 制备的 W/O 乳化液可用作人工肺,利用液膜包封解毒剂可用于中毒患者的治疗。

4.8　反胶团萃取

传统的分离方法,如有机溶剂液液萃取技术,由于具有操作连续、多级分离、放大容易和便于控制等优点,已在抗生素等物质的生产中广泛应用,并显示出优良的分离性能。但难以应用于一些生物活性物质（如蛋白质）的提取和分离。因为绝大多数蛋白质都不溶于有机溶剂,若使蛋白质与有机溶剂接触,会引起蛋白质的变性;另外,蛋白质分子表面带有许多电荷,普通的离子缔合型萃取剂很难奏效。因此,研究和开发易于工业化、高效的生化物质分离方法已成为当务之急。反胶团萃取是近年来涌现出来的另一种新颖萃取方法。反胶团萃取技术为活性生物物质的分离开辟了一条具有工业应用前景的新途径。它的突出优点如下。

（1）有很高的萃取率和反萃取率并具有选择性。

（2）分离、浓缩可同时进行,过程简便。

（3）能解决蛋白质（如胞内酶）在非细胞环境中迅速失活的问题。

（4）由于构成反胶团的表面活性剂往往具有细胞破壁功效,因而可直接从完整细胞中提取具有活性的蛋白质和酶。

（5）反胶团萃取技术的成本低,溶剂可反复使用等。

4.8.1　胶团与反胶团

将表面活性剂溶于水中,当表面活性剂的浓度超过一定的数值时,表面活性剂就会在水溶液中聚集在一起形成聚集体,称为胶束。水相中的表面活性剂聚集体,其亲水性的极性"头"向外指向水溶液,疏水性的非极性"尾"向内相互聚集在一起。同理,当向非极性溶剂中加入表面活性剂时,如表面活性剂的浓度超过一定的数值时,也会在非极性溶剂内形成表面活性剂的聚集体。与在水相中不同的是,非极性溶剂内形成的表面活性剂聚集体,其疏水性的非极性"尾"

向外,指向非极性溶剂,而极性"头"向内,与在水相中形成的微胶束方向相反,因而称之为反胶团或反向胶束(reversed micelles),如图4-45所示。胶束或反胶团的形成均是表面活性剂分子自聚集的结果,是热力学稳定体系。

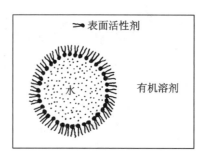

图4-45 反胶团模型

图4-46是表面活性剂不同聚集体的微观构造。在反胶团中有一个极性核心,此极性核心具有溶解极性物质的能力,极性核溶解水后,就形成"水池"。由于胶束的屏蔽作用,生物物质不与有机溶液直接接触,起到保护生物物质活性的作用。

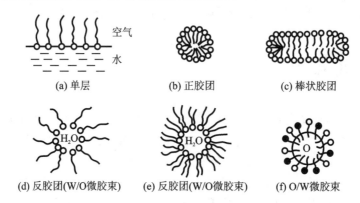

(a) 单层　　　　(b) 正胶团　　　　(c) 棒状胶团

(d) 反胶团(W/O微胶束)　(e) 反胶团(W/O微胶束)　(f) O/W微胶束

图4-46 表面活性剂的不同聚集体

表面活性剂的存在是构成反胶团的必要条件,有三类表面活性剂即阴离子型、阳离子型和非离子型表面活性剂,都可在非极性溶剂中形成反胶团。在用反胶团萃取技术分离蛋白质的研究中使用得最多的是阴离子型表面活性剂(Aerosol OT,简称AOT),其化学名称是琥珀酸二(2-乙基己基)酯磺酸钠,它的化学结构式如图4-47所示。AOT容易获得,其特点是具有双链,形成反胶团时无需加入助表面活性剂且有较好的强度;它的极性基团较小,所形成的反胶团空间较大,半径为170 nm,有利于生物大分子进入。

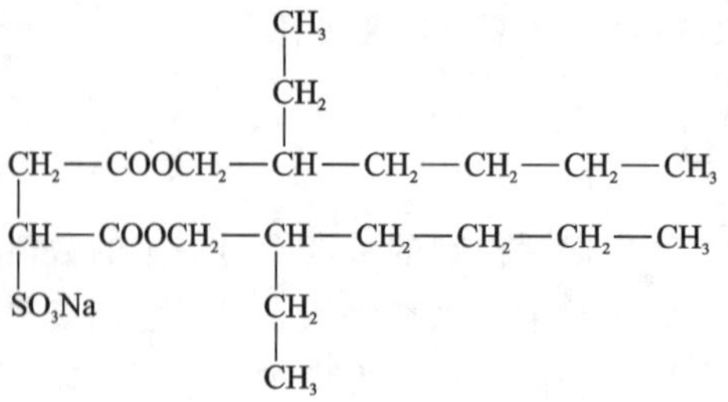

$$CH_2-COOCH_2-CH(CH_2CH_3)-CH_2-CH_2-CH_2-CH_3$$
$$CH(SO_3Na)-COOCH_2-CH(CH_2CH_3)-CH_2-CH_2-CH_2-CH_3$$

图4-47 AOT的分子结构

其他常用的表面活性剂有溴代十六烷基三甲铵(CTAB)、氯化三辛基甲铵(TOMAC)、磷脂酰乙醇胺(PTEA)、溴化十二烷基二甲铵(DDAB)等。而常用于反胶团萃取系统的非极性有机溶剂有环己烷、庚烷、辛烷、异辛烷、己醇、硅油等。AOT/异辛烷/水体系最常用。它的尺寸分布相对来说是均一的,含水量为4~50时,流体力学半径为2.5~18 nm,每个胶束中含有表面活性剂分子35~1 380个。AOT/异辛烷体系对于分离核糖核酸酶、细胞色素C、溶菌酶等具有较好的分离效果,但对于相对分子质量大于30 000的酶,则不易分离。

4.8.2 反胶团萃取

4.8.2.1 反胶团萃取的基本原理

从宏观上看蛋白质进入反胶团溶液是一个协同过程。在有机溶剂相和水相两宏观相界面间的表面活性剂层,同邻近的蛋白质分子发生静电吸引而变形,接着两界面形成含有蛋白质的反胶团,然后扩散到有机相中,从而实现了蛋白质的萃取。改变水相条件(如pH值、离子种类或离子强度),又可使蛋白质从有机相中返回到水相中,实现反萃取过程。微观上,如图4-48所示,其是从主体水相向溶解于有机溶剂相中纳米级的、均一且稳定的、分散的反胶团微水相中的分配萃取。从原理上,可当作"液膜"分离操作的一种。

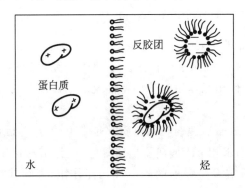

图 4-48 反胶团萃取原理

其特点是萃取进入有机相的生物大分子被表面活性分子所屏蔽,从而避免了与有机溶剂相直接接触而引起的变性、失活。pH值、离子强度、表面活性剂浓度等因素会对反胶团萃取产生影响。通过对它们的调整,对分离场(反胶团)与待分离物质(生物大分子等)的相互作用加以控制,能实现对目的物质高选择性的萃取和反萃取。另外,因有机相内反胶团中微水相体积最多仅占有机相的几个百分点,所以它同时也是一个浓缩操作。只要直接添加盐类,就能从已和主体水相分开的有机相中分离出含有目的物的浓稠水溶液。

4.8.2.2 水壳模型

由于反胶团内存在"水池",故可溶解蛋白质等生物分子,为生物活性物质提供了易于生存的亲水微环境,因此,反胶团萃取可用于蛋白质等生物分子的分离纯化。蛋白质向非极性溶剂中反胶团的纳米级"水池"中的溶解,有图4-39所示的四种可能。图4-49(a)为水壳模型,(b)蛋白质中的亲脂部分直接与非极性溶剂的碳氢化合物相接触,(c)蛋白质被吸附在微胶束的"内壁"上,(d)蛋白质被几个微胶束所溶解,微胶束的非极性尾端与蛋白质的亲脂部分直接作用。目前水壳模型证据最多,也最为常用。在水壳模型中,蛋白质居于"水池"的中心,周围存在的水层将其与反胶团壁（表面活性剂）隔开，水壳层保护了蛋白质，使它的生物活性不会改变。

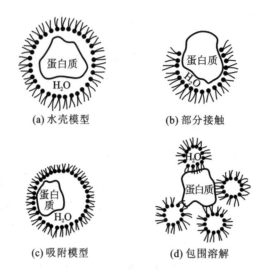

图 4-49　蛋白质向反胶团溶解的几种可能模型

4.8.2.3　蛋白质溶入反胶团相的推动力

生物分子溶入反胶团相的主要推动力是表面活性剂和蛋白质的静电相互作用，反胶团与生物分子的空间相互作用和疏水性相互作用。下面以研究得较多的 AOT/异辛烷体系为对象，以静电性、空间性、疏水性相互作用的分离特性及效果作以下的归纳。

1. 静电性相互作用

在反胶团萃取体系中，表面活性剂与蛋白质都是带电的分子，因此静电性相互作用是萃取过程的一种主要推动力。当水相 pH 偏离蛋白质等电点时，溶质由于带正电荷（pH<pI）或负电荷（pH>pI），与表面活性剂发生强烈的静电性相互作用，影响其在反胶团相的溶解率。理论上，当溶质所带电荷与表面活性剂相反时，由于静电引力的作用，溶质易溶于反胶团，溶解率较大，反之则不能溶于反胶团相中。以表 4-11 所示的蛋白质为例，考察它们从主体水相向反胶团内微水相中的萃取或反萃取时静电性相互作用以及 pH 对这种作用的影响。

表 4-11　蛋白质的相对分子质量和等电点

蛋白质	M_r	pI
细胞色素 C	12 400	10.6
核糖核酸酶 a	13 700	7.8
溶菌酶	14 300	11.1
木瓜酶	23 400	8.8
牛血清白蛋白（BSA）	65 000	4.9

（1）对于小分子蛋白质（M_r<20 000），pH>pI 时，蛋白质不能溶入胶束内，但在等电点附近，急速变为可溶；当 pH<pI 时，即在蛋白质带正电荷的 pH 范围内，它们几乎完全溶入胶束内（图 4-50）。

（2）蛋白质相对分子质量增大到一定程度，即使将 pH 向酸性一侧偏离 pI，萃取率也会降

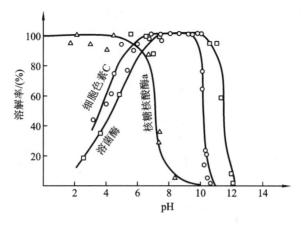

图 4-50　pH 对细胞色素 C、溶菌酶和核糖核酸酶 a 萃取的影响

低(即立体性相互作用效果增大)。

(3) 相对分子质量更大的 BSA,全 pH 范围内几乎都不能萃取(即静电性相互作用效果无限小,可忽略不计)。此时,如将 AOT 浓度由通常条件(50～100 mmol/L)增加到 200～500 mmol/L,BSA 逐渐变为可萃取。

(4) 降低 pH,正电荷量增加,似乎有利于提高萃取率。事实上,缓慢减小 pH,萃取率从某一 pH 开始,急速减小。这可能是蛋白质的 pH 变性所造成的。蛋白质和水相中微量的 AOT 在静电性、疏水性等的相互作用下,在水相中生成了缔合体,引起蛋白质变性,不能正常地溶解于反胶团相。

(5) 添加 KCl 等无机盐,因离子强度的增加和静电屏蔽的作用,而使静电性相互作用变弱,一般地,萃取率下降(图 4-51),而且,它对有机相具有脱水作用(W_0 减小,图 4-52),使立体性相互(排斥)作用增大。

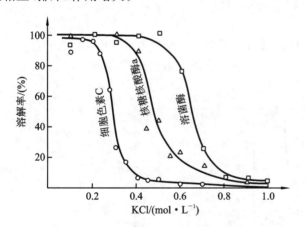

图 4-51　KCl 浓度对细胞色素 C、溶菌酶和
核糖核酸酶 a 萃取的影响

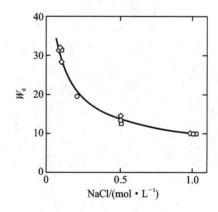

图 4-52　盐浓度对 W_0 的影响

2. 空间性相互作用

反胶团"水池"的大小可以用 W_0 的变化来调节,并且该调节会影响大分子(如蛋白质)的增溶或排斥,从而达到选择性萃取的目的,这就是空间排阻作用。

研究表明,随着 W_0 的降低,反胶团直径减小,空间排阻作用增大,蛋白质的萃取率下降。

另外,空间排阻作用也体现在蛋白质分子大小对分配系数的影响上。随着蛋白质相对分子质量的增大,蛋白质分子和胶束间的空间性相互作用增加,分配系数(溶解率)下降。用动态光散射法测定,发现反胶团粒径并非一致,存在一个粒径分布(图4-53)。由图4-53可知,胶束的粒径分布(分离场)随盐浓度和AOT浓度的增加而发生显著的变化。蛋白质溶入与否,对它几乎没有影响。

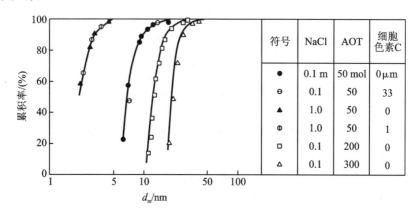

图 4-53 胶束粒径大小分布

如分离场不受蛋白质种类的影响,反之则可认为通过立体性相互(排斥)作用,高效分离纯化蛋白质。如图4-54所示,随着蛋白质相对分子质量的增加,分配系数 K_{pI}(蛋白质等电点处的分配系数)迅速下降,当相对分子质量超过20 000时,分配系数很小。该实验在蛋白质等电点处进行,排除了静电性相互作用的影响。表明随相对分子质量的增加,空间位阻作用增大,蛋白质萃取率下降。因此可以根据蛋白质间相对分子质量的差异,利用反胶团萃取实现蛋白质的选择性分离。从图中还可知道,即使萃取溶入胶束的蛋白质的种类和相对分子质量不同,分离场的特性(胶束平均直径和含水率)几乎不变。

3. 其他相互作用

关于疏水性相互作用和特异性相互作用还研究不多。即使是疏水性比其他蛋白质大的木瓜酶,由于其 K_{pI} 也可被统一性地关联在图4-54之中,所以在蛋白质的场合下,疏水性相互作用对蛋白质分配特性的影响不大。

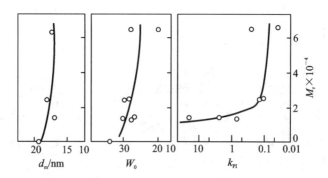

图 4-54 蛋白质平均相对分子质量的影响

4.8.3 反胶团制备

反胶团制备方法一般有以下几种。

(1) 注入法　这是目前最常用的方法。将含有蛋白质的水溶液直接注入到含有表面活性剂的非极性有机溶剂中去,然后进行搅拌直到形成透明的溶液为止。这种方法的优点是过程较快,并可较好地控制反胶团的平均直径和含水量。

(2) 相转移法　将酶或蛋白质从主体水相转移到含表面活性剂的非极性有机溶剂中形成反胶团-蛋白质溶液。即将含蛋白质的水相与含表面活性剂的有机相接触,在缓慢的搅拌下,一部分蛋白质转入(萃入)到有机相中。此过程较慢,但最终的体系处于稳定的热力学平衡状态,这种方法可在有机溶剂相中获得较高的蛋白质浓度。

(3) 溶解法　对非水溶性蛋白质可用该法。将含有反胶团(W_0为3~30)的有机溶液与蛋白质固体粉末一起搅拌,使蛋白质进入反胶团中,该法所需时间较长。含蛋白质的反胶团也是稳定的,这也说明反胶团"水池"中的水与普通水的性质是有区别的。

4.8.4　反胶团萃取的应用

反胶团萃取目前主要用于分离提取酶和活性蛋白质等生化物质。近年又有将反胶团萃取应用于氨基糖苷类抗生素提取的研究报道。

1. 酶的分离

从黏稠色杆菌培养的产物制备得到含两种脂酶的混合物,它们的相对分子质量和等电点都不相同(脂酶A的相对分子质量120 000,pI 3.7;脂酶B的相对分子质量30 000,pI 7.3)。用AOT/异辛烷反胶团系统萃取,在pH 6.0和低离子强度(50 mmol/L KCl)条件下,脂酶B带正电荷,容易溶解在反胶团中;而脂酶A由于体积排阻和静电效应被排出胶束相,存在于水相。

从胶束相中反萃取脂酶B,可以使用与水混溶的有机溶剂,效果较好的是加入2.5%(体积分数,以两相总体积计算)的乙醇到胶束相(pH 9.0),离子强度与萃取时相同。加入乙醇是为了减少脂酶与表面活性剂、有机溶剂的疏水作用,使其回收到水相中。结果脂酶A纯化4.3倍,脂酶活性收率91%;脂酶B纯化3.7倍,收率76%。

2. 蛋白质混合物的分离

图4-55是采用AOT/异辛烷体系的反胶团萃取法分离含有核糖核酸酶、细胞色素C和溶菌酶三种蛋白质的混合溶液的分离过程示意图。通过调节溶液的离子强度和pH,可以控制各种蛋白质的溶解度,从而使之相互分离。第一步,调节体系状态为pH 9、[KCl]=0.1 mol/L,

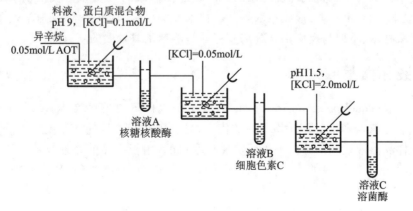

图4-55　蛋白质混合物的分离

此时核糖核酸酶不溶于胶团,而留在水相中;第二步,对进入反胶团中的细胞色素 C 和溶菌酶用 pH9、[KCl]=0.5 mol/L 的水溶液反萃取,此时,因离子强度增大,细胞色素 C 在反胶团中溶解度大大降低而进入水相;第三步,对仍留在有机相中的溶菌酶用 pH 11.5、[KCl]=2.0 mol/L 的水溶液反萃取,使溶菌酶从反胶团中进入水相,从而实现了三种蛋白质的分离。

3. 抗生素提取

印度 Fadnavis 等选用 AOT/异辛烷反胶团系统研究了青霉素 G 萃取率,考察了 pH、电解质、AOT 浓度对萃取率的影响。在 pH 4.5 左右有最大的萃取率,在 pH 3.5 时,其萃取率却仅有 10%。Fadnavis 等认为在反胶团萃取抗生素中除了静电作用、疏水作用,还有溶质与水形成的氢键也起重要的作用。如青霉素 G 有自由的羧基,可以与水形成氢键,因此这种抗生素的萃取率不高。

我国吴子牛等也报道了反胶团萃取青霉素 G 的研究结果。他们研究了用十六烷基三甲基溴化铵(CTAB)/正辛醇/氯仿的反胶团系统萃取青霉素 G 时,pH 对萃取率的影响,其结果与印度的 Fadnavis 的研究结果有所不同,在一定的条件下,青霉素 G 的萃取率与 pH 无关。另外增大 NaCl 浓度,青霉素 G 的萃取率呈下降趋势,但萃取率变化不是很大。

反胶团是一种新型生物活性物质的分离方法,最初应用于具有鲜明等电点的氨基酸、蛋白质类物质的分离。吴子生等在室温和 pH 5~8 的条件下进行了青霉素 G 的反胶团相转移提取研究,提取率在 90% 以上。离子强度及 pH 对青霉素萃取率、反萃取率的影响不大,但是离子强度对蛋白质的萃取率影响很大,因此可利用这些特点将杂蛋白除去。

近年又有将反胶团萃取应用于氨基糖苷类抗生素提取的研究报道。这类抗生素亲水性很强,无法用有机溶剂萃取,工业生产均采用离子交换法。由于这些化合物在 pH 中性时带有正电荷,所以在理论上可以将其从发酵液萃取到阴离子表面活性剂的反胶团中。据此 Hu 和 Gu-Lari 使用二-2-乙基己基磷酸钠(NaDEHP)/异辛烷反胶团溶液,并加入辅助表面活性剂磷酸三丁酯来萃取新霉素和庆大霉素。新霉素经萃取和反萃取后总收率为 67.6%,由于正相萃取的转移率为 67.7%,所以反胶团内的新霉素几乎 100% 返回水相。

4.9 萃取技术进展

萃取技术已成为一项得到广泛应用的分离提纯技术,除了上述反胶团溶剂萃取、超临界流体萃取、微波萃取、超声萃取、液膜萃取等萃取技术外,液相微萃取技术、加速溶剂萃取技术、溶剂微胶囊萃取技术、萃取与反应耦合分离过程等是溶剂萃取发展的新方向。

4.9.1 液相微萃取技术

液相微萃取(liquid phase microextraction,LPME)也称溶剂微萃取(solvent microextraction,SME),它结合了液液萃取和固相微萃取的优点,是利用悬于微量进样器尖端被分析物的微滴有机溶剂和样品溶液之间的分配平衡而实现萃取目的,用于样品前处理技术。该方法具有集萃取、净化、浓缩于一体,只需极少量的有机溶剂,装置简单,操作方便,易于实现自动化,灵敏度高,环境污染小和成本低等优点。但该方法测定的物质范围比较窄,只适合于分配系数大于 100 以上的物质。液相微萃取分为单滴微萃取、直接液相微萃取、中空纤维液相微萃取、顶空液相微萃取及连续流动液相微萃取等,使用时可根据不同的基质选取不同的萃取方式,能实现较高回收率和富集倍数。该方法适合萃取在水溶液中溶解度小、含有酸性或碱性官能团的痕量目标物,还可以方便地与后续分析仪器连接,实现在线样品处理,在环境分析、药物分析和食品分析等诸多领域得到广泛应用。

4.9.2 加速溶剂萃取技术

加速溶剂萃取或加压液体萃取(pressurized liquid extraction,PLE)是在较高的温度(50~200 ℃)和压力(10.3~20.6 MPa)下用溶剂萃取固体或半固体样品的新颖样品前处理方法。较高的温度能极大地减弱由范德华力、氢键、目标物分子和样品基质活性位置的偶极吸引所引起的相互作用力。液体的溶解能力远大于气体的溶解能力,因此增加萃取池中的压力使溶剂温度高于其常压下的沸点。与索氏提取、超声、微波、超临界和经典的分液漏斗振摇等成熟方法相比,加速溶剂萃取的突出优点如下:有机溶剂用量少,萃取 10 g 样品一般仅需 15 mL 溶剂;萃取速度快,完成一次萃取全过程的时间一般仅需 15 min;基体影响小,对不同基体可用相同的萃取条件;萃取效率高,选择性好;现已成熟的用溶剂萃取的方法都可用加速溶剂萃取法萃取,且使用方便、安全性好、自动化程度高。

4.9.3 溶剂微胶囊萃取技术

在 20 世纪的分离科学领域,溶剂萃取的贡献之大是其他分离技术难以比拟的,但溶剂萃取过程中的溶剂损失和相分离难一直是困扰人们的难题。为了解决上述问题,早在 20 世纪 70 年代,人们就不遗余力地开展溶剂固定化技术的研究,先后开发出了浸渍树脂、支撑液膜萃取等分离技术,并取得了长足的进展。这些技术通过将萃取剂固定在其他支撑载体上,使溶剂萃取中的溶剂损失和相分离难的问题得到了解决。然而,新的问题又出现了,那就是固定化溶剂的稳定性不够好和支撑材料的耐溶剂能力不够强。20 世纪 90 年代迅速发展起来的微胶囊技术被用到了溶剂萃取中,产生了溶剂微胶囊(solvent microcapsules)技术,即在微胶囊形成过程中将用于萃取的溶剂包覆于微胶囊的空腔内。

溶剂微胶囊的制备一般包括溶剂分散和溶剂包覆两个步骤。溶剂分散方式主要有搅拌、超声和膜分散等。从微胶囊壁材形成机理可将微胶囊制备方法分为相分离法、物理机械法和聚合反应法,目前后两种方法使用比较多。

溶剂微胶囊具有萃淋树脂的优点,避免了传统溶剂萃取的乳化和分相问题,在萃取剂包覆量和防止萃取剂流失方面具有明显优势。溶剂微胶囊中萃取溶剂的包覆量远高于萃淋树脂,因此其萃取容量高溶剂被包覆到胶囊中之后,传质过程由普通溶剂萃取的液液传质变为了固液传质,设备更加简单,操作也变得更容易,不存在液液萃取时的放大失真问题。溶剂微胶囊在制备过程中将萃取溶剂包覆在微胶囊内,而不是靠简单的物理吸附来固定萃取剂,所以溶剂和萃取剂的稳定性都比较高。溶剂稳定性高可以减少分离过程中溶剂的损失以及夹带问题,胶囊的壁材选择范围很宽,不一定必须是疏水材料,也可以通过控制其表面孔径等方法使溶剂的固定化效果更好。

由于溶剂微胶囊具有溶剂萃取的特点,即萃取选择性好、萃取容量大,同时又可以解决液液萃取对于两相物性要求较高的问题,因此,溶剂微胶囊萃取在金属离子分离、有机酸萃取、药物分离等方面显示出了优越性。

实例1:以海藻酸钙为壁材,采用锐孔凝固浴制备包覆 Cyanex 302 的生物高聚物微胶囊,凝固浴为 0.5 mol/L 的 $CaCl_2$ 水溶液,当分散相中 Cyanex 302 与海藻酸钙分别为 3.0 g/L 和 0.050 g/L 时形成的微胶囊的粒径为 1.6 mm。此微胶囊对 Pd^{2+} 具有很好的选择性,在 0.1 mol/L 的 HNO_3 介质中,Pd^{2+} 的分配系数达 $10^3 cm^3/g$。

实例 2:利用乳液和溶液相转移法,以聚砜为微胶囊壁材制备出三辛胺、P_2O_4 等溶剂微胶囊,利用该溶剂微胶囊萃取有机酸和氧氟沙星,结果表明待分离物质的收率大大提高,三辛胺溶剂微胶囊萃取柠檬酸、草酸以及丙酸等的分配系数分别达到 78、100 和 23。而在传统的溶剂萃取中,三辛胺是不能直接用来进行萃取分离的,因为相分离非常困难。用 P_2O_4 溶剂微胶囊萃取氧氟沙星一次接触萃取的收率可达 80% 以上。

尽管溶剂微胶囊萃取在很多方面显示出了一定优越性,但对其研究工作还比较少,理论与应用都有不够成熟的地方。具体表现在:传统的微胶囊技术主要应用于制药、生物酶固定化等领域,由于溶剂特有的性质,如腐蚀性、对高分子包覆材料的溶胀性等,使得溶剂的包覆技术比传统的微胶囊化技术具有更大的难度;溶剂微胶囊的制备相对比较复杂,壁材的选择还难以满足实际的需要,耐有机溶剂性能好的壁材相对较少,对于一些含有活性基团的萃取剂的微胶囊的制备方法也还比较少;虽然溶剂微胶囊的稳定性比浸渍树脂要好,但对于实际应用而言,其稳定性还需进一步提高;溶剂微胶囊萃取的应用领域和萃取物质对象也有待进一步拓宽。

4.9.4 萃取与反应耦合分离过程

在萃取的同时,伴随其他化学反应发生,反应和萃取相互促进的过程,称为萃取与反应耦合过程;反应与分离的耦合过程是为解决反应过程中因产物抑制所引起的产率和转化率低的问题而发展起来的。分离过程与反应过程的在线连接,通过分离过程将反应所得的产物不断地移出反应的环境,使反应过程向生成产物的方向进行,从而提高转化率和产率。

萃取发酵耦合是典型的反应与分离的耦合过程,是用于减少产物抑制的有效技术。例如,与控制 pH 的一般发酵过程相比较,乳酸萃取发酵过程的转化率可提高 1.12~1.25 倍,产率可提高 1.1~5.0 倍,对于有副产物的发酵过程,萃取发酵耦合还可以提高产物与副产物的比率。对于有机酸的萃取发酵过程,采用提取产物-有机酸的方式代替一般发酵过程的钙盐法分离方式,既保持了发酵罐中较为恒定的 pH 值,也减少了化学品的消耗和污染。

从 20 世纪 50 年代中期至今,萃取发酵过程已用于有机酸、醇类的发酵过程,萃取与反应耦合过程是采用萃取的方法对原有的反应过程进行强化的过程。对于产物的抑制导致转化率或产率较低的反应过程而言,反应与分离的耦合过程尤为合适。萃取发酵是萃取与反应耦合过程的应用范例。研究者以萃取发酵过程为背景,讨论了萃取与反应耦合过程中值得注意的问题及有益的结果,为进一步开展研究工作提供了基础和依据。

就目前研究进展来看,新型萃取技术的发展趋势为:①开发多种萃取技术或其他分离方法与萃取技术联用;②研究萃取技术的影响因素,完善分离机理,深化萃取理论研究,如热力学、动力学、界面化学、传质过程与模型等的研究;③新萃取剂及稀释剂的分子设计及合成、筛选研究;④加强工艺生产研发,将萃取技术从实验室放大为工业生产,降低生产成本。随着科学技术的不断发展,原有的萃取技术也将进一步完善,新的萃取技术将会诞生并满足生产要求。

(本章由李华、石晓华编写,汪文俊初审,胡永红复审)

习题

1. 液液萃取从机理上分析可分为哪两类？
2. 何谓萃取的分配系数？其影响因素有哪些？青霉素是弱酸性电解质，弱酸性电解质的分配系数随 pH 的降低有什么变化？红霉素是弱碱性电解质，弱碱性电解质的分配系数随 pH 的降低有什么变化？萃取和反萃取分别选用什么 pH 的水溶液？
3. 浸取的影响因素有哪些？工艺过程可分为哪几类？
4. 何谓超临界流体萃取？其特点有哪些？
5. 何谓双水相萃取？常见的双水相构成体系有哪些？
6. 简述液膜及其分类。
7. 简述液膜萃取的基本原理。
8. 反胶团的构成以及反胶团萃取的基本原理。
9. 用醋酸戊酯从发酵液中萃取青霉素，已知发酵液中青霉素浓度为 $0.2\ kg/m^3$，萃取平衡常数为 $K=40$，处理能力为 $H=0.5\ m^3/h$，萃取溶剂流量为 $L=0.03\ m^3/h$，若要产品收率达 96%，试计算理论上所需萃取级数。
10. 胰蛋白酶的等电点为 10.6，在 PEG/磷酸盐（磷酸二氢钾和磷酸氢二钾的混合物）系统中，随 pH 值的增大，胰蛋白酶的分配系数随 pH 如何变化？
11. 肌红蛋白的等电点为 7.0，如何利用 PEG/Dex 系统萃取肌红蛋白？当系统中分别含有磷酸盐和氯化钾时，分配系数随 pH 如何变化？并图示说明。
12. 牛血清白蛋白（BSA）和肌红蛋白（Myo）的等电点分别为 4.7 和 7.0，表面疏水性分别为 $-220\ kJ/mol$ 和 $-120\ kJ/mol$，萃取选择性（肌红蛋白）的定义为：

$$S_{Myo} = \frac{m_{Myo}}{m_{BSA}}$$

(1) 双水相系统的组成和性质对肌红蛋白萃取选择性的影响有哪些方面？
(2) 应选择什么样的双水相系统，可确保 Myo 的萃取选择性较大？

（提示：$\ln m = HF(HFS + \Delta HFS_{salt}) + \frac{FZ_{pro}}{RT}\Delta\varphi$）

13. 为什么说反胶团萃取技术为活性生物物质的分离开辟了一条具有工业应用前景的新途径？反胶团萃取的突出优点有哪些？
14. 试根据索氏提取法工艺流程图写出应用该法进行中药提取的操作步骤。

参考文献

[1] 孙彦. 生物分离工程[M]. 北京：化学工业出版社，2005.
[2] 田瑞华. 生物分离工程[M]. 北京：科学出版社，2008.
[3] 喻昕. 生物药物分离技术[M]. 北京：化学工业出版社，2008.
[4] 谭天伟. 生物化学工程[M]. 北京：化学工业出版社，2008.
[5] 毛忠贵. 生物工业下游技术[M]. 北京：中国轻工业出版社，2002.
[6] 宋航，李华，宋锡瑾. 制药分离工程[M]. 上海：华东理工大学出版社，2012.

[7] 付晓玲.生物分离与纯化技术[M].北京:科学出版社,2012.

[8] 李淑芬,姜忠义.高等制药分离工程[M].北京:化学工业出版社,2004.

[9] 曹雁平,刘佐才.植物成分超声浸取研究现状[J].化工进展,2005,29(11):1249-1252.

[10] 陈亚妮,张军民.微波萃取技术研究进展[J].应用化工,2010,39(2):270-273.

[11] 李军,卢英华.化工分离前沿[M].厦门:厦门大学出版社,2011.

[12] 戈延茹,曹恒杰.水相萃取技术及其在药物提取分离中的应用近况[J].中国现代应用药学杂志,2009,26(8):623-627.

[13] 朱自强,关怡新,李勉.双水相系统在抗生素提取和合成中的应用[J].化工学报,2001,52(12):1039-1048.

[14] 严希康.生化分离工程[M].北京:化学工业出版社,2001.

[15] 朱宝泉.生物制药技术[M].北京:化学工业出版社,2004.

[16] 罗川南.分离科学基础[M].北京:科学出版社,2012.

[17] 陈明拓,周小华,骆辉.苦参碱的反胶团萃取[J].天然产物研究与开发,2007,19(2):295-298.

[18] 陈文华,郭丽梅.制药技术[M].北京:化学工业出版社,2003.

[19] 王朋,邵拥军,张文林,等.溶剂萃取过程新技术进展[J].河北工业大学成人教育学院学报,2008,23(2):40-44.

[20] 丁明玉.现代分离方法与技术[M].北京:化学工业出版社,2012.

第5章 膜分离

本章要点

本章介绍了膜分离过程的概念、优点及各种膜材料的特点。重点讲述各种膜分离过程的机理及其特点。分析了选择膜的参数。讲述了各种膜分离装置,影响膜分离速度的各种因素,控制膜污染和清洗膜的方法,同时对膜的应用做了简单介绍。

膜分离技术是利用一张特殊制造的、有选择透过性的膜,在外力推动下对混合物进行分离、提纯、浓缩的一种分离技术。其是近五十年快速发展的一门新型应用技术,也是21世纪最有前途的高新技术之一,膜分离技术的发展被称为"第三次工业革命"。这里的"膜"是指两相之间具有选择性透过能力的隔层,它可以与一种或两种相邻流体的相之间构成不连续区间并影响流体中各组分的透过速度。因此,膜可以看作是一种具有分离功能的介质。膜可以是固态的,也可以是液态或气态的。本章重点介绍固态膜的分离。

1748年Nollet发现,在渗透压作用下,水能自发地扩散到装有乙醇的猪膀胱内。19世纪中期,Graham发现了透析现象后,人们正式开始膜分离过程的研究和理论探索。20世纪初出现了人造微孔膜,主要用于实验室过滤。20世纪50年代开始血液透析、人工肾和电渗析的应用。1960年Loeb和Souriringan首次研制出第一张具有高透水性和高脱盐率的不对称反渗透膜,这是膜分离技术发展的一个里程碑,它使反渗透技术大规模用于水脱盐成为现实。从此膜技术得到迅速的工业化开发和应用。目前,膜分离技术已经在海水淡化、污水处理、石油化工、节能技术、清洁技术、电子工业、食品工业、医药工业、环境保护和生物工程等领域中得到了广泛应用。

5.1 膜分离概述

5.1.1 膜分离过程的概念和特征

用天然或人工合成的薄膜,以外界能量或化学位差为推动力,对双组分或多组分的溶质和溶剂进行分离、分级、提纯和浓缩的方法,统称为膜分离。

按分离的粒子或分子大小又可将膜分离过程分为微滤、超滤、纳滤、反渗透、透析、电渗析等,基本覆盖了各种粒子的大小范围。粒子大小与膜分离关系如图5-1所示。

在生物分离过程中,利用膜分离方法可以实现产物浓缩、除杂纯化、混合物分离、生化过程的产物在线分离等多种目的。通常在膜分离过程中,原料被分成两股物流,即截留液(物)和渗

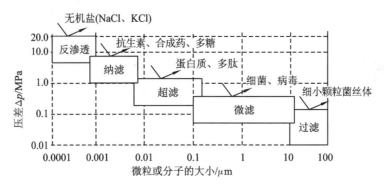

图 5-1 粒子大小与膜分离关系

透液(物)或透过液,如图 5-2 所示。

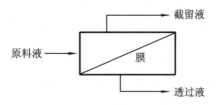

图 5-2 膜过程示意图

通常透过液主要由溶剂和相对分子质量小的溶质组成,截留液由溶剂和相对分子质量大的物质组成。由于截留物溶剂量较少,因此有浓缩效应。

在生物工程中,发酵液是含有生物体、可溶性大分子和电解质等的复杂混合物,其主要组分及其尺寸大小列于表 5-1 中,要从发酵液中分离提纯大分子成分(如酶、多糖或其他蛋白质等)及分离小分子杂质(如单糖、电解质等),可通过膜分离过程或与膜分离过程相结合使用而得到解决。

表 5-1 发酵液中可能存在的主要成分

组分	相对分子质量	尺寸大小/nm	组分	相对分子质量	尺寸大小/nm
酵母和真菌		$10^3 \sim 10^4$	酶	$10^4 \sim 10^6$	$2 \sim 10$
细菌		$300 \sim 10^4$	抗体	$300 \sim 10^3$	$0.6 \sim 1.2$
胶体		$100 \sim 10^3$	单糖	$200 \sim 400$	$0.8 \sim 1.0$
病毒		$30 \sim 300$	有机酸	$100 \sim 500$	$0.4 \sim 0.8$
蛋白质	$10^4 \sim 10^6$	$2 \sim 10$	无机离子	$10 \sim 100$	$0.2 \sim 0.4$
多糖	$10^4 \sim 10^6$	$2 \sim 10$			

膜分离技术的优点可概括如下。

(1)通常无相变,能保持物料原有的风味,能耗极低,其费用为蒸发浓缩或冷冻浓缩的 1/8 ~1/3。

(2)可在室温或低温条件下操作,特别适用于热敏性物质,如抗生素、果汁、酶、蛋白的分离与浓缩。

(3)无化学变化,典型的物理分离过程,不用化学试剂和添加剂,化学强度与机械损害小,产品不受污染,避免过多失活,同时有利于节约资源和环境保护。

(4)选择性好,可在分离、浓缩的同时达到部分纯化目的。
(5)选择合适的膜和操作参数,可得到较高回收率。
(6)设备易于放大,处理规模和能力可在很大范围内变化。
(7)适应性强,处理规模可大可小,可以连续也可以间歇进行,工艺简单,操作方便,可频繁启停,易于自控和维修。
(8)系统可密闭循环,防止外来污染。
(9)易于和其他分离过程相结合,实现过程耦合和集成,大大提高分离效率。

5.1.2 膜过程分类

膜过程的主要目的是利用膜对物质的识别与透过性使混合物各组分之间实现分离。为了使混合物的组分通过膜实现传递分离,必须对组分施加某种推动力。根据推动力类型的不同,膜分离过程可分为压力差推动膜过程、浓度差推动膜过程、电位差推动膜过程和温度差推动膜过程等。几种主要的膜分离过程如表 5-2 所示。

表 5-2 几种主要膜分离技术特征

过程	膜结构	推动力	透过物	截留物	应用对象
透析	对称膜或不对称的膜	浓度梯度	离子、小分子	大分子、悬浮物	小分子有机物和无机离子的去除
反渗透	带皮层的膜、复合膜(<1 nm)	压力(1~10 MPa)	水	溶解或悬浮物质	小分子溶质脱除与浓缩
超滤	不对称微孔膜(1~50 nm)	压力(0.2~1 MPa)	水、盐	大分子、胶体	小分子胶体去除,可溶性中等或大分子分离
纳滤	不对称或复合膜,荷电	压力(0.2~1 MPa)	水、单价离子、小分子	多价离子,大分子	低价离子脱除
微滤	对称微孔膜(0.05~10 μm)	压力(0.05~0.5 MPa)	水、溶解物	悬浮物、细菌	消毒、澄清、细胞收集
电渗析	离子交换膜	电位差	电解质、离子	无机、有机离子	离子脱除、氨基酸分离
渗透蒸发	致密膜或复合膜	压力差、浓度梯度	易汽化物	液体、无机盐	挥发性液体混合物分离

除了利用膜对物质的识别与透过性使混合物各组分之间实现分离以外,还可以利用膜的界面作用(即以膜为界面将透过液和保留液分为互不混合的两相)与传统的相平衡分离过程结合,衍生出膜萃取、膜吸收、膜蒸馏、亲和膜等新型膜分离过程。

另外利用膜的反应场作用,膜表面及膜孔内表面含有与特性溶质有相互作用能力的官能团,通过物理作用、化学反应或生化反应提高膜分离的选择性和分离速度。开发出膜反应器或膜生物反应器。由于膜能够及时将产物移出,使反应向有利于移出产物相进行,从而提高反应转化率或最终产物浓度,对于具有抑制作用的产物,可使反应得以继续进行,同时也可实现产物的在线分离,简化下游操作。

除了以上采用固体膜的过程以外,还有液膜过程。混合溶液的某种组分通过液膜迁移传递,为了提高选择性和传质速率,通常在液膜中引入某种载体以促进某一特定溶质的传递。由于这类膜过程是利用组分在液膜中的溶解度和扩散系数的扩散实现的,因此属于浓度差推动膜过程。

另一类微滤膜为动态膜(dynamic membrane),是将含水金属氧化物(如氧化锆)等胶体微粒或聚丙烯酸等沉积在陶瓷管等多孔介质表面形成的膜,其中沉积层起筛分作用。动态膜的特点是透过通量大,通过改变 pH 值容易形成或除去沉积层,因此清洗比较容易,但缺点是稳定性较差。

5.1.3 膜材料

膜是膜分离的核心。衡量一种分离膜是否具有实际应用价值,应该看它是否符合应用条件。分离膜首先应具有较大的透过速度和较高的选择性,此外还应具备下列条件。

(1)机械强度好:膜孔径小,要保持高通量就必须施加较高的压力,一般膜操作的压力范围在 0.1~0.5 MPa,反渗透膜的压力更高,为 1~10 MPa。

(2)耐高温:高通量带来的温度升高和清洗、消毒的需要。

(3)耐酸碱:防止分离过程中,以及清洗过程中的水解。

(4)化学稳定性:不易分解、不易水解,能保持膜的稳定性。

(5)生物稳定性:防止生物大分子的污染,使用寿命长。

(6)价格便宜,成本低,制造方便,便于工业化生产。

这些要求有些是相互对立的,但是对于一个具体的场合不需要同时满足这些要求。正因如此,为满足应用领域的要求,对膜材料进行开发研究和改性一直是膜过程领域的重要任务之一。

固态膜的种类繁多,大致可以按以下几方面对膜进行分类。

从形态上分为对称膜(均质膜)和不对称膜两大类,结构如图 5-3 所示。

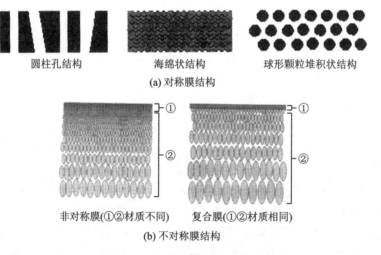

图 5-3 不同膜的截面形态

对称膜的膜孔结构和传递特性沿整个膜厚是均匀一致的,膜两侧的结构和形态相同。对称膜有致密对称膜和多孔对称膜两大类,如图 5-4 所示。对称膜的厚度和膜孔径大小是影响膜通量的主要因素,一般多制备成较大孔径的膜以减小膜阻力。对称膜主要用于微滤、透析和电渗析过程。

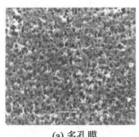 

(a) 多孔膜　　　　　　　　(b) 致密膜

图 5-4　对称膜的表面结构

不对称膜是由一个很薄但是比较致密的分离层(厚度 0.1～0.5 μm)和多孔支撑层(厚度 50～150 μm)构成的。分离层为活性膜,孔径的大小和表皮的性质决定了分离特性,而厚度主要决定传递速度,较薄的分离层可以减少膜阻力。多孔的支撑层只起支撑作用,使膜具有一定的机械强度,而且常常通过附加纤维网使强度得到进一步改善。这种膜具有物质分离最基本的两种性质,即高传递速率和良好的机械强度。另外还有一优点,即被脱除的物质大都留在膜表面,易于清除。

不对称膜按原料统一性又可以分为一体化不对称膜和复合膜。如图 5-3(b)所示,一体化不对称膜整体由同一种材料制成,通常简称不对称膜;复合膜的分离层和支撑层分别选择不同的材料,使其分离性能更优化。

按照材料来源分为生物膜和合成膜。生物膜在结构、功能、传质机理和来源上都无法用于工程技术,工程应用的膜主要是指合成膜。合成膜包括无机膜和有机高分子膜两大类,两者各有其特点,其中高分子膜占主要地位,无机膜由于其特有的优势,近年来也越来越受到重视。

1. 有机高分子材料

目前市场销售的分离膜主要以有机高分子膜为主,它几乎涵盖了所有的膜过程,得到了广泛应用。膜材料主要包括以下几种类型。

(1) 纤维素类　主要是纤维素的衍生物,有醋酸纤维、硝酸纤维和再生纤维素等。其中醋酸纤维膜的截盐能力强,常用作反渗透膜,也可用作微滤膜和超滤膜。再生纤维素可制造透析膜和微滤膜。醋酸纤维素膜的特点如下。

①较好的亲水性,使水渗透流率高,截留率也好,很适于制备反渗透膜。

②原料来源丰富,价格便宜。

③无毒,制膜工艺简单,便于工业化生产。

④对余氯的耐受性很高。

⑤热稳定性差,因此不能高温使用,一般温度为 45～50 ℃,低温下又容易招致细菌生长。

⑥抗氧化性差,使用寿命降低。

⑦易水解,易压密,因此操作 pH 一般为 3～7,不适用高压操作。

⑧抗微生物侵蚀较弱,因而难以储存。

(2) 合成高分子材料膜　主要有聚酰胺、聚砜、聚醚砜、聚醚酮、聚乙烯、聚乙烯醇、聚丙烯腈、聚酰亚胺、聚烯类和含氟聚合物等。其中聚砜是继醋酸纤维素之后开发的又一种重要的膜材料,主要用于制造超滤膜和微滤膜,同样也应用于纳滤膜的基膜。

聚砜膜的特点是耐高温(一般为70~80 ℃,有些可高达150 ℃),适用pH范围广(pH 1~13),耐氯能力强,可调节孔径范围宽(1~20nm)。但聚砜膜耐压能力较低,一般平板膜的操作压力极限为0.5~1.0 MPa,中空纤维膜为0.17 MPa,不能制成反渗透膜。

聚酰胺膜的耐压能力较强,对温度和碱都有很好的稳定性,使用寿命较长,常用于反渗透。缺点是耐氯性差,易污染,尤其是聚酰胺类膜对蛋白质溶质有强烈的吸附作用,易被蛋白质污染。

(3) 改性膜材料 单一的均聚物高分子材料已不能满足膜制备的要求,因此对膜材料进行改性以获得不同性能的膜就显得十分重要。目前比较常用的有表面活性剂吸附法、辐照法、表面接枝法、等离子表面聚合法、等离子表面改性等。例如将聚乙烯吡咯烷酮接枝到聚砜分子链上,可显著提高聚砜膜的亲水性,使膜通量显著提高。

有机高分子膜制备通常采用相转化法。

2. 无机(多孔)材料膜

无机膜的研究始于1940年。20世纪80年代无机膜进入工业应用领域,进入90年代,由于无机膜优异的性能及材料科学的发展,新的膜材料、制膜技术日益得到发展,此后进入了膜反应研究的高速发展期。

与有机膜相比无机膜具有如下特点。

(1)热稳定性好:无机膜的使用温度可高于400 ℃,甚至可达800 ℃,因此特别适合于高温操作产物的直接分离或人为提高温度,以用于高黏度流体的分离;另外用于食品和生物工程领域时可直接进行高温蒸汽清洗和灭菌。

(2)化学稳定性好:无机膜能耐酸碱、有机溶剂和氯化物腐蚀,适用于较宽的pH范围,因此可在强腐蚀性介质中使用,并可采用化学试剂进行清洗;另外无机膜可用于非水溶液体系的分离。

(3)机械强度高:无机膜是在高温下烧成的支撑体上镀膜,再经热处理而成的,因此可在很大的压力梯度下使用,膜组件及膜微孔不会产生变形和损坏。

(4)抗微生物能力强:一般不与微生物发生作用,本身无毒,不污染被分离体系,因此用于食品、生化领域有独特的优势。

(5)无机膜孔径分布范围窄、分离效率高。

(6)可以反复使用,易清洁:无机膜被堵塞后,可采用高压反冲清洗、化学清洁剂清洗、蒸汽灭菌等方法再生,不会出现老化现象。

(7)造价较高,不易加工,装填面积较小,运行费用偏高。

主要无机膜材料有陶瓷、微孔玻璃、金属及金属氧化物和碳素等。目前实用的无机膜主要有孔径0.1 μm以上的微滤膜和截留相对分子质量10000以上的超滤膜,其中以陶瓷材料的微滤膜最为常用。

多孔陶瓷膜主要利用氧化铝、硅胶、氧化锆和钛等陶瓷微粒烧结而成,膜厚,方向不对称。目前已制备出的多孔陶瓷膜具有两大优势:耐高温和耐腐蚀。可以用于1 000~1 300 ℃高温和任何pH范围,以及任何有机溶剂存在的苛刻条件。

无机膜常采用的制备技术主要有刻蚀法、溶胶-凝胶法、固态粒子烧结法、化学相沉积法、阳极氧化法、辐射-腐蚀法和碳化法等。

3. 膜的性能评价

评价膜的性能指标主要包括孔道特征、分离特性和物化特性。膜的孔道特性包括孔径、孔径分布和空隙率。分离特性一般用分离效率、渗透流量或通量等描述。膜的物化特性是指膜的形态、膜厚、耐压性、耐酸碱性、耐温性、抗氧化性、耐生物和化学侵蚀性、力学性、毒性、亲水性和疏水性等。

(1) 孔道特征 孔道特征是膜的重要性质。膜的孔径有最大孔径和平均孔径,它们都在一定程度上反映了孔的大小,但各有其局限性。孔径分布是指膜中一定大小孔的体积占整个孔面积的百分数,由此可以判断膜的好坏,即孔径分布窄的膜比孔径分布宽的膜要好。孔隙度是指整个膜中孔隙总体积与滤膜总体积百分比。

孔径和孔径分布可以通过泡点法、压汞法等进行实验测定,也可以直接用电子显微镜观察,特别是微孔膜,其孔径大小是在电镜的分辨范围内的。通常电子显微镜被用来观测膜的表面及剖面状况,根据照片可以确定孔径大小、孔径分布和孔隙率。

泡点法是利用毛细管现象进行孔径和孔径分布测量的一种方法。实验装置如图 5-5 所示。将大小适宜的膜完全浸润后,装入测试池中,再在膜面上注入一薄层液体(一般为水),从底端通入氮气,随着压力的上升,当氮气气泡半径与膜孔半径相等时氮气气泡会穿过孔,水面上出现第一个泡,此刻的压力即膜的泡点压力,可用来计算膜最大孔径。用气泡最多时对应的压力可以计算最小孔径。通过分段升压的方法可以测孔径分布,但与操作条件有很大关系。将气体的渗透通量和泡点法结合测气体通量与压力的关系也可以得到膜的孔径分布。泡点法计算孔径公式如下:

$$r = \frac{2\gamma}{\Delta p}\cos\theta \tag{5.1}$$

式中,r 为孔半径,m;γ 为液体表面张力,N/m;θ 为液体与孔壁间的接触角;Δp 为压差,N/m²。

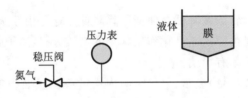

图 5-5 泡点法实验设备示意图

(2) 分离、透过性能 不同膜分离过程中膜的分离性能表示方法有所不同。在反渗透中以除盐的能力来表示,叫脱盐率。90%脱盐率表示膜可以将水溶液中的 90%无机盐(主要是 NaCl)除去。

在超滤中以膜所能截留住的最小相对分子质量的蛋白质来表示(截断相对分子质量和截留率)。截留率是指混合物中被膜截留的某物质占原料中该物质总量的比率,其定义式为

$$R = (1 - \frac{c_P}{c_F}) \times 100\% \tag{5.2}$$

式中,R 为截留率;c_P 为透过液中待分离物质浓度;c_F 为原料液中待分离物质浓度。

截断相对分子质量(MWCO)定义为相当于一定截留率(通常为 90%或 95%)的相对分子质量。如截断相对分子质量 $M_r = 67\ 000$ 的超滤膜,表示此膜可以将水溶液中比牛血清蛋白(相对分子质量为 67 000)大的蛋白质挡住(一般指挡住 90%),只让水和相对分子质量小于 67000 的蛋白质通过。

截断相对分子质量通常与膜孔大小有相应关系,表 5-3 是不同截断相对分子质量与对应的膜实测平均孔径的大小。

表 5-3　膜截断相对分子质量与对应的实测平均孔径

截断相对分子质量	近似平均孔径/nm	纯水通量/(L·m^{-2}·h^{-1})
500	2.1	9
2 000	2.4	15
5 000	3.0	68
10 000	3.8	60
30 000	4.7	920
50 000	6.6	305
100 000	11.0	1 000
300 000	48.0	600

在微滤中膜的分离能力是以膜的平均孔径来表示的,凡是水中体积大于此孔径的溶质或悬浮固体,都可以被截留住。

截留率不仅与溶质分子的大小有关,还受到下列因素影响。

①分子的形状。线性分子的截留率低于球形分子。

②吸附作用。膜对溶质的吸附对截留率有很大的影响,溶质分子吸附在孔道壁上,会降低孔道的有效直径,因而使截留率增大。

③其他高分子溶质的影响。一般说来,两种高分子溶质要相互分离,其相对分子质量须相差 10 倍以上。

④其他因素。温度升高,浓度降低会使截留率降低。这是由于吸附作用减小缘故;错流速度增大使截留率降低,这是由于浓差极化作用减小的缘故;pH、离子强度会影响蛋白质分子的构象和形状,因而也对截留率有影响。

透过性能用水通量(或通量)表示:单位时间内通过单位膜面积的纯水的体积流量。通过测量透过一定量纯水所需的时间来测定($p=0.1$ MPa,$T=20$ ℃),以 J_w 表示。通量取决于膜的特性和操作条件。由于纯水并非实际物系,因此水通量不能用来衡量和预测实际料液的透过通量。水通量可计算如下:

$$J_w = \frac{V}{St} \tag{5.3}$$

式中,J_w 为水通量,mL/(cm^2·h)或 L/(m^2·h);V 为透过液体积或质量;S 为膜有效面积;t 为膜设备运作时间。

在实际膜分离操作中,由于溶质的吸附、膜孔的堵塞以及后述的浓度极化或凝胶极化现象的产生,都会造成透过的附加阻力,使透过通量大幅度降低。

能够对被分离的混合物进行有选择的透过是分离膜的最基本条件。需要除去的物质透过速度愈低愈好,希望通过的物质透过得愈快愈好。两者速度之比,代表着分离效率。

分离膜的透过性能是它处理能力的主要标志。在达到所需要的分离率之后,分离膜的通量愈大愈好。

膜的透过性能首先取决于膜材料的化学特性和分离膜的形态结构。操作因素也有较大影响,它随膜分离过程的势位差(压力差、浓度差、电位差等)变大而增加。操作因素对膜透过性能的影响比对分离性能的影响大得多。不少膜分离过程与压力差之间,在一定范围内成直线依赖关系,多数反渗透膜操作温度每增加 1 ℃,通量可以增加 3%左右。

(3) 物理、化学稳定性 分离膜的物理、化学稳定性主要是由膜材料的化学特性决定的。它包括耐热性、耐酸碱性、抗氧化性、抗微生物分解性、亲水性、疏水性、电性能、毒性和机械强度等。个别膜分离过程也与膜的形态结构有关。

5.2 压力驱动膜过程

压力驱动膜过程是指在膜两侧造成一个压力差,并使其大于渗透压,溶剂和具有较小尺寸的溶质粒子通过膜,而较大尺寸的粒子被膜阻挡截留的分离过程。压力驱动膜过程包括微滤、超滤、纳滤和反渗透等。这些膜过程的传质阻力随着透过物的相对分子质量增大而减小,其操作压力也随之降低。表 5-4 表明不同压力驱动膜过程操作压力与分离对象的关系。从表中可以看出,应根据待分离物溶质粒子的大小选择合适的膜过程。

表 5-4 不同压力驱动膜过程操作压力与分离对象的关系

膜过程	膜孔径/nm	分离机理	分离对象	示例
微滤	50～10 000	体积大小	100～10 000 nm 固体粒子	溶液除菌、澄清,果汁澄清,水中颗粒物去除
超滤	2～50	体积大小	相对分子质量为 $10^3 \sim 10^5$ 的大分子或胶体	溶液除菌、澄清,注射用水制备,果汁澄清、除菌,蛋白质分离、浓缩与纯化,乳化液分离、浓缩,含油废水处理
纳滤	1～5	溶解扩散	相对分子质量小于 10^3 的分子或离子	乳清脱盐,氨基酸分离、纯化,低聚糖分离浓缩,饮用水软化,抗生素浓缩和纯化
反渗透	0.2～1	溶解扩散	相对分子质量小于 100 的分子或离子	糖及氨基酸浓缩,苦咸水、海水淡化,超纯水制备

5.2.1 反渗透和纳滤

1. 反渗透

反渗透是渗透的逆过程,是 20 世纪 60 年代发展起来的一项新的膜分离技术。依靠反渗透膜在压力下使溶液中的溶剂与溶质进行分离的过程。反渗透的英文全名是"reverse osmosis",缩写为"RO"。反渗透技术的应用十分广泛,在海水淡化、苦咸水脱盐、超纯水生产、大型锅炉补给水生产及废水处理方面显示出了强大的优势。另外,反渗透技术在不同的行业用于低相对分子质量水溶性物质的浓缩也取得了很好的效果。反渗透的原理如图 5-6 所示。

反渗透是利用反渗透膜,对溶液施加压力,克服溶剂的渗透压,使溶剂通过反渗透膜而从溶液中分离出来的过程,它和自然渗透方向相反。

如在有盐分的水中(如原水),施以比自然渗透压力更大的压力,使渗透向相反方向进行,借助于反渗透膜选择性地只能通过溶剂(通常是水)的性质,把原水中的水分子压到膜的另一边,变成洁净的水,从而达到除去水中杂质、盐分,获得纯净水目的。

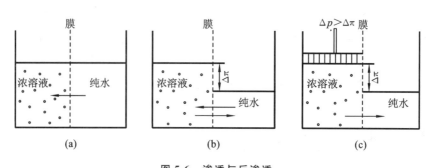

图 5-6　渗透与反渗透
(a)渗透；(b)渗透平衡；(c)反渗透

由于反渗透法主要用来截留无机盐类的小分子，而小分子的渗透压比较高，所以反渗透法必须施加较高的压力。反渗透不允许任何离子透过，因此以致密膜为分离介质，对单价离子的截留率达90%以上。

反渗透分离特点体现在以下几方面：①常温操作，可以对溶质和水进行分离或浓缩，因而能耗比蒸发低。但是压力高，比其他膜分离能耗高。②杂质去除范围广，被截留组分大小为0.1～1 nm，可以去除全部悬浮物和胶体等。并可去除无机盐和各类有机物杂质。③分离装置简单，容易操作和维修，适应性强，应用范围广。已成为水处理的重要手段之一。

反渗透膜的传质理论有多种，目前一般认为，溶解-扩散理论能较好地说明反渗透膜的透过现象，氢键理论和优先吸附-毛细管流动理论也能够对反渗透膜的透过机理进行解释。

(1) 溶解-扩散机理　当膜是完整无缺陷的致密膜，且表面无孔时，溶剂与溶质透过膜的机理是由于溶剂与溶质溶解在膜的表面，然后在化学位差的推动力下，从膜的一侧向另一侧进行扩散，直至透过膜。在溶解扩散过程中，扩散是控制步骤，并且服从Fick定律。

(2) 氢键理论　对于分子链中带有可与水分子形成氢键的亲水性膜材料，水在膜中的渗透现象可用氢键理论来解释。该理论认为，水透过膜是水分子和膜的活化点形成氢键及断开氢键的过程。即在高压作用下，溶液中水分子和膜表皮层活化点缔合，原活化点上的结合水解离出来，解离出来的水分子继续和下一个活化点缔合，又解离出下一个结合水。水分子通过一连串的缔合—解离过程，依次从一个活化点转移到下一个活化点，直至离开表皮层，进入多孔层。这种水分子氢键的迁移最终导致水分子从膜高压侧向低压侧渗透。氢键理论很好地解释了醋酸纤维素反渗透膜选择性透水而截留溶质的原因。

(3) 优先吸附-毛细管流动理论　该理论把反渗透膜看作为一种微细多孔结构物质，它有选择性吸附水分子而排斥溶质分子的化学特性。

当水溶液同膜接触时，膜表面优先吸附水分子，在界面上形成一层不含溶质的纯水分子层，其厚度视界面性质而异，可为单分子层或为多分子层。在外压作用下，界面水层在膜孔内产生毛细管流连续地透过膜，如图5-7所示。

当膜孔小于$2t$时，整个膜孔都处于排斥溶质的范围之内，此时溶质的透过率等于零；但是由于膜孔太小，水的透过率也不大；当膜孔等于$2t$时，孔对溶质的排斥范围正好交汇于中心，溶质不能透过膜孔，水的通量达到最大，此时最适合水与溶质的分离；当膜孔大于$2t$时，在孔心附近出现无排斥区，会发生溶质的泄漏。

2. 纳滤

纳滤是20世纪80年代初期开始研究的，当时称为低压反渗透，膜为粗孔反渗透膜，特点

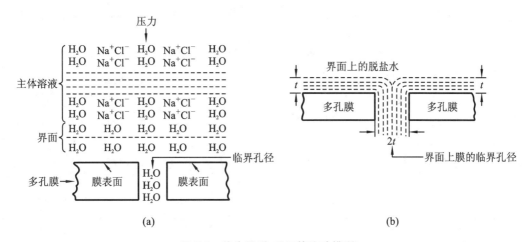

图 5-7 优先吸附-毛细管流动模型
(a)膜表面对水的优先吸附;(b)在膜表面处的流动

为对盐的截流率较低,因而操作压力比较低。由于其截留率大于 95% 的最小粒子粒径为 1 nm,所以称为纳米滤。英文为 nanofiltration,缩写为"NF",是一种介于超滤和反渗透之间的膜过程。

纳滤也以致密膜为分离介质,致密度要低些,表层孔径处于纳米级范围,因此对单价离子的截留率很低,但对二价或高价离子的截留率可达 90% 以上。

纳滤过程的特点主要有以下几点。

(1)分离精度介于反渗透与超滤之间。特别适宜截留分子粒径大小在 1 nm 以上的物质,一般认为纳滤的截留相对分子质量为 200~10 000,能够截留相对分子质量大于 200 以上的有机小分子。

(2)纳滤膜大多为荷电膜,由于电荷效应,对离子具有不同的选择性。因此物料的电荷性、离子价数和浓度对膜的分离效应有很大的影响。

(3)对于不同价态的阴离子存在道南(Donnan)效应,即使在较低的压力下,仍然对二价和多价离子有较高的截留率,对一价离子的截留率较低。

(4)在过滤分离过程中,它能截留小分子的有机物并可同时透析出盐,即集浓缩与透析为一体。

(5)操作压力低。因为无机盐能通过纳米滤膜而透析,使得纳米过滤的渗透压远比反渗透为低,一般推动力为 0.5~2.0 MPa。这样,在保证一定的膜通量的前提下,纳米过滤过程所需的外加压力就比反渗透低得多,具有节约动力的优点。

NF 膜与 RO 膜均为无孔膜,通常认为其传质机理为溶解-扩散方式。也有人认为 NF 膜与超滤膜一样为多孔膜,其分离过程也是利用膜的筛分作用。但 NF 膜大多为荷电膜,因此对不同离子的分离机理各不相同。对于带电荷无机盐的分离行为不仅由化学势梯度控制,同时也受电势梯度的影响,即 NF 膜的行为与其荷电性能,以及溶质荷电状态和相互作用有关。其分离机理可以用道南平衡模型、空间电荷模型、静电排斥和立体位阻模型等加以解释。对于中性不带电荷的物质(如乳糖、葡萄糖、抗生素等)的截留是根据膜的纳米级微孔的筛分作用实现的。

道南平衡模型是指将荷电基团的膜置于含盐溶剂中时,溶液中的反离子(所带电荷与膜内固定电荷相反的离子)在膜内浓度大于其在主体溶液中的浓度,而同性离子在膜内的浓度则低于其在主体溶液中的浓度。由此形成的道南电位差阻止了反离子从主体溶液向膜内的扩散，为了保持电中性，同性离子也被膜截留。

道南效应对稀电解质溶液中离子的截留尤其明显，同时由于电解质离子的电荷强度不同，造成膜对离子的截留率存在差异，对高价同性离子，截留率会更高。纳滤技术的应用十分广泛，既可以与其他分离技术结合使用，也可以单独使用。纳滤膜对乳糖、葡萄糖、麦芽糖、色素、抗生素、多肽和氨基酸等小分子的截留率很高，而且对高价态的离子截留率比低价态的离子高，因此主要作用包括：①不同价态离子的分离；②有机物大分子与小分子的分离；③有机物中盐的分离；④相对分子质量不同的有机物分离、浓缩、精制等。纳滤过程的主要应用领域如表5-5所示。

表 5-5　纳滤过程的主要应用领域

应用领域	用途举例
水质净化、软化	饮用水、工业用水中有机物和硬度的去除，同时去除悬浮物和浊度等
化工行业	除草剂、农药、色素、染料等脱盐、浓缩等
生物	乳糖、葡萄糖、麦芽糖的脱盐、分离、精制
电子工业	高纯水的制备
医疗、医药	维生素 B_{12}、抗生素、多肽和氨基酸等的分离、纯化
食品工业	大豆乳清排放水中低聚糖的回收、蔬菜果汁的浓缩、奶酪乳液中乳糖的回收，水产加工废水中蛋白质和氨基酸的分离、乳清脱盐、食品脱色
水处理	重金属废水处理
冶金	乳胶的回收，微量油的去除，皮革废水中铬的回收，冶金废水的处理

5.2.2　微滤和超滤

微滤(microfiltration，MF)和超滤(ultrafiltration，UF)均是以膜两侧压力差为推动力，通过膜表面的微孔结构对物质进行选择性分离。当液体混合物在一定压力下流经膜表面时，小于膜孔的溶剂(水)及小分子溶质透过膜，成为净化液(透过液)，比膜孔大的溶质及溶质集团被截留，随水流排出，成为浓缩的保留液，从而实现大、小分子的分离、净化与浓缩的目的。

微滤是利用孔径大小在 0.1~10 μm 的多孔膜来过滤含有微粒或菌体的溶液，并将其从溶液中除去的一种膜分离过程。因膜孔径介于微米和亚微米级之间，因此称微滤。

微滤膜一般是均质膜，也有非对称膜。其孔径一般比超滤膜大且孔径分布均匀，其截留对象是细菌、胶体以及气溶胶等悬浮粒子。微滤的分离机理属于筛分机理。根据微粒被截留的位置，可以分为表面截留和深层截留两种。粒子是否被截留主要取决于膜的孔径大小及其分布，当膜的孔径小于悬浮粒子的尺寸，粒子被膜阻挡于膜表面而与透过液分离，这种分离机理称为表面过滤机理主要由机械截留、吸附截留、架桥截留等组成；如果膜的孔径比粒子尺寸大时，则粒子进入膜孔内并黏附于孔壁而被滤除，这种依赖于膜孔深处发生过滤的分离机理被称为深层过滤机理，如图5-8所示。利用表面过滤膜分离粒子时，被截留于膜表面的粒子可回收，膜也可以清洗再用；深度过滤膜具有较大的厚度和可吸附的内表面，虽然有比较好的截留吸附性能，但由于被截留物难于回收，因此仅适合于以去除离子为目的的分离过程，膜使用后不再重复利用。

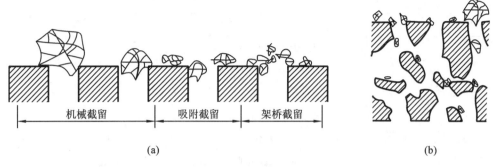

图 5-8 微孔滤膜的分离机理
(a)在膜的表面截留;(b)在膜内部的深层截留

微孔滤膜的孔径十分均匀,与反渗透及超滤有明显的不同。其最大孔径与平均孔径的比值一般为 3~4,孔径分布基本呈正态分布,因而常被作为起保证作用的手段,过滤精度高,分离效率高。微滤膜孔隙率高,一般孔隙率为 35%~90%,高达 10^7~10^{11} 个/cm^2,而且孔径大,因此流速快。过滤时对有效成分的吸附少,料液中的有效成分损失也少。

微滤是目前压力驱动膜分离技术中应用最广、总销售额最大的一项膜分离技术,主要用于制药行业的过滤除菌;饮用水生产中颗粒和细菌的滤除;食品工业中各种饮料的除菌及果汁等的澄清,替代传统的硅藻土过滤;废水处理中悬浮物、微小粒子和细菌的脱除;在生物工业中,微滤用来分离和浓缩发酵液中的生物产品。

超滤是利用孔径更加细小的超过滤膜来过滤含有大分子或微细粒子的溶液,使大分子或微细粒子从溶液中分离的膜分离过程。主要用于液体分离,常用来截留溶液中的大分子(如蛋白质、酶、病毒等),起到浓缩、纯化、分离的作用。

超滤膜多为非对称结构,由一层通常小于 3 μm 的极薄表皮层和具有海绵状或指状结构的多孔支撑层构成。一般来说,指状结构孔的超滤膜通量较高,海绵状孔的超滤膜通量要小很多。超滤膜一般由高分子材料和无机材料制备,膜平均孔径为 1~50 nm,能够截留的物质大小为 10~100 nm。

一般情况下,超滤法与反渗透法相比,由于溶液的渗透压可以忽略不计,操作压力较低,一般在 0.1~0.5 MPa,因此能耗非常低。超滤技术分离效率高,对稀溶液中的微量成分的回收和低浓度溶液的浓缩均非常有效。但是,超滤法通常只能浓缩到一定程度,进一步浓缩仍要采用其他方法。采用不同截留相对分子质量的超滤膜,可以进行不同相对分子质量和形状的大分子物质的分级、分离。超滤的水通量大得多,因此超滤法常用于大分子的浓缩,大分子物质的扩散系数小,但是超滤容易产生浓差极化现象。

超滤分离机理属于筛分机理,由于膜多为非对称结构,分离过程主要发生在超滤膜表面,由机械截留、架桥截留、吸附截留等机理共同作用。

超滤技术的应用非常广泛,既可以作为预处理过程和其他分离过程相结合,也可以单独使用。主要用于溶液的浓缩精制、小分子的分离和大分子溶质的分级等,可以去除溶液中的蛋白质、酶、病毒、微生物、淀粉等,在反渗透预处理、工业废水处理、饮用水处理、制药、色素提取等领域都发挥着重要作用,同时无机超滤膜正在向非水体系的应用发展。表 5-6 为超滤的主要应用领域。

表 5-6　超滤过程的主要应用领域

应用领域	用途举例
生活用水	饮用水生产中浊度和微生物的去除等
化工行业	水溶性聚合物的浓缩,染料的回收等
石油、机械	各种油品的过滤澄清
生物化工	蛋白质的分离、精制,发酵液的分离、精制
电子工业	超纯水的制备,洁净空气净化
医疗、医药	输液用水生产,抗生素、干扰素的提纯精制过程的分离、纯化
食品工业	乳清蛋白的回收,脱脂奶浓缩,酒、酱油、醋、果汁的澄清
水处理	水中有机物、悬浮物等的去除,废水脱色
冶金	乳胶的回收,微量油的去除,皮革废水中铬的回收,冶金废水的处理

用来描述微滤和超滤的传质模型主要有以下几种。

(1) 孔膜型(毛细管流动模型)　用来描述微孔过滤、超滤等高孔率膜。在一定的压力作用下,当含有大、小分子物质的两类溶质的溶液流过被支撑的膜表面时,溶剂和小分子溶质(如无机盐类)将透过膜,作为透过物被收集起来,大分子溶质(如有机胶体等)则被薄膜截留而作为浓缩液被回收。膜的分离被认为是简单的筛分过程。这种膜的透过量与压力成正比,与黏度、膜厚度成反比。

(2) 浓差(凝胶)极化模型　在膜分离操作中,当溶剂透过膜,而溶质留在膜上,因而使膜表面附近浓度升高,并高于主体,这种浓度差导致溶质自膜面反扩散至主体中的现象称为浓差极化(concentration polarization)。膜表面附近浓度升高,增大了膜两侧的渗透压差,使有效压差减小,通量降低。当膜表面附近的浓度超过溶质的溶解度时,溶质会析出,形成凝胶层。当分离含有菌体、细胞或其他固形成分的料液时,也会在膜表面形成凝胶层。这种现象称为凝胶极化(gel polarization)。

浓差极化的危害主要是降低通量和截留率,造成膜孔的堵塞。

5.3　电推动膜过程——电渗析

电渗析(简称 ED)也是较早研究和应用的一种膜分离技术,它是在直流电场作用下,电解质溶液中的带电离子以电位差为推动力,利用离子交换膜选择性地使阴离子或阳离子通过的性质,使阴、阳离子分别透过相应的膜以达到分离,从而达到溶液的淡化、浓缩、精制或纯化的目的。它是 20 世纪 50 年代发展起来的一种水处理新技术,最初用于苦咸水淡化,而后逐渐扩大到海水淡化及制取饮用水和工业纯水的给水处理中,由于其操作简便,运行可靠,效率高,占地面积小,现在广泛用于化工、轻工、冶金、造纸、医药工业,尤以制备纯水和在环境保护中处理重金属废水、放射性废水等工业废水最受重视。

电渗析的技术特点如下。

(1) 无化学添加剂、环境污染小。常规的离子交换处理水时,树脂失效后需要用酸、碱进行再生,再生后生成大量酸、碱再生废液,水洗时还要排放大量酸、碱性废水。而电渗析法处理水时,它不必再生,仅酸洗时需要少量的酸。因此电渗析法是耗用药剂少、环境污染小的一种除盐手段。

(2) 对原水含盐量变化适应性强。电渗析除盐可按需要进行调节。

(3) 操作简单,易于实现机械化和自动化。电渗析器一般是控制在恒定直流电压下运行,不需要通过频繁地调节流速、电流及电压来适应水质、温度的变化。因此,容易做到机械化、自动化操作。

(4) 设备紧凑耐用,预处理简单。电渗析器是用塑料隔板、离子交换膜及电极组装而成,其抗化学污染和抗腐蚀性能均良好;隔板与膜多层叠加在一起,运行时通电即可制得淡水,因此设备紧凑耐用。由于电渗析中水流是在膜面平行流过,而不得透过膜,因此进水水质不像反渗透控制的那样严格,一般经砂滤即可,或者加微过滤,相对而言预处理比较简单。

(5) 水利用率高。电渗析器运行时,浓水和极水可以循环使用,与反渗透相比,水的利用率较高,可达到 70%～80%,国外可高达 90%。废弃的水量少,再利用和后处理都比较简单。

但是,电渗析也有它自身的缺点,如电渗析只能除去水中的盐分,而对水中有机物不能去除,某些高价离子和有机物还会污染膜。电渗析运行过程中易发生浓差极化而产生结垢(用频繁倒极电渗析可以避免),这些都是电渗析技术较难掌握而又必须重视的问题。与反渗透相比,由于电渗析的脱盐率较低,装置比较庞大且组装要求高,因此它的发展不如反渗透快。

5.3.1 电渗析的基本原理

电渗析是在直流电场作用下,溶液中的带电离子选择性地通过离子交换膜的过程。在阴极与阳极之间交替排列一系列阳离子交换膜与阴离子交换膜,一张阳膜和一张阴膜组成一个膜对。两张膜中间形成一个隔室,隔室中充满电解质溶液,在两端电极接通直通电源后,溶液中阴、阳离子分别向阳极、阴极方向迁移,由于阳膜、阴膜的选择透过性,就形成了交替排列的离子浓度减少的淡室和离子浓度增加的浓室。与此同时,在两电极上也发生着氧化还原反应,即电极反应,其结果是使阴极室因溶液呈碱性而结垢,阳极室因溶液呈酸性而腐蚀。因此,在电渗析过程中,电能的消耗主要用来克服电流通过溶液、膜时所受到的阻力及电极反应。

图 5-9 是电渗析工作原理示意图。两种交换膜交替地平行排列在两块正负电极板之间。最初,在所有隔室内,阳离子与阴离子的浓度均匀一致,而且成为电的平衡状态。当加上电压以后,在直流电场的作用下,淡化室中的全部阳离子趋向阴极,在通过阳膜之后,被浓缩室 4 的阴膜所阻挡,留在浓室中;而淡化室中的全部阴离子趋向阳极,在通过阴膜之后,被浓缩室 2 的阳膜所阻挡,也被留在浓缩室 2 中。于是淡化室中的电解质浓度逐渐下降,而浓缩室中的电解质浓度则逐步上升。以 NaCl 为例,当 NaCl 溶液进入淡化室之后,Na^+ 离子则通过阳膜 A 进入右侧浓缩室;而 Cl^- 离子则通过阴膜 C 进入左侧浓缩室。如此,淡室中的 NaCl 被不断除去,得到淡水,而浓室中的 NaCl 则逐渐变浓。

在电渗析过程中除了阴、阳离子在直流电作用下发生定向迁移外,同时还伴随着电极反应。以 NaCl 溶液为例,其反应如下:

在阳极上: $$2Cl^- - 2e^- \longrightarrow Cl_2 \uparrow$$
$$H_2O - 2e^- \longrightarrow 1/2 O_2 \uparrow + 2H^+$$

产生的氯气又有一部分溶于水中:

$$Cl_2 + H_2O \longrightarrow HCl + HClO$$

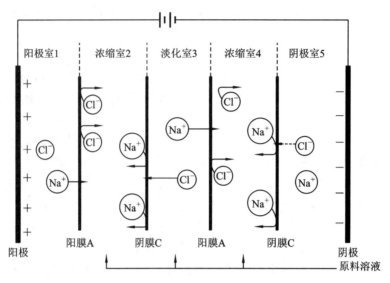

图 5-9 电渗析过程原理图

$$HClO \longrightarrow HCl+[O]$$

由此可见,阳极反应有氧气和氯气产生,氯气溶于水又产生 HCl 及初生态氧[O],阳极室出现氧化和酸性腐蚀问题。

在阴极上:

$$H_2O \longrightarrow H^+ + OH^-$$

$$2H^+ + 2e^- \longrightarrow H_2 \uparrow$$

$$Na^+ + OH^- \longrightarrow NaOH$$

在阴极室由于 H^+ 离子的减少,放出氢气,极水呈碱性反应,当极水中含有 Ca^{2+}、Mg^{2+} 和 HCO_3^{2-} 等离子时,会生成 $CaCO_3$ 和 $Mg(OH)_2$ 等沉淀物,在阴极上形成结垢。

5.3.2 电渗析传递过程及影响因子

1. 电渗析中的传递过程

电渗析的传质过程主要由对流传质、扩散传质和电迁移传质等部分组成。离子在隔室主体溶液和扩散边界层之间的传递,主要靠流体微团的对流传质。离子在膜两侧的扩散边界层中主要靠扩散传质。离子通过离子交换膜是靠电迁移传质。其中扩散传质是控制电渗析传质速率的主要因素。

(1) 对流传质 离子在隔室主体溶液和扩散边界层之间的传递。包括因浓度差、温度差以及重力场作用引起的自然对流传质和机械搅拌引起的强制对流传质。

(2) 扩散传质 离子在膜两侧的扩散边界层中的传递。若溶液中某一组分存在着浓度梯度时,必然存在着化学位梯度。

(3) 电迁移传质 离子通过离子交换膜的传递。当存在电位梯度时,离子在电场力的作用下发生迁移,由于正、负离子带相反符号的电荷,所以其运动方向相反。

反渗透与电渗析的比较,如图 5-10 所示。

反渗透过程,水是在低压下透过膜,必要能耗是水分子透过膜在通道中摩擦引起的,表明与原水浓度无关。

电渗析过程,是离子透过膜,从淡水侧迁移到浓水侧,必要能耗是离子透过膜通道中摩擦

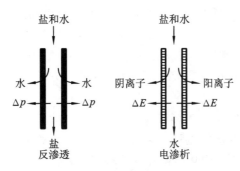

图 5-10 反渗透和电渗析原理比较

引起的,与原水浓度成正比。

电渗析可能发生的迁移过程主要有以下几个方面,如图 5-11 所示。

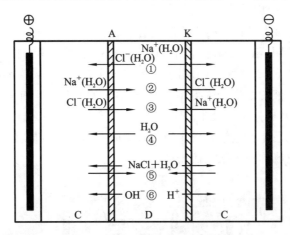

图 5-11 电渗析工作中发生的各种过程

①反离子迁移;②同名离子迁移;③电解质渗析;④水的渗透;⑤压差渗漏;⑥水的解离
A—阴膜;C—浓缩室;D—脱盐室;K—阳膜

(1) 反离子迁移 即为与膜上固定离子(基团)电荷相反的离子迁移。反离子迁移是电渗析运行时发生的主要过程,也就是电渗析的除盐过程。

(2) 同名离子迁移 即与膜上固定离子(基团)电荷相同的离子迁移。浓水中阳离子穿过阴膜,阴离子穿过阳膜,进入淡化室的过程,就是同名离子迁移。这是由于离子交换膜的选择透过性不可能达到 100%。随着浓缩室盐浓度增加,在阳膜中也会进入个别阴离子,阴膜中也会进入个别阳离子,从而发生同名离子迁移。同名离子迁移的方向与浓度梯度方向相反,降低了电渗析过程的效率。

(3) 电解质的浓差扩散 也称为渗析,指电解质离子透过膜的现象。主要是由于膜两侧浓缩室与淡化室的浓度差引起的,使得电解质由浓缩室向淡化室扩散,其扩散速度随两室浓度差的提高而增加。

(4) 水的渗透 随着电渗析的进行,淡化室中水含量逐渐升高,由于渗透压的作用,淡化室中的水会向浓缩室渗透,渗透量随浓度差的提高而增加,从而使淡水大量流失。

(5) 水的电渗透 反离子和同名离子,实际上都是水合离子,由于离子的水合作用,在反离子和同名离子迁移的同时,将携带一定数量的水分子迁移。

(6) 压差渗漏 溶液透过膜的现象。由于膜两侧的压力差,造成高压侧溶液向低压侧渗漏。因此在操作中,应使膜两侧压力趋向平衡,以减小压差渗漏损失。

(7)水的解离　也称为极化。这是由于电渗析过程中产生浓差极化,膜表面的水分子解离成 H^+ 和 OH^- 的现象。当中性的水解离成 H^+ 和 OH^- 以后,它们会透过膜发生迁移,从而扰乱浓、淡化流的中性性质。这是电渗析装置的非正常运行方式,应尽力避免。控制浓差极化可防止这种现象产生。

电渗析器在运行时,同时发生着多种复杂过程,其中反离子迁移是电渗析除盐的主要过程,其他都是次要过程。这些次要过程会影响和干扰电渗析的主要过程,同名离子迁移和电解质浓差扩散与主过程相反,因此会影响除盐效果;水的渗透、水的电渗透和水的压差渗漏会影响淡室产水量,当然也会影响浓缩效果;水的电离会使耗电量增加,导致浓室极化结垢,从而影响电渗析的正常进行。因此必须选择优质离子交换膜和最佳的电渗析操作条件,以便消除或改善这些次要过程的影响。

2. 影响电渗析过程的因素

(1)浓差极化　电渗析过程中的浓差极化与超滤、反渗透过程中的浓差极化不同,电渗析器在运行过程中水中的阴、阳离子在直流电场的作用下,分别在膜间作定向迁移,各自传递着一定数量的电荷。如图 5-12 所示,当采用过大的工作电流时,在膜液界面上会形成离子耗竭层,在离子耗竭层中,溶液的电阻会变得相当大;当恒定的工作电流通过离子耗竭溶液层时会引起非常大的电位降,并迫使其溶液中的水分子解离,产生 H^+ 和 OH^- 来弥补及传递电流,这种现象称为电渗析极化现象。电渗析发生极化现象时的临界电流即极限电流,此时单位时间、单位膜面积上通过的电流称为极限电流密度。

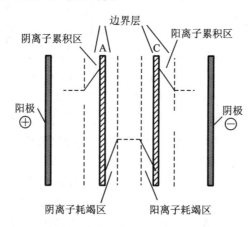

图 5-12　浓差极化

极化现象产生后,在阴膜浓水一侧,由于 OH^- 离子的富集,水的 pH 增大,产生氢氧化物沉淀,造成膜面结垢,离子迁移受阻。另外,在阳膜的浓水一侧,由于膜表面处的离子浓度比主体浓度大得多,也容易造成膜面结垢。电渗析过程中极化现象的产生,会给电渗析器的运行带来不利。首先是耗电增加。在极化过程中,部分电能消耗在水的电离以及 H^+ 和 OH^- 的迁移上,导致电流效率下降,另外极化沉淀使电阻增大,导致电耗增加。其次是膜的寿命缩短。由于极化后膜的一侧受碱的作用,而另一侧受酸的侵蚀。另外,沉淀结垢的侵蚀也会改变膜的物理结构使膜的性能下降,两者均降低膜的使用寿命。最后是膜的有效面积减少。极化后的沉淀所导致的结垢会堵塞水通道及减少离子渗透膜面积。

防止极化现象最有效的办法是控制电渗析器在极限电流密度下运行。另外,定期进行转换电极运行,将膜上积聚的沉淀溶解下来,也可以防止极化现象的发生。

(2) 电位差、电阻和电流密度　电位差的大小决定了电流强度 $I(A)$ 或电流密度 $i(A/cm^2)$ 的大小,电流强度决定了离子从淡化室通过膜向浓缩室的传递通量,关系式为

$$I = ZFQ\Delta C/N\eta \tag{5.4}$$

式中:Z 为价态;F 为法拉第常数;Q 为流量;ΔC 为原料与透过液之间的浓度差;N 为腔室对数目;η 为电流效率。

电流效率是电渗析器完成一定脱盐任务时,理论上需要的电量与实际消耗的电量的比值,是衡量电渗析器电流利用率的指标。苦咸水脱盐一般电流效率为 90%~95%,海水脱盐一般电流效率为 70%~85%。

由式(5.4)可见,电流强度与离子的迁移量成正比,电流大则流量大,但是电流增加,电压也会增加。电压关系式为

$$E = IR + E_d \tag{5.5}$$

式中,电阻 R 为所有腔室溶液电阻和膜电阻的总和;E_d 为电极反应电压。随着电压的增加,电极反应所需的电压增大,不利传递因素增加,从而使电阻增加,因此电流强度不能无限增大,存在一个极限值,即极限电流密度。

衡量电渗析器电能消耗用电能效率表示。电能效率是电渗析器电能利用率的指标,指理论电能消耗量 P 与实际电能消耗量(IU)的比值。

$$w = 10^{-3}IU/P \tag{5.6}$$

电渗析器的电能效率一般在 10% 以下。为了提高电能效率就必须提高电流效率和电压效率,其中电压效率的关键在于降低电渗析器的总电阻。

5.3.3　电渗析膜

将离子交换树脂制成薄膜的形式就得到离子交换膜,它们的性质基本上是相似的。按活性基团不同,离子交换膜可以分为阳离子交换膜和阴离子交换膜。

按构造组成的不同,离子交换膜又可分为异相膜、均相膜和半均相膜三种。异相膜是将离子交换树脂磨成粉末,借助于惰性黏合剂(如聚氯乙烯、聚乙烯或聚乙烯醇等),由机械混炼加工成膜,粉末之间充填着黏合剂,因此膜的组成是不均匀的。异相膜的颗粒状树脂与黏合剂仅仅是机械性地结合,使用过程中树脂易脱落。这类膜制造容易,价格便宜,机械强度较好。但一般选择性较差,膜的电阻也大。均相膜是由具有离子交换基团的高分子材料直接制成的连续膜,或是在高分子膜基上直接接上活性基团而成的。由于膜中离子交换基团与成膜的高分子材料发生化学结合,其组成完全均一,故称之为均相膜。这类膜具有优良的电化学性能和物理性能,是近年来离子交换膜的主要发展方向。半均相膜是指成膜的高分子材料与离子交换基团组合得十分均匀,但它们之间并没有形成化学结合。

离子交换膜具有选择透过性的主要原因如图 5-13 所示。在水溶液中,膜上的活性基团会发生解离作用,解离所产生的解离离子(或称反离子,如阳膜上解离出来的 H^+ 和阴膜上解离出来的 OH^-)就进入溶液。于是,在膜上就留下了带有一定电荷的固定基团。阳膜上留下来的是带负电荷的基团,构成了强烈的负电场。在外加直流电场的作用下,根据异性相吸的原理,溶液中带正电荷的阳离子就被它吸引、传递而通过微孔进入膜的另一侧,而带负电荷的阴离子则受到排斥;相反,阴膜微孔中留下的是带正电荷的基团,构成了强烈正电场,也是在外加直流电场的作用下,溶液中带负电荷的阴离子可以被它吸引传递透过,而阳离子则受到排斥。

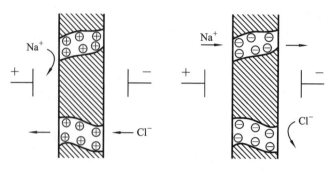

图 5-13 离子交换膜功能示意图

显然,离子交换膜并不是起离子交换的作用,而是起离子选择透过的作用,所以更确切说应称之为"离子选择性透过膜"。即阳离子交换膜能透过阳离子(不能透过阴离子),而阴离子交换膜能透过阴离子(不能透过阳离子)。将阳膜浸入溶液中,如膜上阳离子和溶液中阳离子不同,则要发生离子交换;如膜上阳离子和溶液中阳离子相同,则由于膜的骨架带强的负电荷,因此只有阳离子能进入膜内,而阴离子则被排斥在膜外。

好的离子交换膜应具备以下性能。

(1)具有较高的选择透过性 选择透过性是衡量离子交换膜性能优劣的主要指标,阳离子交换膜对阳离子的选择性迁移数应大于 0.9,对阴离子迁移数则应小于 0.1。反之,阴离子交换膜对阴离子的选择性迁移数应大于 0.9,对阳离子的迁移数则应小于 0.1。溶液的浓度增高时,离子交换膜的选择透过性下降,因此希望在高浓度的电解质溶液中,膜仍具有良好的选择透过性,以适应苦咸水及海水淡化的要求。

(2)较好的化学稳定性 离子交换膜应具有耐化学腐蚀、耐氧化、耐一定温度、耐辐照和抗水解的性能,离子交换膜在正常使用期间应该保持较好的化学稳定性,这样才能保证膜的使用寿命。

(3)离子的反扩散和渗水性较低 在电渗析过程中,无论是同名离子迁移,还是浓差扩散及水的各种渗透过程,都不利于水的脱盐,或引起水的脱盐率下降,或使淡水产量减少,影响电渗析正常过程的进行。因此需要控制膜的交联度以减少离子反扩散和渗水性。

(4)具有较高的机械强度 膜应当光滑平整,厚度均匀。在受到一定的压力或拉力时,不至于发生变形裂纹,应具有较高的机械强度和韧性。

(5)具有较低的膜电阻 在电渗析器中,膜的电阻应小于溶液的电阻,如果膜的电阻太大,在电渗析器中膜本身所引起的电压降会很大,不利于最佳电流条件,电渗析效率也会下降。通常可用减少膜的厚度,提高膜的交换容量和降低膜的交联度来降低膜电压。

(6)膜的原料丰富,价格低廉,工艺简单 这对膜的应用相当重要。离子交换膜电渗析法主要用于海水淡化、苦咸水淡化及水处理除盐工艺,利用电渗析装置制备的无盐水,成本比用离子交换树脂法降低 34% 左右,但是脱盐程度差。商品电渗析器如图 5-14 所示。

电渗析在医药、食品工业领域脱除有机物中的盐分方面也有较多应用。如医药工业中,葡萄糖、甘露醇、氨基酸、维生素 C 等溶液的脱盐;食品工业中,牛乳、乳清的脱盐,酒类产品中脱除酒石酸钾等。

另外,电渗析还可以脱除或中和有机物中的酸,也可以从蛋白质水解液和发酵液中分离氨基酸等。

图 5-14　商品电渗析器

5.4　膜分离装置

对于膜分离过程,不仅需要具有优良分离性能的膜,还必须将膜安装在结构紧凑、性能稳定的器件内使用,这就是膜组件。膜组件是按一定技术要求将膜组装在一起的组合构件。在开发膜组件的过程中,必须考虑以下几个基本要求。

(1)流体分布均匀,无死角,以利于减少浓差极化和污染。
(2)具有良好的机械稳定性、化学稳定性和热稳定性。
(3)装填密度高,即单位体积内装填膜面积大。
(4)生产、运行成本低。
(5)易于清洗和更新方便。
(6)压力损失小。

根据膜的形式和排列方式,可以将膜分为滤筒式、板框式、卷式、管式、毛细管式和中空纤维式。不同的组件在构型、操作方式、对料液的要求及能耗等方面都有很大的差异,因此要根据不同的分离目的,选用不同的组件。

5.4.1　滤筒式膜组件

滤筒式膜滤器可装填较大面积的过滤膜,是目前最常用的微滤器之一,特别是用于水或其他流体的预处理。滤筒式膜滤器及其滤芯的结构分别如图 5-15、图 5-16 所示,将平板膜按一定尺寸和规格折叠成圆筒形,制成滤芯,装入耐压圆筒中。筒内可放一张膜,也可放多张膜,膜之间用衬材作间隔,料液由壳侧流进并透过膜表面,料液中的微粒等被膜截留,透过液收集于中心管,中心管与加压外壳之间用 O 形环隔离密封。这种膜组件一般在较低压力下进行,一般为 0.1~0.2 MPa,透过量也较大。由于膜孔会被截留组分所堵塞,因此膜的使用寿命较短,一般为几天或几个月,时间长短主要取决于料液组成和浓度。这类组件可用于水、果汁、酒等饮料以及制药领域溶液的消毒过滤。

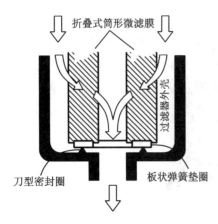

图 5-15　折叠式筒形过滤器流道示意图

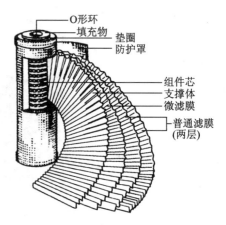

图 5-16　折叠式筒形滤芯

5.4.2　板框式膜组件

板框式膜组件也称平板式,它是由许多板和框堆积组装在一起而得名的,其外形类似于化工单元操作中的板框式压滤机(filter press),不同的是前者使用的过滤介质是膜,后者用的是帆布、棉饼等滤布。板框式膜有长方形、圆盘形等。它是膜分离历史上最早问世的一种膜组件形式,可用于反渗透、微滤、超滤和渗透汽化等膜过程。

板框式膜组件使用平板式膜,膜被放置在多孔的支撑板上,膜之间可夹有隔板,两块装有膜的多孔支撑板叠压在一起形成 1 mm 左右的料液流道间隔,多层支撑交替重叠压紧,两层间可并联或串联连接,隔板上的沟槽用作液流通道,支撑板上的连通孔可作为透过液的通道。板框式膜组件液体流通情况如图 5-17 所示。除了压紧式外,还有系紧螺栓式和耐压容器式两种。常见的板框式及其流道示意图如图 5-18 所示。

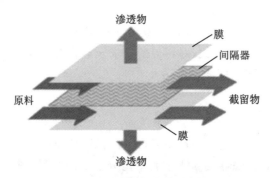

图 5-17　板框式膜组件液体流动示意图

板框式膜组件的优点是构造比较简单,组装使用方便,膜的维护清洗、更换比较容易,膜填充密度较大,一般为 100～500 m²/m³,料液流通截面较大,压降较小,线速度可达 1～5 m/s,不易堵塞,膜材料的选择范围较广。但其缺点是需密封的边界线长,为保证膜两侧的密封,对板框及其起密封作用的部件的加工精度要求高。每块板上料液的流程短,通过板面一次的渗透液相对量少,所以为了使料液达到一定的浓缩度,需经过板面多次,或者料液需多次循环;截留液经过的隔网易于污染,需要经常清洗;当膜面积增大时,对膜的机械强度要求较高。

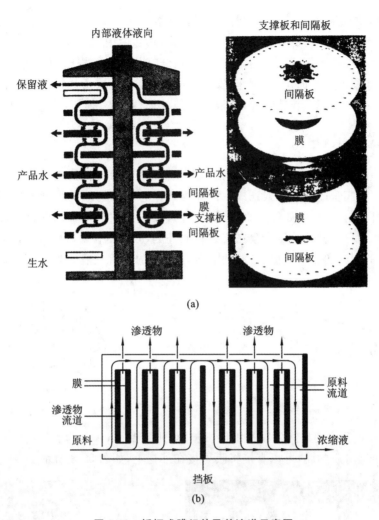

图 5-18 板框式膜组件及其流道示意图

5.4.3 卷式膜组件

卷式膜组件也采用平板膜,其结构与螺旋板式换热器类似。如图 5-19 所示,支撑材料插入三边密封的信封状膜袋,袋口与中心集水管相接,然后衬上起导流作用的料液隔网,两者一

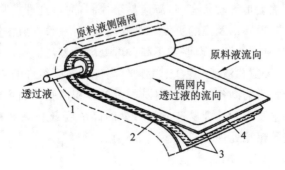

图 5-19 卷式膜组件的构造示意图

1—透过液集水管;2—透过液隔网,三个边界密封;3—膜;4—密封边界

起在中心管外缠绕成筒,装入耐压的圆筒中即构成膜组件。使用时料液沿隔网流动,与膜接触,透过液透过膜,沿膜袋内的多孔支撑流向中心管,然后由中心管导出。

目前卷式膜组件主要用于反渗透,也有用于超滤。与板框式相比,卷式膜组件的设备结构比较紧凑,单位体积内的膜面积大,制作、安装、操作简单。其缺点是料液流道狭窄,容易被堵塞,清洗不方便;抗污染能力较差,一般料液需要预处理;膜如有损坏,不易更换。

5.4.4 管式膜组件

管式膜组件由管式膜制成,膜被固定在一个多孔的不锈钢、陶瓷或塑料管内侧或外侧,再将一定数量的这种膜管以一定方式连成一体而组成。它的结构原理与管式换热器类似,管内与管外分别走料液与透过液,如图 5-20 所示。管式膜的排列形式有列管、排管或盘管等。管式膜分为外压和内压两种。外压为膜在支撑管的外侧,因外压管要有耐高压的外壳,应用比较少;膜在管内侧的则为内压管式膜。亦有内、外压结合的套管式膜组件。图 5-21 是蜂窝陶瓷膜组件截面图。

图 5-20 管式膜组件

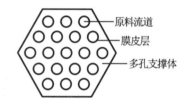

图 5-21 蜂窝结构陶瓷膜组件截面图

图 5-22 是商业化多通道陶瓷膜及组件,通过 O 形密封圈(一般为有机材料)装配在钢制外壳中。对于不锈钢材质的膜,可以直接将膜焊接在外壳上,如图 5-23 所示。

图 5-22 商业化陶瓷膜及组件

图 5-23 商业不锈钢组件

管式膜组件的主要优点是流动状态好,流速易于控制,通过合理控制流体状态能有效地控制浓差极化和污染;安装、拆卸以及膜的更换和维修均较方便;膜生成污垢后容易清洗;机械杂质清除比较容易,因此对料液的预处理要求不高并可处理含悬浮固体的料液,以无机膜为材料的组件可进行高温消毒、灭菌和清洗,适合于生物分离。管式膜组件的缺点是管口的密封比较困难;与平板膜比较,管式膜的制备条件较难控制;单位体积内膜的面积较低;投资和运行费用较高。因此管式膜组件主要用于处理易造成膜污染的高浓度或高黏度料液,在食品、医药、废水处理等领域用于料液的超滤处理。

5.4.5 毛细管膜组件

毛细管膜组件的结构与管式膜类似,即将管式膜由毛细管膜代替。将大量的内径在0.2～

0.3 mm 的毛细管安装在一个膜组件中。膜在组件中平行排列成束，两端用环氧树脂、聚氨酯或硅橡胶封装，毛细管膜是自支撑的。膜组件的安装方式有两种：①内压式。原料液流经毛细管内腔，而在毛细管外侧收集得到渗透物。②外压式。原料液从毛细管外侧（外腔）进入膜组件，而渗透物通过毛细管内腔，如图 5-24 所示。这两种方式的选择主要取决于具体应用场合，还要考虑到压力、压降、膜的种类等因素。

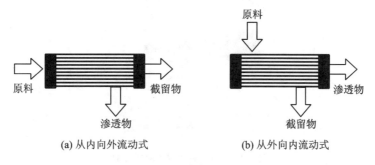

图 5-24　毛细管膜组件示意图

由于毛细管膜组件由耐压性能较弱的膜管组成，分离层被制备在内表面，因此常采用内压式操作。与管式膜组件相比，毛细管膜组件具有较高的装填密度。但是，由于大多数情况下是层流状态，所以浓差极化比较严重。图 5-25 为商品毛细管组件端面。

图 5-25　商品毛细管组件端面

5.4.6　中空纤维膜组件

中空纤维膜组件与毛细管膜组件的形式是相同的，其差异仅仅在于膜的规格不同。中空纤维膜的外径更细，一般为 $50\sim100\ \mu m$，内径为 $25\sim42\ \mu m$。中空纤维膜组件是装填密度最高的一种膜组件构型，可以达到 $30\,000\ m^2/m^3$。在大多数应用情况下，中空纤维膜组件采用外压式，被分离的混合物流经中空纤维膜的外侧，而渗透物则从纤维管内流出，即多数情况下外压使用，因此更为耐压，可以承受高达 10 MPa 的压差。一旦纤维强度不够，只能被高压原料液压扁，从而将中空纤维的内腔堵死，阻止料液进一步混入透过液。

中空纤维膜组件特点如下。

(1) 可耐高压。

(2) 单位体积内的有效膜表面积比率高。

(3) 寿命较长（可达 5 年）。

(4) 可做成一种效率高、成本低、体积小和质量轻的膜分离装置。

(5) 不足之处是中空纤维内径小、阻力大、易堵塞、膜污染难除去，因此对料液处理要求高。

图 5-26 是中空纤维膜组件的端面。中空纤维膜组件可用于超滤、反渗透和气体分离等过程。这些过程都需要较高的压力耐受能力和较低成本的膜组件,也有较严格的预处理过程。表 5-7 是对四种常见膜组件进行的综合性能比较。

图 5-26　中空纤维膜组件的端面

表 5-7　四种膜组件的性能比较

比较项目	卷式	中空纤维式	管式	板框式
填充密度/$(m^2 \cdot m^{-3})$	200~800	500~3000	30~328	30~500
料液流速/$(m^3 \cdot m^{-2} \cdot s^{-1})$	0.25~0.5	0.005	1~5	0.25~0.5
料液侧压降/MPa	0.3~0.6	0.01~0.03	0.2~0.3	0.3~0.6
抗污染	中等	差	非常好	好
易清洗	较好	差	优	好
膜更换方式	组件	组件	膜或组件	膜
组件结构	复杂	复杂	简单	非常复杂
膜更换成本	较高	较高	中	低
对水质要求	较高	高	低	低
料液预处理/μm	10~25	5~10	不需要	10~25
配套泵容量	小	小	大	中
工程放大	中	中	易	难
相对价格	低	低	高	高

5.5　影响膜分离速度的主要因素

影响膜分离速度的因素除了与膜本身及膜组件有关外,还与操作条件有关。

5.5.1　操作形式

传统的过滤操作,主要用滤布为过滤介质,采用终端过滤或死端过滤(dead-end filtration)形式回收或除去悬浮物,料液流向与膜面垂直,不能透过滤层的物质积存在过滤面上成为滤饼，而且滤饼随着时间的延长而增厚，使膜表面的滤饼阻力加大，若维持压力不变，则会导致透过通量下降；如保持通量一定，则压降需增加，如图 5-27 所示。因此，终端过滤通常为间歇式，在过程中必须周期性地清除滤饼或更换滤膜。通常用于实验室操作。

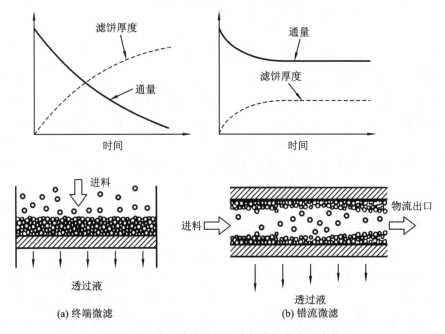

图 5-27　膜系统的操作方式与滤饼厚度的变化

目前膜工业生产主要采用错流过滤（cros-flow filtration，CFF）形式。错流过滤操作中，料液的流动方向与膜面平行，大部分液体透过滤膜成为透过液（物）或渗透液，少部分液体不透过，与被截留的溶质一起成为截留液（物）或浓缩液排出。由于流动的剪切作用可大大减轻浓度极化现象或凝胶层厚度，所以透过通量维持在较高水平，而且操作可以连续进行。

5.5.2　流速

根据浓差极化-凝胶层模型，增大流速，会减小浓差极化的厚度，使通量增大。因此，流速增大，透过通量亦增大。对于超滤通常在低于极限通量的条件下进行。

虽然增大流速能提高通量，也需要考虑以下几点：①只有当通量为浓差极化控制时，增大流速才会使通量增大；②增大流速会使膜两侧平均压力差减小；③增大流速，剪切力增大，对某些蛋白质不利；④增大流速会使设备的动力消耗提高，能耗增加。因此在膜分离工程中，应综合考虑各种因素。

5.5.3　压力

在错流过滤中，存在两种压力差。一种为通道两端压力差 $\Delta p = p_1 - p_2$，是保留液在系统中进行循环的推动力；另一种是膜两侧平均压力差，如图 5-28 所示。

$$\Delta p = \frac{(p_1 - p_0) + (p_2 - p_0)}{2} = \frac{p_1 + p_2}{2} \text{（以表压表示）} \quad (5.7)$$

式中，Δp 是膜过滤的推动力。在反渗透中，当压差增大时，通量和截留率都增加。

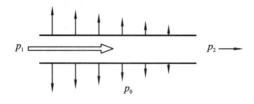

图 5-28 轴向和侧向压力差

在超滤和微滤中,当压力差较小时,膜面上尚未形成浓差极化层,通量与压力差成正比;当压力差逐渐增大时,出现浓差极化现象,通量的增长速率减慢;当压差继续增大,出现凝胶层,其厚度随压力增大而增大,通量不再随压差增大,此时的通量为此流速下的极限值。此时压力继续增大,只能增大凝胶层厚度,使通量下降以及截留率减小。此外,过高的压力还会对膜结构产生影响,膜被压缩,膜孔径减小,即"压实效应",表现为膜通量的减小和对溶质截留率的升高。

5.5.4 料液浓度

当料液中小分子溶质浓度增大时,截留率减小,相应的通量也减少。这是由于浓度增大导致浓差极化率增大造成的。当料液成分复杂,含有多种蛋白质时,总蛋白质浓度升高,透过通量下降。由于其他蛋白质的共存使蛋白质的截留率上升,在膜面上形成了高黏度层,阻止了蛋白质的透过,即截留率上升,而无机小分子仍然可以自由透过,但透过通量下降。

5.5.5 浓差极化

在反渗透中,浓差极化使渗透压增高,致使有效压力降低,通量减小;在超滤和微滤中,浓差极化增大了阻力而使通量减低。

要减少浓差极化,通常采用错流过滤及增大湍流流速。

5.5.6 pH 值和盐浓度

pH 值和盐浓度的影响包括两个方面,一是对膜表面电位、膜结构特性的影响;二是对溶质电荷特性的影响,例如蛋白质胶体的等电点絮凝沉淀、有机酸的解离、氨基酸的两性解离等。

对于蛋白质类溶质,当 pH 接近等电点时,这类两性电解质电荷为零,溶解性最小,极易析出并在膜表面聚集,形成吸附层,因此膜通量最小;当 pH 偏离等电点时,两性离子会带电荷,分子间的静电排斥力增大,这将阻止分子在膜表面的聚集。但是如果膜自身带有电荷,当溶质离子的电荷与膜面的电荷相反时,也会产生静电吸附从而使通量减小;当溶质离子的电荷与膜面的电荷相同时,由于同性相斥,减小了膜表面的吸附作用,此时通量是最大的。纳滤膜表面分离层带有一定的电荷,而且大多数是带负电荷,因此与溶质离子的电荷效应就比较明显。

当有盐存在时,盐浓度增加会使膜表面的流动电位下降,一般使通量降低。

5.6 膜的污染和清洗

5.6.1 膜污染和控制

膜污染是指处理物料中的微粒、乳浊液、胶体或溶质分子等受某种作用而使其吸附或沉积在膜表面或膜孔内,造成膜孔径变小或堵塞的不可逆现象。膜污染现象十分普遍,膜污染不仅造成透过通量的大幅度下降,而且影响目标产物的回收率。

污染大多发生在微滤、超滤、纳滤等以压差为推动力的膜过程中,这是由于这些过程使用多孔膜,截留的颗粒、胶粒、乳浊液、悬浮液等易在膜表面沉积或被吸附,同时也与这些过程所处理的原料特征有关。在反渗透中,仅盐等低相对分子质量溶质被截留,故污染可能性较低。

浓差极化现象加重了污染,但是两者有区别。浓差极化是可逆的,即变更操作条件可使之消除,而污染是不可逆的,必须通过清洗的办法才能消除。经清洗后如纯水通量达到或接近原来的水平,则认为污染已经消除。

膜的污染主要有三种:①生物污染,大量微生物在膜表面的堆积,会造成膜的生物污染;②表面附着,各种悬浮物、有机浓缩物、水垢、胶体等的沉积;③膜孔内堵塞,溶质或结晶沉淀于孔道中。

膜过程中的污染现象是客观存在的,一旦料液与膜接触,膜污染即开始。因此膜污染不可避免,膜一旦污染,只能通过清洗的办法消除。但是可以通过控制膜污染的影响因素,减轻膜污染的危害,延长膜的有效操作时间,降低清洗频率,提高生产能力和效率。通常控制污染的方法有以下几种。

(1) 原料液预处理及溶液特性控制　为减少污染,将料液用适当的方法预处理,除去较大的粒子,可以取得良好的效果。预处理方法包括热处理、调节 pH 值、加螯合剂(EDTA 等)、氯化、活性炭吸附、化学净化、预微滤和预超滤等。对被处理溶液特性控制也可改善膜的污染程度,如对蛋白质分离或浓缩时,当将 pH 值调节到对应于蛋白质的等电点时,即蛋白质为电中性时,对静电引力引起的污染程度较轻。另外对溶液中溶质浓度、料液流速与压力、温度等的控制等在某种条件下也是有效的。

(2) 膜材料与膜的选取　膜的亲疏水性、荷电性会影响膜与溶质间的相互作用大小。通常认为亲水性膜及膜材料电荷与溶质电荷相同的膜较耐污染,疏水性膜则可通过膜表面改性引入亲水基团,或用复合手段复合一层亲水分离层等方法降低膜的污染。

多孔的微滤与超微滤,由于通量较大,因而其污染也比一般的致密膜严重得多,适用较低通量的膜能减轻浓差极化。根据分离的体系,选择适当膜孔结构与孔径分布的膜,也可以减轻污染。当膜孔与待分离物尺寸大小相近时,极易产生堵塞作用。同时,具有窄孔径分布的膜有助于减轻污染;选用亲水性膜也有利于降低蛋白质在膜面上的吸附污染,因为,蛋白质在疏水膜上比在亲水膜表面上更容易吸附且不易除去;当原料中含有带负电荷微粒时,使用带负电荷膜也有利于减少污染。因此对膜表面进行适当的处理,可缓解污染程度,如聚砜膜用于乙醇溶液浸泡,醋酸纤维膜用阳离子表面活性剂处理,使膜表面覆盖一层保护层,可减少膜的吸附。但这种表面保护层很容易脱落。为了获得永久性耐污染特性,可引入亲水基团对膜表面进行改性。

(3)膜组件及膜器运行条件选择　通过对膜组件结构的筛选及运行条件的改善来降低膜的污染。采用错流过滤,可提高传质系数;采用不同形式的湍流强化器可减少污染。

5.6.2　膜的清洗与保存

尽管上述方法均可在某种程度上减少污染,但在长期运行中,污染必将发生,还是要采用适当的清洗方法,将膜面或膜孔内污染物除去,达到恢复通量,延长膜寿命的目的,因此清洗是膜分离过程不可缺少的步骤。

1. 清洗方法

清洗方法的选择主要取决于膜的种类与构型、膜耐化学试剂的能力以及污染物的种类。膜的清洗方法大致可以分成水力清洗、机械清洗、电清洗和化学清洗四种。

水力清洗方法有膜表面低压高速水洗、反冲洗、抽吸清洗,以及在低压下和空气混合流体或空气喷射冲洗等。抽吸清洗类似于反清洗,在某些情况下,清洗效果较好。机械清洗有海绵球清洗或刷洗,通常用于内压式管膜的清洗,该法几乎能全部去除软质垢,但若对硬质垢清洗,则易损伤膜表面。电清洗是通过在膜上施加电场,使带电粒子或分子沿电场方向迁移,达到清除污染物的目的。电清洗的具体方法有电场过滤清洗、脉冲电解清洗、电渗透清洗、超声波清洗等。

化学清洗是减少膜污染的最重要方法之一,一般选用盐溶液、稀酸、稀碱、表面活性剂、络合剂、氧化剂和酶溶液等为清洗剂。具体采用何种清洗剂,则要根据膜和污染物的性质,以及它们之间的相互作用而定,原则是使选用的清洗剂既具有良好的去污能力,同时又不能损害膜的过滤性能。如果用清水就可恢复膜的透过性能,则尽量不要使用其他清洗剂。

对蛋白质吸附所引起的膜污染,用胃蛋白酶、胰蛋白酶等溶液清洗,效果较好;月桂基磺酸钠、加酶洗涤剂等对蛋白质、多糖类、油脂类等有机污垢及细菌清洗有效;1%~2%的柠檬酸铵水溶液(pH 4)用于含钙结垢、金属氢氧化物、无机胶质等的清洗,可防止对醋酸纤维素膜的水解;过硼酸钠溶液、尿素、硼酸、醇等可清洗掉堵塞在膜孔内的胶体;水溶性乳化液对被油和氧化铁污染的膜的清洗有效;2%的 H_2O_2 溶液对被废水和有机物污染的膜具有良好的清洗效果。EDTA 较柠檬酸对碱土金属具有更多的键合位置和更大的络合常数,有极强的螯合能力,可与钙、镁、铁和钡等形成可溶性的络合物,因此,1%~2%的 EDTA 溶液常被用于锅炉用水等的处理。

2. 膜的恢复

膜恢复的目的是通过对渗透膜的表面进行化学处理而使盐截流率提高。膜在使用期间,由于膜表面的缺陷、磨损、化学侵蚀或水解等使盐的截流率明显下降。20 世纪 70 至 80 年代提出了膜的恢复技术,开发了不少膜恢复剂,用于膜表面的涂覆及孔洞填塞。常用的三种膜恢复剂为氨溶液中的聚醋酸乙烯酯共聚物、聚乙烯基甲基醚酯及聚醋酸乙烯酯。当膜的物理损伤较轻时,膜的恢复效果较理想,通常能使盐截流率至少提高到 94%;当盐截流率低于 75%时,不可能获得满意的恢复;如果盐截流率低于 45%,则不能恢复。

3. 膜的灭菌保护

灭菌的目的在于膜存放或组件维护期间杀灭微生物或防止微生物在膜上生长。由于高分子膜只耐微量氯(1 000 mg/(L·h) Cl_2),甚至不耐氯,所以容易招致微生物存活。对于反渗透水处理过程,当长时间停止运行时(大于 5 天),需对系统灭菌。通常用 0.25%~1.0%的甲醛溶液、0.2%~1.0%的亚硫酸氢钠作为灭菌剂。冬季在灭菌保护液中加 16%~20%的甘油溶液防冻。

5.7 应用

膜分离技术的应用很广，例如纯水、超纯水制造，工业废水处理，海水、苦咸水淡化和在食品、乳品、生物技术工业中回收有价值产品等。在生物产品的分离和纯化中的应用中也越来越广泛。

5.7.1 菌体分离

目前较好的细胞分离方法是过滤和离心，但是连续离心设备昂贵，操作和维修费用高。利用微滤或超滤操作进行菌体的错流过滤分离是膜分离法的重要应用之一。与传统的滤饼过滤和硅藻土过滤相比，错流过滤法具有如下优点。

(1) 透过通量大。
(2) 滤液清净，菌体回收率高。
(3) 不需要任何助剂，有利于进一步分离操作(如菌体破碎，胞内产物的回收等)。
(4) 适于大规模连续操作。
(5) 易于进行无菌操作，防止杂菌污染。

采用超滤法去除谷氨酸发酵液中的菌体，首先可以将发酵原液中固形物含量浓缩10倍，对菌体的再利用创造了条件。其次超滤透过液中谷氨酸含量、pH等理化指标与发酵液相同，但不含菌体，蛋白含量也很低，再利用等电法提取谷氨酸时，等电收率可达到90.96%，比传统等电法高7个百分点。最后使得后续精制容易，同时也降低了污水的处理负荷。

采用微滤膜技术也可用于重组受体大肠杆菌、活微生物细胞、酵母、球菌等整细胞收集，其细胞收率达到93%～95%。试验表明中空纤维过滤器与离心机收集大肠杆菌比较，投资费低70%，操作费低25%。

5.7.2 小分子生物产品的回收

氨基酸、抗生素、有机酸和动物疫苗等发酵产品的相对分子质量在2 000以下，因此选用截留相对分子质量(MWCO)为1×10^4～3×10^4的超滤膜，可从发酵液中回收这些小分子发酵产物，然后利用反渗透法进行浓缩和除去相对分子质量更小的杂质。在传统抗生素的生产中，多采用溶剂萃取法，然后分相蒸发浓缩产品。采用纳滤膜，可将含量为0.4%的发酵液直接浓缩至5%，然后再蒸发浓缩，既降低能耗，又减少处理时间。如果采用耐溶剂纳滤膜，可直接从萃取液中浓缩抗生素，溶剂可循环使用，从而大大提高溶剂的萃取能力，同时也降低溶剂消耗。对于传统多肽的生产，通常采用色谱纯化，然后再蒸发。采用纳滤膜预浓缩，可减少蒸发时间，降低能耗，同时可脱除一价盐及小分子，提高多肽的纯度。

此外，抗生素及利用原核表达系统生产的药用蛋白等发酵产物中常含有超过药检允许量的热原(pyrogen)，直接使用会引起恒温动物的体温升高，制成药剂前需进行除热原处理。热原一般由细菌细胞壁产生，主要成分是脂多糖、脂蛋白等，相对分子质量较大。传统方法是采用活性炭等吸附或萃取。如果抗生素产品的相对分子质量在1 000以下，使用MWCO为

1×10^4 的超滤膜可有效地除去热原,并且不影响产品的回收率。采用 MWCO 为 1×10^5 的超滤膜,当重组蛋白质量浓度为 2 g/L 时,内毒素去除率高达 99.6 %。

5.7.3 蛋白质的回收、浓缩与纯化

根据蛋白质的相对分子质量,选择适当 MWCO 的超滤膜,可进行酶、蛋白质等大分子物质的浓缩和去除其中的小分子物质,由于操作简单,回收率高而得到广泛应用。如利用 MWCO 为 1×10^4 的板框式超滤装置能有效脱除乳清中的乳糖和盐类等小分子杂质(乳糖脱除率达 93.13 %),并能回收 α-乳白蛋白、β-乳球蛋白、免疫球蛋白、牛血清白蛋白和乳铁蛋白等营养价值高的蛋白质(蛋白截留率达 94.65 %),如图 5-29 所示。

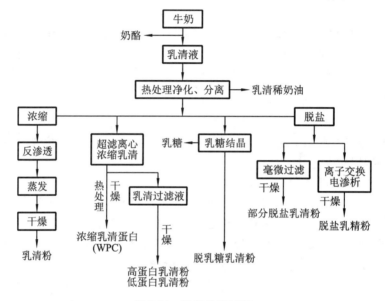

图 5-29 乳清分离过程

胞外的蛋白质产物在微滤除菌的同时即可从滤液中回收,由于滤液清净,对进一步的分离纯化操作非常有利。如用醋酸纤维素超滤器浓缩糖化酶、淀粉酶和蛋白酶,均取得了较好效果并已用于工业化生产。

在蛋白质的回收过程中,引起收率的部分降低主要是由于:①经过泵的剪切力使酶失活。②在膜表面的吸附。③离子组成发生改变,有些对酶起稳定作用的离子被除去。超滤膜对酶的吸附不仅造成酶的收率下降,还会使透过通量降低,影响分离速度。

在生物工程中,膜分离技术常被用于分离、浓缩、分级与纯化生物制品,根据目标产品不同,膜分离技术组合也有所不同。如图 5-30 所示,膜分离技术主要用于以下几个方面。

(1)用反渗透(RO)或超滤(UF)净化水中有害离子、胶体、大分子物质等杂质。

(2)用微滤(MF)过滤液体或空气,分离微生物及微粒等杂质。

(3)用气体分离(GS)制备富氧气体供氧。

(4)用微滤(MF)或超滤(UF)收集菌体。

(5)用超滤(UF)或微滤(MF)过滤介质与培养基,除去微生物与大颗粒物。

(6)用超滤(UF)浓缩生物制品,脱盐或除去小分子有机物。

(7)用透析(DA)进行产品脱盐或除去小分子有机物。

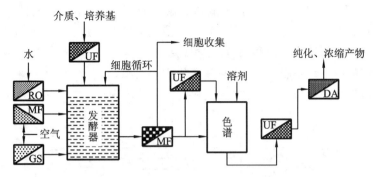

图 5-30　膜分离技术在生物化工中的应用示意图

5.7.4　膜生物反应器

生物反应器是生物产品加工的核心设备。膜生物反应器(membrane bioreactor, MBR)是由膜构成的生物反应器,或是膜分离过程与生物反应过程耦合的生物反应装置。膜生物反应器利用了膜的特征和功能,改变了生物反应历程,提高了生物反应效率。

膜与生物反应的结合方式主要有三种形式:作为细胞和酶的固定化载体,发酵与膜分离的耦合,中空纤维细胞培养器以及多层膜反应器。膜生物反应器主要采用中空纤维膜,其次是平板膜,构造与分离器基本一致。

用于发酵过程的膜生物反应器装置主要是两种:外循环式膜反应器和中空纤维膜反应器。图 5-31 是外循环式膜生物反应器。

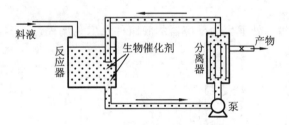

图 5-31　外循环式膜生物反应器

外部膜组件截留酶或微生物菌体,而使小分子产物透过。

外循环式膜生物反应器具有如下优点。

(1)反应器和分离器分开,具有更大的适应性。可在反应器中调节合适混合速度以得到最佳反应速率,而在分离器中控制料液流速以减小浓差极化。

(2)可用于基质相对分子质量与生物催化剂相对分子质量在同一数量级时的反应,产生的小分子产物可连续除去。

(3)可以任意调节反应器与分离器大小比例,以控制稳态操作条件。

(4)有比较大的生产能力。

外循环式膜生物反应器是一种连续全混釜型反应器(CSTR),适用于连续微生物发酵和连续酶反应过程。例如,利用这种膜生物反应器进行乳酪链球菌的连续培养,菌体浓度可达到通常反应器的近 30 倍。此外,外循环式膜生物反应器还适用于淀粉和纤维素等高分子物质的酶解。高分子底物和酶被超滤膜完全截留,可以提高反应的转化率和酶的使用效率。外循环式膜生物反应器也适用于其他酶反应过程的连续操作,相当于一种固定化酶反应器。

当基质与产物都是小分子,且均能扩散透过膜,则可采用中空纤维管式膜反应器。如图 5-32 所示,细胞填充在中空纤维的壳侧空间,底物溶液从管腔流过。此类反应器特点如下。

(1) 生物催化剂装填浓度可以很高,而体积很小。
(2) 可用很细的中空纤维膜组件,从而提高传质表面积。
(3) 在酶或微生物失活后,很容易清洗更换。

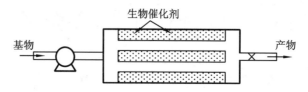

图 5-32 中空纤维管式膜反应器

这两类膜系统都已经用于发酵法生产乙醇。同时膜生物反应器也可用于动植物细胞培养。而膜生物反应器也是一种正在发展的水净化再生技术,其在水和污水处理中的应用研究正受到人们越来越多的关注。

膜生物反应器在水处理中的优点如下。
(1) 固液分离率高,从而不用二沉池,系统设备简单,占地少。
(2) 系统微生物浓度、容积负荷高。
(3) 污泥停留时间长。
(4) 污泥发生量少。
(5) 耐冲击负荷。
(6) 出水的水质好。

图 5-33 是浸没式污水处理生物反应器的膜组件及工艺流程。

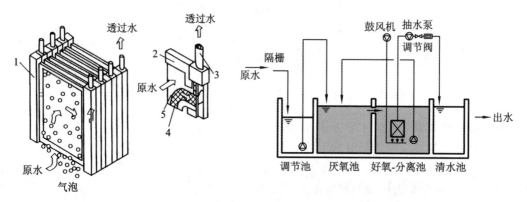

图 5-33 浸没式污水处理生物反应器的膜组件及工艺流程
1—板式膜组件;2—框架;3—集水管;4—隔网;5—平板膜

(本章由刘凤珠编写,梁剑光初审,韩曜平复审)

习题

1. 膜分离过程的基本定义是什么?分离膜有哪些不同的形式?

2. 简述膜分离过程的优点。

3. 按推动力类型的不同,膜过程可分为几类?这些膜过程的推动力大小、透过物、截留物有什么区别?

4. 对实用分离膜的性能有哪些要求?

5. 醋酸纤维素膜、聚砜膜有什么特点?

6. 压力推动膜过程中,浓差极化和膜污染有什么异同?预防膜污染的方法有哪些?

7. 常用的工业膜组件类型有哪些?其适用的膜过程分别有哪些?

8. 电渗析的基本原理是什么?电渗析的主要应用领域是什么?

9. 试举例说明膜分离在生物产品分离中的应用。

参考文献

[1] 余俊棠,唐孝宣,乌行彦,等. 新编生物工艺学[M]. 北京:化学工业出版社,2003.

[2] 杨座国. 膜科学技术过程与原理[M]. 上海:华东理工大学出版社,2009.

[3] 黄维菊,魏星. 膜分离技术概论[M]. 北京:国防工业出版社,2008.

[4] 田瑞华. 生物分离工程[M]. 北京:科学出版社,2010.

[5] 张玉忠,郑领英,高从阶. 液体分离膜技术及应用[M]. 北京:化学工业出版社,2004.

[6] 陈欢林. 新型分离技术[M]. 北京:化学工业出版社,2005.

[7] 高孔荣,黄惠华,梁照为. 食品分离技术[M]. 广州:华南理工大学出版社,1998.

第 6 章 吸附与离子交换

本章要点

了解吸附分离和离子交换的基本概念,掌握各种吸附与离子交换过程的原理和特点。重点是吸附等温线,影响吸附的因素,间歇吸附,固定床吸附过程分析,离子交换的概念、分类及原理,离子交换树脂的命名、理化性能,离子交换选择性的影响因素,树脂的处理和再生,软水和无盐水的制备等。

吸附是利用固体吸附剂对流体混合物中某一组分具有选择性吸附的能力,使其富集在吸附剂表面,从而使混合物组分得以分离的过程,属于传质分离过程的单元操作,广泛应用于化工、石油、食品、轻工、生物产业和环境保护等工业领域。

生物分离过程中,吸附分离一般具有以下特点:①操作简便,设备简单,成本低廉;②从大量流体混合物中提取少量吸附质,处理能力较低;③不用或少用有机溶剂,吸附和洗脱过程受pH影响小,不易引起生物物质活性变化;④选择性低、收率低,不适合连续操作,劳动强度大。

6.1 吸附类型

吸附是目的物质(吸附质)从流体相转移到吸附剂固相的过程,可以利用吸附分离过程获得目的物质或者除去杂质成分。典型的吸附过程包括四个步骤:①待分离的流体混合物与吸附剂混合;②吸附质与吸附剂发生作用而富集到吸附剂表面;③流体流出;④吸附质解吸附及吸附剂的再生。根据吸附剂与吸附质表面分子间作用力的不同,分为以下三个不同吸附类型。

6.1.1 物理吸附

此类吸附过程中吸附剂与吸附质之间的作用力是分子间引力(范德华力)。由于分子间引力的普遍存在,吸附剂的整个吸附界面都可以进行吸附,所以物理吸附没有选择性。物理吸附在低温下可以进行,不需要较高的活化能,一般为$(2.09 \sim 4.18) \times 10^4$ J/mol。在物理吸附过程中,吸附质在吸附剂表面的吸附可以是单分子层,也可以是多分子层,通常其吸附速率和解吸附速率都较快,很容易达到吸附平衡状态。吸附质在吸附剂上的吸附及吸附量主要取决于吸附质与吸附剂的极性相似性和溶剂的极性。

6.1.2 化学吸附

此类吸附过程中吸附剂与吸附质之间形成化合键,吸附剂表面活性位点与吸附质之间有电子转移而发生化学结合。因此该类吸附过程需要较高的活化能,一般为$(4.18\sim41.8)\times10^4$J/mol,需要在较高温度下进行,故一般可通过测定吸附热来判断一个过程是物理吸附还是化学吸附。由于化学吸附生成化学键,因而只能是单分子层吸附,其吸附与解吸过程缓慢。此吸附过程的选择性强,即只对某种或特定几种物质有吸附作用。

6.1.3 离子交换吸附

当吸附剂表面为极性分子或离子所组成时,吸附剂吸引溶液中带相反电荷的离子而形成双电层,根据其电荷差异依靠库仑力吸附在离子型吸附剂表面,然后利用合适的洗脱剂将吸附质从离子型吸附剂洗脱下来而达到分离的目的,是一种特殊的吸附类型。此类吸附过程中,离子的电荷是离子交换吸附的决定因素,电荷越多其在离子型吸附剂表面的相反电荷吸附能力越强。离子交换吸附反应过程是可逆的,等摩尔数吸附并具有一定的选择性。

6.2 吸附剂

作为好的吸附剂,通常应具备以下几个特点:①对待分离物质具有强的吸附选择性和较大的吸附量;②机械强度高;③性能稳定,再生容易;④来源容易,价格低廉。

6.2.1 活性炭

活性炭是最常用的吸附剂之一,具有吸附能力强、分离效果好、来源容易、价格低廉等优点,常用于生物产物的脱色和除臭,也可应用于糖、氨基酸、多肽和脂肪酸等生物产品的分离提取,是一种非极性的吸附剂。因活性炭的生产原料和制备工艺不同,其生产标准很难控制,因而不同来源或不同批次的活性炭吸附效果不同,而因其色黑质轻,易造成环境污染。

6.2.1.1 活性炭的分类

(1)粉末活性炭　此类活性炭颗粒极细,呈粉末状,其总表面积、吸附能力和吸附量大,但其颗粒过细,不易与待分离的流体分离,影响其过滤速率,需要加压或者减压操作。

(2)颗粒活性炭　此类活性炭颗粒比粉末活性炭大,等质量时其总表面积、吸附能力和吸附量不及粉末活性炭,但过滤操作时易于控制,无需加压或者减压操作。

(3)锦纶活性炭　此类活性炭采用锦纶为黏合剂,将粉末活性炭制成颗粒,其总表面积较颗粒活性炭大,较粉末活性炭小,其吸附力较两者弱。因锦纶不仅为黏合剂,也是活性炭的脱活性剂,可用于分离前两种活性炭吸附太强而不宜洗脱的化合物。

6.2.1.2 活性炭的吸附规律

活性炭的吸附能力与其所处的溶液及吸附质的性质有关,一般来说规律如下:①对极性基团多的化合物吸附能力大于极性基团少的化合物;②对芳香族的化合物吸附能力大于脂肪族化合物,可借此性质分离芳香族氨基酸和脂肪族氨基酸;③对相对分子质量大的化合物吸附能力大于相对分子质量小的化合物;④吸附作用在水中最强,在有机溶剂中变弱,常见溶剂中活性炭的吸附能力顺序为水>乙醇>甲醇>乙酸乙酯>丙酮>氯仿;⑤料液的pH与活性炭的吸附效果有关。

6.2.1.3 活性炭的活化

活性炭因其强吸附性在使用前会吸附大量的气体分子,气体分子占据了活性炭的吸附表面而造成活性炭活力降低,因此使用前可加热烘干以除去大部分气体而使其活化。对一般活性炭可在 160 ℃ 加热干燥 4~5 h,而锦纶活性炭因受热易变形,可在 100 ℃ 加热干燥 4~5 h 进行活化。

6.2.2 硅胶

硅胶是应用最广泛的一种极性吸附剂,层析硅胶具有多孔性网状结构,可用 $SiO_2 \cdot nH_2O$ 表示,其主要优点是化学惰性,具有较大的吸附量,且易于制备成不同类型、孔径和表面积的多孔性硅胶,常用于萜类、固醇类、生物碱、酸性化合物、磷脂类、脂肪类、氨基酸类等生物产品的吸附分离。

6.2.2.1 影响硅胶吸附能力的因素

硅胶吸附能力与吸附质的性质有关,硅胶能吸附极性和非极性化合物,因硅胶为亲水性吸附剂,故对极性化合物的吸附能力更大。硅胶吸附能力与其本身的含水量密切相关(表 6-1),硅胶吸附能力随着含水量的增加而降低,当含水量低于 1% 时活性较高,高于 20% 时吸附能力较低。

表 6-1 含水量与硅胶、氧化铝活性的关系

活性	硅胶含水量/(%)	氧化铝含水量/(%)
Ⅰ	0	0
Ⅱ	5	3
Ⅲ	15	6
Ⅳ	25	10
Ⅴ	35	15

6.2.2.2 硅胶的活化与再生

硅胶表面带有大量的羟基,具有很强的吸水性,会带有较多水分,因此硅胶使用前一般在 105~110 ℃ 烘箱中活化 1~2 h,活化后的硅胶应立即使用或者存放在干燥器中,不可久放。用过的硅胶可采用如下方法进行再生:用硅胶 5~10 倍量的 1%NaOH 溶液回流 30 min,热过滤,然后用蒸馏水洗涤 3 次;再用 3~6 倍量的 5%乙酸回流 30 min,过滤后用蒸馏水洗涤至中性;再用甲醇、蒸馏水洗涤 2 次,然后在 120 ℃ 烘干活化 12 h,即可使用。

6.2.3 氧化铝

氧化铝也是一种常用的亲水性吸附剂,具有较高的吸附容量,分离效果好,特别适用于亲脂性成分的分离,可应用于醇、酚、生物碱、染料、苷类、氨基酸、蛋白质、维生素及抗生素的分离。氧化铝的吸附活性与含水量关系很大(表 6-1),吸附能力随着含水量增多而降低,故在使用前需要在 150 ℃ 烘干 2 h 使其活化。此吸附剂价格低廉,再生方便,吸附活性容易控制,但操作烦琐,处理量也有限,因而也限制了其在工业生产上的大规模应用。根据制备方法的不

同,氧化铝可分为以下三类:

(1) 碱性氧化铝　由氢氧化铝直接高温脱水制备,水洗脱液 pH 值为 9～10 后经烘干活化备用。此类吸附剂主要用于碳氢化合物的分离,如甾体化合物、醇、生物碱等对碱稳定的中性、碱性成分。

(2) 中性氧化铝　碱性氧化铝加入蒸馏水,煮沸并不断搅拌 10 min,去上清液,反复处理至水洗液的 pH 值为 7.5 左右,过滤、烘干、活化备用。此类吸附剂应用范围最广,常用于分离脂溶性生物碱、脂类、大分子有机酸及酸碱溶液中不稳定的化合物,如酯类物质。

(3) 酸性氧化铝　氧化铝用水调成糊状,加入 2 mol/L 盐酸,使混合物对刚果红呈酸性反应,去上清液,用热水洗涤至溶液对刚果红呈弱紫色,过滤、烘干、活化备用。此类吸附剂适用于天然和合成的酸性色素、某些醛和酸、酸性氨基酸和多肽的分离,水洗液 pH 值为 4～4.5。

6.2.4　大孔网状吸附剂

大孔网状吸附剂又称为大孔吸附树脂,是一种非离子型有机高聚物,在聚合反应时加入一些不参加反应的致孔剂,聚合完成后将致孔剂除去,因而留下永久性空隙而形成大孔网状吸附剂结构,一般为白色球形颗粒。与活性炭等经典的吸附剂相比,大孔网状吸附剂的脱色、除臭效率与之相当,具有选择性好、解吸容易、机械强度高、可反复利用和流体阻力小等优点。特别是其空隙大小、骨架结构和极性,可以按照需要选择不同的原料及合成条件制备。

6.2.4.1　大孔网状吸附剂的类型和结构

大孔网状吸附剂按骨架极性强弱,可以分为三类:非极性大孔网状吸附剂、中等极性大孔网状吸附剂和极性大孔网状吸附剂。非极性大孔网状吸附剂通常由苯乙烯聚合而成,交联剂为二乙烯苯,中等极性大孔网状吸附剂通常由甲基丙烯酸酯聚合而成,交联剂也是甲基丙烯酸酯,极性大孔网状吸附剂一般由丙烯酰胺或亚砜经聚合而成,通常含有硫氧、酰胺、氮氧等基团。三种大孔网状吸附剂的性能参数如表 6-2 所示。

表 6-2　大孔网状吸附剂性能参数

吸附剂名称	骨架结构	极性	比表面积/(m^2/g)	孔径/10^{-10} m	孔度/(%)	骨架密度/(g/mL)	交联剂
Amberlite 系列							
XAD-1			100	200	37	1.07	
XAD-2			330	90	42	1.07	
XAD-3	苯乙烯	非极性	526	44	38		二乙烯苯
XAD-4			750	50	51	1.08	
XAD-5			415	68	43		
XAD-6	丙烯酸酯	中极性	63	498	49		双 α-甲基苯乙烯二乙醇酯
XAD-7	α-甲基苯乙烯	中极性	450	80	55	1.24	双 α-甲基苯乙烯二乙醇酯

续表

吸附剂名称	骨架结构	极性	比表面积 /(m²/g)	孔径 /10⁻¹⁰ m	孔度 /(%)	骨架密度 /(g/mL)	交联剂
XAD-8	α-甲基苯乙烯	中极性	140	250	52	1.25	双 α-甲基苯乙烯二乙醇酯
XAD-9	亚砜	极性	250	80	45	1.26	
XAD-10	丙烯酰胺	极性	69	352			
XAD-11	氧化氮类	强极性	170	210	41	1.18	
XAD-12	氧化氮类	强极性	25	1 300	45	1.17	
Diaion 系列							
HP-10	丙乙烯	非极性	400	300	小		二乙烯苯
HP-20	丙乙烯	非极性	600	460	大		二乙烯苯
HP-30	丙乙烯	非极性	500～600	250	大		二乙烯苯
HP-40	丙乙烯	非极性	600～700	250	小		二乙烯苯
HP-50	丙乙烯	非极性	400～500	900			二乙烯苯

注：①XAD-1 到 XAD-5 化学组成接近，故性质相似，但对相对分子质量不同的吸附质表现出不同的吸附量；
②Amberlite 系列产品是美国 Rohm-Hass 产品，Diaion 系列为日本三菱化工产品；
③孔度指吸附剂中空隙所占的体积百分数，骨架密度指每毫升骨架(不含孔隙体积)的质量(g)。

6.2.4.2 大孔网状吸附剂的选择依据

此类吸附剂的能力不仅与其本身的化学结构和物理性能有关，而且与吸附质和溶液的性质有关。一般来说，非极性大孔网状吸附剂从极性溶剂中吸附非极性物质，极性大孔网状吸附剂从非极性溶剂中吸附极性物质，中等极性的大孔网状吸附剂对上述两种条件下的物质都有吸附能力，因为选择此类吸附剂时要考虑吸附质的极性。此外，吸附质分子大小也是选择大孔网状吸附剂的重要因素，分子大的吸附质应选用孔径较大的吸附剂，并考虑适当的极性、孔径和吸附表面积。

6.2.4.3 大孔网状吸附剂的预处理与再生

此类吸附剂使用前通常要进行预处理，特别是新买的大孔网状吸附剂由于含有许多脂溶性杂质，需用丙酮在索氏提取器中加热洗脱 3～4 天才能将其除尽，否则将影响其吸附性能。用蒸馏水洗去大孔网状吸附剂表面浮渣后用乙醇溶胀 24 h，湿法装柱后，继续用乙醇清洗至流出液与水以 1∶5 混合不呈乳白色，再用大量蒸馏水清洗至无乙醇气味即可。

6.2.5 羟基磷灰石

羟基磷灰石又名羟基磷酸钙，在无机吸附剂中，它是唯一适用于生物活性高分子，如蛋白质、核酸等分离的吸附剂。一般认为其吸附作用主要是 Ca^{2+} 与蛋白质负电基团结合，其次是 PO_4^{3-} 与蛋白质的正电基团结合。由于羟基磷灰石吸附容量高、稳定性好(在低于 85 ℃、pH 值为 5.5～10.0 范围内均可使用)，因而在制备及纯化蛋白质、酶、核酸、病毒等方面得到了广泛的应用，有些样品如 RNA、双链 DNA、单链 DNA 和杂型双链 DNA-RNA 等经过一次羟基磷灰石柱层析,就能达到有效分离的效果。

购买的羟基磷灰石为干粉时需进行预处理,要先在蒸馏水中浸泡,使其膨胀度达到 2~3 mL/g 后,再按照一定比例加入缓冲液悬浮,以除去细小颗粒,备用。用过的羟基磷灰石层析柱再生时,将柱顶部的一层羟基磷灰石除去,然后用 1 mol/L 的 NaCl 溶液洗涤,再用平衡液洗涤平衡后完成再生。

6.2.6 离子交换剂

离子交换剂是最常用的吸附剂之一,为含有若干活性基团的不溶性高分子物质,能与溶液中其他带电离子进行离子交换或吸附。常见的离子交换剂有人工高聚物作载体的离子交换树脂(常称为离子交换树脂)和多糖基离子交换剂。

6.2.6.1 离子交换剂的分类

(1) 按树脂骨架的主要成分分类 可分为聚苯乙烯型树脂、聚苯烯酸型树脂、多乙烯多胺-环氧氯苯烷树脂和酚-醛型树脂等。

(2) 按树脂骨架的物理结构分类 可分为凝胶型树脂、大网格树脂、均孔树脂等。

(3) 按活性基团分类 可分为阳离子交换树脂、阴离子交换树脂等。

6.2.6.2 离子交换剂的性能参数

1. 交换容量

交换容量是表征离子交换剂交换能力的一个参数,是指单位质量干燥的离子交换剂或单位体积完全溶胀的离子交换剂所能吸附的一价离子的毫摩尔数,其测定方法因离子交换剂的类型不同而不同。

对于强酸型阳离子交换剂,其交换容量的测定法如下:取一定量的离子交换介质,用去离子水溶胀,漂洗干净,用 1 mol/L 的 NaOH 处理,去离子水洗至中性,再用 1 mol/L 的 HCl 处理,去离子水洗至中性。然后用 1 mol/L 的 NaCl 洗脱,收集洗脱液,再通过已标定的 NaOH 滴定洗脱液中的氢离子浓度,计算出吸附氢离子的毫摩尔数量,除以离子交换介质的质量,即可得到交换容量。计算公式如下:

$$\text{交换容量}(\text{mmol/g}) = \frac{\text{测得的}[\text{H}^+](\text{mmol})}{\text{离子交换介质的质量}(\text{g})} \tag{6.1}$$

对于强碱型阴离子交换剂,其交换容量的测定法如下:取一定量的离子交换介质,用去离子水溶胀,漂洗干净,用 1 mol/L 的 HCl 处理,去离子水洗至中性,再用 1 mol/L 的 NaOH 处理,去离子水洗至中性。然后用 1 mol/L 的 NaCl 洗脱,收集洗脱液,再通过已标定的 HCl 滴定洗脱液中的氢氧根离子浓度,计算出吸附氢氧根离子的毫摩尔数量,除以离子交换介质的质量,即可得到交换容量。计算公式如下:

$$\text{交换容量}(\text{mmol/g}) = \frac{\text{测得的}[\text{OH}^-](\text{mmol})}{\text{离子交换介质的质量}(\text{g})} \tag{6.2}$$

对于凝胶或纤维类弱碱型阴离子或弱酸性阳离子交换剂,其交换容量的测定法如下:取一定量的离子交换介质,漂洗干净,用 1 mol/L 的 NaCl 处理,去离子水洗至中性,缓冲液平衡,用已知蛋白的浓度样品过柱吸附,直至柱内的介质吸附的量达到饱和。用一定浓度的 NaCl 或其他的洗脱剂洗脱,收集洗脱液,测定洗脱液中的蛋白质的浓度,有关交换容量的计算如下:

$$\text{交换容量(mg/g)} = \frac{\text{测得的蛋白质质量(mg)}}{\text{离子交换介质的质量(g)}} \tag{6.3}$$

2. 粒度

粒度是离子交换剂颗粒在溶胀后的直径大小,一般吸附分离用的离子交换剂用 20~60 目(0.25~0.84 mm)大小。粒度小的吸附剂因表面积大而吸附效率高,但粒度过小使得堆积密度大,容易造成阻塞;粒度过大又会导致强度下降,装填量少,内部扩散时间延长,不利于有机大分子的交换等弊端。

3. 滴定曲线

滴定曲线是检验和测定离子交换剂性能的重要参数,一般按以下方法进行测定:在几只干净的大试管中加入单位质量(如 1 g)的氢型(或者羟型)的离子交换剂,一支试管中加入 0.1 mol/L 的 NaCl 溶液 50 mL,其他试管加入不同量的 0.1 mol/L 的 NaOH 溶液(羟型的则加入 0.1 mol/L 的 HCl 溶液)并加入蒸馏水稀释至 50 mL,强酸性、强碱性离子交换剂静置处理 24 h,弱酸性、弱碱性静置处理 7 天,以使离子交换反应达到平衡。分别测定各支试管中溶液的 pH 值,并以单位质量的离子交换剂所加的 NaOH(或 HCl)的毫摩尔数为横坐标,以平衡后的 pH 值为纵坐标作图,即可得到滴定曲线(图 6-1)。

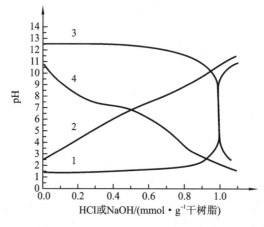

图 6-1 几种典型离子交换剂的滴定曲线

1—强酸性树脂 Amberlite IR-120;2—弱酸性树脂 Amberlite IRC-84;
3—强碱性树脂 Amberlite IRA-400;4—弱碱性树脂 Amberlite IR-45

4. 交联度

交联度表示离子交换树脂中交联剂的含量,一般以交联剂所占百分数表示。交联度的大小决定着树脂的机械强度及网状结构的疏密。交联度越大则交联剂含量越高,树脂孔径越小,结构紧密,机械强度大,一般不能用于大分子物质或者刚性分子如链霉素的分离,因为这类分子不能进入树脂颗粒内部;交联度小则树脂孔径大,结构疏松,机械强度小。故分离、纯化性质相似的小分子时,可选用较高交联度的树脂,有的时候可以起到分子筛的作用,如链霉素的精制过程采用交联度较高的离子树脂可以起到除去杂质的作用。

6.2.6.3 离子交换树脂的命名

离子交换树脂的命名,国际上至今还没有统一的规则,国外多以厂家、商品牌号或代号表示。在 1977 年我国石油化工部颁布了离子交换树脂的命名法,规定离子交换树脂的型号由三位阿拉伯数字组成:第一位数字代表树脂的分类,第二位数字代表树脂的骨架,第三位数字为顺序号,用以区别交联度、基团等。分类代号和骨架都分成7种,其含义如表6-3所示,命名离子交换树脂的含义如图6-2所示。

表6-3 国产离子交换树脂命名法的分类代号及骨架代号

代号	分类名称	骨架名称
0	强酸性	苯乙烯系
1	弱酸性	丙烯酸系
2	强碱性	酚醛系
3	弱碱性	环氧系
4	螯合性	乙烯吡啶系
5	两性	脲醛系
6	氧化还原性	氯乙烯系

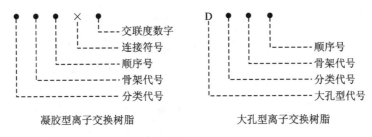

图6-2 国产离子交换剂的命名法

命名法规定凝胶型离子交换树脂必须标明交联度,在书写交联度时将百分号除去,并在树脂编号后面用"×"隔开。对大孔型离子交换树脂必须在编号前加上大写字母D,以区别普通凝胶型离子交换树脂。如001×7表示凝胶型苯乙烯是强酸型阳离子交换树脂,交联度为7%;D201表示是大孔型苯乙烯是季铵Ⅰ型强碱性阴离子交换树脂。

6.2.6.4 离子交换树脂的制备

离子交换树脂的制备是利用高分子聚合和有机化学反应原理,合成带有活性基团的多价高聚物,目前主要的合成方法有如下两种。

1. 加聚法

加聚法以具有一个或两个双键的功能性单体为原料,在含有分散剂的介质中,并存有交联剂、引发剂、稳定剂等条件下,加热搅拌进行聚合反应,得到立体网状结构的珠体,然后进行化学反应,引入活性基团便可得到离子交换树脂。

水溶性反应物的聚合反应中用于溶解表面活性剂的有机溶剂为分散剂,称为乳液聚合,油溶性反应物的聚合反应中用于溶解表面活性剂的水溶液为分散剂,称为悬浮聚合。交联剂对离子交换树脂的理化性质有多方面的影响,交联剂的含量就是树脂的交联度。配制单体相时需加入引发剂和稳定剂。引发剂在受热或辐射后分解为自由基从而引发双键单体分子的自由基,使单体发生链接、交联的连锁反应,引发聚合反应,常见的引发剂有过氧化苯甲酰、偶氮二异丁腈等。稳定剂起保护作用,可以防止球粒凝胶化过程中发生粘连,常见的有聚乙烯醇、明胶、淀粉等,用量一般为分散相的1%左右。

加聚法制备聚苯乙烯型离子交换树脂的过程如图6-3所示,该树脂是苯乙烯和二乙烯苯在水相中进行悬浮聚合得到共聚物珠体,然后引入可离子化基团而成。图 6-4 为丙烯酸型离子交换树脂的制备过程,丙烯酸甲酯与二乙烯苯进行自由基悬浮聚合,随后在强碱条件下进行水解而制得。

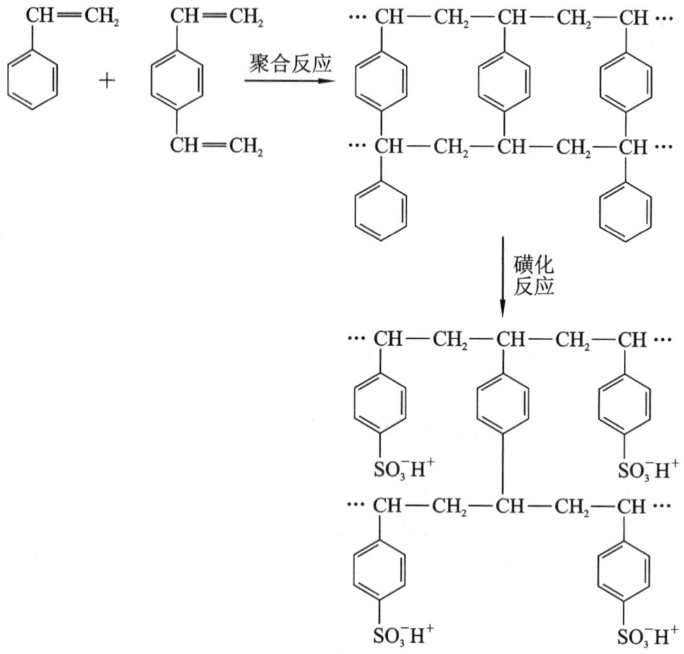

图 6-3 聚苯乙烯型离子交换树脂的制备过程

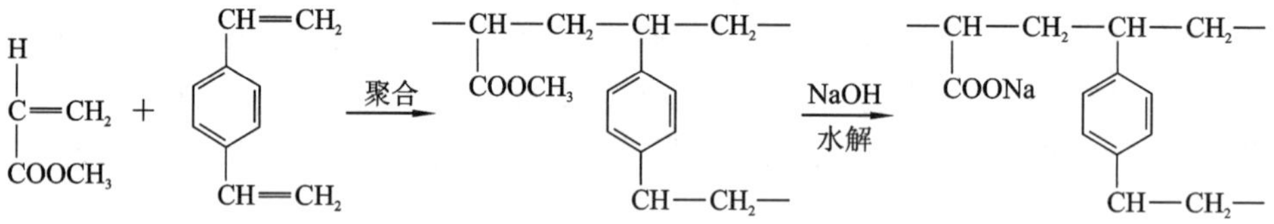

图 6-4 丙烯酸型离子交换树脂的制备过程

2. 逐步聚合法

逐步聚合法的主要特征就是大分子合成过程的逐步性,没有特定的反应活性中心,每个分子的官能团都有相同的反应能力,包括逐步缩聚反应和逐步加聚反应。缩聚反应是具有两个或两个以上官能团的单体,相互反应生成高分子化合物,同时产生简单分子(如 H_2O、醇等)的化学反应。聚合反应向两个方向增长得到线型分子聚合物称为线型缩聚反应,如涤纶、尼龙和聚碳酸酯等就是按此类反应合成的。而有的单体分子至少有一种含有两个以上的官能团时,反应中形成的大分子向三个方向增长而得到体型结构的高聚物,如酚醛树脂、脲醛树脂等,此类反应称为体型缩聚反应。

逐步聚合法制备酚醛型阳离子交换树脂的过程如图 6-5 所示。先将水杨酸和甲醛在盐酸催化下,缩合得到线性分子,然后在碱性条件下,加入苯酚和甲醛作为交联剂,在一定温度下反应,最后在透平油中加入少量油酸钠作为分散剂,制成球形树脂。

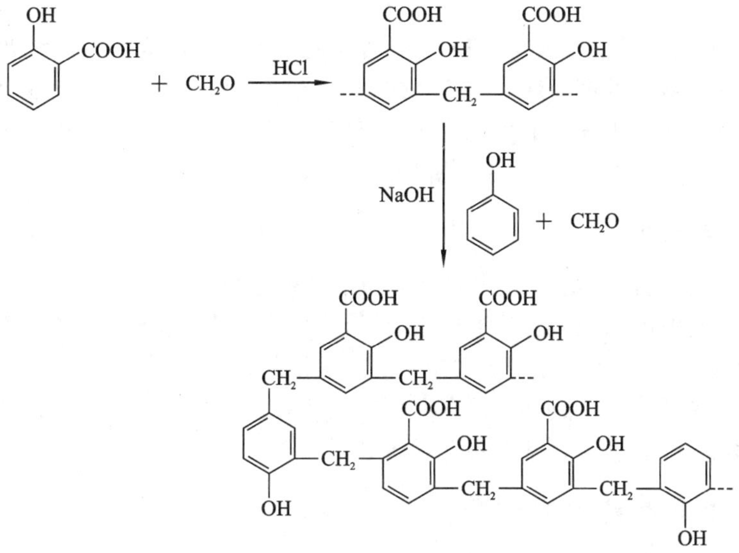

图 6-5 酚醛型阳离子交换树脂的制备过程

6.2.7 其他离子交换剂

6.2.7.1 大孔网格离子交换树脂

大孔网格离子交换树脂(macroporous resin)和大孔网状吸附剂有着相同的骨架,在合成大孔网状吸附剂之后再引入化学功能基团便制成大孔网格离子交换树脂。普通凝胶树脂具有亲水性,含有水分而呈溶胀状态,分子链间距拉开,形成小于 3 nm 的微孔隙,在失去水分后孔隙闭合消失,因而此类孔隙是非长久且不稳定的,称之为"暂时孔"。大孔网格树脂的基本性能和普通凝胶树脂相似,但在合成过程中由于加入了惰性的致孔剂,待网格骨架固化和链结构单元形成后,用溶剂萃取或水洗蒸馏将致孔剂除去,留下不受外界条件影响的"永久孔",其孔径远大于 3 nm,可达到 100 nm 甚至 1 000 nm,故称为大孔网格树脂,在此骨架上引入可交换离子基团即制备成大孔网格离子交换树脂。

大孔网格离子交换树脂和凝胶树脂相比,有以下特点:①交联度高、溶胀度小,有较好的理化稳定性;②有较大的孔度、孔径和比表面积,给离子交换提供良好的接触条件,交换速度快,抗有机污染能力强,其永久孔在水合作用时起缓冲作用,耐胀缩不易破碎;③适用于吸附有机大分子和非水体系中的离子交换,容易进行功能基反应,在有机反应中可用作催化剂;④流体阻力小,工艺参数稳定。但此类树脂因装填密度小、体积交换容量小、洗脱剂用量大、价格较贵且一次性投资较大等缺点,并不能完全取代凝胶树脂。

6.2.7.2 两性离子交换树脂

同时含有酸、碱两种基团的树脂称为两性树脂,有强碱-弱酸和弱碱-弱酸两种类型,其相反电荷的活性基团可以在同一分子链上,也可以在两条互相接近的大分子链上,包括热再生性两性树脂和蛇笼树脂。

弱酸-弱碱合体的两性树脂在室温下能吸附 NaCl 等盐类,在 70~80 ℃时盐型树脂的分解反应达到初步脱盐而不用酸碱再生剂,此类树脂称为热再生树脂,主要用于苦咸水的淡化及废水处理。

蛇笼树脂兼有阴阳离子交换功能基,这两种功能基团共价连接在树脂骨架上,交联的阴离子交换树脂为"笼",线性的聚丙烯为"蛇","蛇"被关在"笼"中不漏出。蛇笼树脂利用其阴阳两种功能基截留、阻滞溶液中强电解质(如盐类),排斥有机物(如乙二醇),使有机物先随流出液流出,可应用于糖类、乙二醇和甘油等有机物的除盐,称为离子阻滞法。

6.2.7.3 螯合树脂

螯合树脂含有螯合功能基团,对某些离子具有特殊选择性吸附能力,因为它既有生成离子键又有形成配位键的能力,在螯合物形成之后,结构形状有的如螃蟹。氨基羧酸性螯合树脂主要用于氯碱工业离子膜法的制碱工艺中盐水的二次精制,去除 Ca^{2+} 和 Mg^{2+},以保护离子交换膜,提高产品浓度和质量,降低能耗,提高电解时电流效率。还有一些对其他离子具有很强结合力的如磷酸类螯合树脂、多羟基类螯合树脂等。

6.2.7.4 多糖基离子交换剂

以高聚物为骨架的离子交换树脂在无机离子交换和有机酸、氨基酸、抗生素等生物小分子的回收、提取方面应用广泛,但对蛋白质等生物大分子的分离提取则不适用。生物大分子的离子交换要求固相载体具有亲水性和较大的交换空间,还要求固相载体对其生物活性有稳定作用,至少不能有变性作用,并易于洗脱。而离子交换树脂疏水性强、交联度大、空隙小、电荷密度大,生物大分子不仅难以进入,而且进入后很有可能失去活性。而采用生物来源的高聚物多糖基离子交换剂具有高的亲水性,能使离子交换剂在水中充分溶胀形成"水溶胶",从而为生物大分子提供良好的微环境,且其较大的孔径使生物大分子容易进入离子交换剂内部,电荷密度适当可避免生物大分子的多个带电荷残基与交换剂的多个活性基团结合而发生失活。常见的多糖基离子交换剂有离子交换纤维素、葡聚糖凝胶离子交换剂。

1. 离子交换纤维素

离子交换纤维素为开放的长链骨架,大分子物质能够自由地在其中扩散和交换;其亲水性强、表面积大,易吸附大分子;交换基团稀疏,对大分子的实际交换容量大;其吸附力弱,交换和洗脱条件缓和,不易引起变性,分辨力强,能分离复杂的生物大分子化合物。

根据连接在纤维素骨架上活性基团的性质,离子交换纤维素可分为阳离子交换纤维素和阴离子交换纤维素,每大类又分为强酸、强碱型,中强酸、中强碱型,弱酸、弱碱型等。与离子交换树脂类似,当吸附介质中为带正电的吸附质时采用阳离子交换纤维素,反之则选用阴离子交换纤维素。实验室中最常用的为 DEAE 纤维素、CM-纤维素或 DEAE-Sephadex、CM-Sephadex,对大分子两性物质如蛋白质的选择情况如图 6-6 所示。

图 6-6(a)表示酸性蛋白质(pI 为 5)的解离曲线和 DEAE-纤维素及 CM-纤维素的解离曲线。蛋白质作为一个阴离子,其 DEAE-纤维素层析柱可在 pH 值为 5.5~9.0 范围内进行。在这个 pH 值范围内,蛋白质和交换剂都是解离的,且带相反的电荷。而在 CM-纤维素上分离则限于较窄的 pH 值范围(pH 值为 3.5~4.5)。

图 6-6(b)表示碱性蛋白质(pI 为 8)和羧甲基纤维素、DEAE-纤维素及强碱离子交换剂 QAE-Sephadex 的解离曲线。蛋白质作为阳离子,用羧甲基纤维素层析可在 pH3.5~7.5 进行。如作为阴离子用 DEAE-纤维素,层析则仅限于 pH8.5~9.5 的范围内进行,而用 QAE-Sephadex 可在 pH8.5~11.0 进行。当然在实际操作中,还需要考虑吸附质的稳定性及杂质的特性。

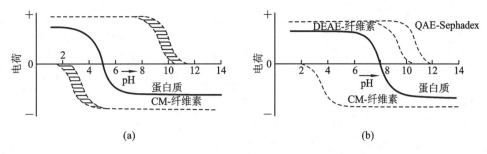

图 6-6 蛋白质离子交换分离中交换剂的选择
(a) 酸性蛋白质；(b) 碱性蛋白质

离子交换纤维素的预处理和再生与离子交换树脂相似，只是浸泡用的酸碱浓度要适当降低，处理时间也从 4 h 缩短为 0.3~1 h。离子交换纤维素使用前需用多量水浸泡、漂洗，使之充分溶胀，然后用数十倍的 0.5 mol/L 的 HCl 和 0.5 mol/L 的 NaOH 溶液反复浸泡处理，每次换液需用水洗至近中性。第二步处理时按交换的需要决定平衡离子，最后用交换用缓冲液平衡备用。需要注意的是离子交换纤维素相对不耐酸，所以用酸处理的浓度和时间要小心控制。对阴离子交换纤维素来说，即使在 pH 值为 3 的环境中长期浸泡也是不利的。在用碱处理时，阴离子交换纤维素膨胀度很大，以致影响过滤或流速，克服的办法是在 0.5 mol/L 的 NaOH 溶液中加上 0.5 mol/L 的 NaCl。

2. 葡聚糖凝胶离子交换剂

葡聚糖凝胶离子交换剂又称离子交换交联葡聚糖，是将活性交换基团连接于葡聚糖凝胶上制成的各种交换剂。它与纤维素一样具有亲水性，对生物活性物而言是一个十分温和的环境。它能引入大量活性基团而骨架不被破坏，交换容量很大，是离子交换纤维素的 3~4 倍，外形呈球形，装柱后流动相在柱内流动的阻力很小。离子交换交联葡聚糖由于具有一定空隙的三维结构，所以兼有分子筛的作用，它与离子交换纤维素不同之处还有电荷密度、交换容量较大，而膨胀度受环境 pH 值及离子强度的影响也较大。

市售的离子交换交联葡聚糖是由葡聚糖凝胶 G-25 及 G-50 两种规格的母体制成的，离子交换交联葡聚糖命名时将活性基团写在前面，然后写骨架 Sephadex，最后写原骨架的编号。为了使阴、阳离子交换交联葡聚糖便于区别，在编号前添加字母"A"（表示阴离子）或"C"（表示阳离子）。如载体 Sephadex G-25 构成的离子交换剂有 CM-Sephadex C-25、DEAE-Sephadex A-25 及 QAE-Sephadex A-25 等。离子交换交联葡聚糖的主要特征如表 6-4 所示。

表 6-4 常用的葡聚糖凝胶离子交换剂的主要特征

商品名称	类型	功能型基团	反离子	对小离子吸附容量/(mmol/g)	对血红蛋白吸附容量/(g/g)	稳定pH值
CM-Sephadex C-25	弱酸阳离子	羧甲基	Na^+	4.5±0.5	0.4	6~10
CM-Sephadex C-50	弱酸阳离子	羧甲基	Na^+		9	9~2
DEAE-Sephadex A-25	中强碱阴离子	二乙基氨基乙基	Cl^-	3.5±0.5	0.5	10~2
DEAE-Sephadex A-50	中强碱阴离子	二乙基氨基乙基	Cl^-		5	
QAE-Sephadex A-25	强碱阴离子	季铵乙基	Cl^-	3.0±0.4	0.3	

续表

商品名称	类型	功能型基团	反离子	对小离子吸附容量 /(mmol/g)	对血红蛋白吸附容量 /(g/g)	稳定 pH 值
QAE-Sephadex A-50	强碱阴离子	季铵乙基	Cl^-		6	
SE-Sephadex C-25	强酸阳离子	磺乙基	Na^+	2.3±0.3	0.2	2~10
SE-Sephadex C-50	强酸阳离子	磺乙基	Na^+		3	
SP-Sephadex C-25	强酸阳离子	磺丙基	Na^+	2.3±0.3	0.2	10~2
SP-Sephadex C-50	强酸阳离子	磺丙基	Na^+		7	
CM-Sephadex CL-6B	强酸阳离子	羧甲基	Na^+	13±2	10.0	3~10
DEAE-Sephadex CL-6B	中强碱阴离子	二乙基氨基乙基	Cl^-	12±2	10.0	3~10

6.3 吸附与离子交换的理论

6.3.1 吸附平衡理论

吸附质在吸附剂上的吸附平衡是指吸附达到平衡时,吸附剂所吸附的吸附质浓度 q 与液相中游离吸附质浓度 c 之间存在一个函数关系,一般 q 是 c 和 T 的函数,即

$$q = f(c, T) \tag{6.4}$$

但一般吸附过程是在一定温度下进行的,当吸附到达平衡时,吸附量与浓度和温度有关,当温度一定时,吸附量与浓度之间的函数关系称为吸附等温线。吸附剂与吸附质之间作用力不同、吸附剂表面状态不同,则吸附等温线也将随之改变。q 和 c 之间的关系体现为如下几种吸附平衡类型(图 6-7)。

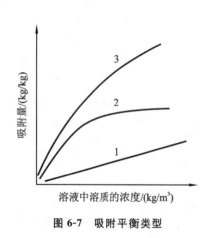

图 6-7 吸附平衡类型

1. 亨利(Henry)型吸附平衡

如图 6-7 中曲线 1,其吸附函数为

$$q = Kc \tag{6.5}$$

式中,K 为吸附平衡常数。此类吸附平衡表明平衡吸附质浓度与游离相吸附质浓度成线性关系,一般在低浓度范围内成立。

2. 佛罗因德里希(Freundlich)型吸附平衡

当吸附质浓度较高时,吸附平衡常为非线性,如图 6-7 中曲线 3 所示,经常利用佛罗因德里希经验方程描述此类吸附平衡,即

$$q = Kc^n \tag{6.6}$$

式中,K 为吸附平衡常数;n 为指数,可通过实验来测定。抗生素、类固醇、激素等产品的吸附分离通常符合此类吸附等温线。通过实验测定不同浓度 c 时与吸附量 q 的对应关系,在对数

坐标中,式(6.6)可变为
$$\lg q = n\lg c + \lg K \tag{6.7}$$
通过实验数据即可得到 n 和 K 值,当 $n<1$ 时,表明吸附效率高;若 $n>1$ 则表明吸附效果不理想。

3. 兰格缪尔(Langmuir)型吸附平衡

在单分子层吸附时,兰格缪尔型吸附平衡能很好地解释此类吸附现象,该理论认为吸附剂上具有许多活性位点,每个活性位点具有相同的能量,只能吸附一个分子且被吸附的分子间无作用力,如图 6-7 中曲线 2 所示。据此理论推导出兰格缪尔吸附平衡方程,即
$$q = \frac{q_0 c}{K + c} \tag{6.8}$$
式中,q_0 为饱和吸附容量;K 为吸附平衡解离常数,可用实验来确定。生物制品如酶、蛋白质分离提取时符合此类吸附。

6.3.2 影响吸附的主要因素

固体吸附剂在溶液中的吸附过程比较复杂,主要考虑三种作用力:①界面层上吸附剂与吸附质间的作用力;②吸附剂与溶剂之间的作用力;③吸附质与溶剂之间的作用力。影响吸附的主要因素有如下几个方面。

1. 吸附剂的性质

吸附剂的比表面积、颗粒度、孔径、极性等对吸附的影响很大。比表面积主要与吸附容量有关,颗粒度和孔径分布主要影响吸附速度,颗粒度越小吸附速度就越快,孔径适当有利于吸附质向空隙中扩散,加快吸附。对于相对分子质量大的吸附质要选用孔径大的吸附剂,而对相对分子质量较小的吸附质,则需选择比表面积大及孔径较小的吸附剂。如废水中苯酚的分离除去选取吸附剂时,因苯酚的分子横截面面积为 21×10^{-10} m^2,纵截面面积为 41.2×10^{-10} m^2,对 Amberlite XAD-4(比表面积 750 m^2/g,孔径 50×10^{-10} m)和 Amberlite XAD-2(比表面积 330 m^2/g,孔径 90×10^{-10} m)两种吸附剂而言,根据比表面积和孔径应选前者更合适。

2. 吸附质的性质

根据吸附质的性质可以预测相对吸附量,主要有如下几条吸附规律。

(1) 能使表面张力降低,易为表面所吸附,所以吸附剂容易吸附对固体的表面张力较小的液体;

(2) 吸附质在易溶的溶剂中被吸附时,吸附量较少;

(3) 极性吸附剂容易吸附极性吸附质,非极性吸附剂容易吸附非极性吸附质,极性吸附剂在非极性溶剂中易于吸附非极性吸附质,而非极性吸附剂易于从极性溶剂中吸附极性吸附质。如非极性吸附剂活性炭在水溶液中能够良好地吸附一些有机化合物,而极性的硅胶易于在有机溶剂中吸附极性的吸附质。

(4) 结构相似的化合物,在其他条件相同的情况下,熔点较高的容易被吸附,因为熔点较高的化合物一般溶解度较低。

3. 温度

吸附过程一般是放热过程,故只要达到了吸附平衡,升高温度将会降低吸附量,但在低温时,吸附过程往往在短时间内达不到平衡,升温会加快吸附速率,并出现吸附量增加的情况。对蛋白质或酶类的分子进行吸附时,被吸附的高分子处于伸展状态,因此此类吸附是吸热过

程,此过程升温将会增加吸附量,但要考虑生化物质的热稳定性。

4. 溶液 pH 值

溶液的 pH 值往往会影响吸附剂或者吸附质的解离情况,进而影响吸附量,对蛋白质或酶类等两性物质,一般在等电点附近吸附量最大。不同吸附质的最佳吸附 pH 值条件须通过实验来确定。

5. 盐的浓度

溶液中盐离子的存在对吸附的影响比较复杂,有些时候盐不利于吸附,如在低浓度盐溶液中吸附的蛋白质或酶,常用高浓度的盐溶液进行洗脱,而有些时候盐又能促进吸附,有的吸附剂还一定要在盐存在条件下才能对某种吸附质进行吸附,如硅胶吸附蛋白质时加入硫酸铵能使吸附量增加很多倍。最佳的盐浓度通常需要通过实验来确定。

6.3.3 吸附过程理论

6.3.3.1 间歇吸附过程

与单级萃取相似,间歇吸附依靠两个基本方程,一是吸附等温线,最常用的是佛罗因德里希吸附等温线(图 6-7)。另一个方程是根据质量衡算得出的操作曲线方程,设 Q 为进料量(m^3),W 为吸附量,c_0 和 c 分别为进料和吸附残液中吸附质浓度,q_0 和 q 分别为初始和最终吸附剂的吸附量。根据质量衡算有

$$c_0 Q + q_0 W = cQ + qW \tag{6.9}$$

式(6.9)经整理可得操作方程,即

$$q = q_0 + \frac{Q}{W}(c_0 - c) \tag{6.10}$$

式(6.9)和式(6.10)可使用图解法或数学解析法求解(图 6-8)。图 6-8 为间歇吸附操作的图解法,解题过程为:先在直角坐标系上绘出吸附平衡曲线和操作曲线,平衡线和操作线的交点为 (c, p),其横坐标 c 表示吸附液中吸附质的浓度,纵坐标 q 表示操作平衡时的吸附量。

6.3.3.2 连续搅拌吸附过程

间歇吸附适合于小规模生产操作,对于大规模生产的产物分离,一般采用连续搅拌槽进行吸附操作。典型的连续吸附操作如图 6-9 所示。初始时,搅拌槽内是不含吸附质的纯溶液和吸附剂,当待分离的料液连续进入搅拌吸附槽,流速为 Q,吸附质浓度为 c_0,经吸附分离的料液同样以流速 Q 连续流出,流出液中吸附质浓度为 c,c 随时间变化而变化。操作开始时,吸附剂中吸附质浓度 $q=0$,而随着吸附的进行,q 随时间变化而变化。根据反应工程理论,连续搅拌槽内的物料是均匀混合的,故流出的吸附质浓度应与槽内浓度相同。

图 6-9 中曲线 1 表示没有吸附作用时槽内流出的料液中吸附质浓度随时间的变化曲线,显然开始时流出液中吸附质的浓度升高很快。而曲线 3 表示的是无限快速吸附的特例,曲线 2 则是最常见的吸附动力学曲线。

6.3.3.3 固定床吸附过程

固定床吸附操作是最普遍而又重要的吸附分离方式,是将吸附剂固定在一柱式塔内部上,含有目的吸附质的料液从一端进入,流经吸附剂从另一端流出的吸附操作过程。如图 6-10 所示,操作开始时,由于绝大部分吸附质被吸附剂滞留,故吸附残液中溶质浓度较低,随着吸附

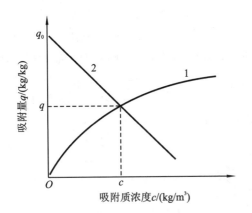

图 6-8　间歇吸附操作的图解法

曲线 1 为平衡曲线；曲线 2 为操作曲线

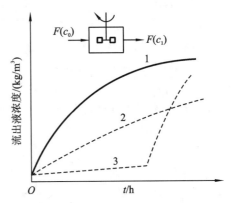

图 6-9　连续搅拌槽的吸附操作

曲线 1 表示吸附剂对吸附质不吸附；

曲线 2 表示一般的吸附操作；

曲线 3 表示快速吸附

过程的继续，流出残液的吸附质浓度逐渐升高，到某一时刻，其浓度急剧增大，此时称为吸附过程的穿透点。在此时应立即停止操作，并对吸附剂进行再生后重新使用。固定床吸附器一般为圆柱形设备，主要有立式固定床吸附器、卧式固定床吸附器和环式固定床吸附器三种类型。

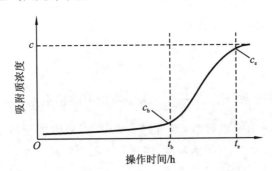

图 6-10　经固定床吸附后料液的吸附质浓度变化曲线

6.3.4　离子交换平衡理论

1. 交换机理

在没有待分离的溶质存在时，离子交换剂表面的离子基团或可离子化的基团 R(R^+ 或 R^-)一直被其反粒子所覆盖，液相中的反离子浓度为一常数。溶质与反离子带有相同的电荷，溶质的吸附是基于其与离子交换基团相反电荷的静电引力，典型的离子交换反应如下：

阳离子交换反应　　　　　$R^-B^+ + A^+ \Longleftrightarrow R^-A^+ + B^+$ 　　　　　(6.11)

阴离子交换反应　　　　　$R^+B^- + A^- \Longleftrightarrow R^+A^- + B^-$ 　　　　　(6.12)

式中，R^+ 及 R^- 为离子交换基，B 为反离子，A 为溶质。则上述离子交换反应的平衡常数 K_{AB} 分别为

$$K_{AB}(+) = \frac{[RA][B^+]}{[RB][A^+]} \tag{6.13}$$

$$K_{AB}(-) = \frac{[RA][B^-]}{[RB][A^-]} \tag{6.14}$$

图 6-11 描述了离子交换的机理,其过程如下:①A^+ 自溶液中扩散到离子交换树脂表面;②A^+ 从离子交换树脂表面进入内部的活性中心;③A^+ 与 RB 在活性中心上发生复分解反应,B^+ 解离下来;④解吸附离子 B^+ 自树脂内部扩散到树脂表面;⑤B^+ 从树脂表面扩散到溶液中。上述步骤中,步骤①和⑤、②和④互为可逆过程,扩散速度相同,而扩散方向相反。将步骤①和⑤称为外部扩散,而步骤②和④称为内部扩散,步骤③称为交换反应。交换过程速度的控制步骤是扩散速度,不同的分离体系可能由内部扩散或者外部扩散控制。

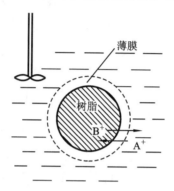

图 6-11 离子交换过程的机理

2. 交换速度方程

由于交换速度方程的推导比较复杂,现将其推导结果列出。

当为外部扩散控制时,交换速度方程为

$$\ln(1-F) = -K_1 t \tag{6.15}$$

式中,K_1 为外部扩散速率常数,$K_1 = \dfrac{3D_1}{r_0 \Delta r_0 r}$,$D_1$ 为液相中的扩散系数,r_0 为树脂颗粒半径,Δr_0 为颗粒表面薄膜层厚度,r 为吸附常数,当达到平衡时,固相浓度与液相浓度之比在稀溶液中为一常数;F 表示时间为 t 时树脂的饱和度,即树脂上的吸附量与平衡吸附量之比。

当为内部扩散控制时,交换速度方程为

$$F = 1 - \frac{6}{\pi^2} \sum_{n=1}^{\infty} \frac{1}{n^2} e^{-\frac{D_i n^2 \pi^2 t}{r_0^2}} \tag{6.16}$$

式中,D_i 为树脂内的扩散系数。如令

$$B = \frac{D_i \pi^2}{r_0^2} \tag{6.17}$$

则式(6.16)可变为

$$F = 1 - \frac{6}{\pi^2} \sum_{n=1}^{\infty} \frac{1}{n^2} e^{-Bn^2} \tag{6.18}$$

由 Bt 的值就可以求得 F。F 与 Bt 的关系可由文献查得,以 Bt 与 t 为坐标作图,如得到一直线,就可以证明交换过程为内部扩散控制。

6.3.5 偶极离子吸附

两性化合物如氨基酸、蛋白质、多肽等均具有酸、碱两种性质,能够分别与酸或碱作用成盐。在溶液中,两性化合物可存在阳离子、阴离子和偶极离子三种电化学状态。

$$\text{R—CH—COOH} \atop \text{NH}_2$$

两性化合物 ⇅

$$\underset{\text{阴离子}}{\text{R—CH—COO}^- \atop \text{NH}_2} \underset{\text{p}K_2}{\overset{\text{OH}^-}{\rightleftharpoons}} \underset{\text{偶极离子}}{\text{R—CH—COO}^- \atop \text{NH}_3^+} \underset{\text{p}K_1}{\overset{\text{H}^+}{\rightleftharpoons}} \underset{\text{阳离子}}{\text{R—CH—COOH} \atop \text{NH}_3^+}$$

应用氢型磺酸树脂吸附丙氨酸时,发现不是等物质的量的交换,而且流出液中没有 H^+ 的存在,而在用酸洗脱时,则丙氨酸和 H^+ 是等物质的量的关系。

6.3.6 影响离子交换速度的主要因素

1. 颗粒大小

不论是内部扩散控制还是外部扩散控制的离子交换过程,离子交换树脂颗粒越小交换速度越快。图 6-12 和表 6-5 为离子交换树脂颗粒大小对交换速度的影响。

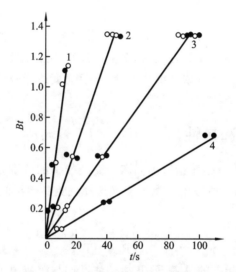

图 6-12 离子交换树脂颗粒大小对交换速度的影响

○—0.91 mol/L Na^+;●—1.82 mol/L Na^+

表 6-5 在磺酸基聚苯乙烯树脂上交换过程的速度数据

图 6-12 中直线	DVB/(%)	r_0/cm	温度/℃	B	$D_i \times 10^6$	半饱和时间/s
1	5	0.027 2	25	0.082	6.1	3.7
2	17	0.027 3	50	0.029	2.2	10.4
3	17	0.027 3	25	0.014 3	1.08	21.0
4	17	0.044 6	25	0.001 6	1.23	49

2. 交联度

交联度(DVB)越大,孔径越小,离子扩散运动阻力越大,交换速度越慢。当内部扩散控制反应速度时,降低交联度能提高交换速度。如表 6-5 所示,交联度为 5% 的树脂交换速度较快,其内部扩散系数 D_i 约为交联度为 17% 的树脂的 6 倍。

3. 温度

溶液的温度提高,扩散速度加快,离子交换速度也加快。

4. 离子化合价

离子在交换树脂中扩散时和交换树脂骨架存在库仑力,离子化合价越高静电引力越大,扩散速度越慢。化合价增加一价,内部扩散系数的值就要减少一个数量级。

5. 离子大小

小离子的交换速度比较快。例如用 NH_4^+ 型磺酸基聚苯乙烯树脂去交换下列离子时,达到半饱和的时间分别是:Na^+ 为 1.25 min;$N(CH_3)_4^+$ 为 1.75 min;$N(C_2H_5)_4^+$ 为 3 min;$C_6H_5N(CH_3)_2CH_2C_6H_5^+$ 为 1 周。大分子在树脂中的扩散速度特别慢,因为大分子会和树脂骨架碰撞,甚至使骨架变形。有时候可以利用大分子与小分子在某种离子交换树脂上交换速度的不同而达到分离的目的,这种树脂称为分子筛。

6. 搅拌速度

当液膜控制时,增加搅拌速度会使交换速度增加,但增大到一定程度后提高搅拌速度,对交换速度的影响就比较小。

7. 溶液浓度

当溶液浓度为 0.001 mol/L 时,一般为外部扩散控制,当溶液浓度增加时,交换速度也按比例增加。当浓度达到 0.01 mol/L 左右时,溶液浓度再增加交换速度增加较慢,此时内部扩散和外部扩散同时起作用,当溶液浓度继续增加,交换速度达到极限值之后就不再增大,此时已转变为内部扩散控制。

6.3.7 离子交换的选择性

离子交换树脂的选择性就是树脂对不同离子交换能力的差别,离子和树脂活性基团的亲和力越大,就越容易被该树脂所吸附。离子交换选择性集中地反映在交换常数 K 值上,可表示为

$$K_A^B = \frac{[R\text{-}B][A]_s}{[R\text{-}A][B]_s} \tag{6.19}$$

式中,K_A^B 为交换常数,是树脂上的 A 离子、B 离子浓度比与溶液中 A 离子、B 离子浓度比的比值;[R-A]、[R-B]分别表示结合在树脂上的 A 离子和 B 离子的浓度;$[A]_s$、$[B]_s$ 分别表示溶液中 A 离子和 B 离子的浓度。

影响离子交换选择性的因素有如下几方面。

6.3.7.1 离子水合半径

对无机离子而言,离子水合半径越小,离子在树脂上的亲和力越大,越容易被吸附。无机离子在水溶液中都要与水分子发生水合作用形成水合离子,水合离子的半径才是离子在溶液中的大小。随着原子序数的增加,离子半径也增加,离子表面电荷密度相对减少。表 6-6 列出了一些离子的水合作用和水合半径。

第6章 吸附与离子交换

表 6-6 一些阳离子的水合作用与水合半径

项目 \ 离子	一价离子					二价离子			
	Li^+	Na^+	K^+	Rb^+	Cs^+	Mg^{2+}	Ca^{2+}	Sr^{2+}	Ba^{2+}
原子序数	3	11	19	37	55	12	20	38	56
裸半径/μm	0.068	0.098	0.133	0.149	0.165	0.069	0.117	0.134	0.149
水合半径/μm	0.1	0.79	0.53	0.509	0.505	0.108	0.96	0.96	0.88
水合水/mol	12.6	8.4	4.0	—	—	13.3	10.0	8.2	4.1

各种离子按照水合离子半径对树脂亲和力大小的次序如下：

一价阳离子　　$Li^+ < Na^+ \approx NH_4^+ < Rb^+ < Cs^+ < Ag^+ < Ti^+$

二价阳离子　　$Mg^{2+} \approx Zr^{2+} < Cu^{2+} < Ni^{2+} < Co^{2+} < Ca^{2+} < Sr^{2+} < Pb^{2+} < Ba^{2+}$

一价阴离子　　$F^- < HCO_3^- < Cl^- < HSO_3^- < Br^- < NO_3^- < I^- < ClO_4^-$

对同价离子则水合半径小的能取代水合半径大的。H^+、OH^- 对树脂的亲和力与树脂的性质有关。对强酸型树脂，H^+ 和树脂的结合力很弱，与 Li^+ 相当，而对弱酸型树脂而言，H^+ 具有最强的置换能力，其交换顺序列在同价金属离子之后。OH^- 的置换顺序取决于树脂碱性基团的强弱，对强碱型树脂，其亲和力在 F^- 之前，而对弱碱型树脂则在 ClO_4^- 之后。因而强酸、强碱型离子交换树脂较之弱酸、弱碱型离子交换树脂再生更困难，且酸、碱用量很大。

6.3.7.2 离子化合价

离子交换树脂总是优先吸附高价离子，而低价离子被吸附时则较弱，常见阳离子的被吸附顺序为：$Fe^{3+} > Al^{3+} > Ca^{2+} > Mg^{2+} > Na^+$，常见阴离子的被吸附顺序为：柠檬酸根＞硫酸根＞硝酸根。

6.3.7.3 溶液 pH 值

溶液的酸碱度直接决定树脂活性及交换离子的解离程度，不仅影响树脂的交换容量，而且对交换选择性影响也较大。对强酸、强碱型树脂，溶液 pH 值主要影响交换离子的解离度，决定其带何种电荷及电荷量，从而可知它是否被树脂吸附或者吸附的强弱。对于弱酸、弱碱型树脂，溶液的 pH 值是影响树脂解离程度和吸附能力的重要因素，但过强的交换能力有时会影响到交换的选择性，同时增加洗脱的困难。对生物活性分子而言，过强的吸附剂以及剧烈的洗脱条件会增加其变性失活的机会。此外，树脂的解离程度与活性基团的水合程度也密切相关。水合度高的溶胀度大，选择吸附能力下降，这就是为什么在分离蛋白质或酶时较少选用强酸、强碱型树脂的原因。

6.3.7.4 离子强度

高浓度的离子必然与目的吸附质离子进行竞争，减少有效交换容量，此外，离子的存在会增加蛋白质分子及树脂活性基团的水合作用，降低吸附选择性和交换速率，所以在保证目的吸附质溶解度和溶液缓冲能力的前提下，尽量采用低离子强度。

6.3.7.5 有机溶剂的影响

当有机溶剂存在时，常会使离子交换树脂对有机离子的选择性降低而更容易吸附无机离子。这是因为离子交换树脂在水相和非水相体系中的行为是不同的，有机溶剂的存在会使树脂收缩,这时由于树脂结构变紧密降低了吸附有机离子的能力。而且有机溶剂使离子溶剂化程度降低,易水合的无机离子降低程度大于有机离子,有机溶剂会降低有机物的电离度,这两种因素使得当有机溶剂存在时,不利于有机离子的吸附。利用这个特性,常常在洗涤剂中加入有机溶剂来洗脱难以洗脱的有机物质。

6.3.8 离子交换操作方法

6.3.8.1 离子树脂的选择

选择离子交换树脂的主要依据是被分离物的性质和分离目的。如果被分离物质带正电应采用阳离子交换树脂,而带负电的物质应采用阴离子交换树脂分离。最主要的是根据分离要求和分离环境保证分离目标物与主要杂质对树脂的吸附力有足够的差异。当目标物质具有较强的酸、碱性时,宜采用弱酸型或者弱碱型树脂,而目标物质是弱酸性或弱碱性的小分子时,往往选用强碱或强酸型树脂。如氨基酸的分离一般采用强酸型树脂,以保证有足够的结合力,便于洗脱分离。

就树脂而言,要求孔径适宜,孔径太小影响交换速度,使有效交换容量下降,而孔径太大会导致选择性下降。离子交换树脂离子型也是选择的依据,主要是根据分离目的进行选择,如将肝素钠转换成肝素钙时,需要将所用的阳离子交换树脂转换成 Ca^{2+} 型后与肝素钠进行交换。离子交换树脂的粒度、交联度、稳定性等也是考虑的因素,离子交换条件如 pH 值、溶液中产物浓度、洗脱条件等亦需要考虑。

6.3.8.2 离子树脂的处理和再生

1. 树脂的预处理和转型

市售树脂在使用前都要先去杂、过筛,粒度过大时可稍加粉碎。对于粉碎后的树脂或者粒度不均匀的树脂应进行筛选,如浮选处理。具体方法如下:先用水浸泡,使其充分膨胀并除去细小颗粒,再用 8~10 倍量的 1 mol/L 盐酸或 NaOH 交替浸泡,每次换酸、碱前都要用水洗至中性。如 732 树脂在用作分离氨基酸前先用 8~10 倍量盐酸搅拌浸泡 4 h,用水反复洗至中性,再用 8~10 倍量 NaOH 搅拌浸泡 4 h,用水反复洗至中性后,又用 8~10 倍量盐酸搅拌浸泡 4 h,用水反复洗至中性备用。最后一步盐酸处理使之变为氢型树脂的操作也可称为转型。对强酸型树脂来说应用状态还可以是钠型,若把上述过程中的酸—碱—酸处理换成碱—酸—碱处理即可得到钠型树脂。对于阴离子交换树脂,按碱—酸—碱处理便成羟型,若按酸—碱—酸处理则为氯型树脂。

2. 树脂的再生

树脂的再生就是让使用过的离子交换树脂重新获得使用性能的处理过程。离子交换树脂一般可以多次使用,故使用过的树脂可采用再生操作反复使用。使用过的树脂再生前首先要去杂,即采用大量水冲洗树脂,以除去数值表面和空隙内部吸附的各种杂质,然后采用酸、碱处理除去与功能基团相结合的杂质,使其恢复原有的静电吸附能力。

再生可在柱内或者柱外进行,分别称为静态法和动态法。静态法是将树脂放在一定的容器内,加入一定浓度的适量酸碱浸泡或搅拌一段时间,水洗至中性后完成再生。动态法是在柱中进行再生,其操作程序同静态法,该法适用于工业生产规模的大型离子交换树脂柱的再生处理,其效果比静态法要好。

3. 树脂的保存

用过的树脂必须经再生后方能保存。阴离子型交换树脂 Cl^- 型较 OH^- 型稳定,用盐酸处理后,水冲洗至中性,在湿润状态密封保存。阳离子交换树脂 Na^+ 型较稳定,用 NaOH 处理后,水洗至中性,在湿润状态密封保存,防止干燥和长霉。

6.3.8.3 离子交换基本操作方法

1. 离子交换的操作方式

一般分为静态和动态操作两种方式。静态交换是将树脂与交换溶液混合置于一定的容器中搅拌进行。静态操作方式简单、设备要求低,是分批进行的,交换不完全,不适宜用作多种成分的分离,树脂也有一定的损耗。动态法是先将树脂装柱,交换溶液以平流方式通过柱床进行交换,该法不需要搅拌,交换完全、操作连续,而且可以使吸附与洗脱在柱床的不同部位同时进行,适合于多组分分离,例如用 732 离子交换柱可以分离多种氨基酸。

2. 洗脱方式

离子交换完成后将树脂所吸附的物质释放出来重新转入溶液的过程称为洗脱。洗脱分为静态和动态两种方式。一般来说静态交换后也采用静态洗脱,动态交换后采用动态洗脱,洗脱液分酸、碱、盐和溶剂等类。酸碱洗脱旨在改变吸附物的电荷或改变树脂基团的解离状态,以消除静电结合力,迫使目的物被释放出来,盐类洗脱液是通过高浓度的带同种电荷的离子与目的物竞争树脂上的活性基团,并取而代之,使吸附物游离出来。

实际工作中,静态洗脱可进行一次,也可进行多次反复洗脱,旨在提高目的物的收率。动态洗脱在柱中进行。洗脱液的 pH 值和离子强度可以始终不变,也可以按分离的要求人为地分阶段改变其 pH 值或离子强度,即阶段洗脱,此法常用于多组分分离。这种洗脱液的改变也可以通过仪器如梯度洗脱仪来完成,使洗脱条件的改变连续化,其洗脱效果优于阶段洗脱,特别适用于高分辨率的分析目的。

连续梯度洗脱可采用自动化的梯度混合仪,还可以采用市售或自制的梯度混合仪。图 6-13 是浓度梯度形成示意图,A 瓶中装有低浓度盐溶液,B 瓶中装有高浓度盐溶液,洗脱开始后 A 瓶的盐浓度随时间而改变,由起始浓度 c_A 逐渐升高,直至到终浓度 c_B,形成连续的浓度梯度。某一时刻洗脱液的盐浓度可为

$$c = c_A - (c_A - c_B)\left(1 - \frac{V_2}{V_1}\right)^{\frac{S_A}{S_B}} \tag{6.20}$$

式中,c_A、c_B 为两容器中的盐浓度;S_A、S_B 分别为两容器的截面积;V_2 为流经层析柱的体积,V_1 为梯度洗脱液的总体积。

如图 6-13 所示,当两容器截面积相等,即 $S_A = S_B$ 时为线性梯度;当 $S_A < S_B$ 时为凸形梯度;当 $S_A > S_B$ 时为凹形梯度。

3. 再生方式

再生时可以采用顺流再生方式,即再生液自上而下流过树脂,也可以采用逆流再生方式,即再生液自下而上流过树脂。逆流再生过程中,再生液从单元的底部分布器进入,均匀地通过树脂床向上流动,从树脂床的面上通过一个废液收集器流出,再生剂向上的同时,淋洗的水从喷洒器喷入,经树脂床向下流动,与再生废液一起排出(图 6-14)。随着再生的进行,树脂再生程度不断提高,但达到一定程度要进一步提高时,需要大大增加再生剂的用量,并不经济,因而通常不将树脂百分之百再生。

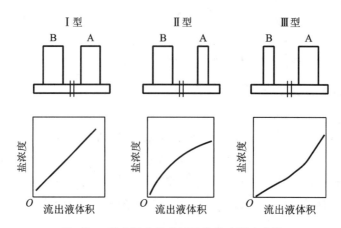

图 6-13 梯度混合仪类型及其浓度梯度曲线

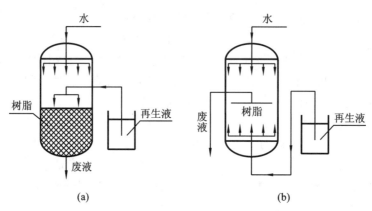

图 6-14 顺流再生和逆流再生过程示意图
(a) 顺流再生；(b) 逆流再生

6.4 吸附与离子交换的应用

6.4.1 活性炭废水脱酚

工业的快速发展导致大量工业废水的产生，废水因来源不同，其杂质成分多种多样，很多固体燃料处理装置排出的废水中酚含量很高，很多化工废水中也含有酚。因苯酚的毒性，在废水排放时需进行处理，用活性炭除酚是一个有效的办法。活性炭吸附能力主要取决于其表面色散力、含氧基团的作用和微孔的作用，对于含有苯环类的物质吸附力较强。

有研究表明，活性炭的孔径一般都不小于 1 nm，而苯酚的分子半径为 0.37 nm，可自由进入孔中。如表 6-7 所示，活性炭表面酸性基团增加会使苯酚吸附量明显减小，而对活性炭进行热处理，对其比表面积、比孔容影响不大，但总酸量大为降低，碱性基团大为增加，苯酚的吸附量大幅增加。

表 6-7 活性炭的性质对苯酚吸附量的影响(平衡浓度 $c=8.0\times10^{-3}$ mol/L)

活性炭样编号	比表面积 m²/g	比孔容 mL/g	总酸度 meq/g	吸附量 10^{-3} mmol/m²	热处理活性炭样编号	比表面积 m²/g	比孔容 mL/g	总酸度 meq/g	吸附量 10^{-3} mmol/m²
1	1 160	0.22	0.44	3.01	HT-1	1 070	0.25	0.27	4.07
2	1 100	0.21	0.25	3.68	HT-2	1 160	0.22	0.18	4.22
3	1 040	0.20	0.32	3.65	HT-3	1 040	0.20	0.15	3.85
4	980	0.19	0.35	3.06	HT-4	1 000	0.19	0.17	5.10
5	780	0.15	0.29	3.33	HT-5	790	0.15	0.13	3.48
6	680	0.13	0.41	1.83	HT-6	800	0.15	0.16	2.36

6.4.2 软水与无盐水的制备

水是工业生产的重要资源,不但需求量大而且对水质也有一定的要求。普通自来水、地下水等含有 Ca^{2+}、Mg^{2+},不能直接供给锅炉或者制药生产用水,必须进行处理以除去 Ca^{2+}、Mg^{2+}。目前离子交换法仍然是最主要、最先进、最经济的水处理技术。

1. 软水的制备

利用钠型磺酸树脂除去水中的 Ca^{2+}、Mg^{2+} 等碱金属离子后即可制得软水,其交换反应式为

$$2RSO_3Na+Ca^{2+}(或 Mg^{2+}) \longrightarrow (RSO_3)_2Ca^{2+}(或 Mg^{2+})+2Na^+ \qquad (6.21)$$

经过钠型离子交换处理后的原水,残余硬度可降至 0.05 mol/L 以下,甚至可以使硬度完全消失。失效后的树脂用 10%~15% 的工业用盐水再生成钠型后可反复使用,其再生反应式为

$$RSO_3H+MeX \longrightarrow RSO_3Me+HX \qquad (6.22)$$

$$ROH+HX \longrightarrow RX+H_2O \qquad (6.23)$$

式中,Me 代表金属离子,X 代表阴离子。

2. 无盐水的制备

无盐水是将原水中的所有溶解性盐类,游离的酸、碱离子除去而得到的水。无盐水的用途十分广泛,如高压锅炉的补给水、实验室用的去离子水、制药和食品行业用水等。利用氢型阳离子交换树脂和羟型阴离子交换树脂的组合可以除去水中所有的离子,其反应式如下:

$$RSO_3H+MeX \longrightarrow RSO_3Me+HX \qquad (6.24)$$

$$R'OH+HX \longrightarrow R'X+H_2O \qquad (6.25)$$

式中,Me 代表金属离子,X 代表阴离子。

阳离子交换树脂一般采用强酸性树脂,氢型弱酸性树脂在水中不起交换作用,阴离子交换树脂可用强碱性或弱碱性树脂。弱碱性树脂再生时再生剂使用量少,交换容量也高于强碱性树脂,但弱碱性树脂不能除去弱酸性阴离子,如硅酸根、碳酸根等。在实际应用时可根据原水质量和供水要求等具体情况,采用不同的组合。当对水质要求高时,经过一次组合脱盐还达不到要求,可以采用两次组合,如强酸-弱碱-强酸-强碱或者强酸-强碱-强酸-强碱混合床。当原水

中重碳酸盐或碳酸盐含量高时,可在强酸塔或弱碱塔后面增加一个除气塔,以除去 CO_2,这样可减轻强碱塔的负荷。

原水经过阴、阳离子一次交换,称为一级交换,交换过程是由一个阳离子交换树脂床和一个阴离子交换树脂床来完成的,这种系统称为一级复床系统。一级复床系统处理后的水质较差,只能得到初级纯水,因为当水流过阳离子交换树脂时,发生的交换反应是可逆反应,不能将全部的金属离子都除去,这些阳离子就通过阳离子树脂漏出。为了制备纯度较高的无盐纯水,通常把几个阳离子交换器和几个阴离子交换器串联起来,组成多床多塔除盐系统。

然而串联的多床多塔系统也是有限的,因而发展了混合床离子交换系统。混合床的操作方法如图 6-15 所示,混合床中阴、阳离子混合在一起,犹如无数对阴、阳离子串联一般。此时氢型阳离子交换反应游离出的 H^+ 和羟型阴离子树脂交换反应游离出的 OH^- 在交换器内中和生成水,所以其脱盐效果好,在脱盐过程中可以避免溶液酸碱度的变化。但是再生操作不便,故适宜于装在强酸强碱性树脂组合的后面,以除去残留的少量盐分,提高水质。

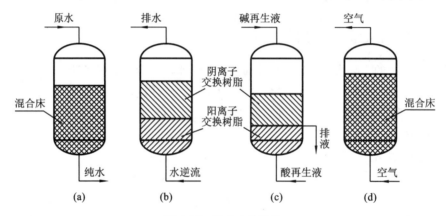

图 6-15 混合床的操作

(a) 水制备时的情形;(b) 制备结束后,用水逆流冲洗,阳、阴离子交换树脂根据相对密度不同分层,一般阳离子交换树脂较重在下面,阴离子交换树脂较轻在上面;(c) 上部、下部同时通以酸碱再生液,废液自中间排出;(d) 再生结束后,通入空气,将阴、阳离子交换树脂混合,准备制水

在离子交换法处理水时,通常只考虑了无机离子的交换,而没有考虑到有机杂质的影响。如果以地下水作为水源,则有机杂质影响较小;如以地表水为水源时,则有机杂质的影响不能忽视。有机杂质一般为酸性,故对阴离子交换树脂污染较重。阴离子树脂被有机杂质污染后一般颜色变深,可用漂白粉处理,使颜色变白,但其交换能力不能完全恢复,并会损坏树脂。也可用含 10% 的 NaCl 和 1% 的 NaOH 溶液处理,能除去树脂上吸附的色素,因碱性 NaCl 溶液对树脂无伤害,可经常处理被有机杂质污染的树脂。

6.4.3 离子交换提取蛋白质

6.4.3.1 适合蛋白质分离的离子交换剂

蛋白质的相对分子质量较大,具有一定的空间构象,其体积远大于无机离子,且蛋白质是带有大量可解离基团的两性物质,在不同的 pH 值条件下可以带不同数目的正电荷或负电荷,只有在适合的条件下,蛋白质才能保持其高级结构,否则将会遭到破坏而失活变性。因而分离蛋白质的离子交换剂除了要含有一般树脂性能之外,还需要其他一些适合蛋白质分离的特殊要求,如:①必须具备良好的亲水性;②要有均匀的大网结构,以容纳大体积蛋白质;③电荷密度适合,以免引起蛋白质空间构象变化导致失活;④离子交换剂颗粒的大小要求均匀,颗粒越小其分辨率越高;⑤能满足蛋白质分离应用目的的要求,如工业级、分析级、生物级、分子生物级等不同级别的交换剂。

适合蛋白质分离的一些离子交换剂有:①以离子交换纤维素为骨架的离子交换剂,具有松散的亲水性网络,有较大的表面积及较好的通透性,交换容量通常在 0.2～2 mmol/g,主要牌号有 DEAE-Sephacel、Cellulose 等;②以交联琼脂糖为骨架的离子交换剂,主要牌号有 Sephadex,交联葡聚糖凝胶上引入 DEAE、QA、CM、SP 等功能基成为离子交换剂;③以交联琼脂糖为骨架的离子交换剂,是由精制的琼脂糖经交联制备而成的;④以聚乙烯醇为骨架的离子交换剂,聚乙烯醇具有亲水多孔骨架,经交联后不溶于水,其网状结构具有排阻极限,并具有分子筛作用,其机械强度优良且抗微生物腐蚀,易于保存,这是多糖类离子交换剂所不能及的;⑤以聚丙烯酸羟乙酯为骨架的离子交换剂;⑥Mono 系列离子交换剂,是一种新型的耐高压、颗粒均匀的离子交换树脂,适用于高效液相色谱填料,价格昂贵。

6.4.3.2 离子交换分离蛋白质的一般步骤

蛋白质的离子交换分离行为较无机离子复杂,与离子间的静电引力、氢键、疏水作用及范德华力等有关,因蛋白质为生物大分子物质,其扩散行为也比无机离子复杂。如图 6-16 所示,以固定床离子交换分离蛋白质为例,一般有以下几个步骤。

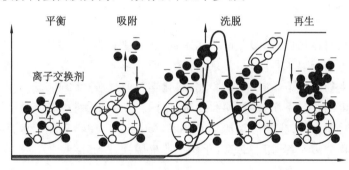

图 6-16 离子交换分离蛋白质的一般过程

1. 平衡

离子交换柱安装好后,以平衡缓冲液进行冲洗、平衡。平衡离子交换柱的目的是使离子交换剂表面的碱性或酸性配基完全被平衡缓冲液中的反粒子所饱和,确保分离柱处于稳定的状态,并确保待分离组分在平衡液中足够稳定,不能形成沉淀物。

2. 吸附

将含有目标蛋白的样品溶液进入平衡好的离子交换分离柱,样品中的各组分依据其离子交换亲和力的大小与离子交换剂发生作用,目标物分子吸附于离子交换剂上,并释放出反离子。吸附时应注意样品液中的无机离子浓度不能过高,否则会极大地影响目标物分子在树脂上的吸附,如条件允许可在吸附分离前对样品溶液进行透析处理,透析液一般为平衡缓冲液。

3. 洗脱

样品吸附完成后,用洗脱剂对目标物质进行洗脱,洗脱剂一般含有高浓度的反离子,通过其竞争性吸附实现目标物的洗脱。为了进一步提高分离的选择性,通常采用梯度洗脱法,逐渐提高洗脱剂浓度,吸附于离子交换剂上的各种蛋白质被依次洗脱下来。

4. 再生

通过使用高浓度的洗脱剂使离子交换剂重新获得吸附能力。

（本章由汪文俊编写，朱德艳初审，刘凤珠复审）

习题

1. 什么是吸附？影响吸附过程的因素有哪些？如何选择吸附分离的操作条件（包括吸附与解吸附）？

2. 常用的离子交换介质有哪些？影响离子交换速度的因素有哪些？

3. 采用离子交换树脂吸附分离抗生素，饱和吸附量为 0.062 kg（抗生素）/kg（干树脂），当抗生素浓度为 0.082 kg/m^3 时，吸附量为 0.043 kg（抗生素）/kg（干树脂）。假定此吸附过程属兰格缪尔等温吸附，求料液含抗生素 0.3 kg/m^3 时的吸附量。

4. 影响离子交换树脂选择性的因素有哪些？

5. 用于蛋白质提取分离的离子交换剂有哪些特殊要求，主要有哪几类？

6. 如何测定离子交换剂的交换容量？

参考文献

[1] 赵振国. 吸附作用应用原理[M]. 北京：化学工业出版社，2005.

[2] 田瑞华. 生物分离工程[M]. 北京：科学出版社，2008.

[3] 刘国诠. 生物工程下游技术[M]. 北京：化学工业出版社，2008.

[4] 毛忠贵. 生物工业下游技术[M]. 北京：中国轻工业出版社，2005.

[5] 欧阳平凯，胡永红. 生物分离原理及技术[M]. 北京：化学工业出版社，2010.

[6] 孙彦. 生物分离工程[M]. 北京：化学工业出版社，2005.

第 7 章　色谱分离

本章要点

本章内容主要包括色谱分离的基本原理、参数和分类,凝胶过滤色谱、疏水相互作用色谱、反相色谱、高效液相色谱的分离原理、凝胶介质结构以及用于生物样品分离的实验方案设计和具体应用实例。

色谱分离技术始于 20 世纪初。1906 年俄国生物化学家米哈伊尔·茨维特(Michail Tswett)在碳酸钙填充的玻璃柱中加入植物色素提取物,然后用石油醚冲洗,观察到数条相互分离的色带。由于这一实验将混合色素分离为不同的色带,因此将此方法命名为色谱(chromatography),又称层析。

色谱分离具有设备简单、操作方便、条件温和、分离精度高、应用范围广等优点,根据不同原理进行分离的色谱分离技术不仅普遍用于物质成分的定量和定性分析,而且广泛应用于各种生物组分的分离纯化,已成为生物工程下游分离技术中最重要的纯化技术之一。

7.1　色谱概述

7.1.1　色谱分离原理

色谱是利用混合组分中不同溶质分子在互不相溶两相之间分配行为的差异,引起移动速度的不同而实现分离的一种技术。互不相溶的两相分别称为固定相(stationary phase)和流动相(mobile phase)。前者是指填入玻璃管或不锈钢管内静止不动的一相(固体或液体),后者是指穿过固定相的一相(液体或气体)。当流动相中的样品混合物流经固定相时,溶质分子在固定相和流动相之间进行扩散传质,产生分配平衡。由于各组分结构和性质上的差异,在两相之间的分配系数不同,表现出不同组分在固定相滞留时间长短不同,从而按先后不同的次序从固定相中流出(图 7-1)。

7.1.2　色谱分离分类

色谱法是包括多种分离类型、检测方法和操作方式的分离分析技术,有多种分类方法。下面介绍几种主要的分类方法。

1. 按照流动相和固定相的物理状态分类

色谱法按照流动相的物理状态不同可分为气相色谱(gas chromatography)、液相色谱

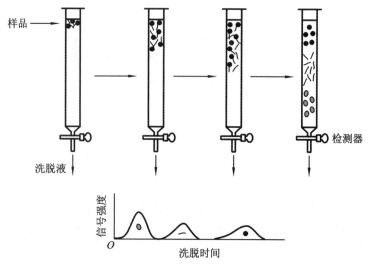

图 7-1 色谱分离过程

(liquid chromatography)和超临界流体色谱(supercritical fluid chromatography),而固定相可以是液体、固体或以固体为支持介质的液体薄层。按此分类标准,加上毛细管电泳(capillary electrophoresis),共有 6 种色谱技术。

气相色谱:气-固色谱,气-液色谱

液相色谱:液-固色谱,液-液色谱

超临界流体色谱

毛细管电泳

2. 按照固定相的形态分类

(1) 柱色谱(column chromatography) 将固定相装在色谱柱内称之为柱色谱。根据色谱柱的尺寸、结构和制备方法不同,又分为填充柱(packed column)、开管柱(open tubular column)和毛细管柱(capillary column)色谱。

(2) 平板色谱(planar chromatography) 固定相呈平板装,包括纸色谱(paper chromatography)和薄层色谱(thin layer chromatography)。前者是以滤纸为固定相或固定相载体的色谱,后者是将固定相均匀涂敷在平板上,或将固定相直接制成平板状。

3. 按分配机理分类 根据溶质分子和固定相之间的相互作用机理(如液-液分配、各种吸附作用),可将色谱法分为凝胶过滤色谱、离子交换色谱、疏水相互作用色谱、反相色谱、亲和色谱等。除亲和色谱外,本章将逐一介绍各种色谱法的原理、特点和应用。

7.2 色谱过程基本术语

7.2.1 色谱图

色谱区带(zone)描述样品各溶质组分在色谱柱内差速迁移和分子离散形成的浓度分布。当溶质组分流出色谱柱时,用色谱峰这个术语来描述该溶质组分在柱出口流动相中的浓度分布,并在记录仪上描绘出相应的色谱图。因此,色谱图是柱流出物经检测器产生的响应信号对时间或流动相流出体积的关系曲线图。它反映分离的各组分从色谱柱洗出浓度随时间的变化而变化,从一个侧面记录各组分在色谱柱内的运行情况。

1. 基线(base line)

当没有样品随流动相进入检测器时,在实验条件下,检测器输出的信号强度恒定不变,表现为一条平行于时间轴的直线。

2. 色谱峰高(peak height)

组分经柱洗出最大浓度时检测器输出信号值,即色谱峰顶点到基线的垂直距离。

3. 色谱峰宽(peak width)

色谱峰宽是色谱分离过程的一个重要参数,通常可用标准偏差(σ)、半峰高宽度($W_{1/2}$)和色谱峰底宽(W_b)来表示(图7-2)。色谱峰是一个对称的高斯曲线,因此可用标准偏差来度量色谱峰的宽度,其定义是峰高0.607处峰宽度的一半。色谱峰一半处的高度称为半峰高宽度。色谱峰两边的拐点作切线,与基线交点的距离称色谱峰底宽。

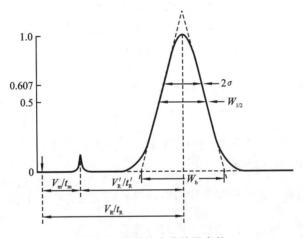

图7-2 色谱流出曲线及参数

7.2.2 流动相流速

流动相的流速是影响色谱柱效、色谱分离度和分析速度的一个重要参数,也是计算组分保留体积的依据,同时还是保持色谱正常工作的基本条件。因此,色谱流动相流速的控制和测量都要求很高的精度。气相色谱的气体流动相称为载气(carrier gas),液相色谱的液体流动相称为洗脱剂(eluent)。流动相流速可用体积流速和线性流速来表示,前者用单位时间内流过色谱柱的流动相体积表示(mL/min),后者用单位时间内流动相流经色谱柱的长度表示(cm/min)。

7.2.3 保留值

保留值(retention)是溶质分子在色谱柱内保留行为的度量,反映溶质分子与固定相作用力的大小,通常用保留时间和保留体积表示。在相同色谱操作条件下,不同物质有各自固有的保留值,这一特征是色谱定性分析的依据。保留值主要包括保留时间和保留体积。

保留时间(retention time,t_R)是溶质分子通过色谱柱所需要的时间,即从进样到柱后出现组分浓度最大值所需的时间。在这段时间内，流动相流过的体积称为保留体积(retention volume, V_R)。

溶质分子通过色谱柱的 t_R 和 V_R 随柱体积和填料孔隙度的变化而改变，因而提出了扣除"死时间(t_m)"和"死体积(V_m)"的调整保留时间(t'_R)和调整保留体积(V'_R)的概念(图 7-2)。

$$t'_R = t_R - t_m \tag{7.1}$$

$$V'_R = V_R - V_m \tag{7.2}$$

7.2.4 容量因子

容量因子(capacity factor)(k')是描述溶质分子在固定相和流动相中分布特性的一个重要参数，与溶质在流动相和固定相中的分配性质、柱温及相比(固定相和流动相体积之比)有关，与柱尺寸及流速无关。某溶质分子的 k' 定义为在分配平衡时该物质在两相中绝对量之比，可表示为

$$k' = \frac{\text{物质在固定相中的量}(q_s)}{\text{物质在流动相中的量}(q_m)} \tag{7.3}$$

而平衡常数 K(partition coefficient)的定义为平衡时物质在两相中的浓度比，可表示为

$$K = \frac{\text{物质在固定相中的浓度}(C_s)}{\text{物质在流动相中的浓度}(C_m)} \tag{7.4}$$

V_s 和 V_m 分别为柱内固定相和流动相所占的体积。于是有

$$k' = \frac{q_s}{q_m} = K \frac{V_s}{V_m} \tag{7.5}$$

从统计结果看，溶质分子在固定相和流动相中停留时间分数可表示为它们在每一相中的量与在两相中总量的比值，因此有

$$\text{溶质停留在固定相中的时间分数} = \frac{q_s}{q_s + q_m} = \frac{k'}{1+k'} \tag{7.6}$$

$$\text{溶质停留在流动相中的时间分数} = \frac{q_m}{q_s + q_m} = \frac{1}{1+k'} \tag{7.7}$$

色谱分离过程中，溶质分子只有从固定相转移到流动相才能沿柱的方向向前移动，其移动速度(u_b)与流动相的移动速度(u_m)存在以下关系：

$$u_b = u_m \left(\frac{1}{1+k'}\right) \tag{7.8}$$

当柱长一定时，溶质分子和流动相的移动速度和它们通过柱子所需的时间成反比：

$$\frac{u_b}{u_m} = \frac{t_m}{t_R} \tag{7.9}$$

所以，$t_R = t_m(1+k')$ 或 $V_R = V_m(1+k')$，由此可推导出：

$$k' = \frac{t_R}{t_m} - 1 = \frac{t_R - t_m}{t_R} = \frac{t'_R}{t_R} \tag{7.10}$$

7.2.5 相对保留值和选择性

一种组分与另一种组分调整保留值之比定义为相对保留值(relative retention)，用 α 表示：

$$\alpha = \frac{t'_{R1}}{t'_{R2}} = \frac{V'_{R1}}{V'_{R2}} \tag{7.11}$$

对于给定的色谱体系,在一定温度下,两组分的相对保留值是一个常数,与色谱柱的长度、内径无关,也用作色谱系统分离选择性的依据。但在液相色谱中,考虑到死时间不易测准,因而也常用绝对保留值之比 α'(选择性)来考查两组分的分离情况,则有

$$\alpha' = \frac{t_{R1}}{t_{R2}} = \frac{V_{R1}}{V_{R2}} \tag{7.12}$$

7.2.6 柱效

Martin 和 Synge 在 1941 年阐述了色谱分离和蒸馏之间的相似性,提出了著名的色谱过程塔板理论模型(图 7-3)。其基本要点为:色谱柱是由多个连续相连的类似蒸馏塔板(实际不存在,故称之为理论塔板)的小单元组成;溶质分子在两相之间的分配平衡不能瞬间完成,而需要一定的柱高;将溶质完成一次分配平衡所需要的色谱柱段称为一个理论塔板(theoretical plate),该色谱柱段的长度就相当于一个理论塔板的高度(height equivalent to a theoretical plate, HETP or H)。虽然塔板理论并未真实反映色谱过程的本质,但却形象地描绘了这一过程的基本特征,并给出了衡量色谱柱效的两个重要指标——塔板高度(H)和理论塔板数(N)。

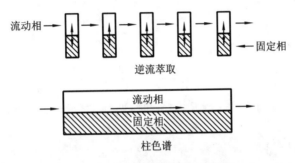

图 7-3 逆流萃取和色谱过程比较

依照溶质谱带的高斯分布方程(对称正态分布),色谱流出曲线上任一点溶质浓度与 t_R 处的最大浓度值之间的关系可表示为

$$C = C_{max} \exp\left\{-\frac{N}{2}\left(\frac{t_R - t}{t_R}\right)^2\right\} \tag{7.13}$$

$$C = C_{max} \exp\left\{-\frac{N}{2}\left(\frac{V_R - V}{V_R}\right)^2\right\} \tag{7.14}$$

理论塔板数定义为

$$N = \left(\frac{t_R}{\sigma}\right)^2 \tag{7.15}$$

令 $V_R - V = \Delta V$,代入式得

$$C = C_{max} \exp\left\{-\frac{N}{2}\left(\frac{\Delta V}{V_R}\right)^2\right\} \tag{7.16}$$

当洗出溶质浓度为最大值一半,即 $C = 1/2\ C_{max}$,$\Delta V = \Delta V_{1/2} = 1/2 W_{1/2}$,则有 (7.17)

$$C_{max}/C = 2 = \exp\left\{\frac{N}{2}\left(\frac{\Delta V}{V_R}\right)^2\right\} \tag{7.18}$$

推导可得

$$N = 8\ln 2 \left(\frac{V_R}{W_{1/2}}\right)^2 = 5.54\left(\frac{V_R}{W_{1/2}}\right)^2 \tag{7.19}$$

根据色谱柱长和理论塔板数可求出理论高度(H)：
$$H = L/N \tag{7.20}$$

理论塔板数和塔板高度定量地描述了色谱的柱效，但由于色谱系统死体积的存在，则 N 和 H 不能准确反映色谱柱的实际柱效，因而用扣除死体积的调整保留体积(V'_R)来计算有效理论塔板数(N_{eff})和有效塔板高度(H_{eff})，即

$$N_{eff} = 5.54 \left(\frac{V'_R}{W_{1/2}}\right)^2 \tag{7.21}$$

$$H_{eff} = L/N_{eff} \tag{7.22}$$

7.2.7 分离度

色谱分离的目标是将不同组分相互分离。用分离度或分辨率(resolution)来描述相邻组分在色谱柱内的分离情况，可表示为半峰高宽度分离度($R_{1/2}$)和峰底宽分离度(R)，即

$$R_{1/2} = \frac{2(V_{R1} - V_{R2})}{W_{1/2(1)} + W_{1/2(2)}} \tag{7.23}$$

$$R = \frac{2(V_{R1} - V_{R2})}{W_{b1} + W_{b2}} \tag{7.24}$$

考虑到相邻两峰的半峰高宽度和峰底宽度相近，因此有

$$R_{1/2} = \frac{V_{R1} - V_{R2}}{W_{1/2(1)}} = \frac{V_{R1} - V_{R2}}{W_b} \times \frac{W_b}{W_{1/2}} = R\frac{4\sigma}{2.354\sigma} = 1.699R \tag{7.25}$$

当 $R=1$ 时，两峰的分离度为 95%；当 $R=1.5$ 时，两峰的分离度达 99.7%，可认为达到基线分离。

对于相邻两峰 $W_{b1} = W_{b2}$，有

$$R = \frac{V_{R2} - V_{R1}}{W_{b1}} = \frac{\frac{V_{R2}}{V_{R1}} - \frac{V_{R1}}{V_{R1}}}{W_{b1}/V_{R1}} \times \frac{W_{b1}}{W_{1/2}} = (\alpha' - 1)\frac{t_{R1}}{W_{b1}} = (\alpha' - 1)\frac{\sqrt{N_1}}{4}$$

$$= \frac{1}{4}(\alpha' - 1)\frac{k'_1}{1 + k'_1}\sqrt{N_1} \tag{7.26}$$

采用同样推导，可得

$$R_{1/2} = \frac{1}{2.35}(\alpha' - 1)\frac{k'_1}{1 + k'_1}\sqrt{N_1} \tag{7.27}$$

从式(7.27)可以看出，欲使两组分实现分离，R 应足够大，也就是必须：①$\alpha' > 1$；②$k' \neq 0$；③N 尽可能大。

7.3 凝胶过滤色谱

凝胶过滤层析(gel filtration chromatography, GFC)是根据溶质相对分子质量大小而分离的一种液相色谱技术，又称为体积排阻层析(size exclusion chromatography, SEC)、分子筛层析(molecular sieving chromatography)、凝胶渗透层析(gel permeation chromatography)等。

凝胶过滤层析技术的发展源于 20 世纪 50 年代。1951 年 Kosikowrky 就用淀粉作为柱填料分离了蛋白质中的氨基酸。1955 年 Lundquist 和 Atorgaras 在淀粉凝胶柱上按相对分子质

量大小进行了组分分离,同时提出了凝胶过滤层析的概念。1956 年 Puthven 在淀粉凝胶柱上进行了蛋白质相对分子质量大小的估计。但天然淀粉颗粒大小不均匀、孔径大小易受外界理化因素的影响,分离效果不理想,因而在当时并没有引起人们的重视。真正的发展是在 1959 年 Porath 和 Flodin 合成了葡聚糖凝胶(Sephadex),1962 年 Hierten 和 Mosbach 合成了聚丙烯酰胺凝胶(polyacrylamide biogels),1964 年 Hierten 合成了琼脂糖凝胶(Sepharose)以后。由于人工合成凝胶可以通过改变合成条件来获得孔径大小不同、理化性质稳定的凝胶品系,因而其分离纯化效果得到明显提高,极大地推动了凝胶过滤层析技术的发展。

与其他分离技术相比,凝胶过滤层析技术具有以下优点:①凝胶介质不带电荷,理化性质稳定,不与生物大分子发生反应,分离条件温和,回收率高,重复性好;②操作条件宽泛,溶液中各种离子、小分子、去污剂、蛋白变性剂不会对分离纯化产生影响;③分离范围广,相对分子质量范围从几百到几百万,可适用寡糖、寡肽、聚核苷酸等小分子的分离,也可适用于蛋白质、多糖、核酸等生物大分子的分离;④设备简单,操作简便快速,分离周期短,连续使用时层析介质无需再生即可重复使用。

7.3.1　基本原理

凝胶过滤介质是聚合物通过交联形成的具有三维网状结构的颗粒。当样品分子穿过凝胶介质填充形成的层析柱时,小分子物质能进入凝胶颗粒内部,而大分子物质被排阻在凝胶颗粒之外,只能沿着颗粒间隙穿过层析柱。由于小分子物质能进入凝胶颗粒内部,穿过层析柱时其运行的路程长于大分子物质,因而时间上后于大分子物质被洗脱出来。因此,凝胶过滤层析的原理可认为是由于不同大小的溶质分子进入凝胶颗粒内部的程度不同,在层析柱中的停留时间不同而实现相互分离(图 7-4)。

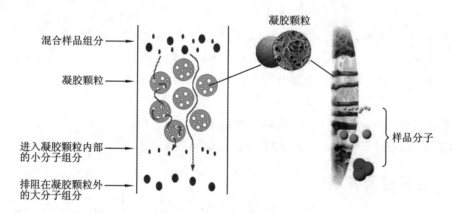

图 7-4　凝胶过滤层析原理

对于特定的凝胶,其所容许进入凝胶颗粒内部的组分相对分子质量范围(分级范围)是一定的。相对分子质量大于分级范围上限的称为完全排阻分子,分子量小于分级范围下限的称为完全渗透分子,分子量位于分级范围内的称为部分渗透(排阻)分子。除相对分子质量大小以外,分子的形状也影响着分子扩散进入凝胶颗粒内部。相比较而言,对称程度高的分子(如球形)要比对称程度低的分子(如线状)更易进入凝胶内部。以 Sephadex G-75 为例,对球蛋白的分离分级范围为 3 000～80 000,而对于线状葡聚糖的分离分级范围为 1 000～50 000。

凝胶颗粒溶胀、装柱形成的柱床体积(total volume, V_t)由以下 3 部分组成:①内水体积

(inner volume, V_i)是指存在于凝胶颗粒内部液相体积的总和;②外水体积(outer volume, V_o)是指存在于凝胶颗粒间隙之间的液相体积的总和;③凝胶体积(volume of gel matrix, V_g)是指凝胶基质所占据的体积。如图 7-5 所示,凝胶体积等于内水体积、外水体积和凝胶体积的总和。对于不能进入凝胶颗粒内部,只能沿着颗粒间隙被洗脱的完全排阻分子,该组分的洗脱体积等于外水体积(V_o);完全渗透分子全部进入凝胶颗粒内部和凝胶颗粒间隙之间,因此该组分的洗脱体积为内水体积和外水体积之和(V_o+V_i);相对分子质量位于分级范围内的组分,能部分进入凝胶颗粒内部,其洗脱体积间于 V_o 和 V_o+V_i 之间(图 7-6)。完全排阻和完全渗透分子之间的分离称为分组分离,如脱盐;部分渗透分子间的相互分离称之为分级分离。

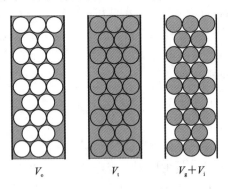

图 7-5 凝胶柱的体积参数　　　　图 7-6 凝胶过滤色谱洗脱曲线

凝胶过滤色谱可以看成待分离组分在内、外水两相中的分配过程,洗脱体积取决于该组分在这两相之间的分配系数 K_d,其关系可表示为:

$$V_e = V_o + K_d V_i \tag{7.28}$$

$$K_d = (V_e - V_o)/V_i \tag{7.29}$$

式中,K_d 值在 0~1 之间,与被分离组分的分子大小、形状及凝胶颗粒的孔径结构有关。$K_d=0$ 时,分子完全排阻;$K_d=1$ 时,分子完全渗透;$0<K_d<1$ 时,分子部分渗透。考虑到 V_i 难以直接测定,因此在实际操作中引入有效分配系数(K_{av})的概念,即

$$K_{av} = (V_e - V_o)/(V_t - V_o) \tag{7.30}$$

K_{av} 的计算中以 V_t-V_o 替代 V_i,忽略了难以测定的 V_g,不是真正意义上的分配系数,但与 K_d 一样能反映溶质分子的色谱行为,而且与色谱柱的尺寸无关,因而更为常用。

7.3.2 凝胶过滤介质

凝胶过滤色谱常用于蛋白质等生物大分子的分离纯化,因此理想的凝胶过滤色谱介质应具有以下特征:①亲水性,与生物大分子表现出良好的相容性;②化学性质稳定,介质与溶质分子之间不发生化学反应,具有较宽的 pH 使用范围,耐高温、去污剂及高温灭菌;③球形,颗粒大小均匀,具有一定的机械强度,满足色谱分离过程流速的需要;④不带电荷,与溶质分子之间不产生非特异性吸附。目前已商品化的凝胶过滤介质有很多种类,按基质组成主要可分为葡聚糖凝胶、琼脂糖凝胶、聚丙烯酰胺凝胶等。

1. 葡聚糖凝胶

法玛西亚公司生产的 Sephadex 凝胶是最早研制成功并且至今仍被广泛使用的凝胶过滤介质,它是由葡聚糖(dextran)通过环氧氯丙烷(epichloryohdrin)交联而成的(图 7-7)。通过改

变交联剂的用量可以获得不同交联度的葡聚糖凝胶,交联度决定了凝胶的孔径大小、吸水特性以及有效分级范围。Sephadex 凝胶按其交联度的大小可分为 8 种不同型号,以 Sephadex G-n ($n=10,15,25,50,75,100,150,200$)。$n$ 越大,交联度越小、凝胶孔径越大;n 越小,交联度越大、凝胶孔径越小。在数值上,n 等于每 10 g 干胶的吸水值。表 7-1 给出了 Sephadex G 系列凝胶的部分特性。同一型号的 Sephadex 凝胶如 G-25、50 等可按凝胶颗粒的大小分为粗、中、细不同级别,它们的分级范围、溶胀系数及 pH 稳定性没有明显区别;细颗粒凝胶具有更高柱效,背景压力也大,常用于分析型色谱分离。

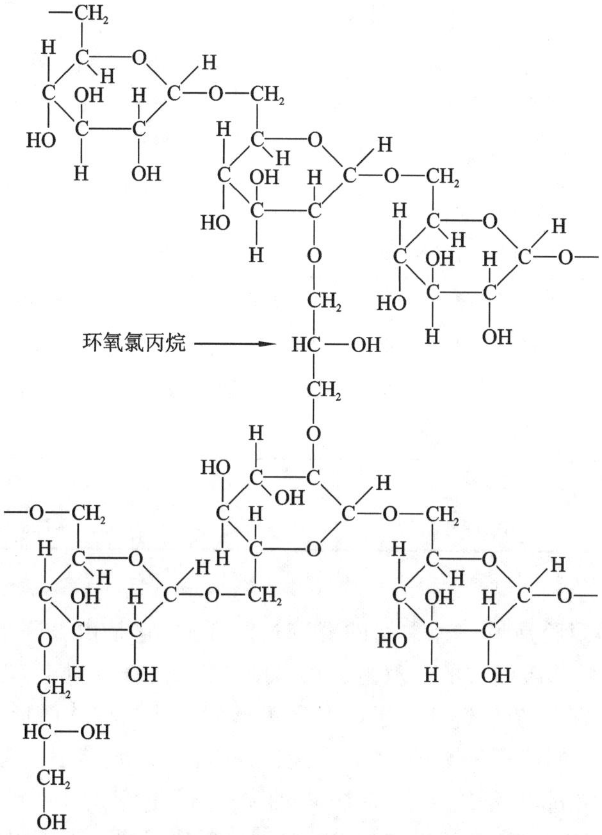

图 7-7 葡聚糖凝胶的结构

Sephadex G 系列凝胶具有较宽的 pH 使用范围,能耐受稀酸、碱的清洗;能在沸水中溶胀脱气和灭菌;但机械强度性能不高,尤其是低交联度的 Sephadex G-100、150、200 凝胶,过高的操作压下,压床现象较为严重,甚至造成凝胶颗粒破碎现象,应避免过高的操作柱压。

表 7-1 Sephadex G 系列凝胶的部分特性

Sephadex 型号	分级范围(球蛋白)	溶胀系数/(mL/g 干胶)	湿胶颗粒直径/μm	pH 稳定范围
G-10	$<7\times10^2$	2~3	55~165	2~13
G-15	$<1.5\times10^3$	2.5~3.5	60~181	2~13

续表

Sephadex 型号	分级范围(球蛋白)	溶胀系数/(mL/g 干胶)	湿胶颗粒直径/μm	pH 稳定范围
G-25 粗	$1.0\times10^3 \sim 5.0\times10^3$	4~6	170~520	2~13
G-25 中			85~260	
G-25 细			35~140	
G-25 超细			17~70	
G-50 粗	$1.5\times10^3 \sim 3.0\times10^4$	9~11	200~606	2~10
G-50 中			101~303	
G-50 细			40~160	
G-50 超细			20~80	
G-75	$3.0\times10^3 \sim 8.0\times10^4$	12~15	92~277	2~10
G-75 超细	$3.0\times10^3 \sim 7.0\times10^4$		23~92	
G-100	$4.0\times10^3 \sim 1.5\times10^5$	15~20	103~310	2~10
G-100 超细	$4.0\times10^3 \sim 1.0\times10^5$		26~103	
G-150	$5.0\times10^3 \sim 3.0\times10^5$	15~20	116~340	2~10
G-150 超细	$5.0\times10^3 \sim 1.5\times10^5$		29~116	
G-200	$5.0\times10^3 \sim 6.0\times10^5$	15~20	129~388	2~10
G-200 超细	$5.0\times10^3 \sim 2.5\times10^5$		32~129	

2. 琼脂糖凝胶

琼脂糖(agarose)凝胶是另一种常用的凝胶过滤介质,它是由 β-D-半乳糖和 3,6-脱水-L-半乳糖通过糖苷键交替连接而成的。琼脂糖在水中加热到 90 ℃ 以上溶解,冷却时,多糖单链分子之间形成双螺旋结构,随后链状分子自发聚集形成束状结构从而形成稳定凝胶(图 7-8)。天然琼脂糖常含有较多的荷电基团,需要进行纯化处理去除荷电基团才能用作色谱凝胶介质。商品化的琼脂糖凝胶过滤介质主要有法玛西亚公司生产的 Sepharose、Sepharose CL、Superose 系列凝胶和 Bio-Rad 公司生产的 Bio-Gel A 系列凝胶。下面以法玛西亚公司生产的琼脂糖凝胶为例进行介绍。

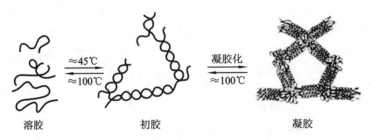

图 7-8 琼脂糖凝胶的形成过程

Sepharose 是未经交联的琼脂糖形成的凝胶介质,维持凝胶结构的主要作用力是氢键。与 Sephadex 凝胶不同,Sepharose 凝胶孔径的大小主要取决于琼脂糖的浓度。根据其浓度的不同,Sepharose 凝胶分为三种型号 Sepharose 2B、4B 和 6B(表 7-2),凝胶浓度越高,颗粒孔径越小、机械强度越好、有效分级范围越小。

表 7-2 Sepharose 系列凝胶的部分特性参数

凝胶型号	凝胶浓度 /(%)	凝胶颗粒直径 /μm	分级范围（球蛋白）	最大流速 /(cm·h^{-1})	pH 稳定范围（短/长时间）
Sepharose 2B	2	60~200	7.0×10^4~4.0×10^7	10	3~11/4~9
Sepharose 4B	4	45~165	6.0×10^4~2.0×10^7	11.5	3~11/4~9
Sepharose 6B	6	45~165	1.0×10^4~4.0×10^6	14	3~11/4~9

Sepharose 凝胶结构的稳定性依靠糖链间的氢键维持,因此凝胶的机械强度和化学稳定性不是很理想。在碱性条件下,用环氧氯丙烷作交联剂,交联后的琼脂糖凝胶(Sepharose CL)的机械稳定性和化学稳定性得到明显提高,同样按照琼脂糖的浓度不同,可将交联琼脂糖凝胶分为 Sepharose CL-2B、4B 和 6B。Sepharose CL 系列凝胶与 Sepharose 系列凝胶具有相同的分级范围和颗粒大小,仅在机械、温度和 pH 稳定性上明显得到提高。

Superose 是法玛西亚公司开发的另一种高度交联的琼脂糖凝胶,具有更高的分辨率和理化稳定性,能耐受 121 ℃高温灭菌,在 pH 3~12 范围内能稳定使用。Superose 按琼脂糖浓度和凝胶颗粒大小可分为 Superose 6、Superose 6 prep grade、Superose 12 和 Superose 12 prep grade 四种型号。

3. 聚丙烯酰胺凝胶

聚丙烯酰胺凝胶是以丙烯酰胺(acrylamide,Acr)为单体、以甲叉丙烯酰胺(N,N'-methylene-bisacrylamide,Bis)为交联剂,在催化剂的作用下形成的具有立体网孔结构的凝胶(图 7-9)。凝胶制备过程中,控制 Acr 和 Bis 的含量及两者的比例可以得到不同浓度和交联度的凝胶。常用的聚丙烯酰胺凝胶过滤介质是 Bio-Rad 公司生产的 Bio-Gel P 系列凝胶。根据交联度的不同,可分为 7 种不同型号 Bio-Gel P-2、4、6、10、30、60 和 100,数值不同表示交联程度不同。数值越大,交联度越小;数值越小,交联度越大。

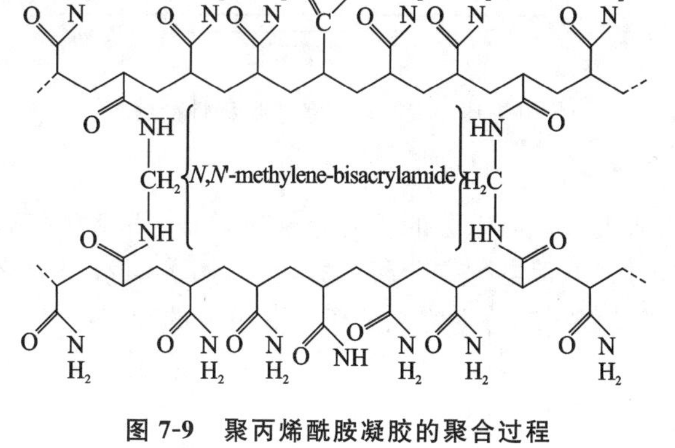

图 7-9 聚丙烯酰胺凝胶的聚合过程

7.3.3 实验方案设计与操作技术

1. 凝胶过滤介质的选择

凝胶过滤介质的选择主要取决于分离的目的和待分离组分的相对分子质量大小。分析型凝胶过滤色谱分离,例如样品组分纯度分析、相对分子质量大小与分布范围测定以及微量样品组分的分离纯化等,对实验的重复性和分辨率有着较高的要求;制备型凝胶过滤色谱分离,如脱盐、缓冲液交换、实验室小规模分离纯化目标组分以及工业生产制备,对样品的处理能力和速度有着较高要求。所以,分析型色谱分离时常选用颗粒小、具有一定机械强度的凝胶介质,制备型色谱分离则常选用凝胶颗粒较大,具有较高机械强度的凝胶介质。

待分离组分的分子大小和形状是在选择凝胶过滤介质时主要考虑的两个因素。凝胶过滤介质的分级范围必须涵盖了待分离目的组分的相对分子质量,这样才能实现有效凝胶过滤色谱分离。与离子交换、亲和色谱分离不同,凝胶过滤色谱分离的选择性仅取决于待分离组分的分子大小和凝胶结构特性,与流动相无关,因此色谱分离效果主要取决于凝胶介质。凝胶介质的选择性曲线对选择合适的凝胶介质具有重要的参考价值,它是以溶质分子的有效分配系数(K_{av})或相对洗脱体积(V_e/V_t)对相对分子质量的对数值作图得到的一"S"形曲线(图 7-10)。在选择性曲线的中间段,K_{av} 与 $\lg M_r$ 呈现出线性对应关系,可表示为

$$K_{av} = a - b\lg M_r \tag{7.31}$$

式中,a、b 均为常数。在选择性曲线的两端,K_{av} 与相对分子质量并不呈现出线性关系;在 $0.1 < K_{av} < 0.7$ 之间,K_{av} 与相对分子质量呈现出良好的线性关系,该相对分子质量范围定义为该凝胶的分级范围。凝胶生产厂家在提供选择性曲线的同时会提供凝胶排阻极限参数,即图 7-10 中选择曲线外延至 $K_{av}=0$ 时的相对分子质量。选择性曲线斜率(b)与凝胶孔径大小分布的均一性有关,b 值越大,凝胶的选择性越高,有效分级范围越窄。实际操作中,应在凝胶分级范围满足条件的前提下,尽可能使用选择性曲线斜率大的凝胶。

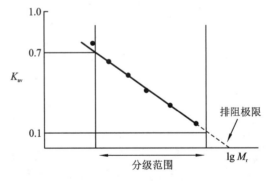

图 7-10 凝胶过滤色谱选择性曲线

2. 流动相的选择

凝胶过滤色谱分离取决于样品组分的相对分子质量,所用流动相通常不对选择性产生影响。因此,从理论上讲,对于不带电荷的分离组分,可以用蒸馏水作为流动相进行洗脱。但多数情况下,考虑到在分离过程需维持生物大分子样品组分的天然构象和生物活性,仍选用缓冲液作为流动相以提供合适的 pH 和离子强度。此外,一定的离子强度可以消除凝胶过滤介质和溶质分子之间由于静电引力产生的非特异性吸附。多数情况下,对于性质不明确样品组分的分离,常用含 0.15 mol/L NaCl 的 0.05 mol/L、pH 7.0 的磷酸缓冲液作为洗脱剂。

第 7 章　色谱分离

3. 凝胶过滤色谱柱的准备

色谱柱可以由不同材质制成,具有不同有机溶剂、酸碱耐性和柱操作压。色谱柱的尺寸常用内径(mm)×高度(mm)表示,实验室常用的色谱柱内径多数为 4~16 mm,柱高多数为 10~100 cm。凝胶过滤色谱,增加色谱柱的长度可以提高选择性。因此,对于分析型色谱分离常用长的色谱柱,而对于脱盐等分组分离则可以选择短的色谱柱。

多数商品化的凝胶过滤介质以湿胶形式出售(如 Sepharose 系列、Sephacryl HR、Superdex prep grade 凝胶),一般无需处理,可以直接使用。对于以干胶形式出售的凝胶介质(如 Sephadex G 系列凝胶),在使用之前需要进行溶胀。溶胀是介质颗粒吸水膨胀的过程,可以在室温下悬浮在蒸馏水或缓冲液中进行,也可用沸水浴溶胀以缩短溶胀时间。不同型号的凝胶溶胀系数不同,溶胀所需的时间也不同(表 7-3)。溶胀过程应避免剧烈搅拌(如磁力搅拌)以免破坏凝胶颗粒的结构。

表 7-3　Sephadex G 系列凝胶的溶胀系数和溶胀时间

凝胶类型	溶胀系数/(mL/g 凝胶)	溶胀时间(20 ℃)	溶胀时间(90 ℃)
Sephadex G-10	2~3	3	1
Sephadex G-15	2.5~3.5	3	1
Sephadex G-25	4~6	3	1
Sephadex G-50	9~11	3	1
Sephadex G-75	12~15	24	3
Sephadex G-100	15~20	72	5
Sephadex G-150	20~30	72	5
Sephadex G-150 超细	18~22	72	5
Sephadex G-200	30~40	72	5
Sephadex G-200 超细	20~25	72	5

将色谱柱垂直固定,用缓冲液排空底部死体积,关闭下端出口。将充分溶胀后的凝胶按体积比 3∶1 的比例悬浮在缓冲液中,搅拌混匀,倒入色谱柱中,打开下端出口,在重力的作用下沉降形成柱床,尽可能一次完成填充装柱过程。装好的柱子可以对着光检查柱床填充是否均匀一致,也可以用蓝色葡聚糖 2 000 通过柱床时是否保持均匀一致,来评价装柱效果。

4. 上样

为延长凝胶介质的使用寿命,样品溶液在上样之前应通过离心或膜过滤去除不溶性颗粒杂质。除样品纯度以外,样品黏度与洗脱剂的黏度之比应小于 1.5,黏度过高,色谱分离过程中易产生不规则区带从而影响分辨率。对于常用缓冲液,样品黏度上限对应的蛋白浓度为 70 mg/mL。

由于凝胶介质对样品组分没有特异性吸附,不同溶质分子以不同速度随着流动相移动而相互分离形成不同区带。由于涡流扩散和径向扩散,区带在移动的过程中逐渐变宽。因此,在凝胶过滤色谱中,上样体积是影响色谱分离分辨率的一个主要因素(图 7-11)。对于分析型分离和难度比较大的分级分离,适宜的上样体积为 0.5%~4%柱床体积,对于分组分离(如脱盐、缓冲液交换等)可以适当地增加上样体积至 30%柱床体积。一般而言,凝胶过滤色谱分离的上样体积以不超过柱床体积的 2%为宜。高效液相色谱等成套色谱分离系统,可以通过注射器或进样装置完成进样。对于自装柱,样品的上样方法有多种,常用的有排干法和液下加样法,具体操作与离子交换色谱上样操作相同,应避免破坏柱床表面的平整性。

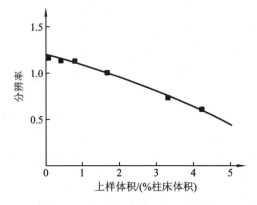

图 7-11　上样体积对分辨率的影响

SEC 柱:HiLoad™ 16/60 Superdex 200 prep grade;洗脱剂:50 mmol/L Na_3PO_4、0.1 mol/L NaCl,pH 7.2;样品:8 mg/mL 的 transferin(81 kD)和 IgG(160 kD);流速:1 mL/min

5. 洗脱

与离子交换色谱不同,凝胶过滤色谱采用等梯度洗脱,洗脱过程中洗脱剂的组成、pH 和离子强度等不发生变化。理论上讲,所有的样品组分在一个柱床体积的洗脱过程中完成相互分离。通常在色谱柱之前安装一恒流泵用以调节流速。凝胶过滤色谱是利用溶质分子在固定相和流动相之间的分配系数的差异实现相互分离的,流动相的移动速度在很大程度上影响着溶质分子在两相之间的扩散平衡。流速越慢,峰宽越窄,色谱分离度越高,但色谱分离所需要的时间越长(图 7-12)。因此,在分组分离或大规模制备型分离时常采用高流速以满足处理能力和时间的要求;分级分离和分析型分离则常采用低流速以满足分离度的要求。

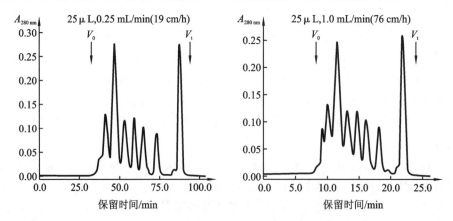

图 7-12　流速对凝胶过滤色谱分离分辨率的影响

SEC 柱:Superdex 200 HR 10/30;流动相:0.05 mol/L Na_3PO_4、0.15 mol/L NaCl,pH 7.0;样品:Thyroglobulin 669 kD、Ferritin 440 kD、IgG 150 kD、Transferrin 81 kD、Ovalbumin 43 kD、Myoglobin 17.6 kD、V_{B12} 1 355 Dal

6. 样品的检测和收集

色谱分离时,通常在色谱柱的下端连接一检测器,对洗脱液进行在线检测分析。检测器的种类很多,如紫外、荧光等,可以根据待分离组分的性质进行选择。最常用的是紫外检测器,多数紫外检测器属于固定波长检测器(280 nm、254 nm、214 nm)。根据待分离组分的吸收特征确定检测波长,蛋白质样品用 280 nm、核酸样品用 254 nm、远紫外有吸收的样品则选用 214 nm 检测波长。

7. 凝胶过滤介质的清洗和储存

理论上讲,凝胶过滤色谱分离中所有的样品组分都可以在一个柱床体积内被洗脱下来。但有些样品组分与凝胶介质存在着非特异性相互作用,如静电引力、疏水相互作用、亲和吸附等,因而被牢固吸附难以被洗脱下来。此外,样品溶液中不溶性组分也是引起凝胶污染的一个主要因素。它们的残留会引起分辨率的下降和背景压力的增加,因此,凝胶介质在连续多次使用后常需要进行清洗去除污染物。不同的污染物,其清洗方法也不相同。若污染物为亲水性蛋白,可以用 30%~50%醋酸进行清洗;若污染物为疏水性蛋白,可以用一定浓度的有机溶剂(24%乙醇、30%乙腈)清洗;核酸污染则用稀碱处理;脂类污染则需用去污剂进行清洗。

多糖类凝胶介质易出现微生物污染,因此长期不用的凝胶介质须低温保存在含抑菌剂的溶液中,常用的抑菌剂有 0.02%~0.05%叠氮钠、20%乙醇和 0.001%~0.01%苯基汞盐等。

7.3.4 应用举例

1. 脱盐

脱盐是指将小分子盐类化合物从生物大分子蛋白质样品中除去的过程。常用的脱盐方法有透析、过滤、沉淀及凝胶过滤色谱等方法,相比较而言凝胶过滤脱盐有样品处理量大、时间短、操作条件温和、不影响生物大分子的活性等优点,因而在实验室和工业生产过程中有着非常广泛的应用。除脱盐以外,实验室中凝胶过滤还可用于去除其他小分子化合物,如从 DNA 样品中去除酚类化合物,从同位素标记的蛋白质样品中去除同位素,终止酶和小分子底物之间的酶促反应,从酶促反应体系中分离小分子产物、辅助因子等。

脱盐是生物大分子与小分子盐类化合物的分离过程,两者在相对分子质量上存在着很大差异,属于分组分离过程,因而对凝胶介质分离度的要求较低,通常选用颗粒较大、合适机械强度的凝胶介质进行分离,如 Sephadex G-10、15、25 等系列的凝胶介质。图 7-13 显示了用凝胶过滤色谱对血红蛋白样品中 NaCl 进行脱盐的操作过程。

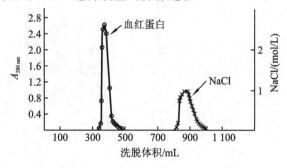

图 7-13 凝胶过滤色谱对血红蛋白样品脱盐

SEC 柱:Sephadex G-25 M(85 cm×4 cm)

2. 相对分子质量的测定

凝胶过滤色谱是根据待分离组分的相对分子质量的大小进行分离的,因而也可以用于生物分子相对分子质量的测定。与 SDS-PAGE 测定相对分子质量相比,凝胶过滤不仅可以测定变性后各亚基的相对分子质量,也可以测定非变性状态下生物分子的相对分子质量,同时具有很宽的 pH、离子强度、温度适用范围,也不受目标分子带电状态的影响。

凝胶过滤色谱测定相对分子质量的理论基础是对于特定的凝胶介质,一定相对分子质量范围内溶质分子的有效分配系数与其相对分子质量的对数值成线性负相关,也即选择性曲线的中间部分,用公式可表示为 $V_e=a-b\text{Lg}M_r$。如图 7-14 所示,测定过程中,先用一组已知相对分子质量的蛋白质混合样品上样,测定它们的洗脱体积,用洗脱体积对相对分子质量的对数值作图得到标准曲线;测定待测样品的洗脱体积(V_x),根据标准曲线计算出待测组分相对分子质量(M_{rx})。

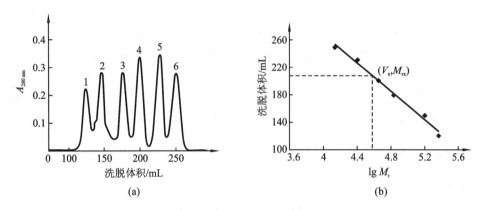

图 7-14 标准相对分子质量蛋白的凝胶过滤色谱与标准曲线
(a)凝胶过滤色谱;(b)标准曲线
峰:1.过氧化氢酶;2.醛缩酶;3.牛血清白蛋白;4.卵清蛋白;5.胰凝乳蛋白酶原 A;6.核酸酶 A

3. 混合组分的分级分离

凝胶过滤色谱分离中样品分子根据其分子大小不同而相互分离。凝胶过滤色谱因具有操作简单、回收率高、重复性好、洗脱条件没有严格要求等优点,而广泛应用于蛋白质、多肽、核酸、多糖等各种生物样品的分离纯化。由于凝胶过滤色谱对上样体积有着严格要求,不适用于大规模样品的分离处理,因此较多用于分离计划后期的精制过程。图 7-15 显示的是凝胶过滤

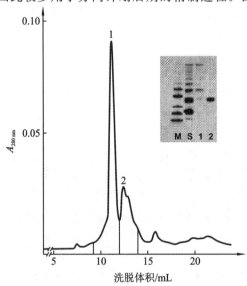

图 7-15 IGF-1 的凝胶过滤色谱分离

SEC 柱:Superdex 75 HR 10/30;样品:100 μL、5 mg/mL 经亲和分离 ZZ-IGF-1 融合蛋白水解液;洗脱剂:0.25 mol/L、pH 6.0 醋酸盐缓冲液;流速:0.5 mL/min

色谱对经亲和色谱纯化的 IGF-1 样品的分离结果。从 SDS-PAGE 结果中可以看出凝胶过滤色谱对 IGF-1 实现了有效的分离纯化。

7.4 疏水相互作用色谱

疏水相互作用色谱(hydrophobic interaction chromatography, HIC)是以表面偶联弱疏水性基团的介质为固定相,以一定浓度的盐溶液为流动相,利用蛋白质表面疏水性程度的差异从而与固定相间疏水相互作用力的强弱不同进而实现相互分离的一种色谱分离方法。

早在 1948 年,Tiselius 就对疏水相互作用色谱分离进行了描述,他指出"在高浓度中性盐溶液中沉淀析出的蛋白质和其他物质,在盐浓度未到达使其沉淀的浓度时就能发生强烈的吸附作用;一些吸附剂在无盐溶液体系中对蛋白质不显现或仅有微弱吸附作用,在中等浓度盐溶液中则显现出很好的吸附作用"。但疏水相互作用色谱真正的发展和应用还是在 20 世纪 70 年代以后。1974 年 Hjertén 实验室研制成功了以中性琼脂糖为载体、烷基和芳香醚基为配体的疏水相互作用凝胶介质,首次提出疏水相互作用色谱的概念并证实了 Tiselius 的观点,提高盐浓度可以促进蛋白质的吸附结合,解析洗脱可以通过降低盐浓度实现。此后,随着新型凝胶介质的研制成功以及对色谱分离机理认识的不断深入,疏水相互作用色谱在生物大分子的分离纯化以及蛋白质折叠机理的研究中得到了广泛应用。

7.4.1 基本原理

水是极性化合物的良好溶剂,但对于疏水性化合物而言并不是良好的分散体系。正如在水-空气界面,水分子通过氢键形成高度有序的结构,当疏水性物质(如蛋白质表面的疏水性区域、疏水性配基)溶于水后,水分子不能"浸润"这些疏水性表面,反而在其周围排列形成高度有序的空穴结构,这是熵增过程,热力学上是不利的。因此,溶于水中的疏水性物质有一种相互聚集的趋势,以减少有序水分子排列结构的形成,维持系统低自由能状态。从这个角度看,疏水相互作用不同于其他化学键,它是由自由能驱动的疏水性物质(区域)相互聚集以减少水分子有序结构形成的特殊作用。

蛋白质三维结构是在分子内相互作用及与周围溶质分子之间相互作用的共同作用下形成的。水溶液中的球蛋白在折叠时,疏水性的氨基酸残基通常被包裹在分子内部,这在能量的角度是有利的,但在球蛋白的表面也存在着一些疏水性的区域,如酶的活性中心部位常呈现出疏水性特征。正是这些疏水性区域的存在,我们可以用高浓度中性盐竞争性地夺取、破坏疏水性区域表面有序排列的水分子,驱动蛋白质之间疏水性区域的相互结合而聚集沉淀,这就是蛋白质盐析沉淀的基础。同样,高浓度盐不仅可以驱动蛋白质之间的相互结合,也可以驱动蛋白质表面疏水性区域与其他疏水性物质,如凝胶介质上的配基相互作用(图 7-16)。

7.4.2 疏水相互作用介质

疏水相互作用介质是由基质骨架(matrix)和参与疏水相互作用的配基(ligand)组成的。用于凝胶过滤色谱和离子交换色谱的许多基质都可以用来合成疏水相互作用凝胶介质,如琼脂糖、硅胶、有机聚合物等。最早合成的疏水相互作用凝胶介质是以交联琼脂糖为基质的,具

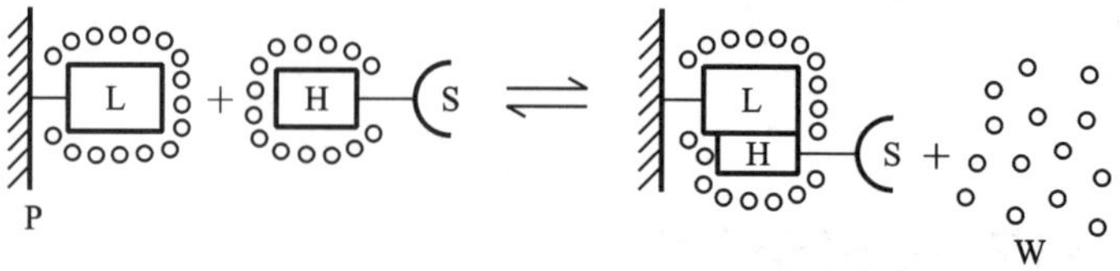

图 7-16 疏水相互作用驱动的溶质分子与配基之间的相互结合
P—凝胶基质；L—配基；H—疏水性区域；S—溶质分子；W—水分子

有亲水性、表面可接枝改性，基团丰富，结合容量大等优点，但机械强度不理想。硅胶基质具有较高的机械强度，但表面基团不丰富、pH 稳定性差。但以有机聚合物包被硅胶凝胶基质的研制成功，有效地克服了上述凝胶基质的缺陷。

用作疏水相互作用凝胶介质配基的基团主要有 $C_2 \sim C_8$ 烷烃基和苯基。配基与凝胶基质共价偶联的方法主要取决于基质表面的接枝基团。表 7-4 列举了常用的疏水相互作用凝胶介质。

表 7-4 部分商品化的疏水相互作用凝胶介质

供应商	产品名称	配基	基质	粒度/μm
Pharmacia	Phenyl Sepharose HP	苯基	高度交联琼脂糖	45～165
	Octyl Sepharose CL-4B	辛基	交联琼脂糖	45～165
	Phenyl Sepharose 4B	苯基	琼脂糖	45～165
	Butyl Sepharose 4B	丁基	琼脂糖	45～165
	Phenyl、Butyl、Octyl Sepharose FF	苯基、丁基、辛基	高度交联琼脂糖	45～165
Tosoh Bioscience	Toyopearl Butyl 650	丁基	聚乙烯醇	35、65、100
	TSKgel Phenyl 5-PW	苯基	聚乙烯醇	30
	TSKgel Ether 5-PW	聚醚	聚乙烯醇	30
SynChrom	SynChropack	丙基、苯基	硅胶	6

7.4.3 实验方案设计与色谱技术

1. 疏水相互作用凝胶介质的选择

疏水相互作用凝胶介质是由基质和疏水性配基共价偶联而成的。不同类型的基质，由于其颗粒大小、孔径结构、机械强度不同因而影响着色谱分离效果，这在前面章节(7.3.2)中已作过介绍。在这里，主要讨论疏水性配基对色谱分离的影响。疏水性配基烷链越长、取代程度越高，凝胶介质的疏水性越高；反之，烷链越短、取代程度越低，凝胶介质的疏水性越低。疏水相互作用凝胶介质配基的长度一般在 $C_4 \sim C_8$ 之间，苯基的疏水性相当于 C_5 基团。

选择何种疏水程度的凝胶介质，主要取决于待分离组分的疏水性强弱。总的原则是在尽可能低的盐浓度下，待分离目的组分能与凝胶介质结合，且能被不含盐的缓冲液洗脱下来（>75%的回收率）。一般来说，在分离疏水性较弱组分时，选择疏水性较强的凝胶介质；分离疏水性强的组分时,选择疏水性弱的凝胶介质。缓冲液中盐的种类、浓度和 pH 也会影响配基和蛋白质疏水性区域的相互结合,因而在选择凝胶介质时也应综合考虑上述因素。考虑到环境污染和实验成本问题,1 mol/L 硫酸铵是比较理想的起始缓冲液的盐浓度。若此时蛋白质尚不能完全吸附结合,则可以选用疏水性更高的凝胶介质。

2. 样品的准备与上样

与其他色谱分离一样,上样之前,样品应经离心或过滤去除不溶性杂质,同时溶液的黏度也需符合要求。此外,用于疏水相互作用色谱分离的样品在上样之前需加入足够浓度的盐,使其浓度与起始平衡缓冲液的盐浓度相当。添加盐的方法有两种,一种是直接接入固体盐,一种是加入高浓度盐溶液。前一种方法基本不改变样品体积和浓度,但可能因局部盐浓度过高造成变性沉淀;后一种方法相对温和,但样品体积和浓度可能会改变。

疏水相互作用色谱对样品体积没有特别要求,稀释样品不需要浓缩就可以直接上样。对于自装柱,与其他色谱技术一样,上样方式可以采用排干法和液下加样法。

3. 洗脱条件的选择

对于疏水相互作用色谱,流动相包括起始(平衡)缓冲液和洗脱缓冲液中盐的种类、浓度以及 pH 值在很大程度上决定了色谱分离效果。疏水相互作用色谱中,盐浓度的增加可以促进配基与蛋白质疏水性区域的结合,但不同盐的种类,尤其是盐中阴离子的种类影响着盐析效应的强度(图 7-17)。理想状态下,所选择的盐的种类和浓度应能够使目的分子结合在色谱柱上,而主要的杂质不被吸附直接穿过。疏水相互作用色谱分离中应用最广泛的盐是 $(NH_4)_2SO_4$ 和 Na_2SO_4,NaCl 作为中等盐析强度的盐也常被使用。起始缓冲液中 $(NH_4)_2SO_4$ 常用的浓度范围一般为 0.8~2.0 mol/L,NaCl 常用的浓度范围一般为 1~4 mol/L。流动相 pH 对色谱行为的影响比较复杂。多数情况下,pH 升高会降低疏水相互作用,但对于等电点较高的蛋白质,较高 pH 促进疏水相互作用。

蛋白质盐析效应增强 →

阴离子:PO_4^{3-}, SO_4^{2-}, CH_3COO^-, Cl^-, Br^-, NO_3^-, ClO_4^-, I^-, SCN^-
阳离子:NH_4^+, Rb^+, K^+, Na^+, Cs^+, Li^+, Mg^{2+}, Ca^{2+}, Ba^{2+}

← 蛋白质盐溶效应增强

图 7-17 不同离子盐析效应的 Hofmeister 顺序

疏水相互作用色谱的解析洗脱可以通过以下三种方式实现:①降低流动相中盐浓度;②向流动相中加入有机溶剂,如 40%乙二醇、30%异丙醇等,降低流动相的极性和表面张力;③向流动相中加入中性去污剂进行洗脱,去污剂能和凝胶介质强烈结合,从而将结合在凝胶上的蛋白置换下来,但由于其结合过于牢固难以被清洗下来,因而影响凝胶介质的再次使用。其中以降低盐浓度洗脱方式最为常用,其又可分为阶段梯度洗脱和线性梯度洗脱。在分离条件不明确情况下,常采用线性梯度洗脱,在条件基本明确的分析型色谱分离中常用阶段梯度洗脱方式。

4. 凝胶介质的清洗和储存

为延长凝胶介质的使用寿命和保证色谱分离效果,每次实验结束后都应对凝胶介质进行清洗。通常用蒸馏水进行冲洗,如有结合较牢固的杂质组分,如脂类、变性蛋白,则需要用 1 mol/L NaOH 或有机溶剂(75%乙醇或 30%异丙醇)进行冲洗。长时间不用的凝胶介质则需保存在含一定浓度防腐剂(0.02% NaN_3)或 20%乙醇中。

7.4.4 应用举例

1. 蛋白质样品组分的分离

疏水相互作用色谱已被广泛应用于各种蛋白质样品的分离纯化,如 Wang 等以交联壳聚糖为载体、正戊基(C_5)为配基,成功制备了一种新型疏水相互作用凝胶介质,并用该介质装柱,成功地对 α-淀粉酶进行了分离纯化(图 7-18)。

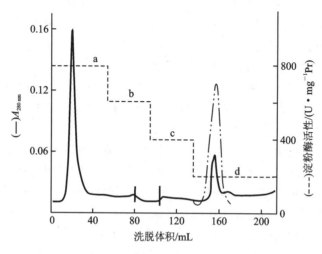

图 7-18 α-淀粉酶的疏水相互作用色谱分离

HIC 柱:Pentyl Chitosan CL;a:15% Na_2SO_4;b:10% Na_2SO_4;c:5% Na_2SO_4;d:0% Na_2SO_4

疏水相互作用色谱既可以单独使用,也可以和其他分离方法如盐析、凝胶过滤、离子交换、亲和色谱等基于不同分离原理的分离纯化技术串联使用,达到理想的分离纯化效果。例如,疏水相互作用色谱与盐析沉淀联合使用时,硫铵沉淀得到的蛋白质样品含有较高浓度的盐,可以直接上样,无需进行脱盐处理。

2. 蛋白质复性与折叠机理研究

多肽链的折叠过程伴随着一些理化性质的变化,如疏水性,因而可以采用疏水相互作用色谱对蛋白质折叠过程中不同中间体进行分离进而研究蛋白质的折叠机理。耿信笃实验室采用疏水相互作用色谱对还原变性的溶菌酶、胰岛素、胰凝乳蛋白酶的折叠特性进行了研究。此外,疏水相互作用色谱提供了一个疏水性渐变的环境,具有类似分子伴侣(molecular chaperone)的功能,帮助变性蛋白如包涵体(inclusion bodies)的正确折叠复性。

7.5 反相色谱

根据流动相和固定相的极性差异,液相色谱可分为正相色谱(normal phase chromatography,NPC)和反相色谱(reverse phase chromatography,RPC)。正相色谱中,固定相的极性大于流动相的极性,流动相中的极性较强的溶质组分与固定相结合,极性较弱的溶质组分不能被吸附结合,因而先于极性溶质组分被洗脱下来。反相色谱则相反,它是以非极性物质为固定相,极性溶剂或水溶液作为流动相,根据溶质分子与固定相疏水相互作用的强弱实现相互分离。

自反相色谱 1950 年由 Howard 和 Martin 首次提出以来,非极性键合相材料及高效液相色谱技术(HPLC)的发展,极大地拓展了反相色谱的应用范围,提高了色谱分离效果。RP-HPLC 作为一种通用液相色谱技术,广泛应用于各种生物分子,包括极性较强的小分子有机物、寡肽到疏水性较强的蛋白质等生物大分子的分离纯化和分析过程。

7.5.1 基本原理

反相色谱是根据溶质分子于固定相上疏水配基之间相互作用力的强弱不同而实现分离的一种液相色谱技术。相互作用的强弱主要取决于反相介质的性质(疏水性配基的长度、取代密度)、溶质分子的疏水性质(疏水性区域的多少、分布等)及流动相的性质(离子强度、pH 等)。图 7-19 描述了反相色谱分离过程和原理。①起始条件:用合适 pH、离子强度和极性的起始缓冲液平衡反相色谱柱,缓冲液的极性通过有机溶剂(如乙腈)或离子对试剂(如三氟乙酸)的添加量来控制。②吸附:在起始平衡缓冲液条件下,样品组分与反相介质通过疏水相互作用吸附结合,疏水性较弱的组分直接穿过色谱柱。③起始解析:加入有机溶剂降低流动相的极性,使得结合在反相介质上的样品组分按照结合力的强弱依次从色谱柱上解析洗脱下来。④解析完成:进一步降低流动相的极性,提高洗脱能力,使牢固结合的组分实现解析洗脱。⑤再生:用起始平衡缓冲液冲洗色谱柱,回到起始状态。

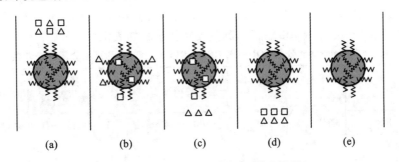

图 7-19 反相色谱分离示意图(梯度洗脱)

(a) 起始条件;(b) 吸附;(c) 起始解析;(d) 解析完成;(e) 再生

从理论上看,反相色谱与上一节介绍的疏水相互作用色谱非常相似,两者都是基于溶质分子与固定相之间疏水相互作用力强弱的差异进行分离的一种液相色谱技术,但两种色谱技术间还是存在着明显的区别。疏水相互作用色谱固定相上疏水配基($C_2 \sim C_8$)的取代程度通常在 $10 \sim 50 \mu mol/mL$ 凝胶,远低于反相色谱固定相上疏水配基($C_4 \sim C_{18}$)几百 $\mu mol/mL$ 凝胶的取代密度,因而反相色谱中蛋白质的结合程度要牢固得多,通常需要用非极性溶剂进行洗脱。此外,两者在对蛋白质的保留机理上也存在着一些差异,如 Fausnaugh 等比较了亲水性较强的细胞色素 C、肌红蛋白及疏水性较强的 β-葡萄糖苷酶在疏水相互作用色谱柱和反相色谱柱上的保留行为,发现它们对于同一蛋白的保留行为是不同的。

7.5.2 反相介质

反相介质由基质及与之共价偶联的疏水性配基组成(图 7-20)。反相介质中使用最广泛和时间最长的基质是硅胶,具有多孔结构、较高的机械强度、酸性条件下良好的化学稳定性、易于接枝偶联配基等优点。图 7-20 显示的是以硅胶为基质的反相介质表面化学基团。硅胶作为基质最大的缺点在于碱性条件(pH 值大于 7.5)下不稳定,易溶解。人工合成的高分子有机聚合物,如聚苯乙烯-二乙烯苯基质则具有良好化学稳定性,能在 pH 1~12 范围内稳定使用。此外,与亲水性的硅胶基质相比,人工合成的高分子有机聚合物则表现出疏水特性。

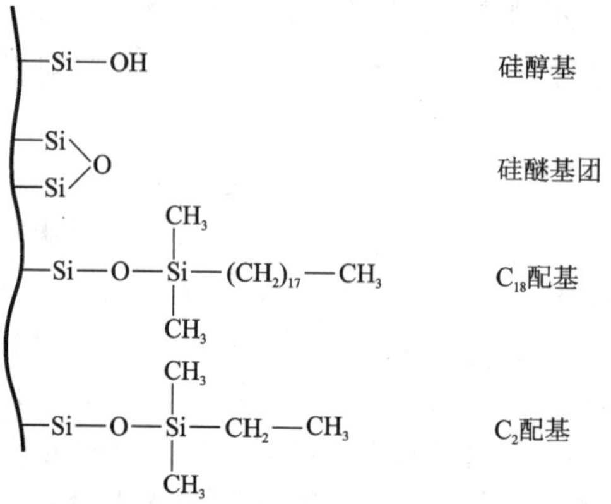

图 7-20 硅胶为基质的反相介质表面常见化学基团

反相介质的选择性主要取决于键合在基质上配基的类型。反相介质中常用的配基为线性正烷基烃链,如 n-辛基(C_8)、n-十八烷基(C_{18})。除配基的碳链长度外,配基密度以及配基偶联的方式也会影响介质的选择性。

商品化的反相介质种类比较多。Amersham 公司的反相介质有 SOURCE RPC、μRPC C_2/C_{18} 和 Sephasil Protein/Peptide 系列,其主要特征参数如表 7-5 所示。

表 7-5 Amersham 公司 SOURCE RPC、μRPC C_2/C_{18} 系列反相介质部分参数

介质名称	基质	粒径/μm	色谱流速	pH 稳定性 (长程/短程)	结合容量
SOURCE 5RPC	聚苯乙烯	5	100~480 cm/h	(1~12)/(1~14)	80 mg 杆菌肽
SOURCE 15RPC	聚苯乙烯	15	200~900 cm/h	(1~12)/(1~14)	10 mg BSA/10 mg 胰岛素
SOURCE 30RPC	聚苯乙烯	30	100~1 000 cm/h	(1~12)/(1~14)	14 mg BSA/72 mg 胰岛素
μRPC C_2/C_{18} PC 3.2/3	硅胶	3	0.01~1.2 mL/min	2~8	0.2~500 μg/柱
μRPC C_2/C_{18} SC 2.1/10	硅胶	3	0.01~0.25 mL/min	2~8	0.01~500 μg/柱

7.5.3 实验方案设计与色谱技术

1. 反相介质的选择

与离子交换和凝胶过滤色谱不同,反相色谱中溶质分子与固定相的相互作用难以量化评价,使得溶质分子在色谱柱上的保留行为难以预测。因此,反相色谱分离过程中,介质的选择显得尤为重要。溶质分子与固定相相互作用的强弱,主要取决于样品的极性和配基的长度。

对于极性较强的氨基酸、寡肽等样品组分,常选用疏水性较强的 C_{18} 配基;蛋白质样品是亲水性的,但其极性比氨基酸、寡肽要弱,若选用 C_{18} 配基,因其结合程度过于牢固常需要较高浓度溶剂才能解析洗脱,易造成蛋白质的变形。因此,对于蛋白质样品常选用 C_8 以下的配基。

除溶质分子的极性以外,分离规模和分辨率要求也是反向介质选择时必须考虑的因素。粒径小的基质,柱效和分辨率高,但柱背景压力高、流速慢,分离规模小,适用于分析型色谱分离;粒径大的介质则相反,通常用于制备型色谱分离。

2. 样品的准备与上样

体积较小的样品可以直接上样,体积较大的样品必须通过干燥及用起始缓冲液(流动相A)重新溶解,也可以通过凝胶过滤转换到流动相 A 体系中。若样品分子在流动相 A 中的溶解性不理想,可以添加酸或盐来提高样品的溶解性。样品在上样之前必须通过离心 (10 000 g, 10 min) 或用 0.22 μm 的微孔滤膜过滤去除不溶性杂质。反相色谱柱通常是预装柱,连接于 HPLC 系统,加样操作通过系统提供的自动进样或注射器并利用泵将样品溶液泵入色谱柱。

3. 流动相和洗脱条件的选择

反相色谱的流动相通常由调节 pH 的缓冲液以及调节选择性的有机溶剂或离子对试剂组成。流动相的 pH 的改变会引起溶质分子的解离状态的变化,从而影响溶质分子在色谱柱上的保留行为。反相色谱流动相常控制在 pH 2~4 范围内。在此条件下,大部分样品分子处于溶解状态,同时抑制了样品分子中酸性基团以及硅胶基质上硅醇基的解离。常用 0.05%~0.1% 或 50~100 mmol/L 的三氟乙酸(TFA)、正磷酸来调节流动相的 pH。当然,低 pH 洗脱剂并不适合所有分离的要求,聚苯乙烯等人工合成有机聚合物反相介质的出现,使得反相色谱分离也可以在中性或中性以上 pH 条件下进行。流动相中离子对试剂主要通过与溶质分子的结合增加溶质分子的疏水性,进而调节色谱分离的选择性。常用的离子对试剂有 CF_3COO^-、$CF_3CF_2COO^-$、CH_3COO^-、$H_2PO_4^-$、$N^+(CH_3)_4$、$NH^+(C_2H_5)_3$ 等,所用浓度在 0.01%~0.1% 或 10~100 mmol/L。和前面介绍的色谱技术中的要求一样,反相色谱中所用试剂必须为高纯度的 HPLC 级试剂。

表 7-6 反相色谱分离中常用有机溶剂的部分性质

溶剂	沸点/℃	黏度 C_p (20 ℃)	UV 截止波长/nm
乙腈	82	0.36	190
乙醇	78	1.20	210
甲醇	65	0.6	205
正丙醇	98	2.26	210
异丙醇	82	2.30	210
水	100	1.0	<190

注:UV 截止波长是指此波长下光程为 1 cm 的纯溶剂的吸光度为 1.0。

反相色谱中,通过改变流动相中有机溶剂的浓度来调节流动相的极性。有机溶剂浓度越高,流动相的极性越低,解析洗脱能力越强。所选用的有机溶剂应与水能够互溶、没有紫外吸收和较低的黏度。反相色谱中常用的有机溶剂如表 7-6 所示。从表中可看出,乙腈和甲醇具有较低的黏度和紫外吸收,因而更为常用。洗脱剂中有机溶剂的浓度取决于样品分子的疏水性,增加有机溶剂浓度可以提高对疏水性强的样品分子的解析洗脱能力,在目标分子被洗脱后常用100%有机溶剂对色谱柱进行冲洗,去除牢固结合的杂质。

和其他色谱技术一样,反相色谱的洗脱模式也可以分为阶段梯度和线性梯度洗脱。阶段梯度洗脱操作简单、所需时间短、有机溶剂的消耗少,常用于组分相对简单或分离条件已基本清楚的样品分离。线性梯度采用连续变化的流动相进行洗脱,线性梯度的斜率和洗脱剂的体积在具体的色谱操作过程中需进行优化。如图 7-21 所示,在分离条件不明确的初次分离过程中,常用范围宽、斜率大的梯度进行洗脱,在初步确定洗脱条件后选用范围窄、斜率小的梯度进行洗脱,提高分辨率。反相色谱中,常用的检测器有紫外、荧光检测器,前者适用于有紫外吸收样品分子的检测,如蛋白质、肽及核酸等,后者适用于能产生荧光的物质,与紫外检测器相比往往具有更高的选择性和灵敏度。

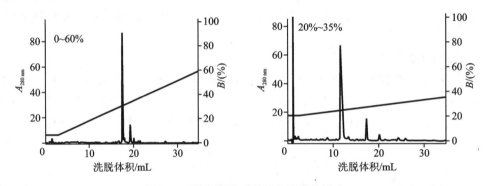

图 7-21 梯度斜率对色谱分辨率的影响

RPC 柱:Sephasil Peptide C_{18}(4.6 mm×100 mm,5 μm);流动相 A:0.06% TFA,pH 2.5;流动相 B:0.055% TFA/84%乙腈;流速:1 mL/min

4. 色谱柱的再生、清洗和储存

在完成一次色谱分离后,进行下一次色谱分离之前,通常用几个柱体积的流动相 B 充分冲洗以去除牢固结合的杂质分子。若流动相 B 中有机溶剂的浓度低于100%,须将有机溶剂的浓度线性上升至100%,然后线性下降至流动相 A 中有机溶剂的浓度进行充分平衡。

多次使用的色谱柱,若出现操作压力升高、分辨率下降时,则需要进行柱子清洗,常用的清洗程序:①用几个柱体积的 0.1% TFA 冲洗;②由 0.1% TFA 线性升至 0.1% TFA/异丙醇并冲洗几个柱体积;③由 0.1% TFA/异丙醇线性递减至 0.1% TFA 并冲洗几个柱体积。以聚苯乙烯为基质的反相色谱柱具有较好的化学稳定性,可以 0.5 mol/L 以下浓度的 NaOH 溶液进行冲洗。长时间不用的以硅胶为基质的反相介质需保存在纯甲醇中,聚苯乙烯为基质的反相介质可保存在纯甲醇或20%乙醇中。

7.5.4 应用举例

由于高效反相介质和色谱系统的发展,反相色谱分离的对象已从最初的有机小分子拓展到各种类型的生物大分子的分离,能适用于微量制备、分析及大规模的分离制备,成为生物样品分离过程中不可或缺的技术。此外,高效反相色谱与质谱联用(HPLC/MS),可有效用于混合蛋白质样品中蛋白质的定性和定量分析。图 7-22 和图 7-23 分别给出的是反相色谱快速分离猪血小板中的生长因子和 RP-HPLC/MS 分离鉴定血清中 Apo_{A1} 蛋白。

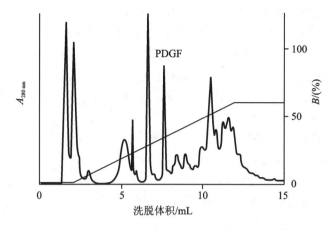

图 7-22 猪血小板生长因子的反相色谱分离

RPC 柱:RESOURCE RPC 3 mL(6.4 mm×100 mm);流动相 A:0.1% TFA;流动相 B:0.1% TFA/乙腈;梯度:4 mL 0% B,4~48 mL,0~60% B;流速:2 mL/min

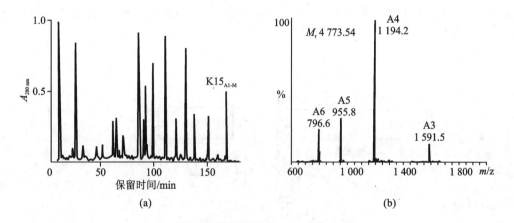

图 7-23 反相色谱分离 Apo_{A1} 蛋白 Lys-C

(a) 内肽酶解产物;(b) $K15_{A1-M}$ 峰的 ESI-MS 分析

RP-HPLC 柱:μRPC C_2/C_{18} SC 2.1/10;流动相 A,0.25% PFPA;流动相 B,0.25% PFPA/乙腈;梯度,10%~60%B,20 min;流速,25 μL/min

7.6 高效液相色谱

高效液相色谱(high performance liquid chromatography,HPLC)又称高压液相色谱、高速液相色谱,是色谱法的一个重要分支。高效液相色谱是在经典液相色谱法的基础上,引入了气相色谱理论,在技术上采用了高压输液泵、高效固定相、高灵敏检测器及自动进样器,从而实现了分析速度快、分辨能力高、操作自动化等目的。

7.6.1 基本原理与特点

从分析原理上讲,HPLC 与传统液相色谱没有本质的差别,按照分离机理的不同可分为凝胶过滤、离子交换、亲和、疏水相互作用和反相色谱等不同类型。但由于采用了高效固定相、高压输液泵和高灵敏度检测器,HPLC 与传统液相色谱相比具有以下优越性。

(1) 分析速度快　HPLC 采用高压泵输送流动相($150 \times 10^5 \sim 350 \times 10^5$ Pa),流动相的流速可达 10 mL/min,一般在几分钟到几十分钟内就可以完成一次分离。

(2) 分离效能高　采用 $5 \sim 10$ μm 球形介质,传质快,柱效一般可达 10^4 理论塔板数/米,与传统液相色谱相比提高了 $2 \sim 3$ 个数量级。

(3) 灵敏度高　样品进样量只需要几个或几十个微升;采用高灵敏度的检测器,检测水平可达 10^{-9}(紫外)$\sim 10^{-12}$ g(荧光)。

(4) 适用范围广　可用于相对分子质量低、沸点低样品,高沸点、高分子有机化合物,离子型无机化合物,热不稳定的生物大分子等样品的分离。

7.6.2　高效液相色谱仪

自 20 世纪 60 年代第一台液相色谱仪问世以来,发展到今天,液相色谱仪的种类非常多,有分析型色谱仪、制备型色谱仪,也有凝胶色谱仪、离子色谱仪、氨基酸分析仪等专用型的液相色谱仪。这些色谱仪虽类型各异,但基本结构大致相同。如图 7-24 所示,液相色谱仪主要包括以下几个部分。

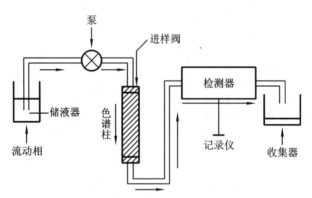

图 7-24　高效液相色谱仪的构造示意图

(1) 储液器　流动相溶剂装于储液瓶中,经过滤、脱气后进入高压泵。

(2) 高压泵(输液系统)　为流动相的移动提供驱动力,并使流动相的移动维持恒定的流速。

(3) 进样器　将样品溶液送入色谱系统的装置,如六通进样阀。

(4) 色谱柱　高效液相色谱仪的核心部位,色谱柱的性能决定了液相色谱分离的能力和效果。

(5) 检测器　对洗脱组分进行在线检测,液相色谱检测器可分为通用型和选择型两大类,前者包括蒸发激光散射检测器(ELSD)和示差折光检测器(DRID),后者包括紫外检测器(UVD)、荧光检测器(FD)、二极管阵列检测器(DAD)和电导检测器(CDC)。

(6) 记录仪　自动记录检测结果装置,现已广泛应用于电脑和色谱工作站的数据的处理和分析。

7.6.3 制备型高效液相色谱

按照色谱分离的规模和目的可分为分析型和制备型色谱,前者以定性和定量分析为主要目的,后者则是以分离、富集和纯化为主要目的,两者在分离机理上没有本质的区别。但由于两者实验目的不同,对具体操作的要求也各不相同,分析型色谱要求高分辨率和重复性,而制备型色谱则要求较大的处理能力和较高的分辨率。

1. 分离方案设计

尽管加大上样量甚至过载时柱效难免下降,但只要柱效下降的不是太大,便可进行分离,制备色谱分离通常是在过载的情况下进行。制备色谱分离方法建立的原则是成本低、容量大、效率高,分离方法的建立基本上还是基于实验尝试和经验。实际工作中,分离策略的设计可分为峰接触法和峰重叠法。

峰接触法就是增加进样量,直到目的组分的色谱峰与最邻近杂质的色谱峰刚好接触为止。也许增大上样量后已使色谱柱过载,但此时收集的目的组分仍然是达到纯度要求的产品(图7-25)。

图 7-25 峰接触法制备色谱分离示意图

峰重叠法就是增加上样量,直至目的组分的色谱峰与最邻近杂质的色谱峰发生重叠的一种方法,常用于微量组分或难分离组分的分离,其分离方案的设计如图 7-26 所示。图 7-26(a)为分析型色谱分离结果,图中第二个峰为待分离的目的组分,含量小于其他两个峰。制备分离的第一步就是加大上样量,使微量目的组分与杂质主峰大量重叠,收集重叠部分(图 7-26(b));分离的第二步是将收集的洗脱组分再次在该条件下进行分离,调节上样量使目的样品峰和杂质峰呈现刚好接触状态,按照峰接触法收集目的样品组分(图 7-26(c))。

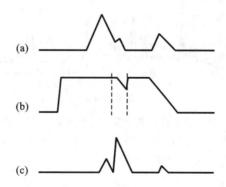

图 7-26 微量组分的峰重叠法制备色谱分离

2. 实验条件选择

根据待分离物的性质确定固定相的类型。如样品是极性化合物,一般选用硅胶固定相;如样品的非极性较强,则应选用反相固定相。大颗粒固定相($30 \sim 60~\mu m$)常用于样品超载的高容量制备,小颗粒固定相($5 \sim 10~\mu m$)用于高分离度的制备。当固定相直径分布范围宽时,大颗粒决定柱效,小颗粒决定柱子背景压力。

流动相的选择应以实现目的组分与最邻近杂质组分的最大分离为标准,主要考虑流动相的极性和选择性。正相色谱通常采用正己烷和异丙醇的混合物作为流动相,反相色谱常用的流动相是有机溶剂(甲醇、乙腈)和水的混合物,改变流动相中各组分的比例,以调节流动相的选择性。此外,在选择流动相时,还应考虑溶剂的黏度、纯度、紫外吸收及样品的溶解度等特性。

在制备型色谱分离中,由于上样量很大,因此,样品在流动相中的溶解度显得尤为重要。对溶解度较低的样品,可以考虑适当增大有机溶剂体积,对于极性样品可以考虑改变 pH 或离子强度等因素。

制备分离条件的优化可在分析柱上按照峰接触法和峰重叠法进行,然后将优化得到的条件放大到制备色谱分离柱上,制备色谱分离的上样量和流速可表示为

$$制备柱上样量 = 分析柱上样量 \times (d_2/d_1)^2 \times (L_2/L_1)$$

$$制备柱流速 = 分析柱流速 \times (d_2/d_1)^2$$

3. 应用举例

制备型高效液相色谱分离的产品在纯度、回收率、分离效率等方面远远优于传统的制备方法,因此在生物制品和药物研究、生产领域得到广泛应用。如田娜等将荷叶粗提物在 Symmetry Prep TM C_{18} 柱上分离,以乙腈-水为流动相进行梯度洗脱,得到了 3 种黄酮类化合物。Liang 等用固相萃取偶联制备型高效液相色谱对西兰花种子中的萝卜硫素进行了成功的分离制备(图 7-27)。

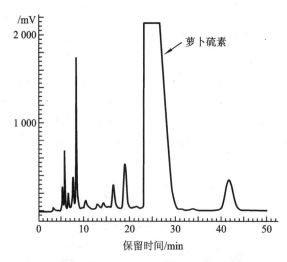

图 7-27 西兰花种子中萝卜硫素的 HPLC 制备分离

C_{18} 色谱柱(300 mm × 19 mm,7 μm);上样量,10 mL 固相萃取液;流动相,30% 乙腈;流速,12 mL/min;检测波长,254 nm

(本章由王云编写,朱德艳初审,刘凤珠复审)

习题

1. 在一根长 3 m 的色谱柱上,分析某试样时,得到两个组分的调整保留时间分别为 13

min 及 16 min,后者的峰底宽度为 1 min,计算:①该色谱柱的有效塔板数;②两组分的相对保留值;③如欲使两组分的分离度 $R=1.5$,需要有效塔板数为多少?此时应使用多长的色谱柱?

2. 某凝胶过滤介质的排阻极限为 200 kD,柱体积为 100 mL,用其测得 A 和 B 两种蛋白质的洗脱体积分别为 58 mL 和 64 mL,相对分子质量为 2 000 kD 的蓝色葡聚糖的洗脱体积为 40 mL。计算:①A 和 B 的分配系数;②若在某流速下用 A 和 B 两种蛋白质溶液测得该凝胶过滤色谱柱的理论塔板高度为 0.3 mm,且洗脱曲线呈高斯分布,在此流速下要使 A、B 混合液的分离度达到 1.3,最小柱床高度多少?

3. 利用疏水相互作用色谱分离 A 和 B 的混合物时,在某操作条件下 A 和 B 的分离度不理想。试分析如何改变操作条件,并说明理由。

4. 试描述反相色谱和疏水相互作用色谱的区别。

参考文献

[1] 卢佩章,戴朝政.色谱理论基础[M].北京:科学出版社,1997.

[2] 达世禄.色谱学导论[M].2 版.武汉:武汉大学出版社,1999.

[3] 田亚平.生化分离技术[M].北京:化学工业出版社,2006.

[4] 师治贤,王俊德.生物大分子的液相色谱分离和制备[M].2 版.北京:科学出版社,1996.

[5] 邹汉法,张玉奎,卢佩章.高效液相色谱法[M].北京:科学出版社,2001.

[6] 袁黎明.制备色谱技术及应用[M].北京:化学工业出版社,2011.

[7] 田娜,刘仲华,黄建安,等.高效制备液相色谱法从荷叶中分离制备黄酮类化合物[J].色谱,2007,25(1):88-92.

[8] Ke C, Sun W, Zhang Q, et al. Refolding of urea-denatured a-chymotrypsin by protein-folding liquid chromatography[J]. Biomed. Chromatogr. ,2013,27(4):433-439.

[9] Wang Y, Guo M, Jiang Y. Evaluation of n-valeraldehyde modified chitosan as a matrix for hydrophobic interaction chromatography[J]. J. Chromatogr. A,2002,952(1-2):79-83.

[10] Fausnaugh J L, Kennedy L A, Regnier F E. Comparison of hydrophobic-interaction and reversed-phase chromatography of proteins[J]. J. Chromatogr. A, 1984, 317 (28): 141-155.

[11] Aguilar M L. HPLC of peptides and proteins:Methods and protocols[M]. Totowa: Human Press,2004.

[12] McCue J T. Theory and use of hydrophobic interaction chromatography in protein purification applications[J]. Methods Enzymol. ,2009,463:405-414.

[13] Lienqueo M E,Mahn A,Salgado JC,et al. Current insights on protein behaviour in hydrophobic interaction chromatography[J]. J. Chromatogr. B,2007,849(1-2):53-68.

[14] Barth H G, Boyes B E, Jackson C. Size exclusion chromatography and related separation techniques[J]. Anal. Chem. ,1998,70(12):251-278.

[15] Dorsey G J, Dill K A. The molecular mechanism of retention in reversed-phase liquid chromatography[J]. Chem. Rev. ,1989,89(2):331-346.

[16] Liang H, Li C, Yuan Q, et al. Separation and purification of sulforaphane from broccoli seeds by solid phase extraction and preparative high-performance liquid chromatography[J]. J. Agri. Food Chem. ,2007,55(20):8047-8053.

第 8 章　电泳技术

本章要点

电泳技术是现代生物学和生化产物分离纯化的新的重要技术手段,已日益广泛地应用于分析化学、生物化学、临床化学、毒剂学、药理学、免疫学、微生物学、食品化学等各个领域。本章在阐述电泳基本原理、电泳分类基础之上,重点介绍了不同电泳技术的特点和应用。

电泳法(electrophoresis,EPS)是指带电荷生物分子(蛋白质、核苷酸等)在惰性支持介质(如纸、醋酸纤维素、琼脂糖凝胶、聚丙烯酰胺凝胶等)中,在电场的作用下,向其相反的电极方向按各自的速度进行泳动,使组分分离成狭窄的区带,并记录其电泳区带图谱或计算其百分含量的技术。电泳基本过程如图 8-1 所示。

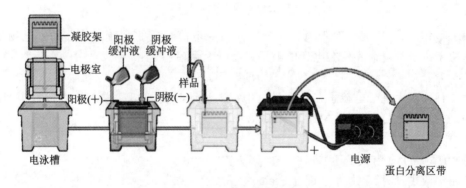

图 8-1　电泳技术流程示意图

1807 年莫斯科州立大学的 F. F. Reuss 第一次观察到电泳现象,1937 年瑞典学者 Arne Tiselius 设计制造了移动界面电泳仪,并分离了马血清白蛋白的 α、β、γ 三种球蛋白,创建了电泳技术并逐步开始应用。电泳技术适用于分析和纯化生物大分子,如蛋白质和核酸,也可应用于简单带电分子,包括带电糖基、氨基酸、多肽、核苷酸等。20 世纪 60 至 70 年代,滤纸、聚丙烯酰胺凝胶等介质相继引入后,电泳技术得以迅速发展。近年来,电泳控制和结果分析技术发展得更为精确和系统,使其在 DNA 测序,蛋白质、多肽等生物分子纯化,临床血清蛋白、酶、体内脂蛋白等分析检验方面发挥了重要作用,并日益广泛应用于分析化学、生物化学、药物研发等领域。

8.1 电泳概述

8.1.1 电泳基本原理

简单地讲,电泳技术的基本原理可以概括为:在确定的条件下,带电粒子在单位电场强度作用下,单位时间内移动的距离(即电泳迁移率)为常数,是该带电粒子的物化特征性常数。不同带电粒子因所带电荷不同,或虽所带电荷相同但荷质比不同,在同一电场中经一定时间电泳后,由于移动距离不同而相互分离,在实验中表现为不同的凝胶区带。

如图 8-2 所示,当带有电荷(Q)的生物粒子在电场中移动时,迁移速度将取决于两种对立的作用力。

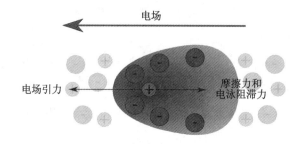

图 8-2 粒子在电场中所受作用力示意图

第一种作用力(F)是一个带电粒子向与其自身电荷相反的一端恒速移动的电场驱动力,大小取决于离子静电荷和所在电场的电场强度(E),两者符合:

$$F = EQ \tag{8.1}$$

第二种作用力是带电粒子在黏性介质中定向泳动时受到相反方向的摩擦力(f)阻挡,当两种作用力相等时,离子则以匀速 v 向前泳动,即

$$v = F/f = EQ/f \tag{8.2}$$

式中,f 为摩擦力,v 为粒子迁移速度。

自由溶液中,摩擦阻力大小符合 Stoice 公式:

$$f = 6\pi r \eta \tag{8.3}$$

式中,r 为颗粒半径;η 为介质黏度。式(8.3)是指球形颗粒所受的阻力。将式(8.2)和式(8.3)合并项,则有

$$v = EQ/6\pi r \eta \tag{8.4}$$

从式(8.4)可以看出,带电生物粒子在电场中的泳动速率与电场强度(E)和带电颗粒的净电荷量(Q)成正比,与带点粒子半径和介质黏度成反比。对蛋白质这样的两性电解质,在一定 pH 下,可解离成带电荷的离子,在电场作用下可以向与其电荷相反的电极泳动,其泳动速率主要取决于蛋白质分子所带电荷的性质、数量,以及蛋白质分子的大小和形状。由于各种蛋白质的等电点 pI 不同,相对分子质量不同,在同一 pH 缓冲溶液中所带电荷不同,故在电场中迁移速率也不同(图 8-3)。由此得知,在一定电场强度下,不同种类的带电物质在电泳时的移动速度就不一样,这种移动速度的差异就是电泳技术的基本依据。利用此规律,可将混合液中不同蛋白质分离开来,也可对样品的纯度进行鉴定。

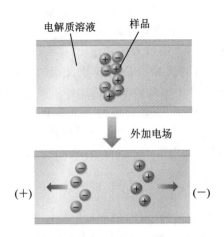

图 8-3　不同蛋白质在同一 pH 缓冲溶液中外加电场下的迁移

迁移率为带电粒子在单位电场强度下的泳动速率，是该带电粒子的物化特征性参数。由式(8.4)可知，相同带电粒子在不同强度的电场里泳动速率是不同的。若以 M 表示迁移率，在式(8.4)两边同时除以电场强度 E，则得

$$M = Q/6\pi r\eta \tag{8.5}$$

生物粒子带电量及影响电离度的因素如溶液的 pH，影响溶液黏度系数的因素如温度、分子半径等，都会影响有效迁移率。它们都可能会导致带电分子迁移区带的变形，使电泳过程分辨率下降，甚至操作失败。

8.1.2　影响电泳迁移率的因素

电泳过程中的不同带点粒子之间的迁移分离类似于色谱分离过程。不同的是色谱法所产生的微分迁移依赖于被分析物与固定相、流动相之间的作用力，而在电泳中迁移率将取决于带点粒子的大小、电荷，电场强度，支持物性质以及过程操作等多种因素，这些因素也都会影响电泳操作分辨率的变化。下面讨论一些主要的影响因素。

1. 样品性质

一般来说，分子所带电荷量越大、直径越小、形状越接近球形，则其电泳迁移速度越快，如纤维状的蛋白质和球状蛋白质，因摩擦力作用不同，而表现出不同的迁移特征。

2. 缓冲液的性质

(1) 缓冲液的 pH 值。pH 值会影响待分离生物大分子的电离程度，从而对其带电性质产生影响，溶液 pH 值距离其等电点(pI)愈远，其所带净电荷量就越大，电泳速度也就越快。对于蛋白质等两性分子，缓冲液 pH 还会影响到其电泳方向，当缓冲液 pH 大于蛋白质分子的等电点，蛋白质分子带负电荷，其电泳的方向指向正极。

(2) 缓冲溶液的离子强度。为了保持电泳过程中待分离生物大分子的电荷以及缓冲液 pH 值的稳定性，缓冲液通常要保持一定的离子强度。离子强度过低，则缓冲能力差，但如果离子强度过高，会在待分离分子周围形成较强的带相反电荷的离子扩散层(即离子氛)，由于离子氛与待分离分子的移动方向相反，它们之间产生了静电引力，因而引起电泳速度降低。低离子强度时，缓冲液所载的电流下降，样品所载的电流增加，因此加速了样品的迁移。低离子强

度的缓冲液降低了总电流,减少了热的产生,但是扩散效应较严重,使分辨率明显地降低。所以,选择离子强度时必须两者兼顾,一般离子强度的选择范围在 0.02～0.2 之间。

(3) 溶液介质黏度。电泳过程中溶液介质黏度越大,生物粒子迁移阻力越大,所以电泳溶液的黏度要选择在合适的范围内,不能过大或者过小。

(4) 缓冲液成分。通常所用的缓冲液是甲酸盐、乙酸盐、柠檬酸盐、巴比妥盐和磷酸盐、Tris、EDTA 和吡啶。要根据电泳类型和对象选用缓冲液成分,例如用纸电泳分离血清蛋白可选用巴比妥-巴比妥钠缓冲液,而聚丙烯酰胺凝胶电泳分离酶可用 Tris-甘氨酸缓冲液。缓冲液成分总的要求是不使样品变性,不改变支持物的理化性质,不影响电泳后染色,有利于电泳的进行及样品的分离。硼酸缓冲液常用于碳水化合物的分离,因为它能和碳水化合物产生带电的复合物。

3. 电场强度

电场强度(V/cm)是每厘米距离的电位降,也称电位梯度。由于在两个电极之间溶液中的电流完全由缓冲液和样品的离子来传导,所以迁移率与电流成正比,离子迁移距离与通电时间成正比。因此,为了得到更好的重复性,在电泳时电流必须保持恒定,也就是必须使用直流电。

实验操作过程中可以使用低电压(100～500 V),或者高电压(500～10 000 V),电位梯度分别可达 20 V/cm 和 200 V/cm。高电压主要用于分离小分子化合物。迁移率与电阻成反比,电阻由支持介质的类型和大小,以及缓冲液的离子强度所决定。电阻随着支持介质的长度增加而增加,随介质的宽度和缓冲液离子强度的增加而降低。

在实际工作中有时需要进行快速电泳,如果没有高压电泳设备,人们往往利用上述原理,把常压电泳槽小型化,缩短支持介质两端的距离。例如将原来两端相距 20 cm 改为 5 cm,此时外加电压虽仍为 200 V,但电场强度则从 10 V/cm 变为 40 V/cm,这就加快了电泳速度。有时为了使样品迁移率放慢,也可调低电压,降低电势梯度。

4. 焦耳热

在电场中根据热量 $Q=A^2\Omega$,电泳时会产生热量,使电泳系统的温度升高,并且电阻随温度的升高而下降,因此如果电压保持不变,那么温度升高会引起电流的升高,并且促使支持介质上溶剂的蒸发,为了消除这些不利影响,使电泳的可重复性增高,可使用经过稳定的电源装置,进行稳压或稳流电泳,或者采用一个密闭的电泳槽以减少缓冲液的蒸发,还可以在电泳槽中附设一个冷却系统。

焦耳热通常是由中心向外周散发的,所以介质中心温度一般要高于外周,尤其是管状电泳。由此引起中央部分介质相对于外周部分黏度下降,摩擦系数减小,电泳迁移速度增大,由于中央部分的电泳速度比边缘快,所以电泳分离带通常呈弓形。

5. 电渗

液体在电场中,对于固体支持介质的相对移动,称为电渗现象。由于支持介质表面可能会存在一些带电基团,如滤纸表面通常有一些羧基,琼脂可能会含有一些硫酸基,而玻璃表面通常有 Si—OH 基团等。这些基团电离后会使支持介质表面带电,吸附一些带相反电荷的离子,在电场的作用下向电极方向移动,形成介质表面溶液的流动,这种现象称为电渗。其原理如图 8-4 所示。

例如在 pH 值高于 3.0 时,玻璃表面带负电,吸附溶液中的正电离子,引起玻璃表面附近溶液层带正电,在电场的作用下,向负极迁移,带动电极液产生向负极的电渗流。如果电渗方向与待分离分子电泳方向相同,则加快电泳速度;如果相反,则降低电泳速度。例如在 pH 为

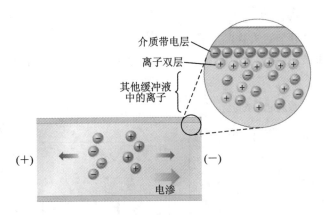

图 8-4 电渗原理

8.6 时,血清蛋白在进行纸电泳时,γ-球蛋白与其他蛋白质一样带负电荷,应该向正极移动,然而它却向负极移动,这就是电渗作用的结果。所以电泳时粒子泳动的表现速率是颗粒本身的泳动速率与受电渗影响而携带的移动速率两者之和。

6. 电极及电极反应

电泳的电极材料大都选用铂金丝,其安放位置影响电场强度。如果两极间铂金丝位置不恰当,电场强度不均匀,常会使电泳谱带弯曲或同一样品的迁移率不一样。

通电过程中电极二端会发生如下电解反应:

正极(氧化极)　　　　　$H_2O \longrightarrow 2H^+ + 1/2O_2\uparrow + 2e^-$

负极(还原极)　　　　　$2H_2O + 2e^- \longrightarrow 2OH^- + H_2\uparrow$

因此在电泳过程中,正、负极均可看到气体产生(负极有密集的氢气泡,正极有较大的氧气泡),电泳过后,两个电泳槽的 pH 可相差很大(2~4 个 pH 区间)。

7. 支持介质

多数电泳都有支持物,如纸电泳、醋酸纤维薄膜电泳、聚丙烯酰胺凝胶电泳,然而支持物的结构与性质对带电颗粒的迁移率有很大影响,主要表现为对样品的吸附,产生电渗与分子筛效应。支持物对样品的吸附,使带电粒子泳动过程中,摩擦力增加,一方面降低了迁移速度,另一方面导致样品拖尾,故使分辨率下降。

分子筛是凝胶电泳的一个特性,凝胶通常是具有网状结构且具有弹性的半固体物质,其具有分子筛作用,能使小颗粒易透过,而大颗粒不易通过,凝胶的分子筛效应对分离样品是有利的。

8.1.3 电泳系统的基本组成

(1) 电泳槽　其是凝胶电泳系统的核心部分,有管式电泳槽、垂直板电泳槽、水平板电泳槽等。

(2) 电源　聚丙烯酰胺凝胶电泳为 200~600 V,载体两性电解质等电聚焦电泳为 1 000~2 000 V,固相梯度等电聚焦为 3 000~8 000 V。

(3) 外循环恒温系统　电泳过程中高电压会产生高热,需冷却。

(4) 凝胶干燥器　用于电泳和染色后的干燥。

(5) 灌胶模具　包含制胶、玻璃板和梳子。

(6) 电泳转移装置　利用低电压、大电流的直流电场,使凝胶电泳的分离区带或电泳斑点转移到特定的膜上,如 PVDF 膜。

(7) 电泳洗脱仪　用于回收样品。

(8) 凝胶扫描和摄录装置　如图 8-5 所示,对电泳区带进行扫描,从而给出定量分析的结果。

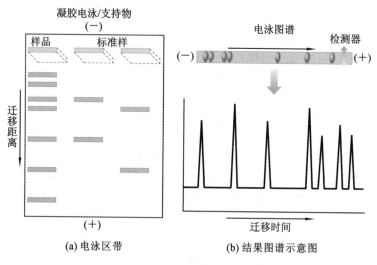

图 8-5　电泳区带和结果图谱示意图

8.2 电泳的分类

8.2.1 按分离原理分类

(1) 移动界面电泳(moving boundary electrophoresis)　将被分离的离子(如阴离子)混合物置于电泳槽的一端(如负极),在电泳开始前,样品与载体电解质有清晰的界面。电泳开始后,带电粒子向另一极(正极)移动,泳动速度最快的离子走在最前面,其他离子依电极速度快慢顺序排列,形成不同的区带。只有第一个区带的界面是清晰的,达到完全分离,其中含有电泳速度最快的离子,其他大部分区带重叠。移动界面电泳最早是由 Tiselius 建立的,它是在 U 形管中进行的,由于分离效果较差,已被其他电泳技术所取代(图 8-6)。

(2) 区带电泳(zone electrophoresis)　在一定的支持物上,于均一的载体电解质中,将样品加在中部位置,在电场作用下,样品中带正或负电荷的离子分别向负或正极以不同速度移动,分离成一个个彼此隔开的区带。区带电泳是当前应用最广泛的电泳技术。

(3) 等电聚焦电泳(isoelectric focusing electrophoresis)　将两性电解质加入盛有 pH 梯度缓冲液的电泳槽中,当其处在低于本身等电点的环境中时则带正电荷,向负极移动;若其处在高于本身等电点的环境中时则带负电荷,向正极移动。当其泳动到自身特有的等电点时,其净电荷为零,泳动速度下降到零,具有不同等电点的物质最后聚焦在各自等电点位置,形成一个个清晰的区带,分辨率极高。它利用人工合成的两性电解质(商品名为 Ampholin,脂肪族多胺基多羧基化合物),在通电后形成一定的 pH 梯度,被分离的蛋白质停留在各自的等电点而形成分离的区带。

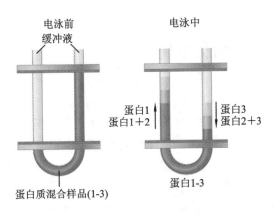

图 8-6　移动界面电泳

（4）等速电泳（isotachophoresis）　在样品中加有领先离子（其迁移率比所有被分离离子的大）和终末离子（其迁移率比所有被分离离子的小），样品加在领先离子和终末离子之间，在外电场作用下，各离子进行移动，经过一段时间电泳后，达到完全分离。被分离的各离子的区带按迁移率大小依序排列在领先离子与终末离子的区带之间。由于没有加入适当的支持电解质来载带电流，所得到的区带是相互连接的，且因"自身校正"效应，界面是清晰的，这是与区带电泳不同之处。等速电泳需专用电泳仪，近年发明的塑料细管等速电泳仪，可以进行微克量物质的分离，该仪器采用数千伏的高电压，几分钟内即完成分离，用自动记录仪进行检测。

8.2.2　按有无固体支持物分类

根据电泳是在溶液还是在固体支持物中进行，可分自由电泳和支持物电泳。其中自由电泳可分为显微电泳、移动界面电泳、柱电泳、自由流动幕电泳、等速电泳等；支持物电泳多种多样，也是目前应用最多的一种方法。根据支持物的物理性状不同可以分为以下几种。

（1）滤纸及其他纤维薄膜电泳　如醋酸纤维、玻璃纤维、聚氯乙烯纤维电泳。

（2）粉末电泳　如纤维素粉、淀粉、玻璃粉电泳。

（3）凝胶电泳　如琼脂、琼脂糖、硅胶、淀粉胶、聚丙烯酰胺凝胶电泳。

（4）丝线电泳　如尼龙丝、人造丝电泳。

8.2.3　按装置形式分类

（1）平板式电泳　支持物水平放置，是电泳速度最快时的放置方式。

（2）垂直板式电泳　聚丙烯酰胺凝胶常做成垂直板式电泳。

（3）垂直柱式电泳　聚丙烯酰胺凝胶盘状电泳即属于此类。

（4）连续液动电泳　首先应用于纸电泳，将滤纸垂直竖立，两边各放一电极，溶液自顶端向下流动，与电泳方向垂直。后来有用淀粉、纤维素粉、玻璃粉等代替滤纸来分离血清蛋白质，分离量较大。

（5）毛细管电泳　基于各被分离物质的净电荷与质量之间比值的差异，不同离子按照各自表面电荷密度的差异，以不同的速度在电解质中移动而导致分离，它要求缓冲液具有均一性，毛细管内各处具有恒定的电场强度。

8.3 聚丙烯酰胺凝胶电泳

聚丙烯酰胺凝胶电泳(polyacrylamide gel electrophoresis,PAGE)是目前最通用和重要的电泳方法,该方法操作简单,分辨率高,成为目前生物分子分离研究的最佳选择。以常规血清蛋白分离实验为例,采用醋酸纤维素薄膜电泳可将血清蛋白组分分离成为5～7个组分条带,而聚丙烯酰胺凝胶电泳可分离达到30个组分条带以上。除此之外,它还具有凝胶孔径大小可调节控制、支持物稳定性高、不产生电渗负效应、上样量少、设备简单等诸多优点。可以对蛋白质、核酸等生物大分子进行分离、纯化、定性定量分析,以及通过扩大设备容量来达到单体分子制备的目的。

典型的凝胶电泳系统如图 8-7 所示,一般都包括电极、电泳槽和分析系统三部分,阴阳电极通电后,在电泳槽缓冲液体系形成电场,不同生物大分子经过凝胶介质分离后,切断电源再进行电泳区带分析和纯化。

(a) 水平凝胶电泳系统　　(b) 垂直凝胶电泳系统

图 8-7 水平凝胶电泳系统和垂直凝胶电泳系统

8.3.1 基本原理

聚丙烯酰胺凝胶电泳是一种以具有三维网状空间结构的聚丙烯酰胺凝胶为支持介质的区带电泳。电泳过程中生物粒子通过网状结构的空隙时受到摩擦力的作用,摩擦力的大小与样品颗粒的大小成正相关。生化分子在电场作用下受到静电引力和摩擦产生的阻力两种作用力,因而大大提高了电泳的分辨能力。

1. 聚丙烯酰胺凝胶的制备

聚丙烯酰胺凝胶的制备过程如图 8-8 所示。聚丙烯酰胺凝胶是由单体丙烯酰胺(acrylamide,Acr)和交联剂 N,N-甲叉双丙烯酰胺(N,N-methylene-bis acrylamide,Bis)在加速剂 N,N,N_1,N_1—四甲基乙二胺(N,N,N_1,N_1-tetramethylethylenediamine,TEMED)和催化剂过硫酸铵或光催化聚合中使用的核黄素的作用下产生聚合交联反应。

当过硫酸铵被加入 Acr、Bis 和 TEMED 的水溶液时,立即产生硫酸自由基,自由基激活 TEMED,随后 TEMED 作为一个电子载体提供电子将丙烯酰胺单体活化。活化的丙烯酰胺彼此连接,聚合成含有酰胺基侧链的脂肪族多聚链。相邻的两条多聚链之间,随机通过 Bis 交联起来,形成三维网状结构的凝胶物质。光聚合通常需要痕量氧的存在,核黄素经光解形成无色基,再被氧化成自由基,从而引发聚合作用。一般光聚合物制备大孔胶,化学聚合物用来制备小孔胶(表 8-1)。

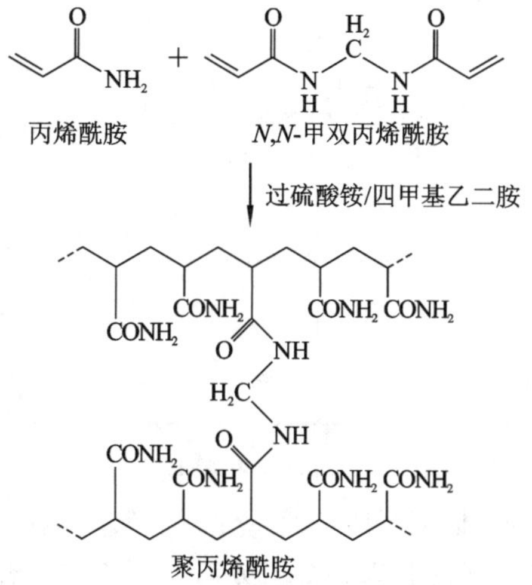

图 8-8 聚丙烯酰胺凝胶聚合反应过程

表 8-1 聚合反应催化剂的搭配

引 发 剂	加 速 剂	引 发 反 应
$(NH_4)_2S_2O_3$	TEMED	化学聚合
$(NH_4)_2S_2O_3$	DMAPN	化学聚合
核黄素	TEMED	光聚合

注:DMAPN,3-dimethylaminpropionitrile,3-二甲基氨丙腈。

2. 凝胶浓度和交联度与孔径大小的关系

为了使样品分离得快,操作方便,便于记录结果和保存样本,要求凝胶有一定的物理性质,合适的筛孔,一定的机械强度,良好的透明度。这些性质很大程度上是由凝胶浓度和交联度决定的。

100 mL 凝胶溶液中含有的单体和交联剂总克数称为凝胶浓度,记号为 T。

$$T = [m_{Acr} + m_{Bis}]/V \times 100\% \tag{8.6}$$

凝胶溶液中,交联剂占单体加交联剂总量的百分数为交联度,记号为 C。

$$C(\%) = Bis/(Acr + Bis) \times 100\% \tag{8.7}$$

凝胶浓度主要影响筛孔的大小,筛孔的平均直径和凝胶浓度的平方根成反比。凝胶浓度能够在 3%～30%中变化,浓度过高则凝胶较硬,容易破碎,不透明,并且缺乏弹性;浓度太低则凝胶稀软,呈糜糊状,不易操作。

在实验中观察到,要获得透明而有合适机械强度的凝胶,单体用量高时,交联量应减少,单体用量低时,交联剂量应增大。100 mL 溶液中,$m_{Acr} \times m_{Bis} \approx 1.3$,是一个要求良好的电泳用凝胶的经验公式。

凝胶浓度与被分离物的相对分子质量大小关系,大致可用表 8-2 表示。

表 8-2 相对分子质量范围与凝胶浓度的关系

相对分子质量范围	适用的凝胶浓度/(%)
蛋白质:$<10^4$	20～30
$1\times10^4 \sim 4\times10^4$	15～20
$4\times10^4 \sim 1\times10^5$	10～15
$1\times10^5 \sim 5\times10^5$	5～15
7.5×10^6	2～5
核 酸:$<10^4$	15～20
$1\times10^4 \sim 1\times10^5$	5～10
$1\times10^5 \sim 2\times10^6$	2～2.6

分析一个未知样品时,常常先用 7.5% 的标准凝胶或用 4%～10% 的梯度凝胶试验,以便选择到理想浓度的凝胶。Davis 标准凝胶的组成是 $T=7.2\%$,$C=2.6\%$,用此浓度的凝胶分离生物体内的蛋白质能得到较好的结果。常用分离血清蛋白的标准凝胶是指浓度为 75% 的凝胶。用此凝胶分离大多数生物体内的蛋白质,电泳结果一般都满意。用于研究大分子核酸的凝胶多为大孔径凝胶,胶体较软,不易操作,最好加入 0.5% 琼脂糖。在 3% 凝胶中加入 20% 蔗糖,也可增加机械强度而又不影响孔径大小。

聚丙烯酰胺凝胶与其他种类凝胶相比具有以下优点。

(1) 聚丙烯酰胺凝胶是人工合成三维网状结构的凝胶,具有分子筛作用,其筛孔的大小可人为控制和调节,并且制备重复性好。

(2) 聚丙烯酰胺凝胶是碳-碳结构,没有或很少带有极性基因,因而吸附少,电荷作用小,不易和样品相互作用,化学性质比较稳定。

(3) 凝胶无色透明,适宜用光密度扫描记录结果,且需要样量较少。

(4) 用途广泛,具有弹性,便于操作,易于保存。

3. 影响凝胶聚合的因素

(1) 形成凝胶试剂的纯度。丙烯酰胺是形成凝胶溶液的最主要成分,其纯度的好坏直接影响凝胶的质量。此外,丙烯酰胺和 Bis 中可能混杂有能影响凝胶形成的杂质,如丙烯酸、线性高聚丙烯酰胺、金属离子等,这些物质也能影响凝胶的聚合质量,从而影响电泳的结果,应予以充分注意。对丙烯酰胺,最好是选择质量好,达到电泳纯级的产品。过硫酸铵容易吸潮,而潮解后的过硫酸铵会逐步失去催化活性,故过硫酸铵溶液须新鲜配制。

(2) 凝胶的浓度。每 100 mL 凝胶溶液中含有单体和交联剂的总克数称凝胶浓度,常用 T 表示。凝胶浓度的大小会影响凝胶的质量和网孔的大小。凝胶网孔的大小与总浓度相关,总浓度越大,孔径越小,故在用聚丙烯酰胺凝胶电泳分离生化物质时,应根据需要选择凝胶浓度,在一般情况下,大多数生物体内的生化物质采用 7.5% 浓度的凝胶,所得电泳效果往往是满意的,由此浓度组成的凝胶为标准凝胶。

(3) 温度和氧气的影响。聚丙烯酰胺凝胶聚合的过程也受温度的影响。温度高,聚合快;温度低,聚合慢,一般以 23～25 ℃ 为宜。大气中的氧能猝灭自由基,使聚合反应终止,所以在聚合过程中要使反应液与空气隔绝,最好能在加激活剂前对凝胶溶液脱气。

8.3.2 聚丙烯酰胺凝胶电泳的分类

聚丙烯酰胺凝胶电泳常用的方法是将凝胶装在玻璃管中垂直进行电泳,称为柱状电泳,但也可以铺成凝胶板,平卧或垂直进行电泳,称为板状电泳。可以像一般电泳那样采取缓冲液组成、pH 及孔径大小都均匀的介质,这种电泳方式称为连续凝胶电泳,例如纸上电泳、醋酸纤维素薄膜电泳及琼脂凝胶电泳等都属于这类。还可以采用缓冲液组成、pH 和孔径大小都不均一的凝胶,这样的电泳方式称为不连续凝胶电泳,如盘状电泳。

8.3.3 聚丙烯酰胺凝胶电泳的优点

以聚丙烯酰胺凝胶为支持介质进行蛋白电泳,可根据被分离物质分子大小及电荷多少来分离蛋白质,具有以下优点。

(1) 丙烯酰胺凝胶是由丙烯酰胺和 N,N'-甲叉双丙烯酰胺聚合而成的大分子。凝胶是带有酰胺侧链的碳-碳聚合物,没有或很少带有离子的侧基,因而电渗作用比较小,不易和样品相互作用。

(2) 丙烯酰胺凝胶是一种人工合成的物质,在聚合前可调节单体的浓度比,形成不同程度网孔结构,其空隙度可在一个较广的范围内变化,可以根据要分离物质分子的大小,选择合适的凝胶成分,使之既有适宜的网孔,又有比较好的机械性质。一般来说,含丙烯酰胺 7%~7.5%的凝胶,机械性能适用于分离相对分子质量范围在 $10^4 \sim 10^6$ 的物质,1万以下的蛋白质采用含丙烯酰胺 15%~30%的凝胶,而相对分子质量特别大的可采用含丙烯酰胺 4%的凝胶,大孔胶易碎,小孔胶则难从管中取出来,因此当丙烯酰胺的浓度增加时可以减少双丙烯酰胺的用量,以改进凝胶的机械性能。

(3) 在一定浓度范围内聚丙烯酰胺对热稳定,凝胶无色透明,易观察,可用检测仪直接测定,可以精制,减少污染。

8.4 不连续凝胶电泳

8.4.1 不连续凝胶电泳的原理

不连续凝胶电泳是指采用缓冲液组成、pH 和孔径大小都不均一的聚丙烯酰胺凝胶电泳方式。

不连续凝胶电泳系统存在四个不连续性:①凝胶层的不连续性;②缓冲液离子成分的不连续性;③pH 的不连续性;④电位梯度的不连续性。由此产生浓缩效应、电荷效应和分子筛效应。

(1) 浓缩效应　样品在电泳开始时,通过浓缩胶被浓缩成高浓度的样品薄层(一般能浓缩几百倍),然后再被分离。通电后,在样品胶和浓缩胶中,解离度最大的 Cl^- 有效迁移率最大,被称为快离子,解离度次之的蛋白质则尾随其后,解离度最小的甘氨酸离子(pI6.0)泳动速度最慢,被称为慢离子。由于快离子的迅速移动,在其后边形成了低离子浓度区域,即低电导区。电导与电势梯度成反比,因而可产生较高的电势梯度。这种高电势梯度使蛋白质和慢离子在快离子后面加速移动。因而在高电势梯度和低电势梯度之间形成了一个迅速移动的界面,由于样品中蛋白质的有效迁移率恰好介于快、慢离子之间,所以,也就聚集在这个移动的界面附近,逐渐被浓缩,在到达小孔径的分离胶时,形成一薄层。

(2) 电荷效应　在一定的pH环境中,各种离子所带电荷不同,其迁移率也不同,不同蛋白质分子的等电点不同,其所带的表面电荷也不相同,因此他们的迁移率不同,经电泳后,各种蛋白质根据其迁移率的大小依次排列成一条条的区带。浓缩胶和分离胶中均存在这种电荷效应。但是经过十二烷基硫酸钠处理后的蛋白质,由于十二烷基硫酸钠的电荷掩盖了蛋白质本身所带的电荷,因此在SDS-PAGE中蛋白质的分离不依赖电荷的差别。

(3) 分子筛效应　由于分离胶的孔径较小,相对分子质量大小或分子形状不同的蛋白质通过分离胶时,所受阻滞的程度不同,因迁移率不同而被分离。此处分子筛效应是指样品通过一定孔径的凝胶时,受阻滞的程度不同,小分子走在前面,大分子走在后面,各种蛋白质按分子大小顺序排列成相应的区带。

按电泳装置不同,不连续电泳系统又可分为垂直管状(圆盘)电泳和垂直平板电泳。这两种电泳操作方式基本相同,不同的只是用于凝胶的支架或为玻璃管,或为玻璃板。它具有非常高的分辨率,在柱状电泳时每种蛋白质组分的色带非常狭窄,呈圆盘状,所以这类不连续系统柱状电泳亦称为盘状电泳。目前,常用的聚丙烯酰胺凝胶电泳(PAGE电泳)主要就是采用这种盘状电泳的技术。

不连续凝胶电泳有如下三层不同的凝胶。

(1) 样品胶(sample gel)　为大孔胶,用光聚合法制备,样品预先加在其中,起防止对流的作用,避免样品跑到上面的缓冲液中,目前电泳一般不制作此胶。

(2) 浓缩胶(stacking gel)　为大孔胶,用光聚合法制备,有防止对流作用。样品在其中浓缩,并按其迁移率递减的顺序逐渐在其与分离胶的界面上积聚成薄层。

(3) 分离胶(seperating gel)　为小孔胶,一般采用化学聚合法制备。样品在其中进行电泳和分子筛分离,也有防止对流作用,蛋白质分子在大孔径凝胶中受到的阻力小,移动速度快,进入小孔胶时遇到阻力大,速度就减慢了,由于凝胶的不连续性,在大孔与小孔凝胶的界面处就会使样品浓缩,区带变窄。

分离过程示意图如图8-9所示。

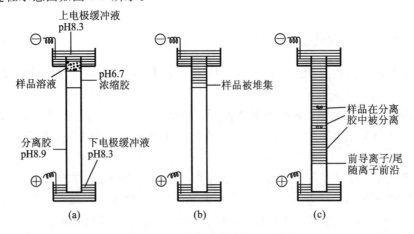

图 8-9　不连续凝胶电泳原理示意图

(a) 电泳开始时;(b) 样品进入浓缩胶被浓缩成一薄层;(c) 样品进入分离胶被分离

电泳开始前(图 8-9(a))慢离子位于两个电极槽中,快离子分布在三层凝胶中,样品在样品胶中,缓冲配对离子位于全部系统中。电泳进行中(图 8-9(b))快离子与慢离子的界面向下移动。由于选择了适当的 pH 缓冲液,所以蛋白质样品的有效迁移率介于快、慢离子的界面之间,而浓缩成为极窄的区带。样品分离中(图 8-9(c))当样品达到浓凝胶与分离界面处,离子界面继续前进,蛋白质被留在后面,然后分成多个区带。

综上所述,样品的浓缩效应是在浓缩胶中进行的,电荷效应与分子筛效应主要是在分离胶中进行的。蛋白质样品进入分离胶时,在浓缩胶中的慢离子跑到蛋白质前面去,高电势梯度消失,使蛋白质进入到均一电势梯度和 pH 的分离胶中。此时,又由于分离胶的孔径小,各蛋白质因分子大小和形状不一样而被孔径阻滞的程度也不相同,使一些即使是净电荷相同的蛋白质分子也因分子筛效应不同而得到分离。

8.4.2 不连续凝胶电泳的操作步骤

不连续凝胶电泳的具体操作过程包括如下几个基本步骤。

(1) 仪器的准备　盘状电泳所用的电泳槽分为上、下两个槽,分别在中央装有铂丝电极,上槽底部开有若干安装凝胶的小孔。凝胶管一般采用内径 5~7 mm,长为 8~10 cm 的管径均匀的玻璃管,两端用金刚砂磨平。

(2) 凝胶管的制备　首先将玻璃管下口用玻璃纸或其他材料封住,垂直固定在架上。然后按选择好的配方制备凝胶。制备凝胶除需要一定浓度的单体和交联剂外,还需要加入少量催化剂与加速剂。制备凝胶柱时,首先将制分离胶的溶液除气混合好,迅速用滴管小心移入之前准备好的凝胶柱玻璃管内,再复以约 0.5 cm 的蒸馏水层(隔绝空气并使胶面平整),静置半小时使其聚合成凝胶。将蒸馏水吸弃后,再按同样方法在分离胶上注入浓缩胶液(约 1 cm 高的液柱,根据加样的容量大小而适当增减注入量),上面再复以蒸馏水层。然后在日光灯下照射(浓缩胶通常用核黄素作催化剂)使凝胶聚合,凝胶柱即告制成,可用橡皮垫(或橡皮塞)将柱安装在上层电泳槽的底部小孔上,并使柱顶刚露出橡皮垫上。然后将凝胶柱插入盛有缓冲液的下电泳槽内。

(3) 加样　为了避免被缓冲液冲散,样品通常要用浓缩胶液混合,按制备浓缩胶方式在浓缩胶层上面再铺制样品胶。也可以用分离胶的缓冲液和蔗糖将样品适当稀释和制成浓蔗糖液,这样加到浓缩胶面上也可以有效地防止样品的冲散。通常每根凝胶柱加样量为 10~100 μg 蛋白质,而且要求加样液的离子强度要低,最好要和浓缩胶有相同的缓冲液组成、pH 和离子强度,否则不能很好地发挥浓缩效应,使分离的区带模糊和松散,得不到良好的分离效果。

(4) 通电　加样后将电极槽缓冲液小心放在样品层上(也可以先放缓冲液,然后用长注射器小心将样品蔗糖注入缓冲液下面的凝胶面上),并在上电泳槽中倾入适量电极槽缓冲液,使液体足以和盖上的铂丝电极接触。为了便于观察,还要向上槽缓冲液中加入少量溴酚蓝作示踪指示剂。然后将电极接上电源,上槽接负极,下槽接正极。开始保持电流为每管约 1 mA,待示踪染料进入浓缩胶并开始进入分离胶后,将电流增大到每管 2~3 mA。待示踪染料将近到达凝胶管下口时,停止通电,切断电源。

(5) 剥胶　取下凝胶管,用带有长注射针头的注射器盛蒸馏水,将针头插入凝胶与管壁的间隙,边旋转玻璃管边慢慢沿管壁注入蒸馏水,使胶与管壁脱离,然后用压缩空气将凝胶条吹出。

(6) 固定和染色　取出的凝胶条迅速放入三氯醋酸溶液中固定,然后再用适合的染色液染色,最后再用稀醋酸漂洗或进行电解脱色。也可以不经固定直接放入用三氯醋酸配置的染色液中进行染色,如用考马斯亮蓝的三氯醋酸溶液染色,还可以经漂洗而得到清晰的染色带。最后凝胶条可放入稀醋酸浸泡保存。

8.5　SDS-PAGE 电泳

8.5.1　SDS-PAGE 电泳原理

聚丙烯酰胺凝胶分为原性凝胶和变性凝胶两种。原性凝胶,即在凝胶中不加变性剂,在这种凝胶中,蛋白质的迁移率受其静电荷与分子大小两个因素的影响。相对分子质量不同,而带静电荷相同,可有相同的迁移率。因此在原性凝胶中进行电泳是不能测得相对分子质量的。变性凝胶,即在凝胶中加入变性剂,如尿素、SDS(十二烷基磺酸钠)、巯基乙醇苏二硫、糖醇等。SDS-聚丙烯酰胺凝胶电泳,是在聚丙烯酰胺凝胶系统中引进 SDS,SDS 能断裂分子内和分子间氢键,破坏蛋白质的二级和三级结构,而强还原剂能使半胱氨酸之间的二硫键断裂(图 8-10)。蛋白质在一定浓度的含有强还原剂的 SDS 溶液中,与 SDS 分子按比例结合,形成带负电荷的 SDS-蛋白质复合物,这种复合物结合了大量的 SDS,使蛋白质丧失了原有的电荷状态形成仅保持原有分子大小特征的负离子团块,从而降低或消除了各种蛋白质分子之间天然的电荷差异,由于 SDS 与蛋白质的结合是与质量成比例的,因此在进行电泳时,蛋白质分子的迁移速度取决于分子大小(图 8-11)。

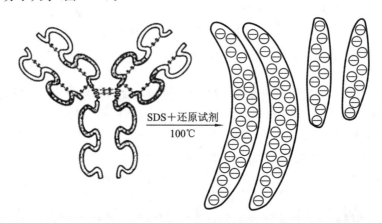

图 8-10　蛋白质样品在 100 ℃用 SDS 和还原试剂处理 3～5 min 后解聚成亚基

当相对分子质量在 15 000 到 200 000 之间时,蛋白质的迁移率和相对分子质量的对数成线性关系,符合:

$$\lg M_r = K - bX \tag{8.8}$$

式中,M_r 为相对分子质量,X 为迁移率,K、b 均为常数。

若将已知相对分子质量的标准蛋白质的迁移率对相对分子质量的对数作图,可获得一条标准曲线,未知蛋白质在相同条件下进行电泳,根据它的电泳迁移率即可在标准曲线上求得相对分子质量。

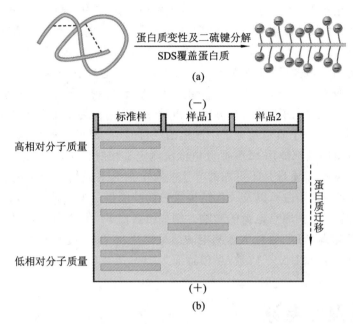

图 8-11 样品预处理及蛋白质在 SDS-PAGE 电泳中的分离
(a) 样品预处理；(b) 蛋白质分离

现在经 SDS-凝胶电泳研究过的蛋白质已有一百多种。由于用这一方法测定蛋白质相对分子质量具有分辨率高、重复性好、设备简单、操作简便及快速等优点，已发展成为蛋白质研究的有力工具。

8.5.2 SDS-PAGE 电泳注意事项

采用 SDS-凝胶电泳法测定蛋白质相对分子质量时，应注意以下几个问题。

(1) 如果蛋白质-SDS 复合物不能达到 1.4g SDS/1g 蛋白质的比率并具有相同的构象，就不能得到准确的结果。影响蛋白质和 SDS 结合的因素，主要有以下三个：①二硫键是否完全被还原：只有在蛋白质分子内的二硫键被彻底还原的情况下，SDS 才能定量地结合到蛋白质分子上去，并使之具有相同的构象。一般以巯基乙醇作还原剂。在有些情况下，还需进一步将形成的巯基烷基化，以免在电泳过程中重新氧化而形成蛋白质聚合体。②溶液中 SDS 的浓度：溶液中 SDS 的总量，至少要比蛋白质的量高 3 倍，一般高达 10 倍以上。③溶液的离子强度：溶液的离子强度应较低，最高不能超过 0.26，因为 SDS 在水溶液中是以单体和分子团的混合体而存在的，SDS 结合到蛋白质分子上的量，仅取决于平衡时 SDS 单体的浓度而不是总浓度，在低离子强度的溶液中，SDS 单体具有较高的平衡浓度。

(2) 不同的凝胶浓度适用于不同的分子范围，Weber 的实验指出，在交联度为 2.6%～5% 的凝胶中，对于相对分子质量 25 000～200 000 的蛋白质，其相对分子质量的对数与迁移率成直线关系；在 10% 的凝胶中，10 000～70 000 相对分子质量的蛋白质成直线关系；在 15% 的凝胶中，10 000～50 000 相对分子质量的蛋白质成直线关系；3.33% 的凝胶可用于分子量更高的蛋白质。

可根据所测相对分子质量范围选择最适凝胶浓度，并尽量选择相对分子质量范围与待测样品相近的蛋白质作标准蛋白质。标准蛋白质的相对迁移率最好在 0.2～0.8 之间均匀分布。

在凝胶电泳中,影响迁移率的因素较多,而在制胶和电泳过程中,很难每次都将各项条件控制得完全一致,因此,用 SDS-凝胶电泳法测定相对分子质量,每次测定样品必须同时作标准曲线。

(3) 有许多蛋白质,是由亚基或两条以上肽链组成的,它们在 SDS 和巯基乙醇的作用下,解离成亚基或单条肽链。因此,对于这一类蛋白质,SDS-凝胶电泳测定的只是它们的亚基或单条肽链的相对分子质量,而不是完整分子的相对分子质量。为了得到更全面的资料,还必须用其他方法测定其相对分子质量及分子中肽链的数目等,与 SDS-凝胶电泳的结果相互参照。

(4) 不是所有蛋白质都能用 SDS-凝胶电泳法测定其相对分子质量,已发现有些蛋白质用这种方法测出的相对分子质量是不可靠的。这些有电荷异常或构象异常的蛋白质,带有较大辅基的蛋白质(如某些糖蛋白),以及一些结构蛋白如胶原蛋白等。因此,尽管结合了正常比例的 SDS,仍不能完全掩盖其原有电荷的影响。例如组蛋白 F1,相对分子质量为 21 000,但由于它本身带有大量正电荷,SDS-凝胶电泳测定的结果却是 35 000,偏差较大。对于这些蛋白,至少要用两种方法来测定相对分子质量,互相验证。

8.6 等电聚焦电泳

等电聚焦电泳(isoelectric focusing electrophoresis, IEF)是 1996 年由瑞典科学家 Rible 和 Vesterberg 建立的一种高分辨率的蛋白质分离分析技术。不仅用来分离、鉴定和测定蛋白质等电点,分离复合蛋白,同时还可以结合 SDS 电泳,密度梯度和一般凝胶电泳进行双向电泳来分析蛋白质的亚基,分子大小和各种蛋白质成分的图谱,已成为电泳中不可缺少的技术之一。

8.6.1 基本原理

所有的氨基酸均为两性物质,即它们至少含有一个羧基及一个氨基。这些可游离的基团随着 pH 变化可以三种形式存在,即正电荷、两性离子及负电荷三种。若氨基酸在某一 pH 值下其净电荷为零,且在电场中不移动时,称此 pH 值为它的 pI 值(等电点)。由于不同的蛋白质有着不同的氨基酸组成,所以蛋白质的等电点取决于其氨基酸的组成,是一个物理化学常数。每一种蛋白质都由其特定的氨基酸组成,所以各种蛋白质的等电点不同,因此可以利用电泳技术,根据蛋白质等电点的差异对其进行分离分析。因为净电荷为零,净电斥力不存在的缘故,大部分蛋白质在等电点的 pH 值下,溶解度最小。相反地,当溶液的 pH 值低于或高于 pI 值,所有蛋白质分子所带净电荷为同号,彼此之间有相斥力,不会聚集。所以,若将 pH 调到等电点的大小,则大部分的蛋白质将会沉淀,这种现象可以应用于估算某蛋白质的等电点;另外,也可以应用于电泳,达到分离蛋白质混合物的目的,这种方法称为等电聚焦电泳(图 8-12)。

等电聚焦电泳有很高的分辨率,可将等电点相差 0.01~0.02 个 pH 单位的蛋白质分开。一般电泳由于受扩散作用的影响,所以会随着时间和泳动距离的加长,区带越走越宽,而聚焦效应能抵消扩散作用,使区带越走越窄。由于这种电聚焦作用,不管样品加在什么部位,都可聚焦到其等电点位置,浓度很低的样品也可进行分离。可直接测出蛋白质的等电点,其精确度可达 0.01 个 pH 单位。但同时等电聚焦电泳要求用无盐溶液,而在无盐溶液中蛋白质可能发生沉淀。样品中的成分必须停留在其等电点处,不适用在等电点不溶或发生变性的蛋白质。

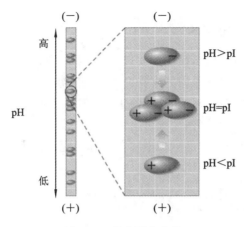

图 8-12 等电聚焦电泳

8.6.2 pH 梯度建立

1. 载体两性电解质产生 pH 梯度的方法

（1）用两种不同 pH 的缓冲液互相扩散，在混合区形成 pH 梯度，这是人工 pH 梯度。

（2）利用载体两性电解质（carrier ampholyte）在电场作用下自然形成 pH 梯度，称为天然 pH 梯度，该方法是常用方法。

天然 pH 梯度的原理是 Svensson 于 20 世纪 60 年代初期提出的，其形成过程是当电解硫酸钠的稀溶液时，在阳极聚焦硫酸而在阴极聚焦氢氧化钠。如将一些两性电解质放入电泳槽中，则它们在阳极的酸性介质中就会得到质子而带正电，在阴极的碱性介质中则失掉质子而带负电，这样就会受其附近的电极所排斥而向相反方向移动。设其中有一个酸性很强的两性电解质甲，当它由阴极逐渐接近阳极的硫酸时，就会失去电荷而停止运动，甲所在的位置就是它的等电点。另有一个等电点稍高于甲的物质乙，当向阳极运动靠近甲时，它不能超过甲，因为乙所在的位置低于它的等电点。于是乙在带正电荷向阴极移动的过程中，只能排在甲的阴极侧。假如有很多两性电解质，它们就会按照等电点由低到高的顺序依次排列，形成一个由阳极向阴极逐步升高的平稳的 pH 梯度，此梯度的进程取决于两性电解质的 pH、浓度和缓冲性质。防止对流的情况下，只要电流稳定，这个 pH 梯度将保持不变。

2. 载体两性电解质应具备的条件

（1）在等电点处必须有足够的缓冲能力，以便能控制 pH 梯度，而不致被样品中的生化物质或其他两性物质的缓冲能力改变 pH 梯度的进程。

（2）在等电点必须有足够高的电导，以便使一定的电流通过，而且要求具备不同 pH 的载体有相同的电导系数，使整个体系中的电导均匀。如果局部电导过小，就会产生极大的电位降，从而使其他部分电压显得更小，以致不能保持梯度，也不能使应聚焦的成分进行电迁移达到聚焦。

（3）相对分子质量要小，便于与被分离的高分子物质用透析或凝胶过滤法分开。

（4）化学组成应不同于被分离物质，不干扰测定。

（5）应不与分离物质反应或使之变性。

总体来说，当一个两性电解质的等电点介于两个很近的 pH 之间时，它在等电点的解离度大，缓冲能力强，而且电导系数高。

8.6.3 等电聚焦电泳的支持介质

目前常用的支持介质有聚丙烯酰胺凝胶、琼脂糖凝胶和葡聚糖凝胶。其中聚丙烯酰胺凝胶是等电聚焦电泳分析中最广泛采用的支持介质。凝胶在等电聚焦电泳中除了充当支持介质外，还能防止已聚焦分子的扩散、对流，从而使蛋白质样品在凝胶上可分离出更多致密的区带。

等电聚焦电泳的方式有很多种，大致可分为垂直管式、毛细管式、水平板式及超薄水平板式，这些方式各具特点。目前在样品分析中趋向于选用超薄水平板式，它具有分析样品多，两性电解质用量少，结果重复性好等优点。

8.6.4 等电聚焦电泳注意事项

（1）可先在宽 pH 范围的载体两性电解质中进行等电聚焦。当了解到目的蛋白质的 pI 后，再用窄 pH 范围的载体两性电解质进行分析或制备。

（2）等电聚焦如在宽 pH 范围载体两性电解质内进行，为了克服在中性区域形成纯水区带，可适当添加中性载体两性电解质。

（3）为防止电泳过程中 pH 梯度的衰变，一般电流降低达到最小而且恒定时尽快结束等电聚焦。

（4）pH 梯度（pI）测定：①Rotofer 制备电泳可分管测定收集液的 pH；②凝胶等电聚焦后，可分段切割凝胶，用 3~5 倍体积的蒸馏水或 10 mmol/L 氯化钾浸泡该凝胶，从凝胶浸出液中测定 pH，或用微电极直接测定凝胶表面 pH；③薄层等电聚焦后，可用微电极检测凝胶表面 pH，根据蛋白质分布的 pH 即能确定该蛋白质的 pI。

（5）等电聚焦过程中由于蛋白质泳动到某一区段，而该区段刚好包含该蛋白质的 pI，造成蛋白质的沉淀出现絮凝现象，为了解决此问题，可在样品中添加脲、Triton X-100、NP-40 或其他一些非离子型表面活性剂。

8.7 二维电泳

二维电泳（two-dimensional electrophoresis），也称为二维聚丙烯酰胺凝胶电泳，O'Farrell P H 和 Klose J 在 1975 年首次报道。其技术结合了等电聚焦技术（根据蛋白质等电点进行分离）以及 SDS-聚丙烯酰胺凝胶电泳技术（根据蛋白质的大小进行分离）两项技术。二维电泳具有较高的分离能力，兼容性强，适用于动物、植物、细胞、微生物等各类生物样本，后期与质谱鉴定相结合，可实现蛋白质定性分析，是最经典的蛋白质组学研究方法。正因如此，其在蛋白质组分析、疾病标志物检测、细胞差异分析、药物开发、癌症研究等领域得到了广泛的应用。

二维电泳工作原理如图 8-13 所示，通常第一维电泳是等电聚焦，在细管中（Φ1~3 mm）加入含有两性电解质、8 mol/L 的脲以及非离子型去污剂的聚丙烯酰胺凝胶进行等电聚焦，变性的蛋白质根据其等电点的不同进行分离。而后将凝胶从管中取出，用含有 SDS 的缓冲液处理 30 min，使 SDS 与蛋白质充分结合。将处理过的凝胶条放在 SDS-聚丙烯酰胺凝胶电泳浓缩胶上，加入丙烯酰胺溶液或熔化的琼脂糖溶液使其固定并与浓缩胶连接。在第二维电泳过程中，结合 SDS 的蛋白质从等电聚焦凝胶中进入 SDS-聚丙烯酰胺凝胶，在浓缩胶中被浓缩，在分离胶中依据其相对分子质量大小被分离。例如将蛋白质混合样品,先在4%聚丙烯酰胺凝胶棒中等电聚焦,按等电点分离,然后用不连续缓冲系统的SDS-聚丙烯酰胺凝胶电泳,再按分子大小进行分离。

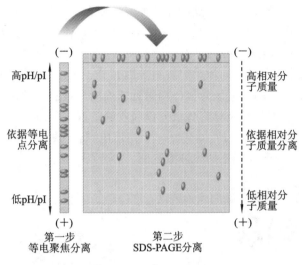

图 8-13 二维电泳原理示意图

对细胞提取液进行双向电泳时可分辨出 1 000~2 000 个蛋白分子,也有报道说能够分辨出 5 000~10 000 个蛋白斑点。这些报道的数据与细胞中正常存在的蛋白分子的数量很接近,因此可以说蛋白质二维电泳的分辨率较高,可以直接用于检测细胞提取物中单个蛋白分子。

二维电泳一次操作最多可分辨 10 000 个斑点。这样高的分辨率可以用于过程控制期间样品的比较和在质量控制时纯度的最终鉴定,并通过强大的计算机软件工作站来进行复杂的数据处理。

二维电泳的缺点,一是比较费时,二是对于包含大量蛋白质的样品,由于高负荷蛋白质浓度引起的非特异性相互作用和在迁移时与聚丙烯酰胺基质的非特异性相互作用引起的大量蛋白质斑点的拖尾,会使分辨率显著的降低。

8.8 毛细管电泳

毛细管电泳(capillary electrophoresis,CE)又称高效毛细管电泳(HPCE),指以高压电场为驱动力,以毛细管为分离通道,依据样品中各组分之间的淌度和分配行为上的差异而实现分离的一类液相分离技术。毛细管电泳是20世纪80年代后期在全球范围内迅速崛起的一种分离分析技术。毛细管电泳使样品在一根极细的柱子中进行分离。细柱可减小电流,使焦耳热的产生减少;同时又增大了散热面积,提高散热效率,大大降低了管中心与管壁间的温差,减少了柱子径向上的各种梯度差,保证了高效分离。因此可以加大电场强度,达到 100~200 V/cm,以全面提高分离质量。

自1986年有商品化仪器供应后,毛细管电泳技术发展迅速,具有快速、高效、高灵敏度、易定量、重现性好及自动化等优点,已广泛地应用于小分子、小离子、多肽及蛋白质的分离分析研究。在核酸分离方面显示出巨大的潜力,并在糖、维生素、药品检验、无机离子、环保等各个领域逐步拓展应用,和 HPLC 相应成为分析方法中互补的技术。

8.8.1 毛细管电泳的基本原理

毛细管电泳的基本装置是一根充满电泳缓冲液的内径为 $25\sim100~\mu m$ 毛细管和与毛细管两端相连的两个小瓶,微量样品从毛细管的一端通过"压力"或"电迁移"进入毛细管。电泳时,与高压电源(可高至 30 kV)连接的两个电极分别浸入毛细管两端小瓶的缓冲液中。样品向与自身所带电荷极性相反的电极方向泳动。各组分因其分子大小、所带电荷数、等电点等性质的不同而迁移率不同,依次移动至毛细管输出端附近的检测器,检测、记录吸光度,并在屏幕上以迁移时间为横坐标,吸光度为纵坐标将各组分以吸收峰的形式动态直观地记录下来。

毛细管电泳仪结构如图 8-14 所示,包括一个高压电源,一根毛细管,一个检测器及两个供毛细管两端插入而又可和电源相连的缓冲液贮瓶。

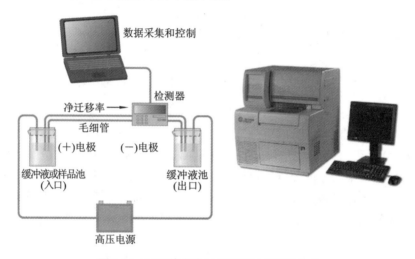

图 8-14 毛细管电泳系统结构示意图及设备

CE 所用的石英毛细管柱,在 pH 值大于 3 情况下,其内表面带负电,和溶液接触时形成了一双电层。在高电压作用下,双电层中的水合阳离子引起流体整体地向负极方向移动的现象称电渗,粒子在毛细管内电解质中的迁移速度等于电泳流和电渗流(EOF)两种速度的矢量和,正离子的运动方向和电渗流一致,故最先流出;中性粒子的电泳流速度为零,故其迁移速度相当于电渗流速度;负离子的运动方向和电渗流方向相反,但因电渗流速度一般都大于电泳流速度,故它将在中性粒子之后流出,从而因各种粒子迁移速度不同而实现分离。

电渗是 CE 中推动流体前进的驱动力,它使整个流体像一个塞子一样以均匀速度向前运动,使整个流体呈近似扁平形的"塞式流"。它使溶质区带在毛细管内,原则上不会扩张。

理论分析表明,增加速度是减少谱带展宽、提高效率的重要途径,增加电场强度可以提高速度。但高场强导致电流增加,引起毛细管中电解质产生焦耳热(自热)。自热将使流体在径向产生抛物线形温度分布,即管轴中心温度要比近管壁处温度高。因溶液黏度随温度升高呈指数下降,温度梯度使介质黏度在径向产生梯度,从而影响溶质迁移速度,使管轴中心的溶质分子要比近管壁的分子迁移得更快,造成谱带展宽,柱效下降。

一般来说温度每升高 1 ℃,将使淌度增加 2%。此外,温度改变使溶液 pH 值、黏度等发生变化,进一步导致电渗流、溶质分子的电荷分布(包括蛋白质的结构)、离子强度等的改变,会造成宽度改变、重复性变差、柱效下降等现象。降低缓冲液浓度可降低电流强度，使温差变化减小。高离子强度缓冲液可阻止蛋白质吸附于管壁，并可产生柱上浓度聚焦效应，防止峰扩张，改善峰形。减小管径在一定程度上缓解了由高电场引起的热量积聚，但细管径使进样量减少，造成进样、检测等技术上的困难。因此，加快散热是减小自热引起的温差的重要途径。液体的导热系数要比空气高 100 倍。现在有的采用液体冷却方式的毛细管电泳仪可使用离子强度高达 0.5 mol/L 的缓冲液进行分离，或使用 200 μm 直径的毛细管进行微量制备，仍能达到良好的分离效果和重现性。

毛细管电泳除了比其他色谱分离分析方法具有效率更高、速度更快、样品和试剂耗量更少、应用面广泛等优点外，其仪器结构也比高效液相色谱简单。CE 只需高压直流电源、进样装置、毛细管和检测器。前三个部件均易实现，困难之处在于检测器。特别是光学类检测器，由于毛细管电泳溶质区带的超小体积的特性导致光程很短，而且圆柱形毛细管作为光学表面也不够理想，因此对检测器的灵敏度要求相当高。

当然在 CE 中也有利于检测的因素，例如，在 HPLC 中，因稀释之故，溶质到达检测器的浓度一般是其进样端原始浓度的 1%，但在 CE 中，经优化实验条件后，可使溶质区带到达检测器时的浓度和在进样端开始分离前的浓度相同。而且 CE 中还可采用堆积等技术使样品达到柱上浓缩的效果，使初始进样体积浓缩为原体积的 1%～10%，这对检测十分有利。因此从检测灵敏度的角度来说，HPLC 具有良好的浓度灵敏度，而 CE 提供了很好的质量灵敏度。总之，检测仍是 CE 中的关键问题，有关研究报道很多，发展也很快。迄今为止，除了原子吸收光谱、电感耦合等离子体发射光谱（ICP）及红外光谱未用于 CE 外，其他检测手段如紫外、荧光、电化学、质谱、激光等类型检测器均已用于 CE。

与 HPLC 类似，CE 中应用最广泛的是紫外/可见检测器。按检测方式可分为固定波长（或可变波长）检测器和二极管阵列（或波长扫描）检测器两类。前一类检测器采用滤光片或光栅来选取所需检测波长，优点在于结构简单，灵敏度比后一类检测器高。后一类检测器能提供时间-波长-吸光度的三维图谱，优点在于在线紫外光谱可用来定性和鉴别未知物。有些商用仪器的二极管阵列检测器还可做到在线峰纯度检查，即在分离过程中便可得知每个峰含有几种物质，缺点在于灵敏度比前一类略差。采用快速扫描的光栅获取三维图谱方式时，其扫描速度受到机械动作速度的限制。用二极管阵列方式，扫描速度受到计算机数据存储容量大小的限制。由于 CE 的峰宽较窄，理论上要求能对最窄的峰采集 20 个左右的数据，因此要很好地选取扫描频率，才能得到理想的结果。

8.8.2 毛细管电泳的分离模式

（1）毛细管区带电泳 毛细管区带电泳（capillary zone electrophoresis，CZE），又称毛细管自由电泳，是 CE 中最基本、应用最普遍的一种模式。

（2）胶束电动毛细管色谱 胶束电动毛细管色谱（micellar electrokinetic capillary chromatography，MECC），是把一些离子型表面活性剂（如 SDS）加到缓冲液中，当其浓度超过临界浓度时就形成有一疏水内核、外部带负电的胶束。虽然胶束带负电，但一般情况下电渗流的速度仍大于胶束的迁移速度，故胶束将以较低速度向阴极移动。溶质在水相和胶束相（准固定相）之间产生分配，中性粒子因其本身疏水性不同，在两相中分配就有差异，疏水性强的胶束结合牢固，流出时间长，最终按中性粒子疏水性不同得以分离。MECC 使 CE 能用于中性物质的分离，拓宽了 CE 的应用范围，是对 CE 极大的贡献。

(3) 毛细管凝胶电泳　毛细管凝胶电泳(capillary gel electrophoresis,CGE)是将板上的凝胶移到毛细管中作支持物进行的电泳。凝胶具有多孔性,起类似分子筛的作用,溶质按分子大小逐一分离。凝胶黏度大,能减少溶质的扩散,所得峰形尖锐,能达到 CE 中最高的柱效。常用聚丙烯酰胺在毛细管内交联制成凝胶柱,可分离蛋白质和 DNA 以及测定它们的相对分子质量或碱基数,但其制备复杂,使用寿命短。如采用黏度低的线性聚合物如甲基纤维素代替聚丙烯酰胺,可形成无凝胶但有筛分作用的无胶筛分(non-gel sieving)介质。它能避免空泡形成,比凝胶柱制备相对简单,寿命较长,但分离能力比凝胶柱略差。CGE 和无胶筛分正在发展成第二代 DNA 序列测定仪,将在人类基因组计划中起重要作用。

(4) 毛细管等电聚焦　毛细管等电聚焦(capillary isoelectric focusing,CIEF)将普通等电聚焦电泳转移到毛细管内进行。通过管壁涂层使电渗流减到最小,以防蛋白质吸附及破坏稳定的聚焦区带,再将样品与两性电解质混合进样,两端储液瓶分别为酸和碱。加高压(6~8 kV)3~5min 后,毛细管内部建立 pH 梯度,蛋白质在毛细管中向各自等电点聚焦,形成明显的区带。最后改变检测器末端储液瓶内的 pH 值,使聚焦的蛋白质依次通过检测器而得以确认。

(5) 毛细管等速电泳　毛细管等速电泳(capillary isotachor-phoresis,CITP)是一种较早的模式,采用先导电解质和后继电解质,使溶质按其电泳淌度不同得以分离,常用于分离离子型物质,目前应用不多。

(6) 毛细管电色谱　毛细管电色谱(capillary electrochromatography,CEC)是将 HPLC 中众多的固定相微粒填充到毛细管中,以样品与固定相之间的相互作用为分离机制,以电渗流为流动相驱动力的色谱过程,虽柱效有所下降,但增加了选择性。此法有发展前景。

8.8.3　毛细管电泳柱技术

毛细管是 CE 的核心部件之一。早期研究集中在毛细管直径、长度、形状和材料方面,目前集中在管壁的改性和各种柱的制备。

(1) 动态修饰毛细管内壁　管壁改性主要是消除吸附和控制电渗流,通常采用动态修饰和表面涂层两种方法。动态修饰采用在运行缓冲液中加入添加剂,如加入阳离子表面活性剂十四烷基三甲基溴化铵(TTAB),能在内壁形成物理吸附层,使 EOF 反向。添加剂还有聚胺、聚乙烯亚胺(PEI)等,甲基纤维素(MC)可形成一中性亲水性覆盖层。

(2) 毛细管内壁表面涂层　涂层方法有很多种,包括物理涂布、化学键合及交联等。最常用的方法是采用双官能团的偶联剂,如各种有机硅烷。第一个官能团(如甲氧基)与管壁上的游离羟基进行反应,使其与管壁进行共价结合,再用第二个官能团(如乙烯基)与涂渍物(如聚丙烯酰胺)进行反应,形成一稳定的涂层。此外还有将纤维素、PEI 和聚醚组成多层涂层、亲水性的绒毛涂层和连锁聚醚涂层。

(3) 凝胶柱和无胶筛分柱　CGE 的关键是毛细管凝胶柱的制备,常用聚丙烯酰胺凝胶栓来进行 DNA 片段分析和测序。测定蛋白质和肽的相对分子质量常用十二烷基硫酸钠聚丙烯酰胺电泳(SDS-LPAGE)。如将交联剂甲叉双丙烯酰胺浓度降为零,得到线性非交联的亲水性聚合物用作操作溶液,仍有按分子大小分离的作用,称无胶筛分。此法简单,使用方便,分离能力比 CGE 差。

8.8.4　毛细管电泳检测技术

CE 对检测器灵敏度要求相当高,故检测是 CE 中的关键问题。迄今为止除了原子吸收光谱与红外光谱未用于 CE 外,其他检测手段均已用于 CE。现选择重要的几类检测器介绍其最新进展。

(1) 紫外检测器(UV)　UV 集中在提高灵敏度,如采用平面积分检测池,这种设计可使检测光路增加到 1 cm。也有用光散射二极管(LEDS)作光源,其线性范围和信噪比优于汞灯。总体来说进展不大。

(2) 激光诱导荧光检测(LIF)　LIF 是 CE 最灵敏的检测器之一,极大地拓展了 CE 的应用,DNA 测序就须用 LIF,单细胞和单分子检测也离不开 LIF,LIF 不但提高了灵敏度,也增加了选择性。利用 CE-LIF 技术可检出染色的单个 DNA 分子,向癌症的早期诊断及临床酶和免疫学检测等方向进行。CE、LIF 向三个方向发展:在原有氦-镉激光器(325 nm)和氩离子激光器(488 nm)之外,发展价廉、长波长的二极管激光器;发展更多的荧光标记试剂来扩展应用面;开展更多的应用研究。CE、LIF 和微透析结合可测定脑中神经肽。采用波长分辨荧光检测器可提供有关蛋白质和 DNA 序列的一些结构和动态信息。一些适用于二极管激光器的荧光标记试剂如 CY-5 等,正在不断开发和应用。

(3) CE/MS 联用　将现在最有力的分离手段 CE 和能提供组分结构信息的质谱联用,弥补了 CE 定性鉴定的不足,故发展特别快。CE/MS 联用主要在两方面发展:一是各种 CE 模式和 MS 联用,二是 CE 和各种 MS 联用。

8.8.5　毛细管电泳的进样技术

为了提高分离效率,人们采用了内径更小的分离毛细管,所以进样量也相对减少,最小可达纳升(nL)级。这固然可以满足分析微量试样的要求,但也就给进样技术提出了更高的要求。首先要求准确度高,即进样量的大小要控制准确;同时要求重现性好,分析同一样品时,每次所进入的样品量要相等,使相对偏差尽量小;还要求进入毛细管的样品组成要与原样品一致,避免样品失真。计算机自动控制进样在某些方面可以部分满足进样的要求,是进样技术的发展和进步必不可少的手段。毛细管电泳所需样品量少,分离毛细管一端可直接作为进样端,且其分离效率高,分析范围广,速度快,可实现在线分析,为一些较复杂的微区环境分析提供了一个很好的分析手段。按照进样所采用的动力原理分类,常用的进样方式有虹吸进样、压力进样、真空进样和电动力进样。

早期还有使用微量注射器通过进样阀将样品注入毛细管顶端的方法,但由于该方法存在死体积和泄漏等问题,并且只能用于内径大于 100 μm 的毛细管,目前采用这一方法的报道已很少。除了常规进样方法外,还有一些进样方法如电渗驱动流体动力进样、电分流进样,以及扩散进样等。针对毛细管电泳进样量少、毛细管的一端即为进样口、分离效率高、分析范围广等特性,可将其运用到一些微区的现场在线分析,例如目前应用较多的单个细胞的分析和电化学扩散层微区分析。

电动力进样较易控制,附加设备少,成本低,在毛细管电泳分析中被普遍采用,但不可避免地存在组分歧视,会给分析结果带来误差。电渗驱动的流体力学进样综合了上述两种方法的优点,是一种较新颖的进样方法,有望提高分析精度。

如何提高检测灵敏度以满足检测复杂样品中痕量或超痕量组分的要求,依然是电泳研究领域中的焦点。在线富集技术是在样品进样或者分离过程中提高灵敏度的方法,常用的有场强放大、动态 pH 连接、推扫、等电聚焦等技术。

8.9 制备连续电泳

连续电泳可分为用支持体和不用支持体的连续电泳。不用支持体的连续电泳也称连续自由流电泳。除此之外,还有利用多孔膜的连续自由流电泳,能很大程度上防止对流的影响,提高处理料液的量和分离效果。连续自由流电泳仪已有商品供应市场,最早是由英国 Harwall 的 UKAEA 生化室研制而成的,其生产能力已达 1g 蛋白质/min 的水平。

这里介绍的是用支持体的连续电泳,它是低压纸电泳的一种形式。将溶解或悬浮在一种适当缓冲液中的样品,连续加到一个垂直纸片的顶部,样品由于重力作用通过缓冲液垂直向下移动,其速度与物质在流动相和支持物间的吸附力有关,同时样品中各物质受电场的作用,带电成分向水平方向移动,其速度与物质的电荷和质量比有关。在两种因素的共同作用(又称二元式)下,各物质在滤纸上按其各自的理化特性呈辐射状特定方向沿下端的小三角分别流入收集的试管中,得到分离。本法除了用于分离制备带电分子外,也能用于分离不同类型的细胞、细胞膜和细胞器。

除了纸作为支持体的连续电泳外,还有凝胶作为支持体的连续电泳,如与连续层析相似的旋转环形柱连续电泳和旋转圆柱连续电泳,及其与层析组合的连续电泳层析,图 8-15 为 Bio-Rad 开发的连续洗脱电泳仪。

图 8-15 Bio-Rad 的连续洗脱电泳仪

8.10 免疫电泳

免疫电泳(immunoelectrophoresis,IEP)技术是将凝胶内的沉淀反应与蛋白质电泳相结合的一项免疫检测技术。其基本原理如图 8-16 所示:先将蛋白质抗原在琼脂平板上进行电泳,使不同的抗原成分因所带电荷、相对分子质量及构型不同,电泳迁移率各异而彼此分离。然后在与电泳方向平行的琼脂槽内加入相应抗体进行双向免疫分散。分离成区带的各种抗原成分与相应抗体在琼脂中扩散后相遇,在两者比例合适处形成肉眼可见的弧形沉淀线。根据沉淀线的数量、位置和形状,与已知的标准(或正常)抗原抗体形成的沉淀线比较,判断样品中有无与诊断抗体(或抗原)对应的抗原(或抗体)。免疫电泳技术具有灵敏度高、分辨力强、反应快速和操作简便等特点。

抗原或抗体的电泳速度与其所带静电荷量、相对分子质量及物理形状等有关,静电荷量越

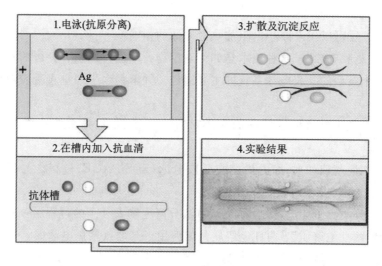

图 8-16 免疫电泳基本原理

多、颗粒越小,电泳速度越快,反之越慢。在同一电场中,单位时间内各种带电粒子的移动距离称电泳迁移率。当有多种带电荷的蛋白质电泳时,由于静电荷量不同而区分成不同区带,得以区分不同的抗原抗体复合物。免疫电泳技术包括对流免疫电泳、火箭免疫电泳、免疫电泳、免疫固定电泳、交叉免疫电泳等类型。

免疫电泳目前大量应用于纯化抗原和抗体成分的分析及正常(或异常)体液蛋白的识别等方面。火箭免疫电泳作为抗原定量只能测定 $\mu g/mL$ 以上的含量样品,目前较多应用于放射自显影技术;免疫固定电泳最常用于 M 蛋白的鉴定,此外免疫固定电泳也用于尿液中本周蛋白的检测及 κ、λ 分型、脑脊液中寡克隆蛋白的检测及分型。免疫电泳法定量检测血清 GPDA-F 结果显示,以 $71\mu g/L$ 为鉴别界值,其对肝癌的诊断敏感性、特异性和准确性分别为 83.8%、85.2% 和 84.6%。

(本章由冯自立编写,张向前初审,刘凤珠复审)

习题

1. 阐述电泳的定义以及该方法是如何进行生物大分子分离的。
2. 什么是区带电泳?这种技术与移动边界电泳的区别在哪里?哪种方法更适合用于现代实验中?
3. 阐述以下术语的定义,并解释它们是如何用于电泳分析中:迁移距离、迁移时间、电泳图(谱)。
4. 解释为什么一个带电物质会在电场中做匀速移动以及这个过程包含的作用力。
5. 什么是"电泳淌度"?一般有哪些因素影响带电粒子电泳淌度的大小?
6. 什么是"电渗"?是什么导致电渗产生的?电渗如何影响分析物在电泳系统的运动?
7. 什么是"电渗迁移率"?什么因素影响电渗迁移率?
8. 纵向扩散效应如何导致电泳区带增宽?为什么多孔的支持物可以减少这种影响呢?
9. 什么是"焦耳加热"?是什么原因导致这个加热过程的?为什么焦耳加热能导致电泳

区带增宽?

10. 有哪些方法可以用来减小电阻加热对电泳的影响?

11. 什么是"凝胶电泳"? 这种技术是如何对生物分子进行识别和分析的?

12. 绘制一个典型的凝胶电泳系统的主要组件。并解释水平和垂直凝胶电泳系统之间的区别。

13. 列举一些凝胶电泳可以使用的介质材料。DNA、蛋白质分析中常用什么凝胶介质材料?

14. 解释十二烷基硫酸钠-聚丙烯酰胺凝胶电泳(SDS-PAGE)过程。为什么SDS-PAGE可以测定蛋白质的相对分子质量信息?

15. 什么是"等电点聚焦电泳"? 描述该方法分离生物大分子的过程。

16. 什么是"两性电解质"? 两性电解质是如何用于等电点聚焦电泳的?

17. 什么是"二维电泳"? 有哪些类型? 优势是什么?

18. 什么是"毛细管电泳"? 毛细管电泳与凝胶电泳有哪些区别?

19. 如何提高毛细管电泳的准确度?

20. 毛细管电泳系统的主要组件是什么? 这个系统与凝胶电泳系统的区别是什么?

21. 电渗是如何影响分析物通过毛细管电泳体系的迁移率的?

参考文献

[1] 严希康. 生物物质分离工程[M]. 北京:化学工业出版社,2010.

[2] 陈来同. 生化工艺学[M]. 北京:科学出版社,2004.

[3] 陈义,竺安. 高效毛细管电泳的扩散进样[J]. 色谱,1991,9(6):353-356.

[4] 丁明玉. 现代分离方法与技术[M]. 北京:化学工业出版社,2006.

[5] 徐克勋. 精细有机化工原料及中间体手册[M]. 北京:化学工业出版社,1998.

[6] Karger B L,Snyder L R,Hovath C. An Introduction to Separation Science[M]. New York:Wiley,1973.

[7] Hardy W B. On the Coagulation of Proteid by Electricity[J]. Journal of Physiology,1899,26:288-304.

[8] M J Stump,R C Fleming,W H Gong,A J Jaber,J J Jones,C W Surber,C L Wilkins,Matrix-Assisted Laser Desorption Mass Spectrometry[J]. Applied Spectroscopy Reviews,2002,37:275-303.

[9] 郭尧君. 电泳[M]. 北京:科学出版社,1999.

[10] K R Mitchelson,J Cheng. Capillary Electrophoresis of Nucleic Acids[M]. Totowa:Humana Press,2001.

[11] O. Geschke, H. Klank, P Telleman. Microsystem Engineering of Lab-on-a-Chip Devices[M]. Wiley-VCH,2004.

[12] Charles S Henry. Microchip Capillary Electrophoresis. New York:Springer-Verlag,2006.

[13] J Yang, X Z Wang, D S Hage, P L Herman, D P Weeks. Analysis of Dicamba Degradation by Pseudomonas Maltophilia Using High-Performance Capillary Electrophoresis [J]. Analytical Biochemistry,1994:37-42.

[14] S Eeltink, W Th Kok. Recent Applications in Capillary Electrochromatography[J]. Electrophoresis,2006,27:84-96.

第9章 亲和分离

本章要点

亲和分离技术是专门用于纯化生物大分子的色谱分离技术。本章内容主要包括生物亲和作用的分离机理,亲和层析的分离过程及操作要点,亲和膜和亲和错流过滤的作用特点以及和双水相分配及亲和沉淀的概念。

亲和分离技术(affinity chromatography,AFC)是专门用于纯化生物大分子的色谱分离技术,它是基于固定相的配基与生物分子间的特殊生物亲和能力来进行相互分离的,利用的是生物分子之间的专一识别性或特定的相互作用能力。生物亲和能力或者亲和力是指在生物分子中有些分子的特定结构部位能够同其他分子相互识别并结合,如酶与底物的识别结合、受体与配体的识别结合、抗体与抗原的识别结合,这种结合具有特异性。

在亲和分离技术中,亲和分离过程是通过引入亲和配基得以实现的(图 9-1)。所谓亲和配基,是指对生物分子具有专一识别性或特异相互作用的物质。将亲和配基固定在不同的介质上,可得到不同的亲和分离技术,如固定在层析介质上,达到专一性层析分离的技术称为亲和层析技术。将亲和配基接在分离膜上,得到亲和膜分离技术。

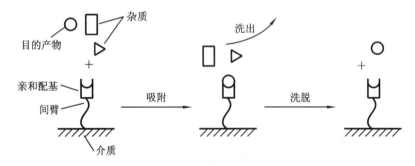

图 9-1 亲和分离过程的示意图

亲和层析是一种吸附层析,抗原(或抗体)和相应的抗体(或抗原)发生特异性结合,而这种结合在一定的条件下又是可逆的。所以将抗原(或抗体)固相化后,就可以使存在液相中的相应抗体(或抗原)选择性地结合在固相载体上,借以与液相中的其他蛋白质分开,达到分离提纯的目的。亲和层析技术具有高效、快速、简便等优点。

亲和分离技术可以追溯到 20 世纪初期,当时发现不溶性淀粉可以选择性吸附 α-淀粉酶;20 世纪 60 年代,亲和分离的优点得到了充分认识,1968 年,亲和色谱这一名称被首次使用,并在酶的纯化中使用了特异性配体。亲和分离技术已经广泛应用于生物分子的分离和纯化,如酶、治疗蛋白、抑制剂、抗原、抗体、激素、糖蛋白等,特别是对分离含量极少而又不稳定的活性物质最有效,经一步亲和分离即可提纯几百到几千倍。比如,从肝细胞抽提液中分离胰岛素受体时,以胰岛素为配基,偶联于琼脂载体上,采用亲和分离可提纯 8 000 倍。随着新型介质的应用和各种配体的出现,亲和分离技术的应用范围将更为广泛。

9.1 生物亲和作用

生物分子间的专一性亲和识别包括抗体和抗原、酶和底物、核酸中的互补链、激素和受体等之间的亲和作用,以及染料和某些酶(特别是脱氢酶和激酶等),植物凝集素和糖蛋白,金属离子和蛋白质表面的组氨酸等之间存在的特异性作用,都可以应用于亲和分离过程。

9.1.1 亲和作用的本质

生物分子间的这种特异性相互作用称为生物亲和作用(bioaffinity)或简称亲和作用(affinity)。利用生物分子间的这种特异性结合作用的原理进行生物物质分离纯化的技术称为亲和纯化(affinity purification)。应用生物高分子物质能与相应专一配基分子可逆结合的原理,将配基通过共价键牢固地结合于固相载体上制得亲和吸附系统。亲和作用的分子(物质)对可以是大分子-小分子,大分子-大分子,大分子-细胞,细胞-细胞等。生物分子上具有特定构象的结构域与配体的相应区域结合,具有亲和作用的分子对之间具有"钥匙"和"锁孔"的空间结构关系,具有高度的特异性和亲和性。结合的作用力包括静电作用、氢键、疏水相互作用、配位键以及弱共价键等。如酶和底物的专一结合被假设为一种"多点结合",即底物分子中至少存在 3 个官能团与酶分子的各个对应官能团相结合,而且这种结合为立体构象结合,具有空间位阻效应(图 9-2)。也就是说,底物分子中的一些官能团必须同时保持着与酶分子中相应官能团起反应的构型。

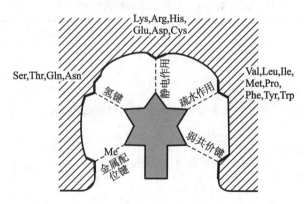

图 9-2 蛋白质的结合部位及各种结合作用力

9.1.2 影响亲和作用的因素

(1) 离子强度 当亲和作用主要源于静电引力时,提高离子强度会减弱或完全破坏亲和作用,提高离子强度也会降低或消除氢键作用;当亲和结合作用主要源于疏水性相互作用时,增大离子强度则可提高亲和结合作用。

(2) pH 作为两性电解质的蛋白质含有多个解离基团,不同解离基团具有不同的解离常数,如 α-羧基的 pK_a 3.4～3.8、β-羧基的 pK_a 3.9～4.0、α-氨基的 pK_b 7.4～7.5、ε-氨基的 pK_b 10.0～10.4。如果静电引力对亲和结合作用贡献较大,pH 值会严重影响亲和作用,即适当的 pH 值下亲和结合作用较高,而在其他 pH 值下亲和结合作用减弱直至消失。

(3) 抑制氢键形成的物质 如果亲和结合作用中存在氢键,则加入脲或盐酸胍可减弱亲和作用,因为脲和盐酸胍的存在可抑制氢键的形成。

(4) 温度 温度升高使分子和原子间热运动加剧,减弱静电作用、氢键和配位键;增强疏水性相互作用。

(5) 螯合剂 如果亲和作用源于亲和分子与金属离子形成的配位键,加入乙二胺四乙酸等螯合剂除去金属离子会使亲和作用消失。

9.1.3 亲和作用体系

常用的亲和作用体系如表 9-1 所示。将亲和体系中的一种分子与固体粒子共价偶联,可特异性结合另一种分子(目标产物),使其从混合物中高选择性地分离纯化。一般将被固定的分子称为其亲和结合对象的配基(ligand),用 L 表示。

在亲和作用体系中,如果用 L 表示配基,E 表示目标产物,则配基和目标产物之间的结合反应可表示为

$$E + L \rightleftharpoons E \cdot L \tag{9.1}$$

$$K_d = \frac{[E][L]}{[E \cdot L]} \quad K_{eq} = \frac{[E \cdot L]}{[E][L]} \tag{9.2}$$

结合常数 K_{eq} 越大(或解离常数 K_d 越小),表示亲和结合作用越强。一般亲和体系的结合常数为 10^4～10^8 L/mol,最高可达到 10^{15} L/mol,此时的亲和结合基本上是不可逆的。

表 9-1 常用的亲和作用体系

特异性	亲和作用体系
高特异性	抗原-单克隆抗体
	荷尔蒙-受体蛋白
	核酸-互补碱基链段、核酸结合蛋白
	酶-底物、产物、抑制剂
群特异性	免疫球蛋白-A 蛋白、G 蛋白
	酶-辅酶
	凝集素-糖、糖蛋白、细胞、细胞表面受体
	酶、蛋白质-肝素
	酶、蛋白质-活性色素(染料)
	酶、蛋白质-过渡金属离子(铜、锌等)
	酶、蛋白质-氨基酸(组氨酸等)

9.2 亲和层析

将具有亲和作用的两种分子中的一种分子与固体粒子或可溶性物质共价偶联,可特异性吸附或结合另一种分子,使另一种分子从混合物中得到选择性分离纯化的方法称为亲和层析。在亲和层析中,一般将亲和作用分子对中被固定的分子称为亲和结合对象的配基。亲和层析所用的固定相为键合亲和配基的亲和吸附介质(亲和吸附剂)。

亲和层析具有选择性高,特异性极强,操作条件温和,回收率高等优点,以及普遍性、通用性不够,费用高等局限性。

9.2.1 原理与操作

亲和层析操作与一般的固定床吸附操作方式相似,分为料液进料、杂质清洗、目标产物洗脱和层析柱再生四步。料液进料即含有目标产物的料液连续通入层析柱,直至目标产物在色谱柱出口流出;杂质清洗是利用与溶解原料的溶液组成相同的缓冲液为清洗液,清洗层析柱除去不被吸附的杂质;目标产物洗脱为利用可使目标产物与配基解离的溶液洗脱目标产物;层析柱再生就是利用清洗液清洗层析柱使其再生。

9.2.2 亲和吸附介质

亲和吸附作用是在特定配基的存在下实现的,需根据目标产物选择适当的亲和配基修饰固定相粒子,制备所需的亲和吸附介质。少数特殊情况如 Sephadex 凝胶可亲和吸附伴刀豆球蛋白 A(一种植物凝集素)。在利用亲和层析技术纯化目标产物时,商品化的亲和吸附介质往往不能满足特殊目标产物的需要,有必要自制亲和吸附介质。亲和吸附介质的制备包括载体的选择、配基的连接和载体的活化与偶联三个步骤。

1. 载体的基本要求和选择

载体是亲和配基附着的基础,起着支撑和骨架作用。亲和层析的载体应具有下列基本特性:①不溶于水,但高度亲水。载体的亲水性往往是保证被吸附生物分子稳定性的重要因素之一。同时,亲水性还有助于达到亲和平衡,并减少因疏水造成的非特异性吸附;②非特异吸附小且化学性质呈惰性,表面电荷尽可能低,能耐受亲和、洗涤、洗脱等各种条件下的处理而不改变其膨胀度、网状结构和硬度等;③具有大量可供活化和配基结合的化学基团,以供与配基共价连接之用;④理化性质稳定,不因共价偶联反应的条件及吸附条件的变化而发生变化;⑤机械性能好,具有一定的颗粒形式以保持一定的流速,提高分离效果;⑥通透性好,具有多孔网络结构使大分子能自由通过。高度的多孔性对大分子自由流动是必需的,同时也为提高配基及配体的亲和有效浓度提供了条件。

在亲和层析发展的早期,多采用天然材料的多糖类球形软胶,随着技术的发展和分离要求的提高,一些可以在高流速下使用的半硬或硬质的细颗粒球形填料也在亲和层析中得到应用,常见的亲和层析载体有如下几种:①多糖类,主要指纤维素、交联葡聚糖和琼脂糖。纤维素基质比较软,容易压缩,但价格低廉,目前已在大规模的亲和层析中应用;交联葡聚糖本身孔径较小,经过活化功能后,会进一步降低其多孔性,使其亲和活化效率降低;琼脂糖是亲和层析的理想介质之一,具有优良的多孔性,而且经过交联后,可大大改善其理化稳定性和机械性能。②聚丙烯酰胺,聚丙烯酰胺凝胶也是一种常用的亲和层析介质。它是由丙烯酰胺与双功能交联剂 N,N'-甲叉双丙烯酰胺形成的共聚物凝胶。通过调节单体浓度和交联剂的比例,可得到不同的孔径。聚丙烯酰胺凝胶的非特异性吸附较强,一般应在较高的离子强度(0.02 mol/L 以上)下操作,以消除非特异的离子交换吸附,但具功能基团多的优势。聚丙烯酰胺和琼脂糖共聚物非特异性吸附少,容易改性。③无机基质,亲和层析可以使用的无机基质主要有可控孔径多孔玻璃(CPG)、陶瓷和硅胶等。玻璃对酸、碱、有机溶剂以及生物侵蚀非常稳定,且本身又特别坚硬,易于化学键合安装分子臂,是一种理想的载体。无机基质具有优良的机械性能,不受洗脱液、压力、流速、pH 和离子强度的影响,可获得快速、高效的分离,而且可抗微生物腐蚀,容易进行消毒。但其表面对某些蛋白质有非特异性吸附作用,而且难以功能化。亲和层析中所使用的可控孔径多孔玻璃是粒径较大的玻璃珠(40~80 目或 80~120 目),因为对于亲和层析而言,孔径的选择是一个关键,它决定了功能化基团的数量和亲和介质的吸附容量。如孔径为 2 500 Å 的玻璃珠,其吸附容量显著小于孔径为 1 750 Å 和 750 Å 的玻璃珠。为利用无机基质的优点(如机械强度高),而避免其缺点(如不易于功能化),目前很多基质采用涂层,即将容易功能化的介质如多糖包裹在多孔无机基载体上,从而易于接上多种亲和配基。

专一性、容量及稳定性是衡量所选载体好坏的标准。在实验分析时,专一性比容量及稳定性重要,而应用制备时,吸附剂的稳定性是最需考量的指标,同时还有成本因素。对于不同的载体而言,这些要求不可能同时满足,应该根据具体的分离要求选择合适的载体。

2. 亲和配基

在亲和分离技术中,亲和配基起着举足轻重的作用。亲和配基的专一性和特异性,决定着分离纯化时所得产品的纯度,亲和配基与目标分子之间作用的强弱决定着吸附和解吸的难易程度,影响它们的使用范围。按照配基的选择性,亲和配基可大体分为专一性配基和基团特异性配基两大类。前者指仅对某种生物物质具有强的亲和性,比如用单克隆抗体纯化相应的抗原;后者是指对某类化学基团,即某一类生物分子具有结合作用,如一些辅酶 NAD^+、$NADP^+$、ATP 等能与许多需要它们才起催化作用的酶(如脱氢酶、激酶等)发生亲和作用,此类配基可用于多种物质的分离纯化。表 9-2 和表 9-3 列出了亲和配基的类型和常见的配基及洗脱液。

表 9-2 亲和配基的类型

分类方式	类型	包含配基
配基的特性	有机小分子	苯基类、烷基类、氨基酸类、核苷酸类
	生物大分子	酶、抑制剂、蛋白质、抗原、抗体等
	染料化合物	蓝色葡萄糖、荧光染料、三嗪类染料等
配基的选择性	专一性小分子配基	固醇类激素、微生物、特定酶制剂等
	专一性大分子配基	蛋白质、抗原、抗体、激素、受体等
	基团特异性小分子配基	辅酶及类似物、仿生染料、硼酸衍生物、氨基酸等
	基团特异性大分子配基	凝集素、蛋白质 A、蛋白质 G、钙调蛋白、肝素等

表 9-3 亲和分离中常见的配基及洗脱液

亲和对象	配基	洗脱液
乙酰胆碱酯酶	对氨基苯-三甲基氯化铵	1 mol/L NaCl
醛缩酶	醛缩酶亚基	6 mol/L 尿素
羧肽酶 A	L-Tyr-D-Trp	0.1 mol/L 乙酸
核酸变位酶	L-Trp	0.001 mol/L L-Trp
α-胰凝乳蛋白酶	D-色氨酸甲酯	0.1 mol/L 乙酸
胶原酶	胶原	1 mol/L NaCl、0.05 mol/L Tris-HCl
脱氧核糖核酸酶抑制剂	核糖核酸	0.7 mol/L 盐酸胍
二氢叶酸还原酶	2,4-二氢-10-甲基蝶酰-L-谷氨酸	5-甲基四氢叶酸
3-磷酸甘油脱氢酶	3-磷酸甘油	0.5 mol/L 3-磷酸甘油
脂蛋白脂酶	肝素	0.16~1.5 mol/L NaCl 梯度洗脱
木瓜蛋白酶	对氨基苯-乙酸汞	0.0005 mol/L $MgCl_2$
胃蛋白酶、胃蛋白酶原	聚赖氨酸	0.15~1.0 mol/L NaCl 梯度洗脱
蛋白酶	血红蛋白	0.1 mol/L 乙酸
血纤维蛋白溶酶原	L-Lys	0.2 mol/L 氨基乙酸
核糖核酸酶-S-肽	核糖核酸酶-S-蛋白	50% 乙酸
凝血酶	对氯苯胺	1 mol/L 苯胺-盐酸
转氨酶	吡哆胺-5'-磷酸	0.25 mol/L 底物、1 mol/L 磷酸盐,pH4.5
酪氨酸羟化酶	3-吲哚酪氨酸	0.001 mol/L KOH
β-半乳糖苷酶	β-半乳糖苷酶	0.1 mol/L NaCl、0.05 mol/L Tris-HCl、0.01 mol/L $MgCl_2$,pH7.4
DNP 蛋白质	DNP 卵清蛋白	0.1 mol/L 乙酸
绒毛膜促性腺激素	绒毛膜促性腺激素	6 mol/L 盐酸胍
免疫球蛋白 IgE	IgE	0.15 mol/L NaCl、0.1 mol/L Gly-HCl,pH 为 3.5
IgG	IgG	5 mol/L 盐酸胍
IgM	IgM	5 mol/L 盐酸胍
胰岛素	胰岛素	0.1 mol/L 乙酸,pH2.5

生物大分子的分离纯化中常见的配基有以下几种:①酶的抑制剂。蛋白酶均存在抑制其活性的物质,称为酶的抑制剂。它的分布很广,有天然的生物大分子,如胰蛋白酶抑制剂(结合常数为 10^9 L/mol),也有小分子化合物如氨基苄脒(结合常数为 $4×10^4$ L/mol)、精氨酸和赖氨酸等。②抗体。利用抗体为配基的亲和层析又称免疫亲和层析,抗体和抗原之间具有高度特异性结合能力,结合常数在 10^7~10^{12} L/mol,利用免疫亲和层析法是高度纯化蛋白质类生物大分子的有效手段。③A 蛋白(proteinA)。A 蛋白为相对分子质量约 42 000 的蛋白质,存在于金黄色葡萄球菌的细胞壁中,与 IgG 具有很强的亲和作用,结合部位为 IgG 分子的 Fc 片段。A 蛋白分子上含有 5 个 Fc 片段可结合部位。不同 IgG 的 Fc 片段的结构非常相似,因此

A 蛋白可作为各种抗体的亲和配基,但不同抗体的结合常数有所不同。A 蛋白与抗体结合并不影响抗体与抗原的结合能力,因此 A 蛋白也可用于分离抗原-抗体的免疫复合体。④凝集素。外源凝集素是一种天然蛋白质,大多数可由植物中提取,凝集素是与糖特异性结合的蛋白质的总称。在这种蛋白质上具有糖的结合位点。可作为多糖、糖蛋白等含糖生物分子的配基。伴刀豆球蛋白 A(concanavalin A,con A)可用作糖蛋白、多糖、糖脂等含糖生物大分子的分析、纯化。pH 值小于 5.6 时 con A 为二聚体,相对分子质量为 52 000;pH 值大于 5.6 时为四聚体,相对分子质量为 102 000,两个亚基(subunit)之间通过二硫键结合。因此,在利用 con A 为配基的亲和色谱操作中,操作条件应当适宜。⑤辅酶和磷酸腺苷。各类脱氢酶和激酶需要在辅酶存在下表现出其生物催化活性,辅酶和脱氢酶之间有亲和作用。辅酶主要有 NAD、NADP 和 ATP 等,这些辅酶可用作脱氢酶和激酶的亲和配基。AMP、ADP 的腺苷部分与上述辅酶的结构类似,可用作这些酶的亲和配基。⑥三嗪类色素。利用色素为配基的亲和色谱法又称色素亲和层析,三嗪类色素是一类分子内含有三嗪环的合成染料,这类色素与 NAD 的结合部位相同,具有抑制酶活性的作用,能与脱氢酶、血清白蛋白、干扰素、核酸酶、溶菌酶等发生结合作用。⑦过渡金属离子。Cu^{2+}、Ni^{2+}、Zn^{2+} 和 Co^{2+} 等过渡金属离子可通过与亚胺二乙酸(IDA)或三羧甲基乙二胺(TED)形成螯合金属盐固定在固定相粒子表面,用作亲和吸附蛋白质的配基。这种利用金属离子为配基的亲和色谱一般称为金属螯合色谱或固定化金属离子亲和色谱。⑧组氨酸。组氨酸具有弱疏水性,咪唑环具有弱电性,可与蛋白质发生亲和结合作用,静电和疏水性相互作用均有可能参与亲和结合;在盐浓度较低和 pH 约等于目标蛋白质 pI 的溶液中,固定化组氨酸的亲和吸附作用最强,随着盐浓度增大,亲和吸附作用降低。⑨肝素。肝素是存在于动物肝脏等器官中的酸性多糖类物质,相对分子质量为 3 000～30 000,它与凝血蛋白质、脂蛋白等有亲和作用。肝素与脂蛋白、脂肪酶、甾体受体、限制性核酸内切酶、抗凝血酶、凝血蛋白质等具有亲和作用,可用作这些物质的亲和配基。肝素的亲和结合作用在中性 pH 和低浓度盐溶液中较强,随着盐浓度的增大结合作用降低。

将特定的配基和选定的载体以合适的偶联方法连接的过程称为亲和介质的制备。制备过程包括选择合适的配基、载体、间隔臂,选择活化剂和活化方法,载体的活化,偶联配基以及封闭未偶联配基的活化基团等程序。制备亲和介质费时费力,若无特殊要求,可选择商品化的亲和介质。商品化的亲和层析介质几乎能满足各类产物分离的需要。表 9-4 列出了部分商品化亲和层析介质。

表 9-4 商品化的亲和层析介质

商品	载体	配基	目标产物
Chelating Sepharose Fast Flow	交联琼脂糖,6%	IDA	能与金属结合的蛋白、肽类、核苷酸等
Ni Sepharose High Performance	交联琼脂糖,6%	Ni^{2+}	带有组氨酸标签的蛋白
Arginine Sepharose 4B	琼脂糖,4%	精氨酸	丝氨酸蛋白酶、凝固因子、血纤维蛋白溶酶原、血纤维蛋白溶酶原激活剂

续表

商品	载体	配基	目标产物
Calmodulin Sepharose 4B	琼脂糖,4%	钙调蛋白	ATP酶、磷酸二酯酶、神经传递素、干扰素、促肾上腺皮质激素
Gelatin Sepharose 4 Fast Flow	交联琼脂糖,4%	明胶	纯化或去除纤维结合素
Glutathione Sepharose 4FF	交联琼脂糖,4%	谷胱甘肽	含谷胱甘肽、S-转移酶的重组蛋白、依赖S-转移酶或谷胱甘肽的蛋白
Heparin Sepharose 6 Fast Flow	交联琼脂糖,6%	肝素	抗凝血酶Ⅲ、凝血因子、脂蛋白、脂酶等
IgG Sepharose 6 Fast Flow	交联琼脂糖,6%	人类IgG	蛋白A融合产物
Protion A Sepharose CL-4B	交联琼脂糖,4%	蛋白A	免疫球蛋白
Streptavidin Sepharose HP	交联琼脂糖,6%	链菌素	生物素标记的蛋白
Con A Sepharose 4B	琼脂糖,4%	伴刀豆蛋白A	糖蛋白、膜蛋白、糖脂、多糖、激素、脂蛋白等
2′,5′-ADP Sepharose 4B	交联琼脂糖,4%	2′,5′-ADP	$NADP^+$依赖脱氢酶、与$NADP^+$有亲和作用的酶
Poly A Sepharose 4B	交联琼脂糖,4%	Poly A	mRNA-结合蛋白、Poly A-结合蛋白、病毒RNA、聚合酶
Affi-Gel Blue Gel	交联琼脂糖	Cibacron Blue F3GA	结合白蛋白
Affi-Prep 10	合成高聚物	羟基琥珀酰胺	伯氨基偶合物
TSK gel Chelate-5pW	亲水性高聚物	IDA	能与金属结合的蛋白、肽类

3. 载体的活化和配基的连接

用于活化惰性层析载体的化学反应主要是由载体本身的性质和稳定性所决定的。对于制备亲和介质而言,亲和配基和层析载体的化学反应过程应相对比较温和,尽可能保持配基和载体原来的性质,以便保持目标产物和亲和载体之间特异性或专一性的作用。根据载体和配基的化学基团不同可以有不同的活化方法,同一化学基团也可采用不同的活化方法。现将几种常用的活化方法比较,见表9-5。

表9-5 各种活化方法比较

活化剂	试剂毒性	活化时间/h	偶联时间/h	偶联pH	稳定性	非特异性吸附
戊二醛	中等	1~8	6~16	6.5~8.5	好	
溴化氰	高	0.2~0.4	2~4	8~10	pH<5或pH>7	
双环氧化物	中等	5~18	14~48	8.5~12	不稳定	
二乙烯基砜	高	0.5~2.0	快	8~10	高pH不稳定	

续表

活化剂	试剂毒性	活化时间/h	偶联时间/h	偶联 pH	稳定性	非特异性吸附
羰基二咪唑	中等	0.2~0.4	6 天左右	8~9.5	pH>10 稳定	
高碘酸盐	无毒	14~20	12	7.5~9.0	好	
三嗪	高	0.5~2.0	4~16	7.5~9.0	好	芳香物
重氮化物	中等		0.5~1.0	6~8	中等	
肼	高	1~3	3~16	7~9	较好	

(1) 溴化氰活化法　溴化氰法是活化多糖基质等介质中最为常用的方法,既可用于含氨基小分子配基的偶联,又可用于含氨基大分子配基的偶联,操作简单,重现性好,所需条件温和,宜于偶联敏感性强的多肽、蛋白质等生物大分子,但能产生非特异性吸附,且共价键不稳定,配基易脱落。该法由 Axen 和 Porath 等人在 1967 年提出,固定活性基团为氨基的配基($R—NH_2$),对多糖类载体的活化在碱性(pH 值大于 10)条件下数分钟即可完成,之后的配基修饰亦需在碱性条件进行,一般使用碳酸盐缓冲液。其反应时间短,只需要几分钟至几十分钟。但是溴化氰是剧毒药品,活化操作必须在通风橱中进行。反应机理示意图如图 9-3 所示。

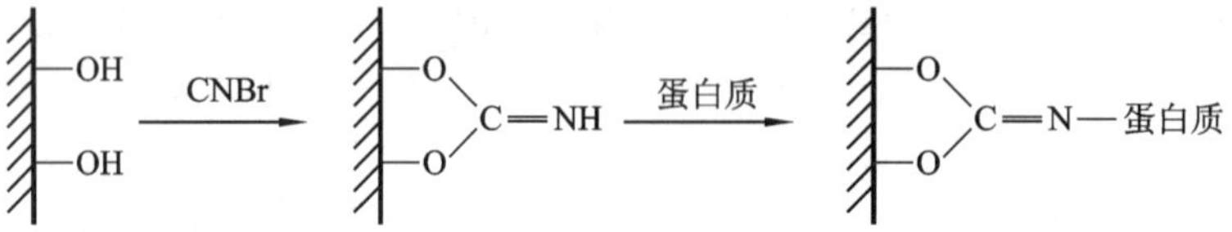

图 9-3　溴化氰活化偶联反应示意图

(2) 环氧化物法　环氧化物法包括单环氧化物活化法和双环氧化物活化法,可用于固定分子结构为 $R—NH_2$、$R—OH$ 和 $R—SH$ 的配基。这两种活化方法有采用不同的试剂,如单环氧化物活化法常用氯代环氧丙烷作活化剂,双环氧化物活化法常用二羟基正丁烷双缩水甘油醚(1,4-丁二醇-二缩水甘油醚)作活化剂。在引入含有羟基或硫酸基的小分子亲和配基时环氧化物法非常有效。该方法最早是由 Porath 等人发展的,其反应过程可用图 9-4 表示,其中 R 为亲和配基:

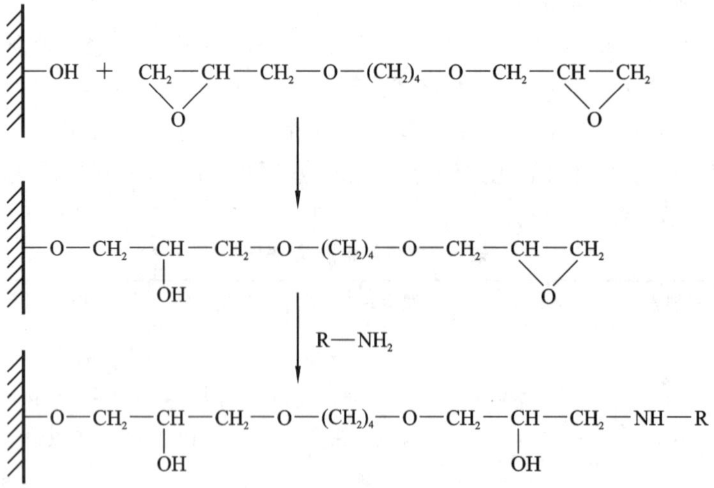

图 9-4　环氧化物活化偶联反应示意图

将载体用水冲洗后,加入环氧氯丙烷和适当浓度的 NaOH,然后振荡反应 2.5h 左右。为了得到更高的活化效率,其中环氧氯丙烷和 NaOH 的用量,NaOH 的浓度,反应时间都可以根据具体实验做出调整。由于环氧氯丙烷为油相,而 NaOH 溶液为水相,为了促进两者反应的进行,通常在混合物中加入助溶剂二甲基亚砜(DMSO)。

环氧化物法适于含羟基、氨基及巯基配基的偶联,特别是糖类配基的偶联。环氧化物法所形成的共价键稳定,配基牢固结合非特异吸附小,可自动引入间隔臂,操作简单,危险性小。

(3) 硅胶的活化 活化硅胶常采用硅烷化试剂,硅烷化试剂一端为有机功能活化基团,另一端为硅烷氧基。常见的硅烷如 γ-环氧基丙氧基-三甲氧基硅烷。γ-环氧基丙氧基硅烷化试剂将环氧基团引入无机材料上,以便进一步引入其他功能基团。反应原理如图 9-5 所示。

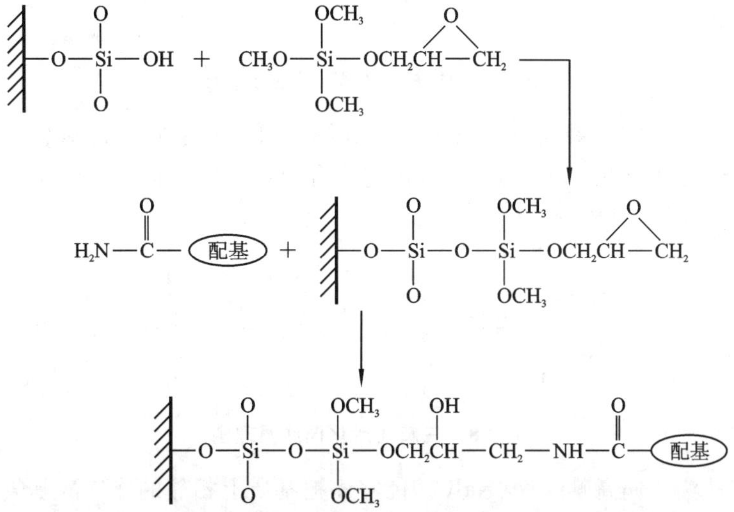

图 9-5 硅烷化试剂进行活化偶联反应原理图

引入活性氨基或环氧基后,在酸性溶液中环氧基可发生二醇化反应。

(4) 戊二醛法 戊二醛容易和含有氨基的聚丙烯酰胺载体反应,同时也可利用戊二醛将含有氨基的亲和配基引入聚丙烯酰胺,反应原理如图 9-6 所示。

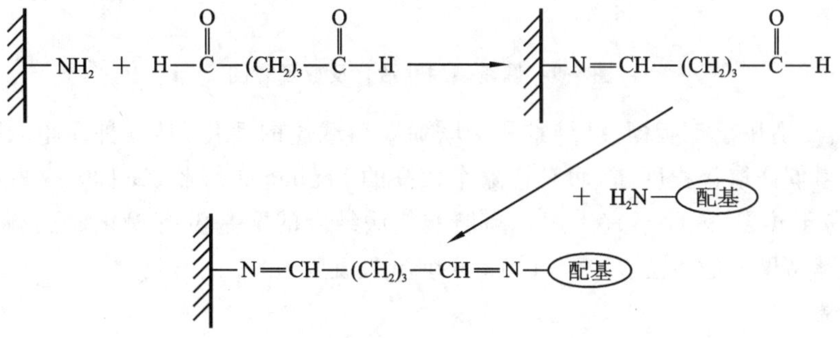

图 9-6 戊二醛活化偶联反应示意图

在 20～40 ℃下,将 25% 的戊二醛溶液溶于 pH 7.5、0.5 mol/L 的磷酸缓冲液中,以此将载体的氨基或酰胺基活化过夜;采用同样的缓冲液,40 ℃下,配基的伯氨基可以与活化载体偶联。戊二醛法操作简单,适于对碱性 pH 敏感的配基进行活化偶联,亲和介质稳定。但戊二醛有毒,操作时应注意。

(5) 肼法 肼法特别适用于含有酰胺基基质的活化,活化后可交联含有醛基(—CHO)和 NH_3 的配基。原理反应如图 9-7 所示。

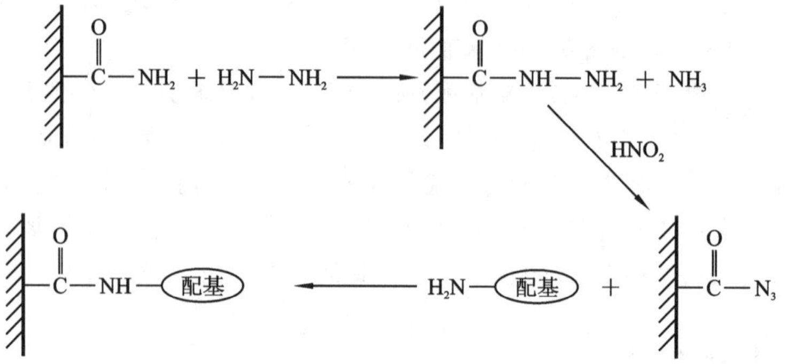

图 9-7 肼法活化偶联反应示意图

(6) 三嗪法 二氯均三嗪或三氯三嗪(氰尿酰氯)可活化多羟基的载体。单氯三嗪基-多糖复合物,在 pH 7~9 及 0~20 ℃条件下,可与含有伯胺类的亲和配基偶联,生成亲和层析介质。过程如图 9-8 所示,其中 R′为亲和配基。

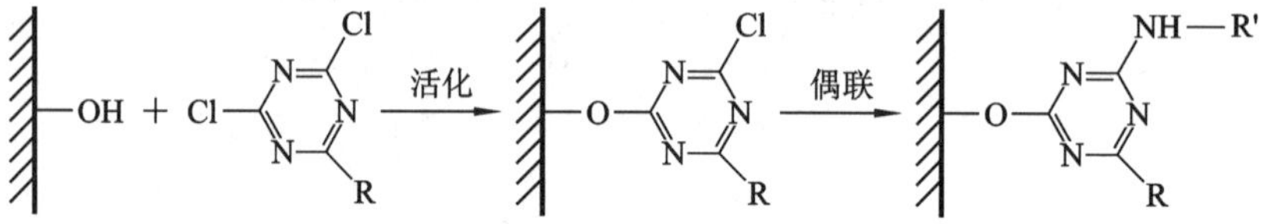

图 9-8 三嗪法活化偶联原理图

(7) 高碘酸盐法 偏高碘酸钠($NaIO_4$)能将多糖基质上相邻的连二醇基氧化成为醛基,而且偏高碘酸钠可溶于含水溶液中,反应后易于用水洗去残留的偏高碘酸钠,其反应式如图 9-9 所示,其中 R 为亲和配基。

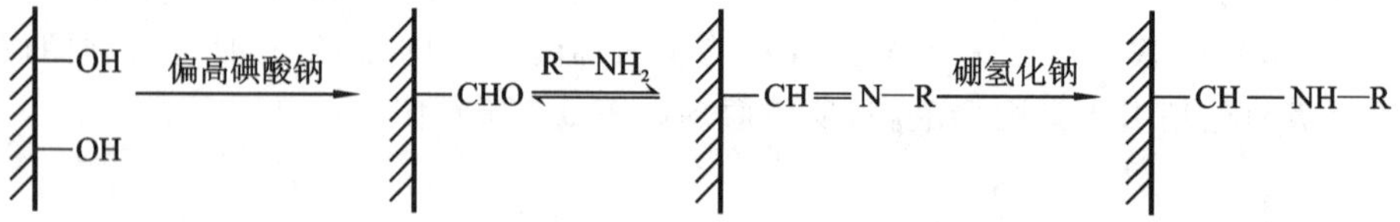

图 9-9 偏高碘酸盐活化反应示意图

高碘酸盐法适用于琼脂糖、纤维素和交联葡聚糖载体的活化,是一种简单、快速的活化方法,其中纤维素偶联取代程度高,而对孔隙率较高的 Sephadex 凝胶(G-100、G-200),经高碘酸盐法处理后易于碎裂,因此不宜采用。高碘酸盐法结合的配基没有溴化氰法高,但其操作简单、安全。配基密度一般可达 0.05~1.0 mmol/mL 凝胶。

4. 间隔臂

由于生物大分子的空间结构及层析介质本身孔结构的因素,往往在配基和基质骨架之间会引入一个间隔臂分子,以显著提高配基的空间利用度。间隔臂分子引入时需考虑空间位阻和疏水作用两个因素,若生物大分子的相对分子质量较低或与亲和配基的亲和性较强,则间隔臂分子效果不明显。引入间隔臂分子,一般会增强配基的疏水性,而用疏水间隔臂连接基质和疏水性较强的配基,往往效果不明显。

当配基相对分子质量较小时,为了排除空间位阻作用,需要在配基和载体之间连接一个间隔臂,使其发生有效的亲和结合。间隔臂的长度有一定限制,超过一定长度后,配基与目标分子的亲和力会减弱。

在上述配基固定化方法中,环氧基活化法中的双环氧化合物起间隔臂的作用。事实上,除溴化氰活化法外,其他活化法都引入了不同的活性基团,这些活性基团如果有适当的长度,都可起到间隔臂的作用。利用溴化氰活化法固定小分子配基时,一般需先引入 ω-氨基己酸或 1,6-二氨基己烷后再用相应的方法固定配基。

9.2.3 亲和层析过程及其理论分析

亲和层析的操作过程可分为样品制备、装柱、平衡、吸附(上样)、清洗杂蛋白、洗脱、再生和保存几个过程。其中,吸附、清洗和洗脱,属于目标产物的分离过程。

1. 样品制备

生物料液中的目标产物浓度低且有杂质存在,而亲和层析中即使有少量杂质的存在,非特异性吸附也会大大降低纯化效果。杂质的非特异性吸附量与其浓度、性质、载体材料、配基连接方法以及洗脱液的离子强度、pH 和温度等因素有关。杂质过多或样品浓度很低时需要进行预处理除去主要的污染物,提高样品浓度,减少上样体积,以提高亲和层析的纯化效果。主要包括颗粒、细胞碎片、膜片段等的除去;样品的浓缩及去除蛋白酶或抑制剂等。蛋白沉淀或离子交换柱层析,较易除去许多不需要的杂质,是采用较多的预处理方法。

2. 配基与载体的结合

载体与配基的特异性结合需要最适的 pH、缓冲液盐浓度和离子强度。pH 能调节载体和配基的电荷基团,在结合过程与解吸过程中均有重要的作用;中等盐浓度的缓冲液可稳定溶液中的蛋白质并防止由于离子交换所引起的非特异性相互作用;高的盐浓度能特异性地提高载体和靶蛋白的疏水相互作用;载体与配基结合中缓冲液的优化是减少亲和层析中非特异性结合的重要因素。

3. 装柱和平衡

柱的大小取决于吸附剂的容量和所需纯化的蛋白质的量,装柱操作对层析分离效果有较大的影响。一般程序为固定层析柱,打开柱子下出口,上端接入漏斗;50%的亲和介质悬浮液一次性加入漏斗中,待水面接近胶面时,关闭下端出口,取下漏斗用适配器或塑料纸置于胶面,以防止液滴扰动胶面;连接蠕动泵,打开下端出口,通过一定体积的水压实亲和介质,关闭出口。装柱时的环境温度应与使用时的环境温度一致,以避免产生气泡;保证介质装填均匀,表面平整。

层析柱装填好后,需使用 5 倍于柱床体积的起始缓冲液进行平衡,以使层析介质处于最佳的待结合状态。

4. 吸附

吸附就是使目标产物与亲和吸附介质密切结合的过程,需按照载体、配基、目标产物的性质与特点选择吸附条件。吸附作用有基于配基与目标产物分子间的特异性吸附,也有样品溶液中各种溶质的非特异性吸附,非特异性吸附产生于溶质与固定相介质和配基分子中某些部位的疏水结合和静电相互作用。特异性吸附选择性高,非特异性吸附选择性低,吸附过程要尽可能地保持亲和介质对目标产物较高的吸附作用和吸附容量,并将杂质的非特异性吸附控制在最低水平。

5. 清洗

清洗操作就是要洗去吸附介质内部及柱空隙中存在的杂质,多使用与吸附操作相同的缓冲液,必要时加入表面活性剂,以保证杂质的除尽并尽可能留下专一性吸附的结合物。如果非特异性吸附较多,则清洗缓冲液离子强度应介于起始吸附缓冲液和洗脱缓冲液之间。清洗不充分会使目标产物的纯度降低,但清洗过度会损失目标产物,需注意清洗条件的优化。

6. 洗脱

洗脱是使目标产物与配基解吸附进入洗脱液并随洗脱液流出层析柱的过程。亲和洗脱是和亲和吸附对应的,即利用在洗脱液中加入和吸附目标产物有专一性作用或者和亲和配基有专一作用的物质,而只将目标分子解吸下来。亲和洗脱可用于亲和层析,也可以用于普通的层析如离子交换、共价色谱等的解吸。亲和洗脱一般采用和目标分子具有识别性的小分子或类似物。比如在核苷酸亲和层析中,用可和蛋白质有专一性识别的辅酶如 NAD、AMP 等解吸蛋白质,实现亲和洗脱;在伴刀豆蛋白 A(Con A)亲和层析中采用和亲和配基有专一性作用的甲基甘露糖苷或甲基葡萄糖苷进行梯度洗脱,可以将吸附在介质上的糖蛋白等物质洗脱。一般来讲,亲和洗脱过程中加入的洗脱物质,价格都比较昂贵。在实际的生产应用中,要综合考虑目标产品的价值和生产成本,尽可能地采用常规洗脱方法,降低产品的生产成本。

洗脱包括特异性洗脱和非特异性洗脱两种方法。

(1) 特异性洗脱法　利用含有与亲和配基或目标产物具有亲和结合作用的小分子化合物溶液为洗脱剂,通过与亲和配基或目标产物的竞争性结合,脱附目标产物。例如,Lys 和 Arg 均为 t-PA 的抑制剂,利用固定化 Lys 为配基亲和分离 t-PA 时,可用 Arg 溶液进行洗脱。特异性洗脱通常在低浓度、中性 pH 下进行,洗脱条件温和,有利于保护目标产物的生物活性,另外,由于仅特异性洗脱目标产物,对于特异性较低的亲和体系(例如,用三嗪类色素为配基时)或非特异性吸附较严重的体系,特异性洗脱法有利于提高目标产物的纯度。

(2) 非特异性洗脱法　非特异性洗脱通过调节洗脱液的 pH 值、离子强度、离子种类或温度等理化性质降低目标产物与配基的亲和吸附作用,是使用较多的洗脱方法。目标产物与配基之间的作用力主要包括静电作用、疏水作用和氢键等,任何导致此类作用减弱的情况都可用作非特异性洗脱的条件。

洗脱时要保证靶蛋白的生物活性维持不变。洗脱可采用分步洗脱或梯度洗脱,但对于结合特别强的亲和对,比如生物素-抗生素蛋白的结合,除需采用高浓度的可溶性配体洗脱外,还可采用 6 mol/L 的盐酸胍和 pH 1.5 的苛刻条件,才能使目标产物在合理的时间内与配基解离。

7. 柱的再生

亲和柱的再生是去除未被洗脱的仍结合在亲和介质上的物质,以使亲和柱能反复使用,使亲和柱的物理环境适合目标产物的亲和吸附。一般用几倍体积的起始缓冲液进行再平衡就可以使亲和柱再生,对于未知杂质的牢固结合,必须采用苛刻的条件方可除去。

9.2.4　应用举例

亲和层析分离技术在生物制品的分离、分析领域具有广阔的应用前景,简便、快速、专一、高效的特点以使其应用到生命科学的多个领域。亲和层析主要用来分离和纯化各种生物大分子。

1. 干扰素的纯化

干扰素(interferon,IFN)对癌症、肝炎等疾病具有特殊疗效。IFN 是一种糖蛋白,主要分 α、β 和 γ 三种类型,可通过动物细胞培养或重组 DNA 大肠杆菌发酵大量生产。细胞在诱导后可产生很多种蛋白质,而干扰素只占其中极小的一部分,杂质较多的情况下分离干扰素就显得极为困难。

色素亲和层析、固定化金属离子亲和层析和免疫亲和层析可用于 IFN 的纯化。1976 年,Davey 利用伴刀豆球蛋白 A 与糖蛋白专一结合的特点,将伴刀豆球蛋白 A 偶联在琼脂糖凝胶的层析柱上,制成亲和柱。纤维母细胞干扰素通过该柱即被吸附,然后用 0.1 mol/L α-D-甘露吡喃糖苷在 50%的乙二醇中作为竞争洗脱剂,一次将粗品提纯了 3 000 倍,活力回收达 89%。而利用单抗免疫亲和层析法纯化源于大肠杆菌的重组人白细胞干扰素(rhIFN-α),rhIFN-α 的比活提高了 1 150 倍,收率达 95%。

2. 抗原和抗体的分离

抗原固定化后可制成免疫吸附剂用来分离抗体,常用的载体多为琼脂糖凝胶。抗原抗体分离中,要注意其生物活性的保持,抗原-抗体复合物的解离常数很低。解离时 pH 需降至 3 以下,洗脱液可选择甘氨酸-盐酸缓冲液、盐酸、乙酸、20%的甲酸或者高浓度蛋白变性剂尿素、盐酸胍等。

9.3 亲和膜

随着生物工程和生命科学的迅速发展,对生物大分子纯化分离的要求越来越迫切。近年来,膜分离技术的快速发展,对生物大分子的纯化分离是一个极大的推动。自 20 世纪 80 年代中期以来,把亲和层析技术和膜分离技术有机地结合,出现了亲和膜过滤方法。

膜分离是利用一张特殊制造的、具有选择透过性的薄膜,在外力推动下对混合物进行分离、提纯、浓缩的一种分离方法。选择透过性是膜的最大特点,即有的物质可以通过,有的物质不能通过的特性。膜可以是固相、液相或气相,目前使用的分离膜绝大多数是固相膜。膜分离过程较简单,费用较低,效率较高,多在常温下操作,既节省能耗,又适于热敏性物质的处理,在食品加工、医药、生化技术领域有其独特的适用性。

9.3.1 原理和特点

亲和膜(affinity membrane)是利用亲和配基修饰的膜。亲和膜分离的原理与亲和层析基本相同,主要是基于待分离物质和键合在膜上的亲和配基之间的生物特异相互作用,具有高度的选择性和专一性。一个完整的亲和膜包括三部分:合适的基材、间隔臂和配基(图 9-10)。

亲和膜分离过程包括:活化的膜材料同间隔臂分子产生化学结合,生成带有间隔臂的膜;带有间隔臂的膜与具有生物特异性的亲和配基共价结合,生成带有配基的亲和膜;多组分料液通过亲和膜时,混合物中与亲和配基具有特异结合作用的物质和膜上的配基产生相互作用而在膜上吸附,其余物质则通过亲和膜;选择合适的洗脱溶液和洗脱条件使形成的配合物解离而得到纯化的目标物质;进一步使亲和膜再生,以备下一次的分离纯化。

亲和膜的基质材料需具有容易成膜、良好的化学稳定性、良好的机械稳定性、与生物活性物质具有良好的相容性、耐细菌性以及良好的化学反应性能,便于进行活化。要求基质材料上

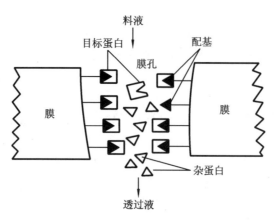

图 9-10 亲和膜吸附原理示意图

含有—OH、—NH$_2$、—SH、—COOH 等活泼基团,可采用溴化氰法、双环氧烷法、高碘酸盐法等活化方法进行活化。

亲和膜的间隔臂,在分离相对分子质量很大的生物大分子时,为了克服几何位阻障碍,往往在介质和配位基之间插入一个具有一定几何长度的有机基团,即间隔臂(或空间臂),以使待分离的物质方便地接近配基上的亲和位点。理想的间隔臂应有一定的长度(至少含 3 个原子以上),且自身不带任何电荷,疏水性也不能太强,不带任何附加的活性中心。常用的间隔臂是含两个活泼氨基的二胺类物质,如乙二胺、丙二胺、己二胺、对苯二胺等,许多氨基酸和肽类物质也可作为间隔臂。

亲和膜的配基,由于亲和分离是基于生物大分子和基质材料上结合的配基之间所发生的生物特异性相互作用而分离的,所以配基的选择和使用尤为重要。常见的通用型配基有外源凝集素、A 蛋白、G 蛋白、硼酸、辅酶、金属螯合物等;特异性配基包括酶与抑制剂、酶与底物、抗原与抗体等。

9.3.2 应用

亲和膜吸附分离纯化溶菌酶。溶菌酶是一种专门作用于微生物细胞壁的水解酶,又称胞壁质酶。人们对溶菌酶的研究始于 20 世纪初,英国细菌学家 Fleming 在发现青霉素的前 6 年(1922 年)发现了人的唾液、眼泪中存在能溶解细菌细胞壁的酶,因其具有溶菌作用,故命名为溶菌酶。溶菌酶是基因工程及细胞工程不可或缺的工具酶,亦广泛用于医学临床,作为一种紧俏的生化物质,提纯溶菌酶有着重要的现实意义。溶菌酶广泛存在于高等动物组织及分泌物,植物和各种微生物中,在鸡蛋清中含量最高,在蛋壳中也有较高的含量。李静等采用亚氨二乙酸(IDA)-Cu^{2+} 亲和膜分离新工艺,分离纯化混合酶和蛋壳中的溶菌酶取得了良好的实验结果。亲和膜对溶菌酶的选择吸附性能良好,对葡萄糖氧化酶基本不吸附;用亲和膜直接从蛋清(壳)中分离提纯溶菌酶,提取的溶菌酶纯度大于 17 500 U/mg。

9.4 亲和错流过滤

亲和层析技术具有流速低、不易大规模应用的缺点;而膜分离技术的特点是处理量大,可以大规模操作,但纯度相对较低。自20世纪80年代中期以来,逐渐把这两种技术有机地结合起来,形成了膜亲和过滤方法。亲和错流过滤是其中的一个分支,是利用生物亲和相互作用及膜分离技术,针对蛋白质类生物大分子的分离纯化方法。

9.4.1 原理和特点

亲和错流过滤(affinity cross-flow filtration,ACFF)又称亲和过滤,是生物亲和相互作用与膜分离相结合的生物大分子的分离纯化技术,即将水溶性或非水溶性高分子亲和载体与产物进行特异反应,然后用膜进行错流过滤。

蛋白质的分离纯化采用传统的膜过滤方法时是基于相对分子质量大小的差异,相对分子质量相差10倍以上的物质才可得到分离,选择性较差;采用亲和错流过滤技术首先将亲和配基固定于某些水溶性聚合物或不溶性的微粒,料液流经亲和膜时,目标蛋白质将选择性地吸附于亲和配基上,提高了膜分离的选择性,再利用洗脱液洗脱目标产物获得纯品。

亲和错流过滤既吸收了膜分离的优点,以压差为传质推动力,速度快,易于放大和连续操作;又吸收了亲和吸附的高选择性特点,纯化水平可接近或达到亲和层析的水平;制备亲和过滤介质所用的载体一般为水溶性聚合物或无孔微粒,无内扩散传质阻力,目标分子的亲和结合速度快;与固定床型亲和层析相比,亲和过滤操作中目标分子与介质的接触在全混槽中进行,只能达到一级吸附平衡,相当于色谱过程的一个理论塔板,可采用多级串联亲和过滤操作弥补此缺点。

9.4.2 应用

酵母细胞(直径约5 μm)表面含有多糖残基,可亲和吸附伴刀豆球蛋白A(con A),利用高温杀死的酵母细胞为亲和过滤介质进行亲和过滤纯化con A,采用中空纤维膜组件的间歇亲和过滤流程亲和吸附con A时,con A的收率可达到70%,产品凝胶电泳分析仅显示一条电泳带,说明达到了较高的纯化效果。

9.5 亲和双水相分配

亲和双水相分配即在聚乙二醇(PEG)或葡聚糖(dex)上接上一定的亲和配基,利用偶联亲和配基的PEG作为成相聚合物进行目标产物的双水相萃取,在亲和配基的亲和作用下,促进目标蛋白在PEG相中分配,提高分配系数和选择性,兼有双水相处理量大和亲和层析专一性高的优点。

近年来,仅在PEG上可接的配基就有十多种,分离纯化的物质达几十种,产物的分配系数成百上千倍的提高,如用磷酸酯PEG/磷酸盐双水相体系萃取β-干扰素,分配系数由原来的1左右提高到630。随着亲和双水相分配体系的完善,更显示出其在生物物质分离中的独特优势。与其他亲和纯化技术一样,亲和双水相分配过程也要经过进料(亲和分配)、清洗(杂蛋白反萃取)、洗脱(目标产物反萃取)三个阶段。

9.6 亲和沉淀

亲和沉淀(affinity precipitation)是生物亲和相互作用与沉淀分离相结合的蛋白质类生物大分子的分离纯化技术,包括一次作用亲和沉淀和二次作用亲和沉淀。

1. 一次作用亲和沉淀

水溶性化合物分子上偶联有两个或两个以上的配基,形成双配基或多配基。双配基或者多配基可与含有两个以上亲和结合部位的多价蛋白质产生亲和交联,形成交联网络而沉淀的分离方法称为一次作用亲和沉淀。

一次作用亲和沉淀机理与抗原-抗体的沉淀作用相似,当配基与蛋白质的亲和结合部位的摩尔比为1时沉淀率最高。1979年Larsson和Mosbach报道了利用双辅酶Ⅰ(bis-NAD)亲和沉淀乳酸脱氢酶(LDH)的研究结果;1983年,利用三嗪色素(Procion Blue H-B)为配基的一次作用亲和沉淀法纯化兔肌LDH,收率达97%,纯度可达到电泳纯。一次作用亲和沉淀仅适用于多价蛋白质,特别是四价以上的蛋白质,要求配基与目标分子的亲和结合常数较高,沉淀条件难以掌握;沉淀的目标分子与双配基的分离需要透析或凝胶过滤等难以大规模应用的附加工具,实用上存在较大的难度。

2. 二次作用亲和沉淀

利用在pH、离子强度、温度和添加金属离子等物理条件改变时溶解度下降、发生可逆性沉淀的水溶性聚合物为载体固定亲和配基,来制备亲和沉淀介质;亲和沉淀介质结合目标分子后,通过改变物理因素使介质与目标分子共同沉淀的方法称为二次作用亲和沉淀。

二次作用亲和沉淀的配基与目标分子的结合作用在自由溶液中进行,没有扩散传质阻力,亲和结合的速度快;亲和配基裸露在溶液中,可有效结合目标分子,亲和沉淀的配基利用高;二次作用亲和沉淀可利用离心或过滤技术回收沉淀,易于工艺流程的规模放大。

亲和沉淀法可用于高黏度或含微粒的料液中目标产物的纯化,在分离操作的初期采用,利于减少分离操作步骤,降低生产成本;早期阶段用于除去对目标产物有害的杂质,也有利于提高产品的质量和收率。比如在牛胰蛋白酶的纯化中,亲和介质中苄脒基为胰蛋白酶的亲和配基,苯甲酸基为pH敏感基团,该亲和介质可溶解于pH>6的水溶液,但当pH<5时即可发生完全的沉淀。具体操作时首先将该亲和介质加入到pH 8.0的牛胰抽提液中,充分混合;然后加酸使pH值降至4.0,聚合物与胰蛋白酶结合沉淀;离心回收沉淀,并用pH 4.0的水溶液清洗;再加酸使pH降至2.0,洗脱回收胰蛋白酶。利用该亲和沉淀方法纯化牛胰蛋白酶的收率可达76%,纯度提高5.4倍,达到92%。

(本章由延安大学张向前编写,朱德艳初审,韩曜平复审)

习题

1. 何谓亲和分离技术?
2. 亲和分离主要适用于分离什么物质?其特点是什么?
3. 试比较亲和分离的特异性洗脱法和非特异性洗脱法的优缺点。

4. 何谓生物亲和作用,影响亲和作用的因素有哪些?
5. 亲和层析包括哪些步骤?
6. 何谓亲和膜、亲和错流过滤、亲和双水相分配和亲和沉淀?

参考文献

[1] 陈洪章. 生物过程工程与设备[M]. 北京:化学工业出版社,2004.
[2] 罗川南,李慧芝,孙旦子,等. 分离科学基础[M]. 北京:科学出版社,2012.
[3] 大矢晴彦. 分离的科学与技术[M]. 北京:中国轻工业出版社,1999.
[4] 陈来同,徐德昌. 生化工艺学[M]. 北京:北京大学出版社,2000.
[5] 顾觉奋. 分离纯化工艺原理[M]. 北京:中国医药科技出版社,2000.
[6] 田瑞华,田洪涛,李娜,等. 生物分离工程[M]. 北京:科学出版社,2008.
[7] 李津,俞咏霆,董德祥,等. 生物制药设备和分离纯化技术[M]. 北京:化学工业出版社,2003.
[8] 辛秀兰,兰蓉,丁玉萍,等. 生物分离与纯化技术[M]. 北京:科学出版社,2010.
[9] 丁明玉,陈德朴,杨学东,等. 现代分离方法与技术[M]. 北京:化学工业出版社,2006.
[10] 高孔荣,黄惠华,梁照为,等. 食品分离技术[M]. 广州:华南理工大学出版社,2005.
[11] 邱玉华,杨洪元,贺立虎,等. 生物分离与纯化技术[M]. 北京:化学工业出版社,2007.
[12] 刘红,潘红春. 液膜萃取技术在生物工程领域的应用研究进展[J]. 膜科学与技术,1998,18(3):10-14.
[13] 吕宏凌,王保国. 液膜分离技术在生化产品提取中的应用进展[J]. 化工进展,2004,23(7):696-700.
[14] 欧阳平凯,胡永红,姚忠,等. 生物分离原理及技术[M]. 北京:化学工业出版社,2010.
[15] 俞俊棠,唐孝宣,李友荣,等. 生物工艺学[M]. 上海:华东理工大学出版社,1991.
[16] 张玉奎. 现代生物样品分离分析方法[M]. 北京:科学出版社,2002.
[17] 周先碗,胡晓倩. 生物化学仪器分析与实验技术[M]. 北京:化学工业出版社,2003.
[18] 严希康,俞俊棠. 生化分离工程[M]. 北京:化学工业出版社,2001.
[19] Antonio A G,Matthew R B,Jaime R V,et al. 生物分离过程科学[M]. 北京:清华大学出版社,2004.
[20] 方灿良,赵睿,刘阳,等. 从组合化学肽库中筛选亲和配基[J]. 高等学校化学学报,2003,24(1):52-54.

第10章 精制

本章要点

精制是指把目标产物中杂质除去以得到纯品的过程。本章内容主要包括生物分离过程中常用的浓缩方法,结晶工艺的操作及质量保障以及干燥工艺的操作流程等内容。

精制是指把目标产物中杂质除去以得到纯品的过程。细胞破碎后,目标产物一般存在于溶液之中,通常通过纯化、蒸发浓缩、结晶、干燥等工艺流程来去除溶剂从而得到最终的目的产物。

蒸发浓缩是指利用各种蒸发器将溶液加热,使溶液中的一部分溶剂(通常为水)汽化后除去,得到较高浓度溶质的操作方法。常作为沉析、结晶、干燥和包装等操作之前的预处理过程。

结晶是溶液中的溶质在一定条件下,因分子有规则的排列而结合成晶体的过程,晶体的化学成分均一,具有各种对称的晶体,其特征为离子和分子在空间晶格的结点上呈规则的排列。结晶是溶质提纯和得到固体颗粒的一种方法。

干燥是利用热能加热物料,使物料中水分或其他溶剂通过蒸发而干燥或者用冷冻法使水分结冰后升华而除去的单元操作;干燥操作通常是生物产品生产过程中在包装之前的最后一道工序。

10.1 蒸发浓缩

蒸发是为了提高溶液中的溶质浓度,通过加热溶液使溶剂汽化的现象;浓缩是水分含量高的液态物品,去除其水分以提高可溶性及不溶性固形物浓度的操作。生物制品原料中一般含有70%~90%的水分,但其中的营养成分或者要制备的物质如蛋白质、糖类、维生素、活性物质等只占5%~10%,甚至更少至微量。为了避免微生物的生长繁殖、延长制品的货架期、减少运输成本等,其中的大部分水分必须除去。蒸发浓缩的目的就是增加溶液的浓度,减少溶液的体积,最终得到满足干燥工艺要求的浓缩液,这样可以节约能源,降低产品的生产成本。蒸发浓缩是产物分离过程中能耗最高的单元操作之一,解决蒸发浓缩过程中的耗能问题及实现节能操作,是降低生产成本的主要途径之一。

10.1.1 原理

液体在任何温度下都可以蒸发,蒸发是溶液表面的溶剂分子获得的动能大于液体内溶剂分子间的吸引力而脱离液面逸向空间的过程。当溶液受热时,溶剂分子动能增加,蒸发过程加快;液体表面积越大,单位时间内汽化的分子越多,蒸发越快。液面蒸气分子密度很小,经常处于不饱和的低压状态,液相与气相的溶剂分子为了维持其分子密度的动态平衡状态,溶液中的溶剂分子必须不断地汽化,以维持一定的饱和蒸气压力。因此,蒸发浓缩装置常按照加热、扩大液体表面积、低压等因素来设计。例如,热浓缩过程是使体系中的水分在其沸点时蒸发汽化,并将汽化产生的二次蒸汽不断排除,从而使制品的浓度不断提高,达到后续工艺操作的要求。

10.1.2 蒸发浓缩的方法

蒸发浓缩操作中为了加快溶剂的蒸发,一般需在较高温度下进行,蒸发所需的时间和设备可由物质性质和需要的最终浓度决定。但生物制品在高温下易分解、易变性,传统的蒸发浓缩,只适用于对热稳定的生物质体系,如淀粉的蒸发浓缩和皂化废碱液蒸发浓缩等。根据物料的性质和提取物制备工艺的要求,蒸发过程可以采用不同的操作条件和方法,如常压蒸发、减压蒸发、薄膜蒸发浓缩、单效蒸发和多效蒸发等。多效蒸发是指多次利用次生蒸气的方法,节省了能源,但增加了设备费用。

1. 常压蒸发浓缩技术

浓缩设备包括加热器、蒸发器、冷凝器和容积接收器。蒸发器包括加热室和分离室两部分。加热室利用水蒸气为热源来加热被浓缩的料液,一般采用强制循环的方式来强化传热过程;分离室可以将二次蒸汽中夹带的雾沫分离出来,也称作除沫器,需具有足够大的直径和高度来降低蒸汽流速,使雾滴有充分的机会下落回到液体中。常压蒸发是指冷凝器和蒸发器溶液侧的操作压力为大气压或略高于大气压,此时系统中不凝性气体依靠本身的压力从冷凝器中排出。

常压蒸发浓缩技术常用作液体食品、水果汁、蔬菜汁等的浓缩,具有设备简单、操作方便的特点。但需要的蒸发温度高,能耗高,使得生产成本增加;在浓缩后期,溶液浓度的升高使沸点进一步上升,溶液中的许多成分容易出现焦化、分解、氧化等现象,造成产品质量的下降。

2. 减压蒸发浓缩技术

减压浓缩是根据降低液面压力使液体沸点降低的原理进行的。由于减压要抽真空,有时也称为真空蒸发浓缩。真空蒸发时冷凝器和蒸发器溶液侧的操作压力低于大气压,此时系统中的不凝性气体必须用真空泵抽出。在低压状态下,以蒸汽间接加热物料,使其在低温下沸腾蒸发,可能会出现冲料现象,此时应通过排气阀门,吸入部分空气,使蒸发器内真空度降低,溶液沸点升高,从而使沸腾减慢来调整。

采用减压蒸发浓缩的基本目的就是降低溶液的沸点。与常压蒸发浓缩相比,它有以下优点:①溶液沸点低,可以用温度较低的低压蒸汽或废蒸汽作加热蒸汽;②溶液沸点低,采用同样的加热蒸汽,加大了传热温度差,使蒸发器的蒸发推动力增加,过程强化;③溶液沸点低,有利于处理热敏性物料,即高温下易分解和变质的物料。例如,中草药浸出液在常压下 100 ℃ 沸腾,当减压到 8.0×10^4~9.3×10^4 Pa 时,40~60 ℃ 就可以沸腾,有利于防止有效成分的分解;④蒸发器的操作温度低,系统的热损失小。

减压蒸发的缺点是:①溶液温度低,黏度大,沸腾的传热系数小,蒸发器的传热系数小;②需用真空泵抽出不凝性气体,以保持一定的真空度,因而需多耗能量。

减压蒸发的操作压力(真空度)取决于冷凝器中水的冷凝温度和真空泵的能力。冷凝器操作压力的最低极限是冷凝水的饱和蒸汽压,所以它取决于冷凝水的温度。真空泵的作用是抽走系统中的不凝性气体,真空泵的能力越大,冷凝器内的操作压力可以越接近冷凝水的饱和蒸汽压。一般真空蒸发时,冷凝器的压力为(10~20)kPa。

3. 薄膜蒸发浓缩技术

薄膜蒸发浓缩技术即液体形成薄膜后蒸发,变成浓溶液。成膜的液体有很大的汽化面积,热传导快且均匀,可避免生物制品受热时间过长的弊端。在刮膜蒸发器中,物料沿着加热的圆柱筒体表面向下流动,形成薄膜,在流动过程中呈薄膜状的物料被蒸发。

物料从加热区的上方径向进入蒸发器,经布料器分布到蒸发器加热壁面,防止物料溅到蒸发器内部喷入蒸汽流和防止刚进入的物料在此处闪蒸,有利于泡沫的消除,使得物料只能沿着加热面蒸发。然后,旋转的刮膜器将物料连续均匀地在加热面上刮成厚薄均匀的液膜,以螺旋状向下推进,以保证连续和均匀的液膜产生高速湍流,并阻止液膜在加热面结焦、结垢。在此过程中,低沸点的组分被蒸발,而残留物从蒸发器底部的锥体排出。

薄膜蒸发浓缩设备是通过旋转刮膜器强制成膜,并高速流动,热传递效率高,停留时间短(10~50s),并可在真空条件下进行降膜蒸发的一种新型高效蒸发浓缩设备。具有传热效率高、质量交换快、物料受热时间短以及物料以膜的形式出现减少了真空度的损失等优点。

直接用蒸气加热的薄膜浓缩器液体温度可达60~80 ℃,适用于一些耐热的酶和小分子生化药物的制备。对温度敏感及容易受薄膜切力影响变性的核酸大分子等不适合;对某些黏度大、易于结晶析出的生物化学类药物制品也不适合采用。

10.1.3 蒸发浓缩工艺

1. 蒸发浓缩操作目的

①获得浓缩的溶液直接作为化工产品或半成品。蒸发操作过程中,溶剂会不断从溶液中逸出,但溶质的绝对质量未发生改变,其在溶液中的比例大大增加。②减少溶液体积,浓缩溶液至饱和状态,用于结晶操作以获得固体溶质。产物经过浓缩操作后,体积大大减少,为后续的干燥工艺降低能耗创造了条件,减少了液体剂型的包装运输等费用,并缩小了后道工序储藏设备的体积,减少了设备投资。③除杂质,获得纯净的溶剂。通过对有机溶剂的回收可以重新获得高价值、高纯度的溶剂,还可减少易燃、易爆溶剂所带来的安全问题,减少有毒溶剂对环境造成的污染。

2. 蒸发浓缩应具备的操作条件

①持续供能。蒸发浓缩是一个溶剂不断逸出的过程,溶剂由液态转化为气态需要大量的热能供其相变持续进行,可以由蒸汽、导热油、火、电等外部供热手段完成,在加热器中完成换热操作;②维持减压或真空条件。从微观上看,蒸发过程既有溶剂离开液面进入气相的过程,也有气相的溶剂分子进入液面的过程,只有当溶剂分子离开液面进入气相的速度大于气相溶剂分子回到液面的速度时,才在宏观上表现为蒸发浓缩现象。随着蒸发程度的提高,气相中溶剂分子会越来越多,反向速度越来越大,最终导致两者速度相等,蒸发过程终止。只有不断地将气相溶剂分子移出系统,才能保证蒸发过程持续、高效地进行,维持减压或真空条件是实现蒸发浓缩工艺的主要因素。③换热器具备足够的换热面积。换热器是将热流体的部分热量传递给冷流体的设备,又称热交换器。为保证物料在单位时间内获得足够的热量,必须有足够大的换热面积来确保蒸发浓缩的完成。换热器的热流密度在换热器类型、物料性质、加热蒸汽性质确定的时候是一个恒定值,指的是单位时间内通过某一传热设备的每单位面积所传递的热量。采取某些技术措施以增大或减小热流密度是强化或削弱传热的主要目的。

3. 多效蒸发

蒸发需要不断的供给热能。工业上采用的热源通常为水蒸气,而蒸发的物料大多是水溶液,蒸发时产生的蒸汽也是水蒸气。为了易于区别,前者称为加热蒸汽或生蒸汽,后者称为二次蒸汽。

(1) 按蒸发器操作压力分为常压、加压、减压(真空)蒸发。

(2) 按二次蒸汽利用情况分为单效蒸发和多效蒸发。单效蒸发是将所产生的二次蒸汽不再利用,而直接送至冷凝器冷凝以除去的蒸发操作。多效蒸发是将多个蒸发器串联,将产生的二次蒸汽通到另一压力较低的蒸发器作为加热蒸汽,使加热蒸汽在蒸发过程中得到多次利用的蒸发过程。

采用多效蒸发时,二次蒸汽在离开前一效蒸发室流往后一效加热室的过程中要克服管道的流动阻力,从而导致蒸汽温度下降。此项温度差损失与蒸汽的流速、物性和管道的尺寸有关,一般取 0.5~1.5 ℃。多效蒸发时要求后效的操作压强和溶液的沸点均较前效低,引入前效的二次蒸汽作为后效的加热介质,即后效的加热室成为前效二次蒸汽的冷凝器,仅第一效需要消耗生蒸汽。一般多效蒸发装置的末效或后几效总是在真空下操作,由于各效(末效除外)的二次蒸汽都作为下一效的加热蒸汽,故提高了生蒸汽的利用率,即经济性。蒸发量与传热量成正比,多效蒸发并没有提高蒸发量,而只是节约了加热蒸汽,其代价则是设备投资增加。在相同的操作条件下,多效蒸发器的生产能力并不比传热面积与其中一个效相等的单效蒸发器的生产能力大。

(3) 多效蒸发的流程。当料液与蒸汽的流向相同时称为并流(图 10-1)。蒸汽和料液的流动方向一致,均从第一效到末效。在操作过程中,蒸发室的压强依效序递减,料液在效间流动不需用泵;料液的沸点依效序递降,使前效料进入后效时放出显热,供一部分水汽化;料液的浓度依效序递增,高浓度料液在低温下蒸发,对热敏性物料有利。其不足是沿料液流动方向浓度逐渐增高,致使传热系数下降,在后两效中尤为严重。

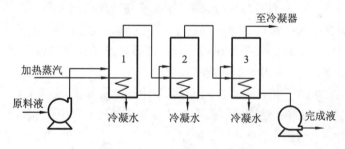

图 10-1 并流加料法的三效蒸发

料液与蒸汽的流向相反时称为逆流(图 10-2)。原料由末效进入,用泵依次输送至前效,完成液由第一效底部取出。加热蒸汽的流向仍是由第一效顺序至末效。其优点为浓度较高的料液在较高温度下蒸发,黏度不高,传热系数较大;其不足为各效间需用泵输送,无自蒸发,高温加热面上易引起结焦和营养物的破坏。

每一效都加入原料液的方法称为平流(图 10-3)。原料液分别加入各效中,完成液也分别自各效底部取出,蒸汽流向仍是由第一效流至末效。此种流程适用于处理蒸发过程中伴有结晶析出的溶液。

效数多时,也可采用顺流和逆流并用的操作,即料液与蒸汽在有些效间成并流,而在有些效间成逆流,这种方法称为错流。这种流程可协调两种流程的优缺点,适于黏度极高料液的

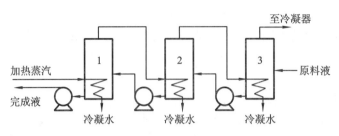

图 10-2　逆流加料法的三效蒸发

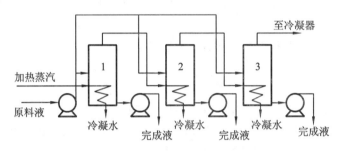

图 10-3　平流加料法的三效蒸发

浓缩。

单效和多效蒸发过程中均存在温度差损失。若单效和多效蒸发的操作条件相同,即两者加热蒸汽压力相同,则多效蒸发的温度差损失较单效时的大,即效数越多,温度差损失将越大。随着效数的增加,单位蒸汽的消耗量会减少,即操作费用降低,但是有效温度差也会减少(即温度差损失增大),使设备投资费用增大。因此必须合理选取蒸发效数,使操作费和设备费之和为最少。

4．蒸发浓缩的方式

蒸发浓缩的操作方式一般可分为分批式、连续式和循环式三种类型。

(1) **分批式蒸发浓缩**　物料一次加入或持续缓慢地加入蒸发器,溶剂不断蒸发,以达到浓缩之目的,至目标浓度后,浓缩液一次出料。分批式蒸发浓缩具有操作简单、浓度易于控制、不适用于热敏性物料等特点,多用于单效浓缩。

(2) **连续式蒸发浓缩**　物料一次性加入,连续通过蒸发装置,完成液即为一定浓度的浓缩液,又称为单程式蒸发浓缩。连续式蒸发浓缩具有加热时间短、处理量大、设备利用率高、适应于热敏性物料等特点,多应用于双效以上浓缩。

(3) **循环式蒸发浓缩**　在连续式蒸发浓缩操作模式中,让一部分浓缩液返回蒸发器,使蒸发器内料液浓度增加的操作方式。通过部分浓缩液的回流,不但增加了进料液的浓度,也可以保证加热管中液体的流量,产物浓度能够得到很好的控制。

5．物料性质对蒸发浓缩操作的影响

物料在浓缩过程中,溶质或杂质常在加热表面沉积并析出结晶而形成垢层,影响传热;有些溶质是热敏性的,在高温下停留时间过长易变质;有些物料具有较大的腐蚀性或较高的黏度等。因此物料性质就成为选择蒸发设备的重要依据,必须依物料的具体特性,按不同的需要进行选择。

(1) **热敏性物料**　热敏性物料是遇热引起理化性质变化的一类物料,极易发生分解、聚合、氧化等变质反应,生物制品大多属于此类。如发酵工业中的酶是大分子的蛋白质,加热到一定温度、一定时间后会变性而失去活力,因此酶液只能在低温短时间受热的情况下浓缩。又如生产实践中苹果汁浓缩设备的蒸发时间通常为几秒或几分钟,蒸发温度通常为55～60 ℃,甚至低到30 ℃。在这样短的时间和这样低的蒸发温度下,产品成分和感官质量才不会出现不利的变化。如果浓缩设备的蒸发时间过长或蒸发温度过高,苹果浓缩汁就会因蔗糖焦化和其他反应产物的出现而变色和变味。

(2) 结垢性物料　有些料液在受热时容易在加热面上形成积垢,从而增加热阻、降低传热系数、影响蒸发效能,故对易形成积垢的物料应采取有效的防垢措施。如采用管内流速很大的升膜式蒸发设备或其他强制循环的蒸发设备,用高流速来防止积垢,或采用电磁防垢、化学防垢及便于清洗积垢的蒸发设备。

(3) 发泡性物料　蛋白质含量高、黏度大的物料容易出现泡沫,这些泡沫易被二次蒸汽带进冷凝器,造成溶液的损失,导致产品收率的降低,同时还造成传热面传热系数的下降,增加了产品的损耗,又污染了其他设备。发泡性物料蒸发浓缩时,可以降低蒸发器内二次蒸汽的流速以防止发泡,或在蒸发器的结构上考虑消除发泡的可能,同时设法分离回收泡沫。

(4) 黏滞性物料　黏滞性是指物料在流动状态下抵抗剪切变形的能力。物料的黏度除与物质本身的黏滞性有关外,还与物料的浓度、温度有关。料液浓度增大时,黏度也随之增大,造成流速降低、传热系数减小、生产能力下降的后果。故对黏度较高或经加热后黏度增大的料液可以采用强化流动的方式,选择强制循环型或强制成膜蒸发器。

(5) 腐蚀性物料　生物发酵法生产的有机酸、氨基酸及在较低pH条件下目标产物的浓缩,应选用防腐蚀材料制成的设备或是结构上采用更换方便的样式,使腐蚀部分易于定期更换。如柠檬酸溶液的浓缩就大多选用石墨加热管或耐酸搪瓷夹层加热器等。

(6) 结晶性物料　对于溶解度较低,浓度过饱和度小的物料,在料液浓度增加时,会有晶粒析出。一旦晶体出现,物料黏度大增,传热系数降低,严重时会在加热壁上结垢,堵塞加热管。要使有结晶的溶液正常蒸发,应选择带搅拌的或强制循环的蒸发器,用外力使结晶保持悬浮状态;或者选择大流道的浸液式换热器,使沸点升高,防止在加热管中出现结晶;选择合适的温度差和真空度,防止蒸发速度过快而导致晶体的出现。

6. 蒸发浓缩过程的节能措施

蒸发浓缩过程是溶剂汽化过程,一般多采用蒸汽作为加热热源,由于溶剂汽化的相变潜热很大,所以蒸发过程是一个大能耗单元操作。因此,节能是蒸发操作应予考虑的重要问题。

在绝热条件下,一定量的生蒸汽由气相变为液相,会产生大量的相变热,物料吸收这些热量后,会使同样质量的水经相变转化为二次蒸汽。实践中由于热量的损失,蒸发1 kg水需要1.1～1.3 kg生蒸汽。降低蒸发浓缩操作的能耗,除采用多效蒸发外,还可从下面三个方面入手:

(1) 二次蒸汽的利用　在蒸发浓缩操作中,蒸汽费用可占到蒸发设备运行成本的一半以上。二次蒸汽从蒸发室出来,带有大量的热,可利用这部分潜热作为其他加热设备的热源,可以看出废热利用还可节约大量的冷却水。比如可以将四效蒸发器第二效或第三效蒸汽引出部分作为产品干燥的加热热源。

(2) 冷凝水的利用　从蒸发器的加热室有大量的冷凝水排出,这部分冷凝水温度高而且洁净,完全可用它预热原料或加热其他物料。

(3) 热泵蒸发　将蒸发室排出的二次蒸汽送入压缩机内提高压力,使其饱和温度超过溶液的沸点,再送回蒸发室作加热室的加热蒸汽。这种方法称热泵蒸发,这种操作只需在蒸发开始时加热蒸汽,操作稳定后就不再需要加热蒸汽。只需提供使二次蒸汽升压的动力,既可节省大量的加热蒸汽又可节约冷却水,采用二次蒸汽压缩来升高二次蒸汽的压力,使二次蒸汽得到更好的利用,以达到节能的目的。但热泵蒸发不适用沸点升高较大的溶液蒸发。

7. 蒸发浓缩设备

蒸发浓缩设备种类繁多,采用不同的分类标准可进行多种方式的分类,适合的蒸发浓缩设备应以物料特性和工艺要求作为依据进行选择。本章仅对按料液分布状态区分的薄膜式和非膜式做一简要介绍。薄膜式:分散成薄膜状,蒸发面大,蒸发快。它分为升膜式、降膜式、升降膜式、片式、刮板式和离心式薄膜蒸发器。非膜式:大蒸发面。它按料液管路中流动,管路又分为盘管式浓缩器、中央循环管式浓缩器。

(1)浓缩锅 浓缩锅主要是由锅体和蒸发室组成的。蒸发室是料液液面上部的圆筒空间。料液经加热后汽化,必须具有一定高度和空间,使汽液进行分离,二次蒸汽上升,溶液经中央循环管下降,如此保证料液不断地循环和浓缩。蒸发室的高度,主要根据防止料液被二次蒸汽夹带的上升速度所决定,同时考虑清洗、维修加热管的方便,一般为加热管长度的1.1~1.5倍。浓缩锅中由于传热产生重度差,形成了自然循环,液面上的水汽向上部的负压空间迅速蒸发,从而达到浓缩的目的。

该类蒸发器操作简单,浓度可以较准确地控制,但传热系数小、料液受热时间长且加热温度高,不适合热敏性物料的浓缩。

(2)薄膜蒸发器 料液在管壁或器壁上分散成液膜的形式流动(上升、下降或上升与下降组合),从而使蒸发面积增加,提高浓缩效率。按液膜形成方式分:自然循环式蒸发器和强制循环式蒸发器。按液膜运动方向分:升膜式蒸发器、降膜式蒸发器和升降膜式蒸发器。

升膜式蒸发器(自然成膜),料液由料液进口进入加热管内,在加热管内底部与蒸汽首先进行对流传递热量(管外蒸汽热量传递给管内料液),当料液获得一定热量达到沸腾状态,进入管中间部开始产生蒸汽泡,使料液产生上升力,由于料液热量的连续获得,产生二次蒸汽。膨胀的二次蒸汽产生强的上升力,上升的蒸汽将料液在管壁四周拉曳成一层液膜,沿管壁迅速上升,到管顶部呈喷雾状,以较高速度进入蒸发室。二次蒸汽从蒸发室顶部排出,浓缩液达到浓度要求时从分离器底部排出,未达到浓度要求时,由下导管送到底部进行再次加热蒸发。

操作时,升膜式蒸发器中加热管须有足够的长度,保证升膜能在加热管内形成;温度差太小,二次蒸汽量不能够充满整个加热管中心的空间,升膜所需要的拖带速度就达不到;应严格控制进料量,防止管壁结焦现象发生;料液一般先预热到沸点状态进入加热管,以增加液膜比例,提高沸腾和传热系数;各管路密封性能要好,连接可靠;定期对密封垫进行更换和检查。

降膜式蒸发器(自然成膜),与升膜式一样,都属于自然循环的液膜式蒸发浓缩设备,构造与升膜式相似,主要区别是料液经料液分配器均匀分布后由加热管顶部加入。液体在重力作用下,沿管内壁呈液膜状向下流动,由于向下加速,沸点升高较小,且加热蒸汽与料液温差大,所以传热效果较好。蒸汽和液膜进入加热管下部的蒸发室分离二次蒸汽,浓缩液由蒸发室底部流出。

料液分配器使料液均匀分布于各加热管,防止干壁及液膜厚薄不均现象的发生,在降膜式蒸发器中起到了关键的作用。降膜式蒸发器适用于热敏性、易发泡的物料,总传热系数高于升膜式蒸发器。

升降膜式蒸发器(自然成膜),具备两组加热管,一组升膜,另一组降膜。料液先进入升膜式加热管,沸腾蒸发后,气液混合物上升至顶部,然后转入另一半加热管,再进行降膜蒸发,浓缩液最后进入汽液分离器分离,二次蒸汽从分离器上部排入冷凝器,浓缩液从下部排出。符合物料的要求,初进入,浓度低,速度快,容易达到升膜要求,初步浓缩后,在降膜式中受重力作用下能沿管壁均匀分布形成薄膜。先升后降,有利于液体均匀分布,加速湍动和搅动,进一步提高传热效果。

刮板式蒸发器(强制成膜),由于刮板的运动,借助离心力和刮板的刮带作用将物料不断地在蒸发面上刮成薄膜,物料呈湍流状态,以达到薄膜蒸发的效果。刮板可分为活动刮板、固定刮板、螺旋刮板和铰链刮板等不同的样式。

离心式薄膜蒸发器(强制成膜),在蒸发器的转鼓中有数组空心碟片,碟片中空可通入蒸汽。料液自顶部的进料管进入后,喷至碟片底部的加热面,在离心力的作用下,料液由中心向外呈薄膜状运动,传热系数高,加热面上停留时间短,料液在离开碟片时就已达到目标浓度。适合处理热敏性极高的物料。

10.2 结晶工艺

结晶是溶液中的溶质在一定条件下,因分子有规则的排列而结合成晶体的过程。晶体的化学成分均一,具有各种对称的晶体,其特征为离子和分子在空间晶格的结点上呈规则地排列。结晶是溶质提纯和得到固体颗粒的一种常用方法。晶体易于干燥、保存和运输。

结晶工艺中,绘制溶解度曲线和过饱和曲线是必需的,结晶操作应严格按照溶解度曲线和过饱和曲线进行。同一种产品可以有多种结晶方法,工艺是否先进、产品的一次收率是衡量工艺水平的主要因素。

10.2.1 结晶工艺原理

固体有结晶和无定形两种状态。结晶:析出速度慢,溶质分子有足够时间进行排列,粒子排列有规则。无定形固体:析出速度快,粒子排列无规则。

1. 结晶操作的特点

晶体具有化学成分均一、排列整齐的特点,保证了工业生产的晶体产品具有较高的纯度;含水量较高的溶液(50%~80%)经过结晶后,含水量大为降低(20%左右),使得在后续的干燥过程中,需蒸发的水分大大降低,节省了蒸汽费用。

结晶操作中只有同类分子或离子才能排列成晶体,因此结晶过程具有良好的选择性;通过结晶,溶液中大部分的杂质会留在母液中,晶体再经过滤、洗涤,可以得到纯度较高的晶体;结晶过程具有成本低、设备简单、操作方便等优越性,广泛应用于氨基酸、有机酸、抗生素、维生素、核酸等产品的精制。

2. 结晶过程的实质

当溶液中溶质浓度等于该溶质在同等条件下的饱和溶解度时,该溶液称为饱和溶液;当溶质浓度超过饱和溶解度时,该溶液称之为过饱和溶液,溶质只有在过饱和溶液中才能析出。溶质溶解度与温度有关,一般物质的溶解度都随温度的升高而增加,但亦有少数例外。例如红霉素在水中的溶解度7℃时为14.20 mg/mL,而40℃时则降为1.28 mg/mL。溶解度还和溶质颗粒的大小、溶质分散度(晶体大小)有关,用热力学方法,得到溶解度的凯尔文(Kelvin)公式:

$$\ln \frac{c_2}{c_1} = \frac{2\sigma M}{RT\rho}\left(\frac{1}{r_2} - \frac{1}{r_1}\right) \tag{10.1}$$

式中,c_2 为小晶体的溶解度;c_1 为普通晶体的溶解度;σ 为晶体与溶液间的表面张力;ρ 为晶体密度;r_2 为小晶体的半径;r_1 为普通晶体半径;R 为气体常数;T 为绝对温度。

结晶是指溶质自动从过饱和溶液中析出,形成新相的过程。这一过程不仅包括溶质分子凝聚成固体,还包括这些分子有规律地排列在一定晶格中,这一过程与表面分子化学键力变化有关,因此,结晶过程是一个表面化学反应过程。

形成新相(固体)需要一定的表面自由能,因为要形成新的表面,就需要对表面张力做功。因此,溶液浓度达到饱和溶解度时,晶体尚不能析出,只有当溶质浓度超过饱和溶解度后,才可能有晶体析出。

最先析出的微小颗粒是以后结晶的中心,称为晶核。由 Kelvin 公式(式 10.1)可知,微小的晶核具有较大的溶解度。实质上,在饱和溶液中,晶核是处于一种形成—溶解—再形成的动态平衡之中的,只有达到一定的过饱和度以后,晶核才能够稳定存在。晶核形成后,依靠扩散继续成长为晶体。所以结晶包括三个步骤:①过饱和溶液的形成;②晶核的形成;③晶体生长。其中,溶液达到过饱和状态是结晶的前提,过饱和度是结晶的推动力。

由于物质在溶解时要吸收热量,结晶时要放出结晶热。因此,结晶也是一个质量与能量的传递过程,它与体系温度的关系十分密切。

从宏观上看,当溶液中加入的溶质不再溶解时,说明溶液达到饱和;从微观上讲,晶体溶解速度等于晶体析出速度时,溶液达到饱和。此时溶液的溶质质量为该温度下的溶解度。以温度和溶解度为坐标可绘得溶解度曲线。溶解度曲线有三种类型:温度升高溶解度增大;溶解度不随温度变化;温度升高,溶解度降低。结晶工艺与设备的选择与溶解度曲线的类型有很大关系。

溶解度与温度的关系可以用饱和曲线和过饱和曲线表示(图 10-4)。

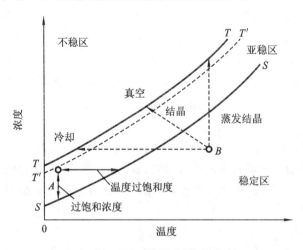

图 10-4 饱和曲线与过饱和曲线

如图 10-4 所示,饱和曲线 SS 下方为稳定区,在该区域任意一点溶液均是稳定的;而在 SS 曲线和过饱和曲线 TT 之间的区域为亚稳定区,此刻如不采取一定的手段(如加入晶核),溶液可长时间保持稳定;加入晶核后,溶质在晶核周围聚集、排列,溶质浓度降低,并降至 SS 线;介于饱和曲线和过饱和曲线之间的区域,可以进一步划分刺激结晶区和养晶区。在 TT 曲线的上半部的区域称为不稳定区,在该区域任意一点溶液均能自发形成结晶,溶液中溶质浓度迅速降低至 SS 线(饱和);晶体生长速度快,晶体尚未长大,溶质浓度便降至饱和溶解度,此时已形成大量的细小结晶,晶体质量差。因此,工业生产中通常采用加入晶种,并将溶质浓度控制在养晶区,以利于大而整齐的晶体形成。

3. 过饱和溶液的形成

结晶的首要条件是过饱和,制备过饱和溶液一般有以下几种方法。

(1) 热饱和溶液冷却法(等溶剂结晶)　此法适用于溶解度随温度降低而显著减小的体系;同时,溶解度随温度变化的幅度要适中。有自然冷却、间壁冷却(冷却剂与溶液隔开)和直接接触冷却(在溶液中通入冷却剂)等多种形式。

(2) 部分溶剂蒸发法(等温结晶法)　此法适用于溶解度随温度降低变化不大的体系,或随温度升高溶解度降低的体系。存在加压、减压或常压蒸馏等方式。

(3) 真空蒸发冷却法　使溶剂在真空下迅速蒸发,并结合绝热冷却,是结合冷却和部分溶剂蒸发两种方法的一种结晶方法。其具有设备简单、操作稳定的特点。

(4) 化学反应结晶法　加入反应剂或调节 pH 产生新物质,当该新物质的溶解度超过饱和溶解度时,就有晶体析出。其方法的实质是利用化学反应对待结晶的物质进行修饰,一方面可以调节其溶解特性,同时也可以进行适当的保护。

4. 晶核的形成

晶核的形成是一个新相产生的过程,需要消耗一定的能量才能形成固液界面;结晶过程中,体系总的自由能变化分为两部分,即表面过剩吉布斯自由能(ΔG_s)和体积过剩吉布斯自由能(ΔG_v)。晶核的形成必须满足:$\Delta G=\Delta G_s+\Delta G_v<0$。通常 $\Delta G_s>0$ 时,会阻碍晶核形成。

假定晶核形状为球形,半径为 r,则 $\Delta G_v=4/3(\pi r^3 \Delta G_v)$;若以 σ 代表液固界面的表面张力,则 $\Delta G_s=\sigma \Delta A=4\pi r^2 \sigma$。因此,在恒温、恒压条件下,形成一个半径为 r 的晶核,其总吉布斯自由能的变化为:$\Delta G=4\pi r^2(\sigma+(r/3)\Delta G_v)$。$\Delta G_v$ 为形成单位体积晶体的吉布斯自由能变化。

(1) 临界晶体半径(r_c)　临界晶体半径是指 ΔG 为最大值时的晶核半径;$r<r_c$ 时,ΔG_s 占优势,故 $\Delta G>0$,晶体自动溶解,晶核不能自动形成;$r>r_c$ 时,ΔG_v 占优势,故 $\Delta G<0$,晶体溶解度较小,晶核可以自动形成,并可以稳定生长。

(2) 初级成核　指的是过饱和溶液中的自动成核现象。过饱和度越大,r_c 越小,越容易自发成核。初级成核可在不稳区内发生,其发生机理是胚种和溶质分子碰撞的结果。工业生产中,一般不以初级成核作为晶核的来源。

(3) 二次成核　介稳区内由于过饱和度过小不能发生初级成核,但如加入晶种,就会有新的晶核产生,这种成核现象称为二次成核。工业结晶操作一般均需加入晶种,形成二次成核。

(4) 伪晶　结晶过程中,已存在晶体的情况下,突然产生的大量晶核称为伪晶。此时,原本晶浆清晰的溶液突然变为乳白色的浑浊液是出现伪晶的标志。伪晶可由溶液突然进入不稳区,溶液在刺激起晶区受到刺激而初级成核,外界杂质落入成为晶核等原因所造成。会出现结晶颗粒粒度大幅减小、不能形成好看晶形的晶体、晶体与母液分离困难等危害现象,应通过改进操作工艺的方法予以避免。

5. 成核速度

由 Arrhenius 公式可近似得到成核速度公式:

$$B = k e^{-\Delta G_{max}/RT} \qquad (10.2)$$

式中,B 为成核速度;ΔG_{max} 为成核时临界吉布斯自由能,是成核时必须逾越的能阈;k 为常数。

而 ΔG_{max} 可表示为:
$$\Delta G_{max} = \frac{16\pi\sigma^3 M^2}{3(RT\rho \ln S)^2} \qquad (10.3)$$

6. 常用的工业起晶方法

①自然起晶法:溶剂蒸发进入不稳定区形成晶核,当产生一定量的晶种后,加入稀溶液或者降温使溶液浓度降至亚稳定区,新的晶种不再产生,溶质在晶种表面生长。②刺激起晶法:将溶液蒸发至亚稳定区后,突然冷却,进入不稳定区,形成一定量的晶核,此时溶液的浓度会有所降低,进入并稳定在亚稳定的养晶区使晶体生长。③晶种起晶法:将溶液蒸发后冷却至亚稳定区的较低浓度,加入一定量和一定大小的晶种,使溶质在晶种表面慢慢长大的方式。

7. 晶体的生长

在过饱和溶液中已有晶核形成,或加入晶种后,以过饱和度为推动力,晶核或晶种将长大,这种现象称为晶体生长。

根据晶体扩散学说,晶体的生长由以下三个步骤组成。

(1) 结晶溶质借扩散作用穿过靠近晶体表面的一个滞流层,从溶液中转移到晶体的表面。扩散过程的速度取决于液相主体浓度与晶体表面浓度之差。

$$\frac{dm}{dt} = k_d A(c - c_i) \qquad (10.4)$$

式中,k_d 为扩散传质系数;A 为晶体表面积;c 为液相主体浓度;c_i 为溶液界面浓度。

(2) 到达晶体表面的溶质长入晶面,同时放出结晶热,这是一个表面反应过程,其速度取决于晶体表面浓度与饱和浓度之差。

$$\frac{dm}{dt} = k_r A(c_i - c^*) \qquad (10.5)$$

式中,k_r 为表面反应速率常数;A 为晶体表面积;c^* 为溶液饱和浓度;c_i 为溶液界面浓度。

联立式(10.4)和式(10.5)可得:

$$\frac{dm}{dt} = \frac{A(c - c^*)}{\frac{1}{k_d} + \frac{1}{k_r}}$$

式中,$(c - c^*)$ 为总的传质推动力,即过饱和度。

令 $\frac{1}{K} = \frac{1}{k_d} + \frac{1}{k_r}$ 为总传质系数,则有

$$\frac{dm}{dt} = KA(c - c^*) \qquad (10.6)$$

(3) 放出的结晶热传递回到溶液中。

8. 影响晶体生长速度的因素

晶体生长过程由扩散和表面化学反应相继组成。在晶体的表面始终存在着一层滞流层(薄膜),经过滞流层的物质传递只能靠分子扩散。

(1) 杂质　结晶过程是溶质质点在晶核表面的规律排列、定位过程,杂质的存在会阻碍溶质质点向晶核的靠拢,改变晶体和溶液之间界面的滞流层特性,影响溶质长入晶体,改变晶体外形,因杂质吸附还会导致晶体生长缓慢甚至完全阻碍结晶的发生。

(2) 搅拌　搅拌可以加速传质,提高晶体的生长速度、加速晶核的生成并保证晶核在溶液中的悬浮运动。转速范围一般为 5~20 r/min,转速过低,生长速度慢;转速过快,晶体易破碎,二次成核现象严重。

(3) 温度　温度对结晶的影响呈现双面性。一方面,温度直接影响溶质的溶解度和过饱和度,应根据结晶操作曲线选择温度范围,有时提高温度利于结晶,有时降低温度利于结晶;另一方面,结晶过程需要活化能,只有超过活化能的质点才能在晶核表面定植、长大。低于活化能的质点会驻留在晶核周围,阻碍高能质点向晶核的靠拢,提高温度,可以提供更多的高能质点,促进表面化学反应速度的提高,增加结晶速度。

(4) 溶液浓度　结晶操作的关键是要将溶液浓度控制在介稳区,过饱和度越大,产生的伪晶越稳定,结晶效果变差。一旦出现晶核后,应使溶液浓度处于靠近溶解度曲线的区域(养晶区),既要保证结晶速率,稳定结晶质量,又要防止伪晶的产生。

(5) 晶浆比　晶浆比是指晶体质量与母液质量的比值,该值越大,黏度越大,流动性越差,分离越困难,晶体中杂质越多;晶浆比越小,一次结晶的收率就越低,需要多次结晶,造成能耗的增加。

(6) 结晶系统的晶垢　结晶时会在结晶器壁及循环系统中产生晶垢,严重影响结晶过程的效率。一般可采用有机涂料保持器壁光滑、提高流体流速消除低流速区、定期添加溶剂溶解产生的晶垢等方法予以消除。应注意器壁上形成的晶垢,切不可用机械方法刮除,只能用溶解或熔融法除去。

另外,有机溶剂、pH 等也会影响晶体的生长速度和晶体的形状。如普鲁卡因青霉素在水溶液中的晶形为方形,在醋酸丁酯中的晶形为长棒状。

10.2.2　提高晶体质量的途径

晶体的质量主要指晶体的大小、形状(均匀度)和纯度三个方面。工业生产中希望得到粗大均匀的晶体,便于过滤和洗涤,在储存过程中也不易结块。非水溶性的药品制剂一般为了易于人体的吸收,要求粒度较细,否则不仅不利于吸收而且注射时易阻塞针头;但晶体过分细小,容易造成离子带静电荷,相互排斥,四处分散,而且会使比容过大,给成品的分包装带来不便。

(1) 晶体大小　晶体的大小取决于晶核形成速度和晶体生长速度之间的对比关系。当晶体生长速度远小于晶核形成速度时,过饱和度主要用来生成新的晶核,得到细小的晶体。当晶体生长速度超过晶核形成速度时,则得到较粗大的晶体。

影响晶体大小的因素主要有过饱和度、温度、晶核质量、搅拌速度和杂质等。实际上成核与其生长是同步进行的,必须同时考虑各种因素对结晶过程两个阶段的影响。过饱和度的增加会使成核速度和晶体生长速度都增快,但对成核速度的影响更大,所以过饱和度增加,会得到较细小的晶体,而且在过饱和度很高时才影响显著。

溶液快速冷却时,会得到较高的过饱和度,晶体细小,常导致生成针状结晶,可能是针状结晶易散热的缘故;缓慢冷却常得到较粗大的结晶。温度升高同样会促使成核速度和晶体生长速度的增大,但对晶体生长速度影响较为显著。因此在较低温度下结晶,会得到细小的晶体。温度改变时,常会导致晶型和结晶水的变化。

搅拌可以促使成核及加快扩散,提高晶核长大速度。但搅拌达到一定强度,再加快搅拌速度效果就不明显,反而会使晶体打碎,实践证明,搅拌越快,晶体越细。如青霉素的微粒结晶常采用的搅拌速度为 1 000 r/min,而制备晶种时,常采用 3 000 r/min 的转速。

晶种的加入能控制晶体的形状、大小和均匀度,因而要求晶种应具备一定的形状、大小和均匀度,生产实践中,适宜晶种的选择是决定晶体质量的重要因素。

(2) 晶体的形状　同种物质采用不同的结晶工艺时,得到的晶体形状可以完全不一样,但它们依然属于同一种晶系,外形的变化是由于在一个方向生长受阻,而在另一方向生长加速造成的。杂质的存在也会影响晶形,杂质可吸附在晶体表面上,而使其生长速度受阻。不同的过饱和度和溶剂体系也是影响晶体形状的重要因素。

(3) 晶体的纯度　母液中的杂质、结晶速度、晶体粒度及粒度分布是影响晶体纯度的主要因素。

(4) 晶体的结块　由于晶体的性质、化学组成、粒度分布及其几何形状受到湿度、温度、压力和杂质等外界因素的影响,使晶体表面溶解并发生重结晶,从而在晶粒之间的相互接触点上形成晶桥,使晶粒粘接在一起形成团块的现象。影响晶体结块的因素主要有晶体的含水量、晶体的颗粒大小、晶体的颗粒强度、晶体的吸湿性以及贮存温度、贮存压力等。

(5) 重结晶　经过一次粗结晶后,得到的晶体通常会含有一定量的杂质。此时工业上常常需要采用重结晶的方式进行精制。重结晶是利用杂质和结晶物质在不同溶剂和不同温度下的溶解度不同,将晶体用合适的溶剂再次结晶,以获得高纯度晶体的操作。

重结晶的操作过程包括:选择合适的溶剂;将经过粗结晶的物质加入少量的热溶剂中,并使之溶解;冷却使之再次结晶;分离母液;洗涤。

10.3　干燥工艺

干燥往往是生物产品分离的最后一个单元操作,是整个生产过程中在包装之前的最后一道工序。干燥是利用热能加热物料,使物料中水分蒸发而干燥或者用冷冻法使水分结冰后升华而除去的单元操作,即蒸发脱水和升华脱水两类,蒸发是水分从液态直接变为气态,而升华则是先由液态变为固态,再由固态变为气态。

干燥操作是一种热能利用率低、能耗高的单元操作,具有很宽的服务领域,是一门跨行业、跨学科、实验性很强的技术。干燥过程的最终目的是减少物质的最终含水量,使其达到所希望的水平。生化反应过程得到的培养液一般含较少的干物质(0.5%左右或者更少),要从中提取有用的产物如酶制剂、抗生素、氨基酸、蛋白质和一些功能性的物质,并将其转化成商品。对干燥技术的选择应考虑被干燥物料的理化性质及产品的使用特点,熟悉传质、传热、流体力学、空气动力学等能量传递的原理,还要能够进行干燥流程、主要设备、电气仪表控制等方面的工程设计。

10.3.1　干燥工艺原理

一个完整的干燥工艺过程是由加热系统、原料供给系统、干燥系统、除尘系统、气流输送系统、控制系统等组成的。干燥的目的是减少成品的体积,易于运输,减少运输费用和包装费用;防止成品在保存过程中的变性、变质,便于使用和长期保存。

1. 物料内水分的种类

(1) 化学结合水　水分与物料的结合包括离子型结合和结晶型分子结合(结晶水),结晶水的脱除必将引起晶体的崩溃,这部分水分的除去,不属于干燥的范围,但有的物料,这部分水与物料的结合力不强,在干燥过程中很容易失去。在干燥条件不恰当时,往往会使结晶水脱落,这是需要防止的。

(2)物化结合水　包括吸附、渗透和结构水分,其中吸附水分结合力最强,指的是湿物料的粗糙表面上附着的水分。

(3)机械结合水　包括毛细管水分、湿润水分、孔隙水分等。其中毛细管水分是指多孔性物料的孔隙中借毛细管作用力所包含的水分。在干燥过程中,当物料孔隙较大时,水分能通过毛细管连续转移到物料表面而蒸发,毛细管内水分呈连续状态,其蒸汽压也等于和物料同温度的水的饱和蒸汽压,如同吸附水一样,此类物料为非吸水性物料;当孔隙很小时,干燥过程中水分的转移在毛细管中不能形成连续状态,在物料孔隙中汽化,以蒸汽形式转移到物料表面;对于孔隙极小的物料,水分与物料的结合力特别强而产生不正常的低气压,水分的蒸汽压低于与物料同温度的纯水的饱和蒸汽压,此类物料为吸水性物料。

2. 平衡水分和自由水分

在一定的干燥条件下,依物料中所含水分能否用干燥方法除去可分为平衡水分和自由水分两类。

(1)平衡水分　当一种物料与一定温度及湿度的空气接触时,物料势必会放出或吸收一定量的水分,物料的含水量会趋于一定值。此时,物料的含水量称为该空气状态下的平衡水分。

平衡水分代表物料在一定空气状态下的干燥极限,即用热空气干燥法,平衡水分是不能去除的。在实际生产中,由于物料和空气的接触时间不可能太长,成品物料的含水率要比平衡水分高。大部分发酵产品为吸水性物料,它们的平衡水分都很高。物料所含的平衡水分可以采用实验方法测定。

(2)自由水分　在干燥过程中能够除去的水分,是物料中超出平衡水分的部分。

3. 干燥过程分析

在一恒定的干燥条件下(保持干燥介质的温度、湿度、流动速度不变,干燥介质大大过量),进行物料的干燥实验,将所得数据作图,以干燥时间为横坐标,物料湿含量和物料温度为纵坐标,可得干燥曲线。物料的干燥速率是指干燥时单位时间内,单位干燥面积蒸发的水分质量,其影响因素如下:①物料的性质、结构和形状。物料性质和结构不同,与水分的结合方式不同,干燥速率就会不一样;物料的大小、形状、堆积方式等既影响干燥面积也影响干燥速率。②一般而言干燥介质的温度越高,湿度越低,干燥速率就越大。但温度过高时,干燥速率过快会损坏物料,还会使临界含水量增加,使后期的干燥速率降低。③干燥介质与物料的接触方式、干燥介质与物料的相对运动方向和流动状况等干燥操作条件也会影响干燥速率。④干燥器的结构形式不同,同样会影响干燥速率。

干燥操作通过向湿物料提供热能促使水分蒸发,蒸发的水蒸气通过气流带走或由真空泵抽出,进而物料减湿而达到干燥的目的。干燥工艺是传热和传质的复合过程,传热的推动力是温度差,传质的推动力是物料表面的饱和蒸汽压与气流中水气分压之差。

4. 恒速干燥阶段

在恒速干燥阶段,湿物料表面为非结合水所湿润,由于非结合水与物料结合能力小,所以物料表面水分汽化的速率与纯水汽化的速率一致,这样物料表面温度是该空气状态下的湿球温度;同时由于干燥实验是在恒定的条件下进行的,空气的湿含量、流速均不变,空气与物料间的传热湿差为一固定值,空气与物料间的传热速率也恒定;所传递的热量全部用来汽化水分,水分的汽化速率不会改变,从而维持了物料恒速干燥的特征。此时的干燥速率几乎等于纯水的汽化速度,和物料湿含量、物料类别无关。

恒速干燥阶段,传热推动力(温度差,ΔT)以及传质推动力(饱和蒸汽压差,Δp_V)是一个定值,因此,干燥速率也是一个定值。实际上,该阶段的干燥速率取决于物料表面水分汽化的速率,以及水蒸气通过干燥表面扩散到气相主体的速率,因此,又称为表面汽化控制阶段。其影响因子主要有空气流速、空气湿度、空气温度等外部条件。

在上述条件下,在物料表面水分汽化的过程中,如果湿物料内部水分向表面扩散速率等于或大于水分的表面汽化速率,则物料表面为湿润状态,物料的干燥速率也将停留在恒速干燥阶段。

5. 降速干燥阶段

物料湿含量降至临界点以后,便进入降速干燥阶段。当湿物料中的非结合水分被干燥除去以后,如果干燥过程继续进行,则物料中的结合水分也将被除去。结合水的蒸气压恒低于同温下纯水的饱和蒸汽压,传质、传热推动力逐渐减小,干燥速率随之降低。在恒速干燥时,干燥介质传给物料的热量全部用于汽化水分,而在降速干燥阶段,干燥空气的剩余能量被用于加热物料表面,物料表面温度逐渐升高,局部干燥。干燥速率的下降和物料温度的升高是物料进入降速干燥阶段的标志。

在降速干燥阶段,干燥速率取决于水分和蒸汽在物料内部的扩散速度。因此,亦称为内部扩散控制阶段,与外部条件关系不大。主要影响因素为物料结构、形状和大小。

10.3.2 干燥方法

常用的干燥方法有常压干燥、减压干燥、喷雾干燥、冷冻干燥等。针对热敏性物质开发的单元操作有接触时间短、气流温度高的瞬时快速干燥;时间短、热效低、可同时造粒的喷雾干燥;接触时间较长的气流干燥;接触时间最长、热效最高的沸腾干燥;适用于黏稠状物料,活性保持最好的低温干燥;时间短,效率高的微波干燥和温度高、干燥速度快的红外干燥等类型。

干燥设备主要有箱式干燥器、真空干燥器、冷冻干燥器、管式气流干燥器、沸腾干燥器和喷雾干燥器等。选择合适的干燥器是提高产品质量、降低能耗和减少操作时间的关键所在。干燥器的选择与物料的性质、干燥器的特点、干燥速率以及干燥的经济性等因素有关。

1. 气流干燥

气流干燥器是连续的常压干燥器的一种,干燥介质为热干空气。把含水的泥状、块状、粉粒状物料通过适当的方法使之分散到热气流中,在同热气流并流输送的同时进行干燥而获得粉粒状的干燥制品。

气流干燥器中风机在系统中的位置决定了干燥器可以在正压或负压下工作。如果物料为膏糊状的高温物料,也可在干燥器底部串联一个粉碎机,边干燥边粉碎,以解决膏糊状物料难以连续操作的问题。气流干燥适合于含非结合水的粉末或颗粒物料的干燥,具有结构简单,传热系数大,干燥速度快的优点。干燥、输送、粉碎可在一个设备中完成,且有很大的装置规模,操作稳定,便于自动化。

2. 喷雾干燥

喷雾干燥是采用雾化器,将料液分散成细小雾滴,用热干燥介质在喷雾干燥器内直接干燥雾滴,并采用旋风分离器对干燥后的物料进行回收而获得干燥产品的一种干燥技术。其料液可以是乳浊液、悬浮液、溶液、熔融液或者膏糊液,按照生产需要可制成粉粒、颗粒、团粒或者空心球。其优点是传热表面积大,干燥时间短,适用于抗生素、酵母粉、酶制剂等热敏性物质的干燥,并可将蒸发、结晶、过滤、粉碎等过程集成于一次完成;缺点是存在热效低、能耗大、设备体积过大等不足。

对于生物制品的干燥来说,喷雾干燥可以保证"温和"的干燥条件,并使干燥过程在无菌条件下进行,得到的产品不容易被外来微生物污染。喷雾干燥可用来生产各种抗生素、维生素、酶、糊精、无菌人血清及其他医用制剂的干燥。

喷雾干燥可分为料液雾化、雾滴与空气接触、干燥、干燥产品的分离等四个阶段。①料液雾化的目的在于将料液分散成微细的雾滴,平均直径为 20~60 μm,具有很大的表面积,和热干燥介质接触时可迅速汽化而干燥为粉末或颗粒产品。雾滴的大小和均匀度是产品质量控制的关键因素,特别是对热敏性物料,如果雾滴大小不均匀,就会出现大颗粒未达到干燥要求而小颗粒已干燥过度的问题。②雾滴与空气接触有并流式、逆流式、混流式三种;接触方式的不同,对干燥室内的温度分布、液滴及颗粒的运动轨迹、物料在干燥器中的停留时间以及产品质量都有重要的影响。并流式干燥过程中,物料温度不高,对热敏性物料极为适合,由于迅速蒸发、液滴溶胀甚至胀裂,常常得到非球形的多孔颗粒;逆流式干燥过程,在塔顶喷出的雾滴与塔底上来的较湿空气接触,适合于能耐受高温、含水量低的非热敏性物料的处理;混流式干燥过程,干燥室底的喷嘴向上喷雾,热空气自上而下,于是雾滴先上行,再随热空气下行,性能兼具并流式和逆流式的特点。③雾滴干燥包括恒速干燥和降速干燥两个阶段,干燥过程是传热和传质同时进行的过程。④干燥产品的分离是指干燥的粉末或颗粒落到干燥室的锥体四壁并滑落至锥底,通过星形阀排出,少量细粉随空气进入旋风分离器进一步分离,两者混合入成品库包装。

3. 流化床干燥

在流化床中加入湿的颗粒状物料,从流化床下部通入热空气,在一定流速下形成激烈的固体流态化状态,再利用机械振动或气流的带动,使固体颗粒或粉末处于悬浮状态。在悬浮状态下与热气流的接触,使得每一颗固体颗粒都能与热气流充分接触,接触面积最大,湿物料中的水分吸收热能而汽化得以干燥。因此,其又称沸腾床,是一种有效的干燥装置。如图 10-5 所示。

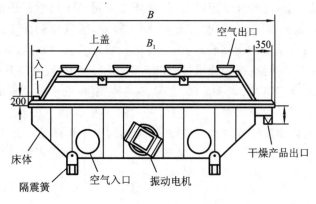

图 10-5 流化床干燥流程图

流化床干燥适用于无严重凝聚现象,颗粒直径在 30 μm~6 mm 范围内的湿物料,对膏糊状物料需经预处理和配备合适的喂料机构。由于物料在干燥器中停留时间较长,不适宜干燥一些热敏性物质,常用于干燥葡萄糖、味精、柠檬酸等热稳定物料。

4. 微波干燥

利用微波产生的电磁能,从内部加热湿物料;在交流电磁场的作用下,偶极离子会产生与电场方向变化相适应的振动,从而摩擦产热,使水分蒸发。当干燥到一定程度,物料内部的水分比表面多时,物料内部所吸收的电能或热能比表面多,致使物料内部的温度高于表面温度,温度梯度与水分扩散的浓度梯度方向一致,即传热、传质方向一致,促使湿物料内部水分的扩散,缩短干燥时间,得到均匀而洁净的干燥产品。

5. 冷冻干燥

生物物质的冷冻干燥是指使被干燥的液体在极低的温度下,冷冻成固体,然后在低温、低压下利用水的升华性能,使冰升华汽化而除去,以达到干燥的目的。冷冻干燥法适用于绝大多数生物产品的干燥和浓缩,可以最大限度地保证生物产品的活性。冷冻干燥得到的产物常被称作冻干物。

生物制品的脱水干燥是在高温下使水分从液态转化为气态,而真空冷冻干燥是在低温下使冻结的晶体直接升华。为达到此目的,必须使物料中的水溶液保持在三相点以下,三相点即固态、液态、气态三相共存的平衡点。图 10-6 所示为水的三相点图。

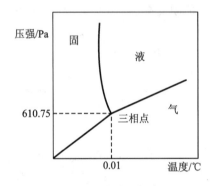

图 10-6 水的三相点

冷冻干燥时,需将处理样品在 -40~-30 ℃预冻,即将处理样品完全冻结,速冻时(每分钟降温 10~50 ℃),形成在显微镜下可见的晶粒;慢冻时(每分钟降温 1 ℃),形成肉眼可见的晶粒。随后提供低温热源,使冰升华而脱水,低温环境可避免干燥过程中的热及氧化的损害;升华过程中物料有固定的形状,没有水的流动,损失较少,所获得的冻干产品其形状、色、香、味、维生素 C 和其他营养成分均保留较好,但设备的投资运营费用较高,只适合于高值产品。

冷冻干燥包含三个步骤:预冻为升华过程准备样品;一级干燥(或称升华干燥)中冰升华而不融化,升华干燥压力应控制在 20~40 Pa 之间,温度控制在低于共晶点的一个范围,此过程随着制品的不断干燥,制品的温度也小幅上升,可以除去 90% 以上的水分;次级干燥(或称解吸附干燥)时存在于固体物质的残留水分被除去,从而留下干燥样品。升华干燥中虽然已去除了绝大部分水分,但若将产品置于室温下,残留的水分足以使制品瓦解,故而有必要继续进行真空干燥,以去除制品中以吸附方式存在的残留水分。

10.3.3 干燥节能

物料的干燥是能耗很大的单元操作,降低其能耗,对于降低产品的成本具有重要的作用。

干燥过程能耗的降低,应全面考察干燥过程的各个方面及每个环节,在保证产品质量和得率的条件下,总体上有最佳的节能效果。一般应注意的方面:应用高效能的干燥装置,改善保温,防止热风泄露及物料的过度干燥;扩大干燥介质的种类,除热空气外,可以考虑惰性气体、高温燃气和过热蒸汽作为干燥介质;恒速干燥阶段采用高气速使物料在全混状态下快速干燥,而在降速干燥阶段采用低气速使物料在活塞流移动床状态下循序前行,消耗热气少且干燥均匀;可在干燥前对湿物料进行挤压或过滤,尽量降低物料的湿含量;降低废气的温度或对废气进行循环使用,提高干燥过程的热效率;回收废热或采用热泵干燥器等。

10.4 应用

蒸发、结晶、干燥等单元操作在生产中的应用,已有几千年的历史,据考古发现,至少在10 000年以前中国人已掌握了用窑穴烧制陶器的技艺,5 000年以前已通过利用日光蒸发海水、结晶制盐;埃及人在5 000年以前的第三王朝时期开始酿造葡萄酒,并在生产过程中用布袋对葡萄汁进行过滤。但在相当长的时期里,这些操作都是规模很小的手工作业。作为现代工程学科之一的生物分离工程,则是在20世纪随着大规模制造生物化学产品的发展而出现的,如今生物分离工程已经成为一门有独特研究对象和完整体系的工程学科。

第二次世界大战期间发展起来的青霉素生产,开创了化学工程与生物化学结合的新时代。战后各种抗生素和激素的生产迅速增长,1970年代,分子生物学取得了重组DNA技术等重大成果,开拓了制备生物化学品和医药品的新领域,已可预见其将对人类社会发展产生重大的影响。比如在蛋白质的精制过程中,冷冻干燥技术已被广泛采用,其基本的工艺流程是原料→前处理→速冻→真空脱水干燥→后处理。在前处理中将样品分装在玻璃模子瓶或玻璃管子瓶中,均匀装量并采用尽量大的蒸发面,产品厚度不超过10 mm;将装好的蛋白质溶液在−35 ℃左右速冻2 h,冻结终了温度约在−30 ℃,使物料的中心温度在共晶点以下;冻结后的样品迅速进行真空升华干燥和解吸干燥,如此干燥的样品能在80~90 s内用水复原,复原后仍具有类似于干燥前样品的质地,进一步可完成检查、称重、分装的过程。

(本章由张向前编写,汪文俊初审,韩曜平复审)

习题

1. 简述提高蒸发效率应注意的问题。
2. 影响晶体生长速度的因素有哪些?
3. 简述影响物料干燥的因素。
4. 简述平衡水分和自由水分的概念。
5. 晶体的生长包括哪些步骤?
6. 简述冷冻干燥法的原理及特点。
7. 干燥物料的速度是否越快越好,为什么?
8. 提高晶体质量的途径有哪些?
9. 为什么说喷雾干燥、沸腾干燥的干燥效率高?
10. 论述多效蒸发器的工作原理,并说明多效蒸发器为何热效率高。

11. 了解干燥曲线,并结合干燥速率曲线说明什么是恒速干燥阶段,以及什么是降速干燥阶段。

参考文献

[1] 陈洪章.生物过程工程与设备[M].北京:化学工业出版社,2004.
[2] 罗川南,李慧芝,等.分离科学基础[M].北京:科学出版社,2012.
[3] 大矢晴彦.分离的科学与技术[M].北京:中国轻工业出版社,1999.
[4] 陈来同,徐德昌.生化工艺学[M].北京:北京大学出版社,2000.
[5] 顾觉奋.分离纯化工艺原理[M].北京:中国医药科技出版社,2000.
[6] 田瑞华,田洪涛,李娜,等.生物分离工程[M].北京:科学出版社,2008.
[7] 李津,俞咏霆,董德祥,等.生物制药设备和分离纯化技术[M].北京:化学工业出版社,2003.
[8] 辛秀兰,兰蓉,丁玉萍,等.生物分离与纯化技术[M].北京:科学出版社,2010.
[9] 丁明玉,陈德朴,杨学东,等.现代分离方法与技术[M].北京:化学工业出版社,2006.
[10] 高孔荣,黄惠华,梁照为,等.食品分离技术[M].广州:华南理工大学出版社,2005.
[11] 邱玉华,杨洪元,贺立虎,等.生物分离与纯化技术[M].北京:化学工业出版社,2007.
[12] 吕宏凌,王保国.液膜分离技术在生化产品提取中的应用进展[J].化工进展,2004,23(7):696-700.
[13] 欧阳平凯,胡永红,姚忠,等.生物分离原理及技术[M].北京:化学工业出版社,2010.
[14] 俞俊棠,唐孝宣,李友荣,等.生物工艺学[M].上海:华东理工大学出版社,1991.
[15] 张玉奎.现代生物样品分离分析方法[M].北京:科学出版社,2002.
[16] 周先碗,胡晓倩.生物化学仪器分析与实验技术[M].北京:化学工业出版社,2003.
[17] 严希康,俞俊棠.生化分离工程[M].北京:化学工业出版社,2001.
[18] Antonio A G,Matthew R B,Jaime R V,et al.生物分离过程科学[M].北京:清华大学出版社,2004.
[19] 潘永康,王喜忠,刘相东.现代干燥技术[M].北京:化学工业出版社,1998.
[20] 郑贤得,林秀诚,赵鹤皋.我国冷冻干燥技术进展[J].制冷技术,2003,13(1):14-20.

第11章 清洁生产

本章要点

清洁生产是指减少整个产品生命周期对环境影响的一种技术。本章从生物工厂的特点出发,阐述清洁生产的一般理论,对目前我国清洁生产的现状作了归纳总结。要求掌握生物治理末端与清洁生产的关系,并了解生物安全的重要性。

11.1 清洁生产概述

清洁生产(cleaner production,CP)是实现可持续发展战略的需要,是从根本上抛弃了末端治理的弊端,强调在污染生产之前就予以消减污染物的产生和减少对环境不利影响的一种思维和理念。国际社会普遍认可和接受的清洁生产的定义为"清洁生产是一种新的创造性的思想",该思想将整体预防的环境战略持续应用于生产过程、产品和服务中,以增加生态效率和减少人类及环境的风险。清洁生产的实施是工业生产实现可持续发展的唯一途径。

11.1.1 清洁生产的定义

根据《中华人民共和国清洁生产促进法》将清洁生产定义为:清洁生产是指不断采取改进设计,使用清洁的能源和原料,采用先进的工艺技术与设备,改善管理,综合利用,从源头消减污染,提高资源利用效率,减少或者避免生产、服务和使用过程中污染物的产生和排放,以减轻或者消除对人类健康和环境的危害。其过程和发展如图11-1所示。

图 11-1 清洁生产的过程

清洁生产是从全方位、多角度的途径去实现"清洁生产"的,与末端治理相比,它具有十分丰富的内涵,主要表现在:①用无污染、少污染的产品替代毒性大、污染重的产品;②用无污染、少污染的能源和原材料替代毒性大、污染重的能源和原材料;③用消耗少、效率高、无污染、少污染的工艺、设备替代消耗高、效率低、产污量大、污染重的工艺、设备;④最大限度地利用能源和原材料,实现物料最大限度的厂内循环;⑤强化企业管理,减少跑、冒、滴、漏和物料流失;

⑥ 对必须排放的污染物,采用低费用,高效能的净化处理设备和"三废"综合利用的措施进行最终的处理和处置。

11.1.2 清洁生产的特点和现状

1. 生物工程工厂污染的特点

生物工程工厂是以粮食和农副产品为主要原料的加工工业,它主要包括酒精、白酒、啤酒、葡萄酒、味精、淀粉、柠檬酸、酵母、酶制剂、抗生素等行业,是国民经济的主要支柱产业。

一般地讲,生物工程工厂的主要废渣、废水来自原料处理后剩下的废渣,分离与提取主要产品后的废母液、废糟,以及生产过程中各种冲洗水、冷却水。该类废水成分复杂,具有下述特点。

(1) 化学耗氧量(COD)浓度高(5 000~80 000 mg/L) 其中主要为发酵残余基质及营养物、溶媒提取过程的萃余液,经溶媒回收后排出的蒸馏釜残液,离子交换过程排出的吸附废液,水中不溶性抗生素的发酵滤液,以及染菌倒灌废液等。这些成分浓度高,如青霉素发酵废水中 COD 为 15 000~80 000 mg/L,土霉素发酵废水中 COD 为 8 000~35 000 mg/L;味精废水 COD 高达 60 000 mg/L,为高浓度有机废水,生化处理难度大。

(2) 废水中固形物浓度(SS)浓度高(0.5~25 mg/L) 其中主要为发酵残余培养基质和发酵产生的微生物丝菌体,如青霉素为 5 000~23 000 mg/L,味精为 20 000 mg/L 左右,玉米酒精糟达 35 000 mg/L。

(3) 存在难生物降解和有抑菌作用的抗生素等毒性物质 由于抗生素得率较低,仅为 0.1%~3%(质量分数),且分离提取率仅为 60%~70%(质量分数),因此废水中残留抗生素含量较高,一般条件下四环素残余浓度为 100~1 000 mg/L,土霉素为 500~1 000 mg/L。废水中青霉素、四环素、链霉素浓度都大于 100 mg/L 时会抑制好氧污泥活性,降低处理效果。

(4) 硫酸盐浓度高 如链霉素废水中硫酸盐含量为 3 000 mg/L 左右,最高可达 5 500 mg/L,土霉素废水中为 2 000 mg/L 左右,庆大霉素为 4 000 mg/L,青霉素为 5 000 mg/L。一般认为好氧条件下硫酸盐的存在对生物处理没有影响,但对厌氧生物处理有抑制。

(5) 水质成分复杂 中间代谢产物,表面活性剂(破乳剂、消沫剂等)和提取分离中残留的高浓度酸、碱、有机溶剂等原料成分复杂,易引起 pH 波动大,影响生物反应活性。

(6) 水量周期变化大,且间歇排放,冲击负荷较高 由于抗生素、氨基酸等生产企业采用分批发酵生产,废水间歇排放,所以其废水成分和水力负荷随时间也有很大变化,这种冲击给生物处理带来极大的困难。

部分抗生素生产废水水质特征和主要污染因子如表 11-1 所示。

表 11-1 部分抗生素生产废水水质特征和主要污染因子   单位:mg/L

抗生素品种	废水生产工段	COD	SS	SO_4^{2-}	残留抗生素	TN	其他
青霉素	提取	15 000~80 000	5 000~23 000	5 000		500~1 000	
氨苄	回收	5 000~7 000		<50 000	开换物	NH_3-N_2	
青霉素	溶媒后				50%	0.34%	甲醛 100
链霉素	提取	10 000~16 000	1 000~2 000	2 000~5 500		<800	
卡那霉素	提取	25 000~30 000	<250 000		80	<600	
庆大霉素	提取	25 000~40 000	10 000~25 000	4 000	50~70	1 100	

2. 生物工程工厂污染的现状

生物工程工厂的污染物主要是废水、废渣。发酵工业主要行业 1996 年废渣水年排放量达到 27.5×10^8 m^3(27.5 亿吨)，其中废渣量达到 1.6×10^8 m^3(1.6 亿吨)，上升到 2011 年发酵废水总量为 143×10^8 m^3(143 亿吨)，发酵废渣为 8.6×10^8 m^3(8.6 亿吨)。据不完全统计，全国药厂每年排放的废气量(标准状态)约 10×10^8 m^3(10 亿吨)，其中含有害物质约 10 万吨，每天排放的废气量约 50 万吨，每年排放的废渣量约 10 万吨，对环境的危害十分严重。近年来，通过工艺改革、回收和综合利用等方法，在消除或减少危害性较大的污染物方面已做了大量的工作。用于治理污染的投资也逐年增加，各种治理污染的装置相继投入运行。然而，从总体上看，生物工程行业的污染仍然十分严重，治理的形势相当严峻。实施清洁生产有着积极、重要的意义。

11.2 清洁生产实施

11.2.1 发酵工厂的清洁生产

近 10 年来，在我国政府相关清洁生产政策的指导下，生物工程发酵工厂的清洁生产取得了可喜的成绩，如酒精工业，确立了谷类原料生产酒精与 DDGS 生产技术；糖蜜酒精生产的废水全蒸发浓缩、焚烧生产钾肥技术；味精生产废水浓缩生产饲料和复合肥技术等。当然，清洁生产也有其时效性，受人们认识水平、科技发展以及技术设备条件发展的局限，不同时期的清洁生产水平是不同的。要紧跟时代的步伐，与时俱进地把清洁生产发展下去。

1. 味精厂的清洁生产

(1) 味精厂传统生产工艺　传统生产工艺普遍采用等电点离子交换法，存在的问题主要有：① 提取率低，仅为 88% 左右；② 酸、氨消耗高，每吨味精消耗硫酸 140~150 kg，尿素 (0.61~0.75)$\times 10^3$ kg；③ 废水量大，每吨味精产生废水 10^4 kg，其中含有 1.2%~1.5% 的谷氨酸、0.8% 的其他氨基酸及 1% 的湿菌体等；④ 味精废水 COD$_{cr}$ 高达 60 000 mg/L，为高浓度有机废水，生化处理难度大。

(2) 味精清洁生产工艺　谷氨酸发酵液中除了有一定含量的谷氨酸外，还有大量的菌体、培养基残余物、蛋白质、多肽等杂质，其中菌体大小为 0.7~3 μm，并有很强的亲水性，分离很困难。由于传统的生产方法一般先不除去菌体和蛋白，直接采用等电点提取，这样不利于发酵产品的提取和分离，影响产品的质量和收率。更严重的是废液中的 COD$_{cr}$ 含量高，严重污染环境。有研究使用超滤膜除去味精废水中的菌体和大分子蛋白等成分。虽然废水中的 SS 除去率可达 99% 以上，COD$_{cr}$ 除去率约为 30%，减轻了生化法的负荷，但仍然有废水排放，而且必须治理。基于此原因，组合膜分离技术被应用于味精的提取分离生产过程，以期达到清洁生产的目的，该工艺如图 11-2 所示。

先用微滤膜除去发酵液中的湿菌体，再用超滤膜系统截留微滤透过液中的溶解性蛋白。采用纳滤系统对超滤透过液中的有效成分进行浓缩，纳滤透过液回用，浓缩液等电点结晶，结晶母液用纳滤系统浓缩，透过液回用。浓缩液与前一纳滤进料液合并。

(3) 本工艺的特点　① 整个工艺的生产时间缩短了 6~8 h；② 收率达 95%，比传统工艺高 7%；③ 回收了发酵体系中的菌体蛋白等成分，可以加工成优质饲料，节约了资源；④ 等电点

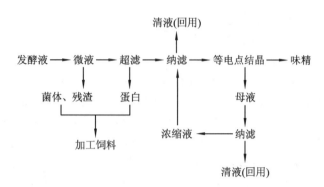

图 11-2 味精清洁生产工艺流程图

结晶母液经纳滤浓缩后,浓缩液与超滤的透过液一起再进行纳滤浓缩,纳滤透过液作为清液可回用于发酵;⑤减少了调等电点时的用酸量,本工艺耗酸量为原工艺的 1/3;⑥本工艺无污水产生,实现了清洁生产。

2. 酒精厂的清洁生产

酒精工厂的清洁生产和节能节水技术要点主要有以下几方面:使用谷类原料替代薯类原料,以确保酒精糟生产全干燥蛋白饲料(DDGS)有足够的营养(含蛋白质 27% 以上);原料粉碎用机械输送,推荐使用立式粉碎机,粉碎使用循环粉碎工艺;粉碎通过水力除尘,使用循环水,以减少耗水量和使拌料水降温;采用浓醪、连续发酵;蒸馏冷却水用凉水塔冷却,循环使用;蒸馏塔采用差压蒸馏和闪蒸回收潜热节能技术等;酒精糟滤液回用拌料,采用多效减压蒸发浓缩,使排放的废水仅有蒸发冷凝水(COD 1 000 mg/L 左右);用 CO_2 洗涤和中压回收。

末端治理仅是冷凝水和精塔残液(COD_{cr} 1 000 mg/L 左右)生化处理,基本实现了清洁生产。

11.2.2 抗生素制药的清洁生产

以青霉素清洁生产工艺为例作介绍。

青霉素是目前生产规模最大、应用最广的抗生素之一,具有抗菌作用强、疗效高和毒性低的优点,是治疗敏感性细菌感染的首选药物。在提取过程中,应用最广泛的是溶媒萃取方法,而且多用醋酸丁酯为萃取剂,碳酸氢钠水溶液为反萃取剂。此工艺存在明显的缺点:①在酸性条件下萃取青霉素,由于降解损失严重;②低温操作,生产能耗大;③醋酸丁酯水溶性大,溶剂损失大而且回收困难;④反复萃取次数多,导致发酸和废水量大。为了降低成本、减少污染物排放、提高成品收率,进而增强企业竞争力,改革旧工艺实施清洁生产工艺迫在眉睫。下面几种提取新工艺能较好地克服上述弊端。

1. 液膜法提取青霉素工艺

液膜法提取青霉素工艺如图 11-3 所示,是将溶于正癸醇的胺类试剂(LA-2)支撑在多孔的聚丙烯膜上,利用青霉素与胺类的化学反应,把青霉素从膜一侧的溶液中选择性吸收转入另外一侧,而且母液中回收青霉素烷酸(6-APA)的收率也较高。膜分离是一种选择性高、操作简单和能耗低的分离方法,它在分离过程中不需要加入任何别的化学试剂,无新的污染源。

2. 双水相萃取提取青霉素工艺

采用双水相体系(ATPS)从发酵液中提纯青霉素如图 11-4 所示。

ATPS 萃取青霉素工艺过程为:在发酵液中加入 8%(质量分数,下同)的聚乙二醇(PEG

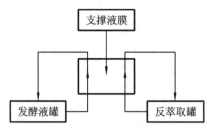

图 11-3 液膜法提取青霉素工艺

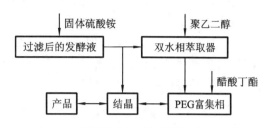

图 11-4 采用双水相萃取提取青霉素工艺

2000)和 20%的硫酸铵进行萃取分相,青霉素富集于轻相,再用醋酸丁酯从轻相中萃取青霉素。其操作工艺条件和结果如下:①料液,1 L,10.25 g/L;②双水相体系富集,pH 5.0、$T=293$ K、$Y_t=93.67\%$;③醋酸丁酯萃取,pH1.7、$T=293$ K、$Y_t=92.42\%$;④结晶,晶体质量 7.228 g,纯度为 88.48%。双水相体系从发酵液中直接提取青霉素,工艺简单,收率高,避免了发酵液的过滤预处理和酸化操作,不会引起青霉素活性的降低;所需的有机溶剂量大大减少,更减少了废液和废渣的排放量。

11.3 末端治理技术

末端治理与清洁生产两者并非互不相容,也就是说推行清洁生产还需要末端治理,这是由于:工业生产无法完全避免污染的产生,最先进的生产工艺也不能避免产生污染物;用过的产品还必须进行最终处理。因此清洁生产和末端治理永远长期并存。只有共同努力,实施生产全过程和治理污染过程的双控制,才能保证环境最终目标的实现。

11.3.1 废气处理技术

国际社会的普遍认可和接受的清洁生产的定义为"清洁生产是一种新的创造性的思想",该思想将整体预防的环境战略持续应用于生产过程、产品和服务中,以增加生态效率和减少人类及环境的风险。"十二五"是全面建设小康社会的关键时期。深入贯彻落实科学发展观,转变经济发展方式,建设资源节约型、环境友好型社会,对节约资源、保护环境提出了新的更高的要求。因此将微生物菌种高通量筛选技术与高效清洁生产技术整合一起的意义十分重大。为更好地统筹协调资源环境制约与工业化进程加快的矛盾,实现工业转型升级的战略任务,必须加快推行清洁生产,由高消耗、高排放的粗放方式向集约、高效、低排放的清洁生产方式转变,实现资源科学利用和污染源头预防。

11.3.2 高效清洁生产的发展

清洁生产技术是指减少整个产品生命周期对环境影响的技术。包括节省原材料、消除有毒原材料和削减一切排放和废物数量与毒性。清洁生产技术的推广和应用可分为两类:一类是清洁生产产品的推广和应用,即开发各种能节约原材料和能源、少用昂贵和稀缺物资的产品,在使用过程中以及在使用后不危害或少危害人体健康和生态环境的产品,以及易于回收、重复使用和再生的产品。这类产品的市场前景十分广阔。另一类是清洁生产工艺的推广和应用,包括减少生产过程中污染产生的清洁工艺技术应用和减少已产生污染物排放的末端治理技术推广和应用两方面。清洁生产技术应用与推广的有效与否将直接影响我国环境产业发展的好坏,并将影响到我国面向21世纪可持续发展战略的成败。如果能在微生物菌种高通量筛选应用与高效清洁生产技术之间建立起一个合适的平台,将两者进行有效的整合,这对于未来的生物技术必将产生积极的效果(图11-5)。

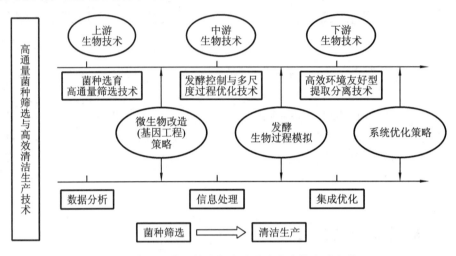

图11-5 高通量菌种筛选与高效清洁生产技术过程关系

清洁生产中最为重要的是生物处理法。它是利用微生物把污染物的有机组分或其他组分作为其生命活动的能源或其他养分,经代谢降解,转化为简单的无机物(二氧化碳、水等)及细胞组成物质。该方法已经逐渐运用于各个行业,尤其是抗生素制造业。抗生素废水是一类含有难降解物质和生物毒性物质的高浓度有机废水。近年来由于制药工业的飞速发展,特别是抗生素的出现给中国甚至世界的水资源带来了严重的污染。对抗生素废水进行合理有效的治理已经迫在眉睫,这是关系到社会发展以及人类未来的问题。但抗生素废水的成分十分复杂,含有多种难降解的有机物和无机物,一般处理起来很困难。以生物法处理抗生素废水时,由于其中所含的残留物质对革兰氏阳性菌和厌氧菌具有很强的抗性,并且抗生素废水是一类含高浓度的硫酸盐和多种抑制物、碳氮比低的难降解有毒有机废水,微生物生存条件不理想,因此,废水处理起来十分困难。如何有效快速地找到在这恶劣环境下能够发挥效用的菌群,运用高通量筛选技术是一个很好的选择。建立起一套行之有效的高通量筛选系统,并结合驯化等手段,能够快速、准确地得到目标菌群。该方式可将微生物菌种高通量筛选应用与高效清洁生产技术整合的同时,还能够大大简化其后处理、回收过程并可实施资源的再利用。

11.4 生物安全与管理

11.4.1 生物安全概念

生物安全有狭义和广义之分。狭义生物安全是指防范由现代生物技术(主要指转基因技术)的开发和应用所产生的负面影响,即对生物多样性、生态环境及人体健康可能构成的威胁或潜在风险。广义生物安全则不仅针对现代生物技术的开发和应用,还包括了更广泛的内容,大致分为三个方面:一是指人类的健康安全;二是指人类赖以生存的农业生物安全;三是指与人类生存有关的环境生物安全。目前国内对生物安全的认识很多还局限在狭义的概念里,而国际上目前虽然对此还没有一个统一的认识,但一些发达国家,如澳大利亚、新西兰、英国等,在实际管理中已经应用了生物安全的广义内涵,并且将检疫作为其保障国家生物安全的重要组成部分。

11.4.2 生物安全类型

一般说,生物安全所受到的外来威胁主要来自以下几个方面。

(1) 对人和动植物致病的各种有害生物,如引起疯牛病、口蹄疫、禽流感等人畜共患疾病的病毒。古今中外还有很多由于有害生物危害人类健康和农业生物安全的事例,如公元5世纪下半叶,鼠疫病菌从非洲侵入中东,进而到达欧洲,发生鼠疫大流行,造成约1亿人死亡;1845年马铃薯晚疫病侵入欧洲,导致历史上著名的大饥荒,夺去了数十万人的生命。

(2) 外来生物入侵。虽然有不少外来生物曾经为人类造福过,但是也有许多外来生物导致了农作物和牲畜的死亡,以及生物多样性的破坏甚至丧失,这种现象称为生物入侵或生物污染。

(3) 转基因生物。随着现代科学技术的发展,世界上出现了越来越多的转基因生物,它们是通过现代生物重组DNA技术导入外源基因的生物,因此从某种意义上说,转基因生物也是外来生物。

11.4.3 生物安全管理

在生物安全管理方面,由于各国的历史文化传统、宗教信仰以及现实利益不同,对转基因产品的态度和管理方式也就不一样,但大体上可以分为美国和欧盟两种模式:美国政府对转基因食品的管理相对宽松,欧盟则要严格、复杂得多。双方的区别主要在于:欧洲国家认为,只要不能否定转基因食品的危险性,就应该加以限制。而美国则主张,只要在科学上无法证明其危险性,就不应该限制。因此欧盟要求对销售到其市场上的转基因食品贴转基因标签,以维护公众的知情权和选择权。而美国作为世界上最大的转基因食品生产和消费国,为了更广泛地占领国内外市场,对于转基因食品,不主张采用贴标签的办法,只要求开发商在转基因食品进入市场之前至少120天,向FDA(食品与药品管理局)提出申请并提供此类食品的相关研究资料,以确认该食品与相应的传统产品具有同等的安全性。但它们在转基因作物的种植阶段管理比较严格,规定即使是风险还不明显的小规模种植,投入田间试验的转基因作物也需接受FDA、EPA(国家环保局)等部门的安全性评估。同时还规定转基因作物要在空间和时间上与其他作物分开,如抗虫的转基因玉米必须种植在离其他玉米400 m以上的地方,种植时间也要与其他农作物错开2周。

欧盟法律明确向世界宣布其不欢迎转基因产品,并极力主张对转基因产品采取"预先预防态度",没有得到官方的授权,转基因产品就不能投放到欧盟市场。在2002年10月17日以前,转基因生物体(GMO)的实验释放和进入市场主要由欧共体授权,相关指令为90/220/EEC和2001/18/EC,后者规定,任何一个GMO,或由GMO组成的产品,或含有GMO成分的产品,在环境释放和投放市场之前,都要进行对人类健康和环境影响的评估。而欧盟的

EC/258/97法规则不但要求以GMO为原材料的产品加贴标签,而且要求所有食品,无论加工食品还是非加工食品,如果其含有GMO成分都必须加贴同样的标签,且必须标出GMO成分的含量。总的来说,美国对转基因食品的管理较为宽松,而欧盟则严格得多。日本的立场则与欧盟接近。在美国,一种转基因食品从申报到批准一般只需要5个月的时间,而在欧盟则通常至少需要17个月。

我国对转基因食品的态度介于美国和欧盟之间,既要有利于促进基因工程技术的发展,又要积极致力于保障人体健康和生态环境的安全,以提高人民福祉。为此农业部于1994年6至10月邀请数十位著名专家,制定了《农业生物基因工程安全管理实施办法》,2001年5月9日国务院第38次常务会议通过了这个条例,使我国对转基因产品的管理做到了有法可依。自《农业生物基因工程安全管理实施办法》施行以来,农业部从1997年3月至1999年12月共受理6批农业生物基因工程体及其产品安全性评价申请260项,批准205项。其中批准商品化生产33项,环境释放74项,中间试验98项。

在外来物种入侵的控制方面,美国于1996年颁布了《国家入侵物种法》,1999年克林顿总统签发了第13112号《入侵物种法令》,责成农业部牵头,统一管理外来入侵物种;组建了国家外来入侵物种委员会,并正在构建入侵物种国家研究中心。而欧盟于1979年9月19日签署的《欧洲野生生物与自然界保护公约》则要求缔约国承担严格控制引进非原生物种的义务。《关于地中海特别保护区的巴塞罗那公约附加议定书》(1995年6月10日)规定,禁止引进可能对公约使用范围内的生态系统、生境和当地物种造成有害影响的物种。此外,加拿大、澳大利亚、新西兰、日本、印度、泰国、马来西亚、南非等也成立了相应的机构,制定了国家计划,以加强外来入侵生物的防治与管理。

(本章由梁剑光编写,张向前初审,韩曜平复审)

习题

1. 简述清洁生产的含义。
2. 清洁生产的核心是什么?
3. 清洁生产的内容、特点与遵循的原则是什么?
4. 简述实现清洁生产的具体途径。
5. 综述中国清洁生产的特点和现状。

参考文献

[1] 中国科学院生命科学与生物技术局.2012年工业生物技术发展报告[M].北京:科学出版社,2012.

[2] 王秀梅.基因污染、生物安全与国际环境保护——《生物安全议定书》与国际环境法的新发展[J].长安大学学报(社会科学版),2002,4(1):40-43.

[3] 方辉,吴孟珠.转基因食品的发展现状及其安全性评述[J].西北植物学报,2003,23(4):688-692.